U0218275

高等数学与工程数学（建筑类）

国家示范性高职院校重点建设专业精品规划教材（土建大类）

国家高职高专土建大类高技能应用型人才培养解决方案

高职高专『十三五』规划教材

主　编／徐　敏　陈善全

副主编／曾乐辉　郭　思

GAODENG SHUXUE
YU GONGCHENG SHUXUE
JJIANZHULEIJ

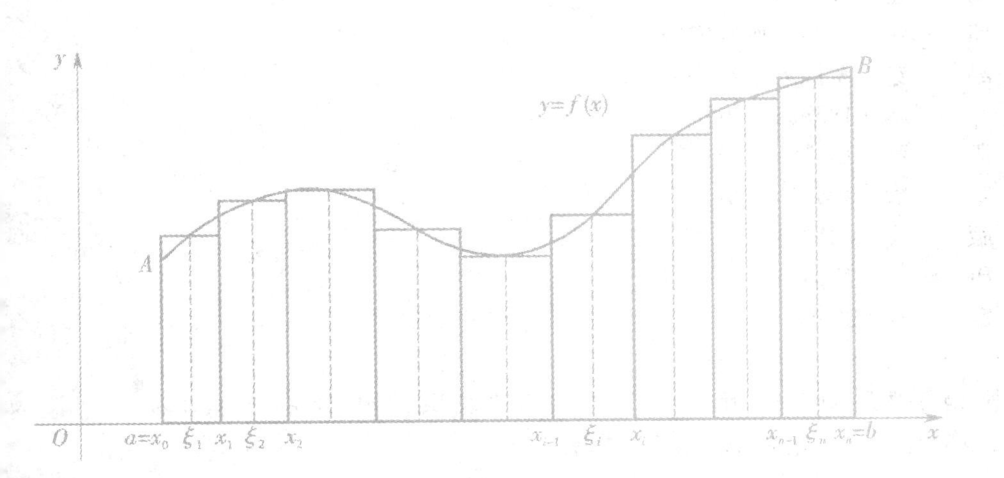

天津大学出版社
TIANJIN UNIVERSITY PRESS

内容提要

本书根据国家示范性高职院校建筑类专业的教学要求编写而成,体现了“必需、够用为度”的原则,内容包括三角函数、一元函数微积分、矩阵和线性方程组以及概率统计初步.

本书可供三年制高职高专建筑类专业使用,也可供其他专业选用.

图书在版编目(CIP)数据

高等数学与工程数学:建筑类/徐敏,陈善全主编.—天津:天津大学出版社,2010.9(2019.5重印)

ISBN 978-7-5618-3708-5

Ⅰ.①高… Ⅱ.①徐… ②陈… Ⅲ.①高等数学-高等学校:技术学校-教材 ②工程数学-高等学校:技术学校-教材 Ⅳ.①O13 ②TB11

中国版本图书馆CIP数据核字(2010)第181396号

出版发行 天津大学出版社
地　　址 天津市卫津路92号天津大学内(邮编:300072)
电　　话 发行部:022-27403647
网　　址 publish.tju.edu.cn
印　　刷 天津市蓟县宏图印务有限公司
经　　销 全国各地新华书店
开　　本 185mm×260mm
印　　张 15.75
字　　数 394千
版　　次 2019年5月第3版
印　　次 2019年5月第8次
定　　价 39.00元

编审委员会

总　序

“国家示范性高职院校重点建设专业精品规划教材(土建大类)”是根据教育部、财政部《关于实施国家示范性高等职业院校建设计划 加快高等职业教育改革与发展的意见》(教高〔2006〕14 号)及《关于全面提高高等职业教育教学质量的若干意见》(教高〔2006〕16 号)文件精神,为了适应我国当前高职高专教育发展形势,以及社会对高技能应用型人才培养的需求,配合国家示范性高职院校的建设计划,在重构能力本位课程体系的基础上,以重庆工程职业技术学院为载体,开发了与专业人才培养方案捆绑、体现“工学结合”思想的系列教材.

本套教材由重庆工程职业技术学院建工学院组织,联合重庆建工集团、重庆建设教育协会和兄弟院校的一些行业专家组成教材编审委员会,共同研讨并参与教材大纲的编写和编写内容的审定工作,是集体智慧的结晶.该系列教材的特点是:与企业密切合作,制定了突出专业职业能力培养的课程标准;反映了行业新规范、新技术和新工艺;打破传统学科体系教材编写模式,以工作过程为导向,系统设计课程内容,融“教、学、做”为一体,体现高职教育“工学结合”的特点.

在充分考虑高技能应用型人才培养需求和发挥示范院校建设作用的基础上,编委会基于能力递进工作过程系统化理念构建了建筑工程技术专业课程体系.其具体内容如下.

1. 调研、论证、确定岗位及岗位群

通过毕业生岗位统计、企业需求调研、毕业生跟踪调查等方式,确定建筑工程技术专业的岗位和岗位群为施工员、安全员、质检员、档案员、监理员.其后续提升岗位为技术负责人、项目经理.

2. 典型工作任务分析

根据建筑工程技术专业岗位及岗位群的工作过程,分析工作过程中各岗位应完成的工作任务,采用“资讯、计划、决策、实施、检查、评价”六步骤工作法提炼出“识读建筑工程施工图(综合识图)”等 43 项典型工作任务.

3. 由典型工作任务归纳为行动领域

根据提炼出的 43 项典型工作任务,按照是否具有现实、未来以及基础性和范例性意义的原则,将 43 项典型工作任务直接或改造后归纳为“建筑工程施工图及安装工程图识读、绘制”等 18 个行动领域.

4. 将行动领域转换配置为学习领域课程

根据“将职业工作作为一个整体化的行动过程进行分析”和“资讯、计划、决策、实施、检查、评价”六步骤工作法的原则，构建“工作过程完整”的学习过程，将行动领域或改造后的行动领域转换配置为“建筑工程图识读与绘制”等18门学习领域课程.

5. 构建专业框架教学计划

具体参见电子资源.

6. 设计基础学习领域课程的教学情境

由课程建设小组与基础课程教师共同完成基础学习领域课程教学情境的设计. 基于专业学习领域课程所需的理论知识和学生后续提升岗位所需知识来系统地设计教学情境，以满足学生可持续发展的需求.

7. 设计专业学习领域课程的教学情境

根据专业学习领域课程的性质和培养目标，校企合作共同选择以图纸类型、材料、对象、分部工程、现象、问题、项目、任务、产品、设备、构件、场地等为载体，并考虑载体具有可替代性、范例性及实用性的特点，对每个学习领域课程的教学内容进行解构和重构，设计出专业学习领域课程的教学情境.

8. 校企合作共同编写学习领域课程标准

重庆建工集团、重庆建设教育协会及一些企业和行业专家参与了课程体系的建设和学习领域课程标准的开发及审核工作.

在本套教材的编写过程中，编委会强调基于工作过程的理念进行编写，强调加强实践环节，强调教材用图统一，强调理论知识满足可持续发展的需要. 采用了创建学习情境和编排任务的方式，充分满足学生“边学、边做、边互动”的教学需求，达到所学即所用. 本套教材体系结构合理、编排新颖而且满足了职业资格考核的要求，实现了理论实践一体化，实用性强，能满足学生完成典型工作任务所需的知识、能力和素质的要求.

追求卓越是本系列教材的奋斗目标，为我国高等职业教育发展而勇于实践和大胆创新是编委会共同努力的方向. 在国家教育方针、政策引导下，在各位编审委员会成员和作者团队的共同努力下，在天津大学出版社的大力支持下，我们力求向社会奉献一套具有“创新性和示范性”的教材. 我们衷心希望这套教材的出版能够推动高职院校的课程改革，为我国职业教育的发展贡献自己微薄的力量.

丛书编审委员会

2018年9月于重庆

再版前言

根据教育部、财政部关于建立全国示范性高等职业技术学院的文件精神，结合重庆工程职业技术学院建筑类专业的课程改革，我们编写了校本教材，经试用达到了一定的效果，这次在校本教材的基础上我们进行了较大幅度的修改，力求完善. 该教材的特点是，紧密结合专业，根据专业的需要确定教学内容，例题和习题尽量与专业知识相结合。使之学以致用，学生的学习目的明确，从而提高学习兴趣. 该教材的结构采用学习情境和学习任务的模式，简化章节，具有新颖性.

本书计划学时 120 学时，教师在使用该教材时可根据实际情况进行内容上的取舍. 本书配有相关教学课件等立体化教学资源，联系人邮箱 ccshan2008@ sina. com.

本书在编写过程中得到重庆工程职业技术学院数学教研室部分教师的协助和支持，也得到建筑工程学院领导和专业课教师的大力支持，在此一并致谢.

由于时间仓促及编者的实践经验有限，难免出现遗漏和错误，使用教师在教学过程中可逐渐完善.

编　者

2019 年 5 月

目　录

学习情境 1　建筑构件的测量与计算

任务 1　函数的概念

大家都知道声音在空气中的传播速度是 340 m/s，经过 t s 后，它传播的距离 s 有多远呢？由公式：距离 = 速度 × 时间，可以得出 $s=340t$(m). 这是公式，也是我们将要讨论的函数. 如果已知时间 t，就可以算出传播的距离 s 来.

又如一张圆桌的桌面半径为 r cm，它的面积 A 是多少呢？圆的面积公式 $A=\pi r^2$(cm²)，这也是一个函数. 如果已知半径 r 的数值，就可算出面积 A 来. 在生活和生产实际中，函数随处可见，它就在我们身边. 从上面两例可知，函数的作用就是通过一个已知的信息去推知另一个未知的信息.

在千变万化的自然界，在错综复杂的人类社会，各种事物和现象之间无不存在着千丝万缕的联系，而函数就是描述量与量之间关系的有力工具. 为了认识世界，改造世界，我们应当学好函数这一章.

1.1　函数的概念

定义 1　设有两个变量 x 和 y，如果当变量 x 在实数的某一范围 D 内任意取定一个数值时，变量 y 按照一定的规律 f，可以得出唯一确定的值与之对应，那么 y 就叫做 x 的函数. 记作

$$y=f(x),x\in D,$$

其中 x 叫做自变量，y 叫做函数（或因变量），自变量 x 的取值范围 D 叫做函数的定义域. 当 x 取遍 D 中的一切数值时，对应 y 的所有值的集合叫做函数的值域，记作 M.

函数的记号除了用 $f(x)$ 表示外，也可用 $F(x)$，$g(x)$，$\varphi(x)$ 等表示.

1.2　函数的表示法

千万不要以为函数的表示法只是一个公式，用公式来表示只是其中的一种，叫做公式法（或解析式法）.

函数的表示法主要有三种：表格法、图像法、公式法.

例 1 据股市行情报导,个股“深宝安”某月上旬 1—10 日的收盘价如表 1.1 所示.

表 1.1

日期(日)	1	2	3	4	5
收盘价(元)	5.34	4.97	4.44	4.21	3.85
日期(日)	6	7	8	9	10
收盘价(元)	3.98	4.21	4.63	3.79	3.88

按照这个表格,每一个日期都对应一个唯一的收盘价. 若设日期为 t,收盘价为 R,对照函数的概念,R 就是 t 的函数. 这里不存在计算收盘价的公式. 日期 t 与收盘价 R 的对应是靠表格来完成的,这就是表示函数的**表格法**.

例 2 有时我们可能会想,汽车开得快耗油量大,还是开得慢耗油量大? 图 1.1 是 CQ643 型城市公共汽车的耗油量图,横坐标表示车速(单位:km/h),纵坐标表示耗油量(单位:L/100 km).

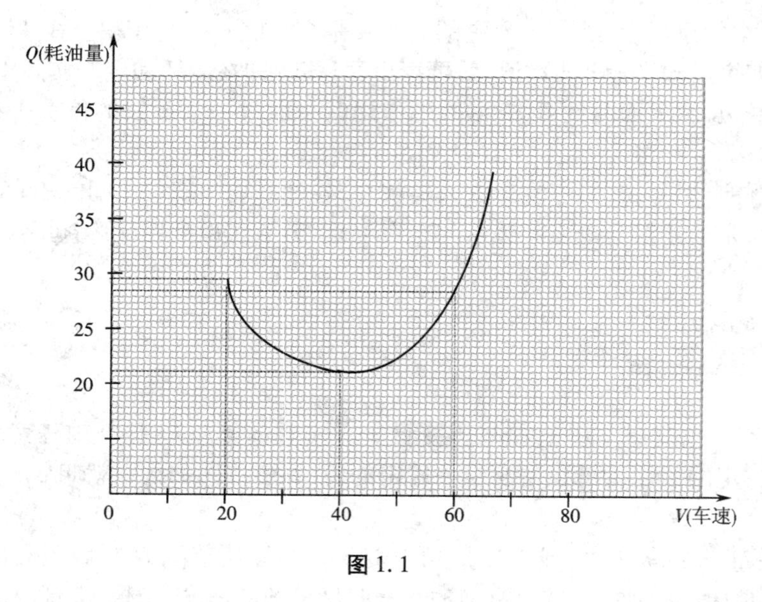

图 1.1

当车速 $V=20$ km/h,对应的耗油量 $Q=29.5$ L/100 km;

当车速 $V=40$ km/h,对应的耗油量 $Q=21.0$ L/100 km;

当车速 $V=60$ km/h,对应的耗油量 $Q=28.5$ L/100 km.

按照这个耗油量曲线图,对每一个车速 V,都可以对应一个唯一的耗油量 Q. 因此耗油量 Q 是车速 V 的函数. 这里 V 与 Q 的对应是靠图像来完成的,我们把它叫做表示函数的**图像法**.

自变量与函数的对应如果是靠公式来完成的,我们就说函数是用**公式法**表示的. 如声音传播的距离 $s=340t$,圆的面积 $A=\pi r^2$ 都是用公式法表示的函数. 表示函数的公式也叫做函数的解析式.

在今后的学习中,我们接触较多的是用公式法表示的函数.

1.3　函数的定义域

前面我们已经知道,在函数 $y=f(x)$ 中自变量 x 的取值范围 D 叫做函数的定义域. 对于一个函数,掌握它的定义域是非常重要的.

例3　生产成本是产量的函数,产量的大小决定着成本的多少. 某化肥厂生产氮肥的成本函数为

$$C(x)=1.5+2x-2x^2+x^3\text{(千元)},$$

其中 x 为产量,单位:t,求此函数的定义域.

由常识我们知道,产量 x 不可能为负数,因此 x 的取值范围为 $x\geqslant 0$ 的一切实数,函数定义域 $D=\{x|\ x\geqslant 0\}$,写作区间即 $D:[0,+\infty)$.

由此可得,**生产和生活实际中的函数,其定义域由问题的具体意义来决定.**

例4　求函数 $y=\dfrac{3}{x}$ 的定义域:

解　这是一个没有赋予实际意义的数学式子表示的函数,显然 x 不能等于0,因此 x 的取值范围为 $x\neq 0$,函数定义域 $D=\{x|\ x\neq 0\}$.

由此可得,**由数学式子表示的函数,其定义域是使得函数式有意义的 x 的取值范围.**

例5　求下列函数的定义域:

(1) $y=\dfrac{x+2}{x-1}$;　　　　(2) $f(x)=\sqrt{x+5}-\dfrac{4}{3-x}$;

(3) $y=\dfrac{3x}{2x^2+7x-4}$;　　　　(4) $f(x)=\ln(x^2-9)$.

解　(1) $y=\dfrac{x+2}{x-1}$,要使函数式有意义,分母不能等于0,即 $x-1\neq 0$,得 $x\neq 1$,所以该函数的定义域为集合 $\{x|\ x\neq 1\}$ 或区间 $(-\infty,1)\cup(1,+\infty)$.

(2) $f(x)=\sqrt{x+5}-\dfrac{4}{3-x}$,要使函数式有意义,二次根号下要大于等于0,且分母不能等于0,即

$$\begin{cases}x+5\geqslant 0,\\3-x\neq 0,\end{cases}$$

解这个不等式得

$$\begin{cases}x\geqslant -5,\\x\neq 3,\end{cases}$$

所以该函数的定义域为集合 $\{x|x\geqslant -5,x\neq 3\}$ 或区间 $[-5,3)\cup(3,+\infty)$.

(3) $y=\dfrac{3x}{2x^2+7x-4}$,要使函数式有意义,分母不能等于0,即 $2x^2+7x-4\neq 0$,解这个不等式. 左边分解因式得 $(2x-1)(x+4)\neq 0$,只要 $x\neq\dfrac{1}{2}$ 且 $x\neq -4$,这个不等式就成立.

所以该函数的定义域为集合$\left\{x|x\neq\frac{1}{2},x\neq-4\right\}$或区间$(-\infty,-4)\cup\left(-4,\frac{1}{2}\right)\cup\left(\frac{1}{2},+\infty\right)$.

(4)$f(x)=\ln(x^2-9)$,要使函数式有意义,对数的真数部分必须大于0. 即$x^2-9>0$,解这个不等式. 先求得方程$x^2-9=0$的两根为$x_1=-3,x_2=3$,不等式$x^2-9>0$的解为$x<-3$或$x>3$.

所以该函数的定义域为集合$\{x|x<-3$ 或 $x>3\}$或区间$(-\infty,-3)\cup(3,+\infty)$.

由上面的例题,我们可以得出求函数定义域的程序如图1.2所示.

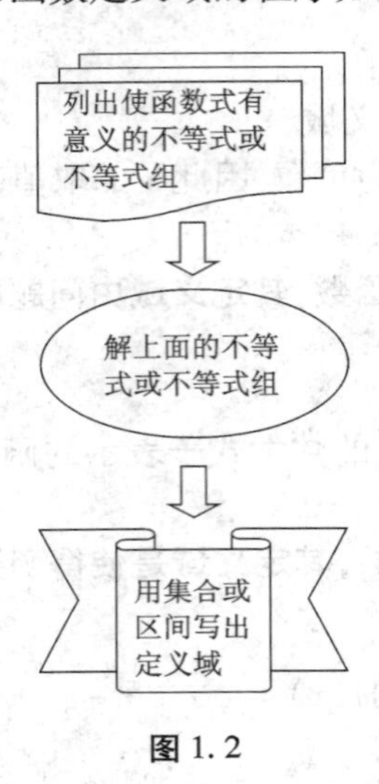

图1.2

1.4 函数值

某种商品的销售利润y与销售数量x之间的函数关系式为

$$y=240x-x^2-1\,600(\text{元}),$$

问卖出10件商品时,所得利润是多少元?即销售量$x=10$时,求利润y等于多少?

将$x=10$代入上面函数式中x处,如下所示

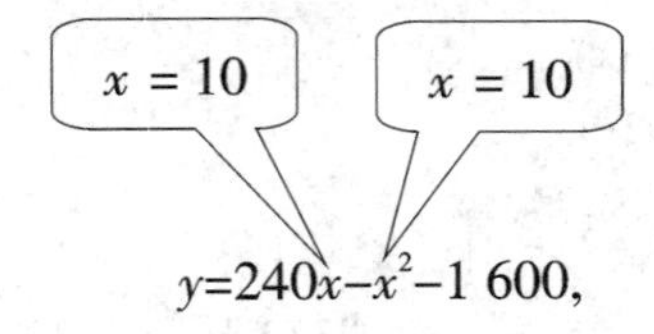

可以得出

$$y=240\times10-10^2-1\,600=700(\text{元}),$$

即销售量$x=10$时,利润y为700元.

我们把$y=700$叫做函数$y=240x-x^2-1\,600$在点$x=10$处的函数值,记作$y|_{x=10}=700$.

对于一般的函数 $y=f(x)$，如果当 $x=x_0\in D$（D 为定义域）时，对应的函数值为 y_0，则 y_0 叫做函数 $y=f(x)$ 在点 $x=x_0$ 处的函数值，记作 $y|_{x=x_0}=y_0$ 或 $f(x_0)=y_0$.

这时我们还说函数在点 $x=x_0$ 处有定义，如果函数在某个区间上每一点都有定义，则说函数在该区间上有定义.

例6　设函数 $f(x)=4-3x+2x^2$，求 $x=-2$ 处的函数值 $f(-2)$.

解　将 $x=-2$ 代入函数式中 x 处，如下所示

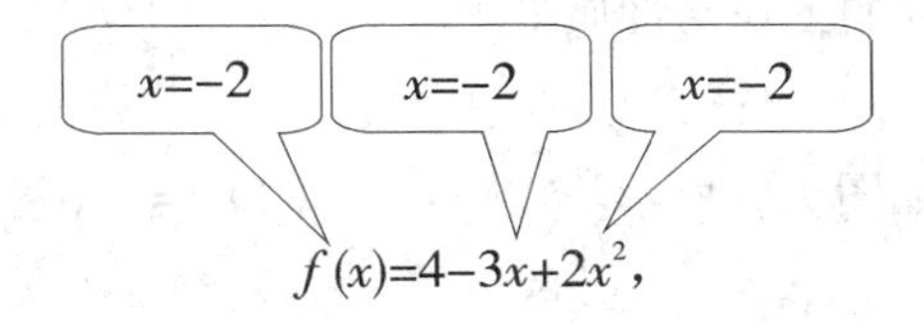

可以得出

$$f(-2)=4-3\times(-2)+2\times(-2)^2=18.$$

例7　设函数 $g(t)=\sqrt{t^2+1}$，求 $g(4)$，$g(a)$，$g(2+\Delta t)$.

解　$g(4)=\sqrt{4^2+1}=\sqrt{17}$，

$g(a)=\sqrt{a^2+1}$，

$g(2+\Delta t)=\sqrt{(2+\Delta t)^2+1}=\sqrt{5+4\Delta t+(\Delta t)^2}$.

1.5　分段函数

下面的函数是一个分段函数，

$$f(x)=\begin{cases}-x, & x<0,\\ x^2, & x\geqslant 0,\end{cases}$$

当自变量 x 的取值范围为 $x<0$ 时，函数式为 $f(x)=-x$，当自变量 x 的取值范围为 $x\geqslant 0$ 时，函数式为 $f(x)=x^2$. 因此，**分段函数就是当自变量 x 在不同的范围取值时，用不同的函数式来表示的函数.**

例8　设有分段函数

$$f(x)=\begin{cases}x+1, & -1\leqslant x<0,\\ 1-x, & 0\leqslant x\leqslant 2,\end{cases}$$

求函数 $f(x)$ 的定义域，并求 $f(-0.5)$ 和 $f(1)$.

解　函数 $f(x)$ 的定义域即是自变量 x 各个不同取值范围的并集. 因此，此函数的定义域为区间 $[-1,2]$.

$f(-0.5)=-0.5+1=0.5$，

$f(1)=1-1=0$.

由本例可以看出，分段函数的定义域就是自变量 x 各个不同取值范围的并集.

求函数值时，看自变量 x 取值位于哪个范围，就代入相应的函数式来计算.

1.6　基本初等函数

高等数学涉及的函数主要就是我们在初等数学中学习过的**幂函数**、**指数函数**、**对数函数**、**三角函数**和**反三角函数**以及它们的组合.

为了后续课程能顺利进行,有必要把上述5类函数系统地整理在一起.这5类函数统称为基本初等函数.基本初等函数的图像与性质如下.

1.幂函数 $y=x^{\alpha}$

(1)$y=x$(指数 $\alpha=1$),如图1.3所示.

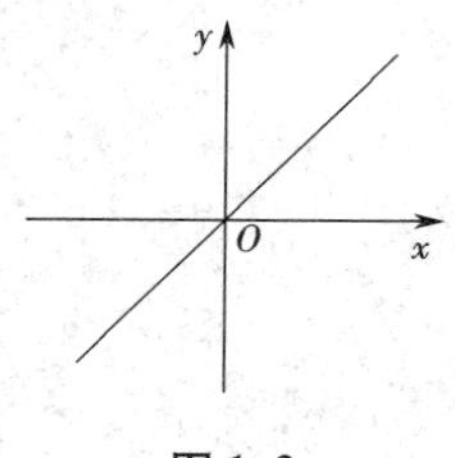

图1.3

定义域:$(-\infty,+\infty)$.

值域:$(-\infty,+\infty)$.

奇函数(关于原点对称).

单调增加.

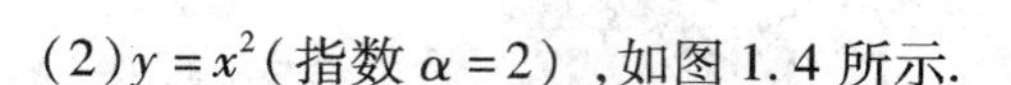
(2)$y=x^2$(指数 $\alpha=2$),如图1.4所示.

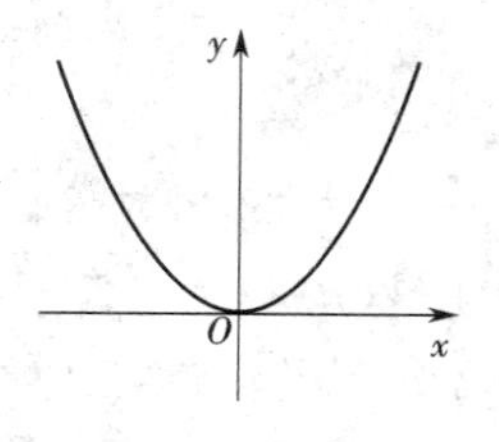

图1.4

定义域:$(-\infty,+\infty)$.

值域:$[0,+\infty)$.

偶函数(关于 y 轴对称).

在$(-\infty,0)$内单调减少,$(0,+\infty)$内单调增加.

(3)$y=x^3$(指数 $\alpha=3$),如图1.5所示.

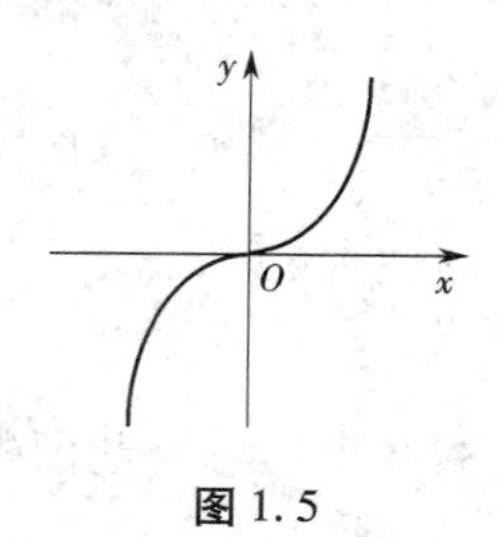

图1.5

定义域:$(-\infty,+\infty)$.

值域:$(-\infty,+\infty)$.

奇函数.

单调增加.

(4)$y=\sqrt{x}=x^{\frac{1}{2}}$(指数 $\alpha=\frac{1}{2}$),如图1.6所示.

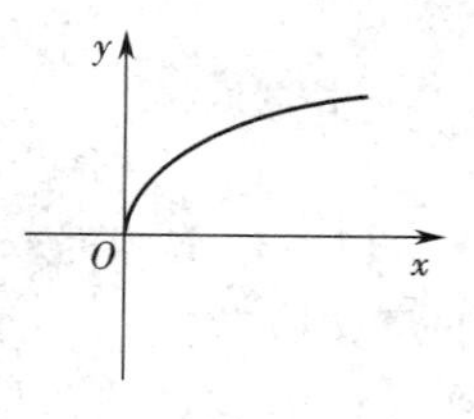

图1.6

定义域:$(0,+\infty)$.

值域:$[0,+\infty)$.

非奇非偶函数.

单调增加.

(5) $y=\frac{1}{x}=x^{-1}$(指数 $\alpha=-1$)，如图1.7所示.

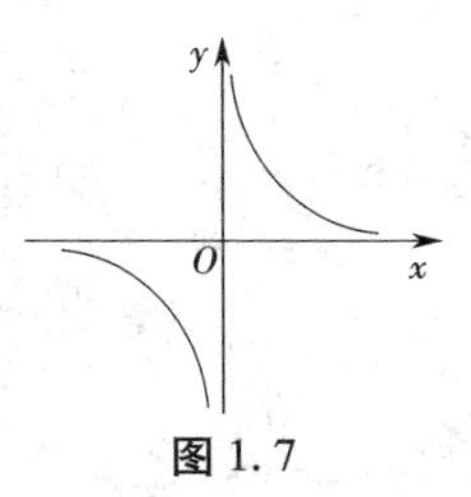

图1.7

定义域:$(-\infty,0)\cup(0,+\infty)$.
值域$(-\infty,0)\cup(0,+\infty)$.
奇函数.
在$(-\infty,0)$内与$(0,+\infty)$内均单调减少.

(6) $y=\frac{1}{x^2}=x^{-2}$(指数 $\alpha=-2$)，如图1.8所示.

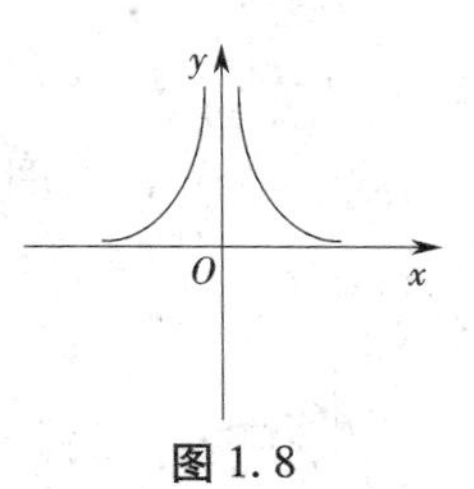

图1.8

定义域:$(-\infty,0)\cup(0,+\infty)$.
值域$(0,+\infty)$.
偶函数.
在$(0,+\infty)$内单调减少，$(-\infty,0)$内单调增加.

2. 指数函数 $y=a^x(a>0,a\neq1)$

(1) $y=a^x(a>1)$，如图1.9所示(如 $y=2^x,y=10^x,y=e^x$).

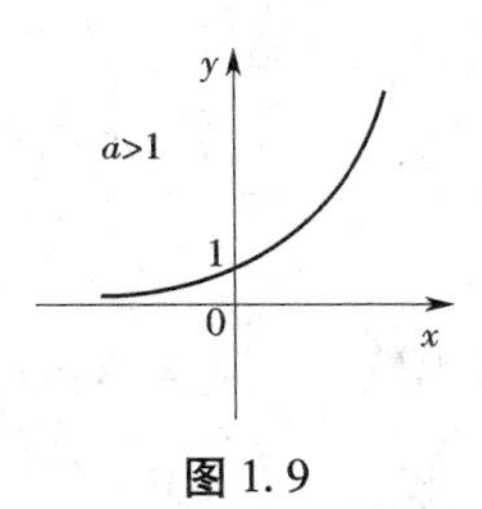

图1.9

定义域:$(-\infty,+\infty)$.
值域:$(0,+\infty)$.
单调增加.

(2) $y=a^x(0<a<1)$，如图1.10所示$\left(如\ y=\left(\frac{1}{2}\right)^x,y=\left(\frac{1}{10}\right)^x,y=e^{-x}\right)$.

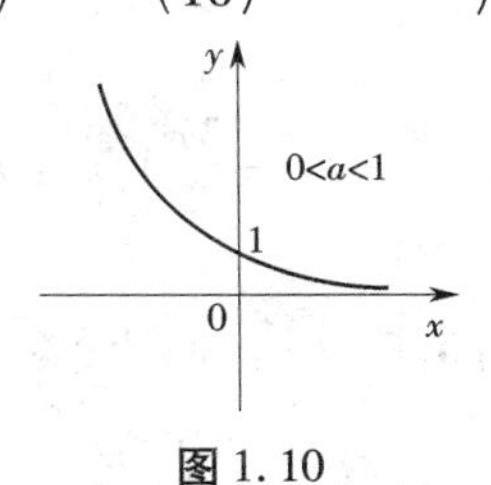

图1.10

定义域:$(-\infty,+\infty)$.
值域:$(0,+\infty)$.
单调减少.

3. 对数函数 $y=\log_a x(a>0,a\neq1)$

(1) $y=\log_a x(a>1)$，如图1.11所示(如 $y=\log_2 x,y=\lg x,y=\ln x$).

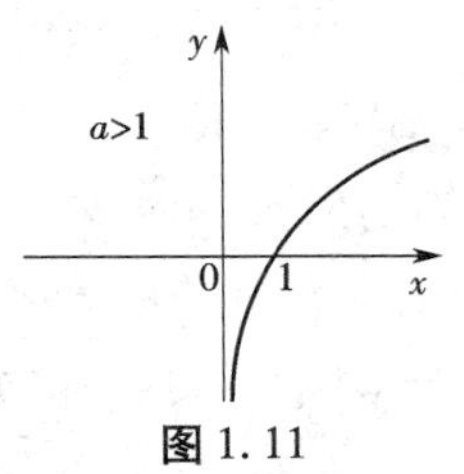

图1.11

(2) $y=\log_a x(0<a<1)$，如图1.12所示(如 $y=\log_{\frac{1}{2}} x,y=\log_{\frac{1}{10}} x$).

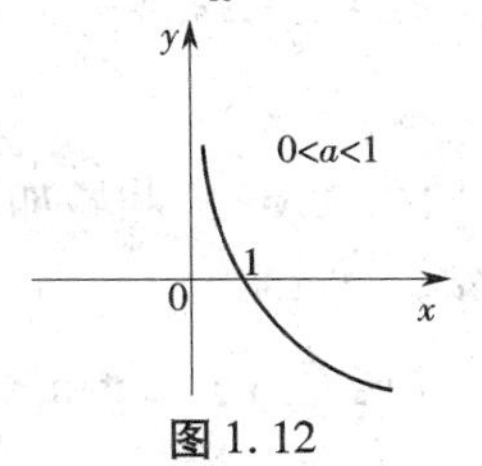

图1.12

定义域:$(0,+\infty)$.
值域:$(-\infty,+\infty)$.
单调增加.

定义域:$(0,+\infty)$.
值域:$(-\infty,+\infty)$.
单调减少.

4. 三角函数

(1)正弦函数 $y=\sin x$,如图 1.13 所示.

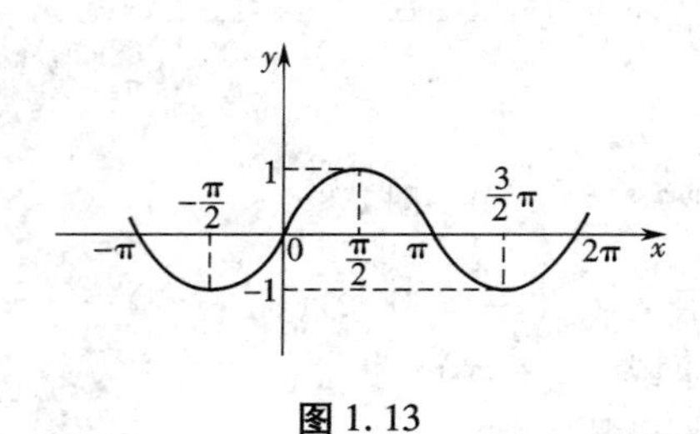

图 1.13

定义域:$(-\infty,+\infty)$.
值域:$[-1,1]$.
奇函数,周期为 2π.
在 $\left(2k\pi-\frac{\pi}{2},2k\pi+\frac{\pi}{2}\right)$,$k\in\mathbf{Z}$ 内单调增加.
在 $\left(2k\pi+\frac{\pi}{2},2k\pi+\frac{3\pi}{2}\right)$,$k\in\mathbf{Z}$ 内单调减少.

(2)余弦函数 $y=\cos x$,如图 1.14 所示.

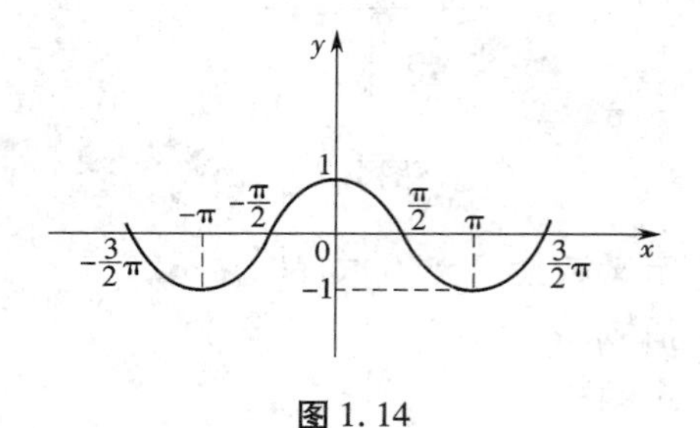

图 1.14

定义域:$(-\infty,+\infty)$.
值域:$[-1,1]$.
偶函数,周期为 2π.
在$(2k\pi-\pi,2k\pi)$,$k\in\mathbf{Z}$ 内单调增加.
在$(2k\pi,2k\pi+\pi)$,$k\in\mathbf{Z}$ 内单调减少.

(3)正切函数 $y=\tan x$,如图 1.15 所示.

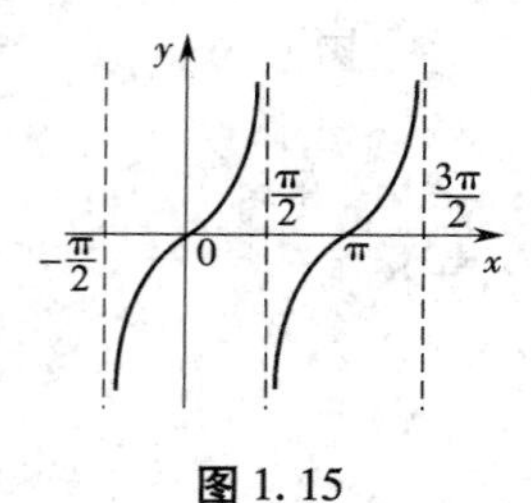

图 1.15

定义域:$\left(k\pi-\frac{\pi}{2},k\pi+\frac{\pi}{2}\right)$,$k\in\mathbf{Z}$.
值域:$(-\infty,+\infty)$.
奇函数,周期为 π,单调增加.

(4)余切函数 $y=\cot x$,如图 1.16 所示.

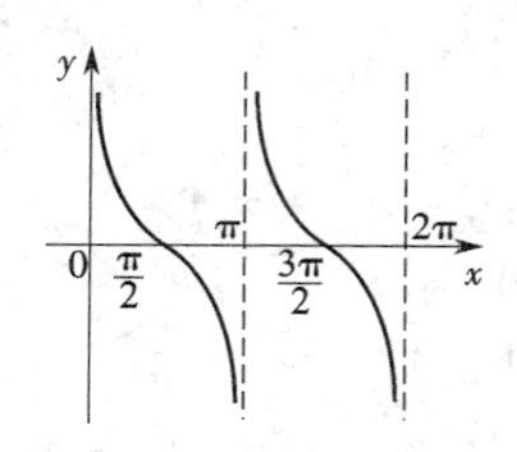

图 1.16

定义域:$(k\pi,k\pi+\pi)$,$k\in\mathbf{Z}$.
值域:$(-\infty,+\infty)$.
奇函数,周期为 π,单调减少.

5. 反三角函数

(1)反正弦函数 $y=\arcsin x$,如图 1.17

(2)反余弦函数 $y=\arccos x$,如图 1.18 所示.

所示.

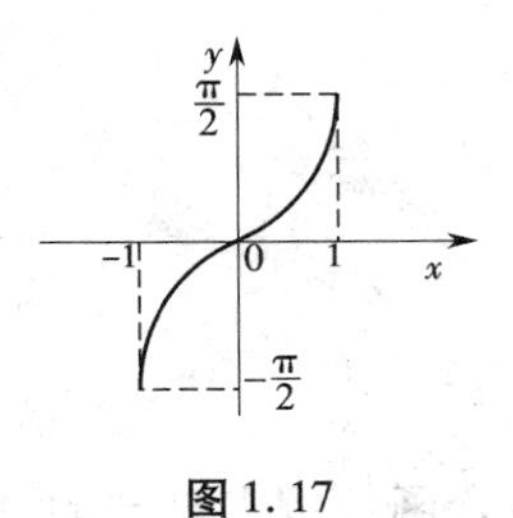

图1.17

定义域:$[-1,1]$.

值域:$\left[-\frac{\pi}{2},\frac{\pi}{2}\right]$.

奇函数,单调增加.

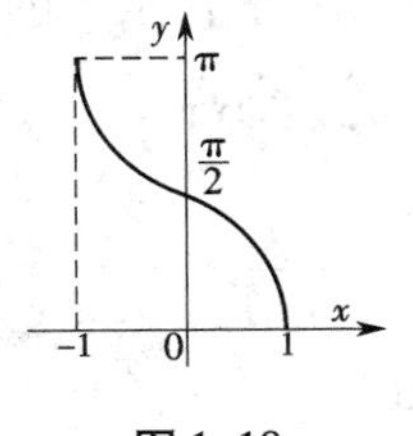

图1.18

定义域:$[-1,1]$.

值域:$[0,\pi]$.

单调减少.

(3)反正切函数 $y=\arctan x$,如图1.19所示.

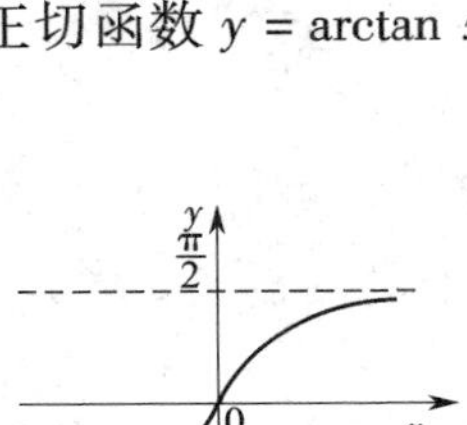

图1.19

定义域:$(-\infty,+\infty)$.

值域:$\left(-\frac{\pi}{2},\frac{\pi}{2}\right)$.

奇函数,单调增加.

(4)反余切函数 $y=\operatorname{arccot} x$,如图1.20所示.

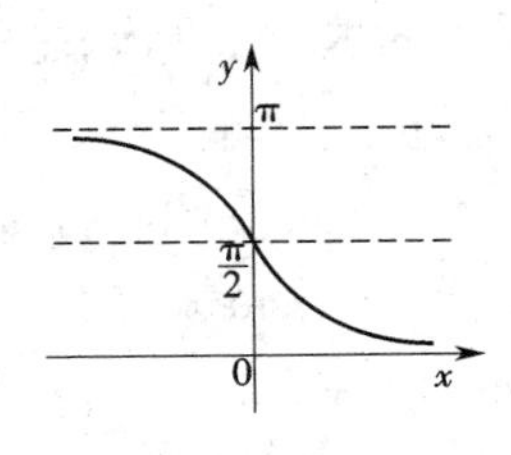

图1.20

定义域:$(-\infty,+\infty)$.

值域:$(0,\pi)$.

单调减少.

1.7　复合函数

我们通常接触的函数并非都是单纯的基本初等函数,更多的是多个函数的组合.这里介绍一种组合形式的函数——复合函数.

写出两个函数 $y=\sqrt{u}$,$u=x^2+1$.将第二个函数代入第一个函数,即把第一个函数中根号下的 u 用 x^2+1 来代替,得到

$$y=\sqrt{x^2+1},$$

该函数叫做由 $y=\sqrt{u}$ 和 $u=x^2+1$ 复合而成的复合函数.推广到一般有如下复合函数的定义.

定义2　设 $y=f(u)$,而 $u=\varphi(x)$,通过 u 的联系,如果 y 是 x 的函数,则 $y=f[\varphi(x)]$,这个

函数叫做由 $y=f(u)$ 和 $u=\varphi(x)$ 复合而成的函数,简称复合函数,其中 u 叫做中间变量.

例 9 将下面 y 表示成 x 的函数:

(1)$y=\dfrac{1}{u},u=x^3+1$;　　(2)$y=\ln u,u=3^v,v=\cos x$.

解 (1)$y=\dfrac{1}{x^3+1}$.

(2)$y=\ln 3^{\cos x}$.

上例把若干个函数复合成一个复合函数,也可以将一个复合函数按它复合的过程分解开来,这对将要讨论的函数求导是非常有用的.

例 10 指出下列复合函数的复合过程:

(1)$y=\sqrt{x^2+1}$;　　(2)$y=\sin^2 x$;

(3)$y=e^{-x^2}$;　　(4)$y=\lg[3\tan(1+2^x)]$.

解 (1)$y=\sqrt{x^2+1}$,把运算符号与符号内的式子分开得

$y=\sqrt{\quad\quad},x^2+1.$

在运算符号内填入字母 u,并令 u 等于原运算符号内的式子,得

$y=\sqrt{u},u=x^2+1.$

(2)$y=\sin^2 x=(\sin x)^2$.

$y=(\quad\quad)^2,\sin x$,于是

$y=u^2,u=\sin x.$

(3)$y=e^{-x^2}$.

$y=e^u,u=-x^2.$

(4)$y=\lg[3\tan(1+2^x)]$,把最外层运算符号与运算符号内的式子分开得

$y=\lg(\quad\quad),\ 3\tan(1+2^x)$,于是

$y=\lg u,u=3\tan(1+2^x).$

再把第二个式子的运算符号与运算符号内的式子分开得

$y=\lg u,u=3\tan(\quad\quad),1+2^x$,于是

$y=\lg u,u=3\tan v,v=1+2^x.$

1.8 初等函数

初等函数是由基本初等函数及常数构成的. 如:$y=5x^2+3x-2$,$y=(\sec 3x+\cot 2x)^2$,$y=\lg[3\tan(1+2^x)]$,$y=\sqrt{x^2+1}$,$y=\dfrac{3\ln x}{\sqrt{1+\sin^2 x}}$等都是初等函数.

一般地,由基本初等函数和常数经有限次四则运算和有限次复合构成的,用一个式子表示的函数叫**初等函数**.

1.9　任务考核

1. 求下列函数的定义域：

(1) $y=2x-5+\dfrac{3x^2}{x+4}$；　　(2) $y=\dfrac{1}{2x-1}+\sqrt{2x+3}$；

(3) $f(x)=\dfrac{x^4-3x}{\sqrt{x^2-9x-10}}$；　　(4) $f(x)=7\ln(x^2+2)$.

2. 设函数 $f(x)=\dfrac{1}{2\sqrt{x}}-\dfrac{1}{x^2}$，求函数值 $f(4)$，$f\left(\dfrac{1}{2}\right)$，$f(x_0)$，$f\left(\dfrac{1}{a}\right)$.

3. 设函数 $f(x)=\log_a x$，求 $f(x_0)$，$f(x_0+\Delta x)$ 和 $f(x_0+\Delta x)-f(x_0)$.

4. 若 $f(t)=2t^2+\dfrac{2}{t^2}+\dfrac{5}{t}+5t$，证明 $f\left(\dfrac{1}{t}\right)=f(t)$.

5. 现有分段函数如下：

$$f(x)=\begin{cases} x, & 0\leqslant x<3, \\ 3, & 3\leqslant x<5, \\ 8-x, & 5\leqslant x\leqslant 8. \end{cases}$$

(1)求出它的定义域；(2)求函数值 $f(0)$，$f(2.5)$，$f\left(\dfrac{7}{2}\right)$，$f(6)$；(3)画出它的图像.

6. 把下列函数写成幂函数形式，并求出其定义域：

(1) $y=\sqrt{x^3}$；　(2) $y=\sqrt[3]{x^4}$；　(3) $y=\dfrac{1}{\sqrt[3]{x^2}}$；　(4) $y=\dfrac{1}{\sqrt[4]{x^3}}$.

7. 填空.

(1)指数函数 $y=e^x$ 的底数 $a=$______，定义域为______，单调递______.

(2)指数函数 $y=\left(\dfrac{1}{10}\right)^x$ 的底数 $a=$______，定义域为______，单调递______.

(3)对数函数 $y=\ln x$ 的底数 $a=$______，定义域为______，单调递______.

(4)对数函数 $y=\log_{\frac{1}{4}} x$ 的底数 $a=$______，定义域为______，单调递______.

8. 将下列函数复合成复合函数：

(1) $y=\lg u$，$u=\sin x$；　　(2) $y=e^u$，$u=\tan x$；

(3) $y=\sqrt{u}$，$u=1+v^2$，$v=\ln x$.

9. 指出下列复合函数的复合过程：

(1) $y=2^{2x+1}$；　　(2) $y=(\cos x)^3$；

(3) $y=\cot 3x$；　　(4) $y=\lg\sqrt{1+\tan x}$；

(5) $y=\dfrac{1}{(2x^3+4x-1)^2}$；　　(6) $y=3+5e^{-2x}$.

任务2 任意角的三角函数

在建筑测量中常会遇到坡度.什么是坡度呢?坡度是用以表示斜坡的斜度,常用于标记丘陵、屋顶和道路的斜坡坡度.这个数值往往是以三角函数中的正切(tan)的百分比数值来表示的,即"爬升高度比在一个水平面上的移动距离".除了正切百分比,还可以直接标示斜坡垂直提升的角度,甚至使用正弦(sin)的百分比数值,即"爬升高度比在斜面上的实际(直线)移动距离",这两个标示法更常被应用于表示坡度较小的斜坡(少于正切15%).

坡度标示法的原则都能应用于地形测量学上,虽然使用以上任何一种标示法都能带出同样的信息,但为了更好地理解利用坡度标示法,读者应精通三角知识.本任务重点介绍三角函数的有关知识.

2.1 角的概念及其推广

2.1.1 任意角的概念

在平面几何中,角被看成由一点引出的两条射线所形成的图形.但在矿山工程技术上常会遇到大于360°或带方向的角.因此,在三角学里把角定义为一条射线 OA 绕它的端点 O 旋转到另一位置 OB,就形成角 α.射线 OA 称为角的始边,射线 OB 称为角的终边,端点 O 称为角的顶点.通常规定:射线按逆时方向旋转所形成的角为正角,射线按顺时针方向旋转所形成的角为负角,射线没有作任何旋转时为零角.这样,就把角的概念推广到了任意大小的角,简称为任意角.

1. 象限角与界限角

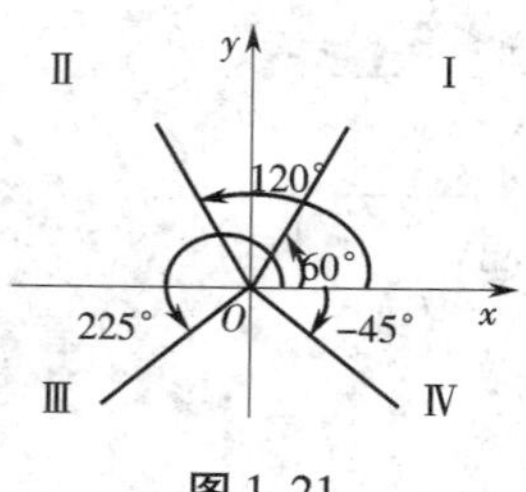

图1.21

以角的顶点 O 为原点,角的始边为 X 轴的正方向建立直角坐标系.这样,一个任意角的大小就由角的终边来决定了.角的终边落在哪一个象限内,就称这个角为第几象限的角.例如,60°、120°、225°、-45°分别是第Ⅰ、Ⅱ、Ⅲ、Ⅳ象限的角(如图1.21所示).这些角统称为象限角.

如果角的终边落在坐标轴上,就称这些角为界限角(或轴线角).

2. 终边相同的角

当角的终边为同一条射线时,称为终边相同的角.例如,420°、780°、-300°、-660°的角均与60°角同终边,与60°角同终边的角还有:$2\times360°+60°$,$-2\times360°+60°$,$3\times360°+60°$,$-3\times360°+60°$角.

与60°角终边相同的角的全体可以用一般形式:

$$k\cdot360°+60°, k\in\mathbf{Z}$$

来表示.当 k 分别取不同值时,就得到不同的角.

一般地，与角 α 终边相同的角的全体可用一般形式

$$k \cdot 360° + \alpha, k \in \mathbf{Z}$$

来表示.

例1　确定下列各角所在的象限：

(1)770°；　(2) −1 300°；　(3)450°.

解　(1)$770° = 2 \times 360° + 50°$，它与50°角同终边，所以它是第Ⅰ象限的角.

(2) $-1\ 300° = -3 \times 360° + (-220°)$，它与−220°角同终边，所以它是第Ⅱ象限的角.

(3)$450° = 1 \times 360° + 90°$，它与90°角同终边，所以它是界限角.

例2　写出与下列各角终边相同的角：

(1)12°；　(2)150°.

解　(1)与12°终边相同的角为 $k \cdot 360° + 12°, k \in \mathbf{Z}$.

(2)与150°终边相同的角为 $k \cdot 360° + 150°, k \in \mathbf{Z}$.

3. 弧度制

度量角的大小除了采用角度制外，在矿山工程技术中还经常采用弧度制.

定义1　与半径等长的圆弧所对的圆心角叫1弧度的角，记作1 rad，简记为1.

一般地，如果圆的半径为 R，圆弧长为 L，该弧所对的圆心角的弧度数为

$$|\alpha| = \frac{L}{R},$$

即圆心角的弧度数等于该角所对的弧长与圆的半径的比.

根据这个公式可以将角的度数与弧度数进行互换. 一个圆的度数是360°，弧度数是$\frac{2\pi R}{R}$，则 $360° = \frac{2\pi R}{R} = 2\pi$，即 $180° = \pi$. 所以 $1° = \frac{\pi}{180} \approx 0.017\ 45$，$1 = \frac{180°}{\pi} \approx 57.3° = 57°18'$.

用弧度数做单位来度量角的制度叫弧度制.

由 $|\alpha| = \frac{L}{R}$，可以得到 $L = |\alpha| \cdot R$，即弧长等于弧所对的圆心角(弧度数)的绝对值与半径的积.

例3　把下列各角的度数与弧度数互化：

(1)69°；　(2)35.2°；　(3) −1.5.

解　(1)$69° = 69 \times \frac{\pi}{180} = \frac{23}{60}\pi$.

(2)$35.2° = 35.2 \times 0.017\ 45 \approx 0.614\ 24$.

(3)$-1.5 = -1.5 \times 57.3° = -85°57'$.

几个特殊角的度数与弧度数的互换如表1.2所示.

表1.2

0°	30°	45°	60°	90°	180°	270°	360°
0	$\frac{\pi}{6}$	$\frac{\pi}{4}$	$\frac{1}{3}\pi$	$\frac{\pi}{2}$	π	$\frac{3}{2}\pi$	2π

2.1.2 任意角的三角函数

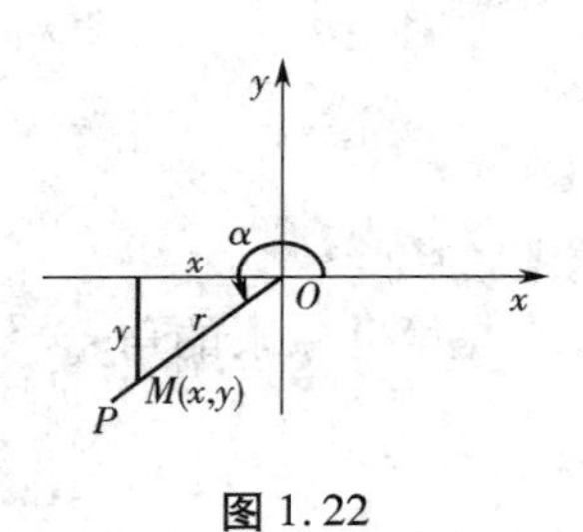

图 1.22

设 α 为一任意角,以 α 角的顶点 O 为原点,角的始边为 x 轴的正方向建立直角坐标系. 在 α 的终边 OP 上任意取一点 $M(x,y)$(除原点),它与原点的距离 $r>0$(如图 1.22),那么

$$\sin\alpha=\frac{y}{r};\quad \cos\alpha=\frac{x}{r};$$

$$\tan\alpha=\frac{y}{x};\quad \cot\alpha=\frac{x}{y};$$

$$\sec\alpha=\frac{r}{x};\quad \csc\alpha=\frac{r}{y}$$

分别称为角 α 正弦、余弦、正切、余切、正割、余割.

对于确定的角 α,以上 6 个比值都有确定的值与之对应,它们都是以角为自变量,以比值为函数值的函数,这些函数分别称为正弦函数、余弦函数、正切函数、余切函数、正割函数、余割函数,统称为角 α 的三角函数.

由三角函数的定义可以看到,当角 α 的终边落在 x 轴上,即 $\alpha=k\pi(k\in\mathbf{Z})$,终边上任意点 M 的纵坐标 $y=0$,这时 $\cot\alpha=\frac{x}{y}$和 $\csc\alpha=\frac{r}{y}$没有意义;当角 α 的终边落在 y 轴上,即 $\alpha=k\pi+\frac{\pi}{2}(k\in\mathbf{Z})$,终边上任意点 M 的横坐标 $x=0$,这时 $\tan\alpha=\frac{y}{x}$和 $\sec\alpha=\frac{r}{x}$没有意义. 三角函数的定义域如表 1.3 所示.

表 1.3

三角函数	定　义　域
$\sin\alpha$	$\alpha\in\mathbf{R}$
$\cos\alpha$	$\alpha\in\mathbf{R}$
$\tan\alpha$	$\alpha\neq k\pi+\frac{\pi}{2},k\in\mathbf{Z}$
$\cot\alpha$	$\alpha\neq k\pi,k\in\mathbf{Z}$
$\sec\alpha$	$\alpha\neq k\pi+\frac{\pi}{2},k\in\mathbf{Z}$
$\csc\alpha$	$\alpha\neq k\pi,k\in\mathbf{Z}$

例 4　已知角 α 终边上一点 M 的坐标是$(3,-4)$,求角 α 的三角函数值.

解　如图 1.23 可以看出:$x=3,y=-4,r=\sqrt{x^2+y^2}=\sqrt{3^2+(-4)^2}=5$.

所以$\sin\alpha=\frac{y}{r}=\frac{-4}{5}=-\frac{4}{5}$; $\cos\alpha=\frac{x}{r}=\frac{3}{5}$;

$\tan\alpha=\frac{y}{x}=\frac{-4}{3}=-\frac{4}{3}$; $\cot\alpha=\frac{x}{y}=-\frac{3}{4}$;

$\sec\ \alpha=\dfrac{r}{x}=\dfrac{5}{3}$；$\csc\ \alpha=\dfrac{r}{y}=-\dfrac{5}{4}$.

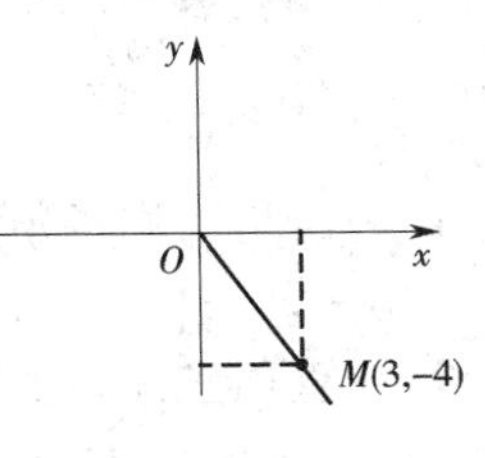

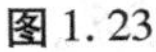
图 1.23

角的终边在不同的象限，终边上的点的坐标 x 和 y 的符号就不同，因此三角函数的值的符号也不相同. 三角函数在各象限的符号如图 1.24 所示.

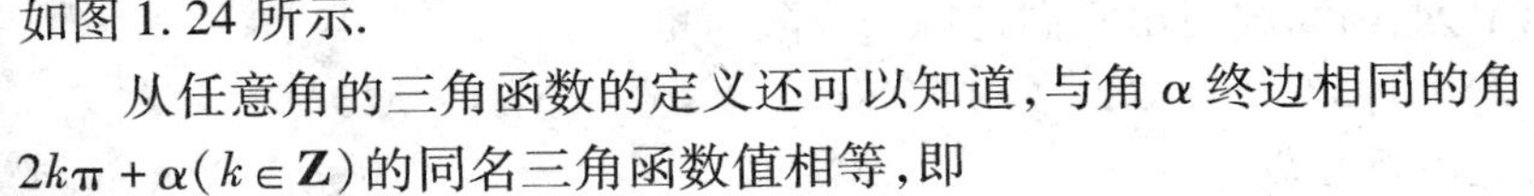

从任意角的三角函数的定义还可以知道，与角 α 终边相同的角 $2k\pi+\alpha(k\in\mathbf{Z})$ 的同名三角函数值相等，即

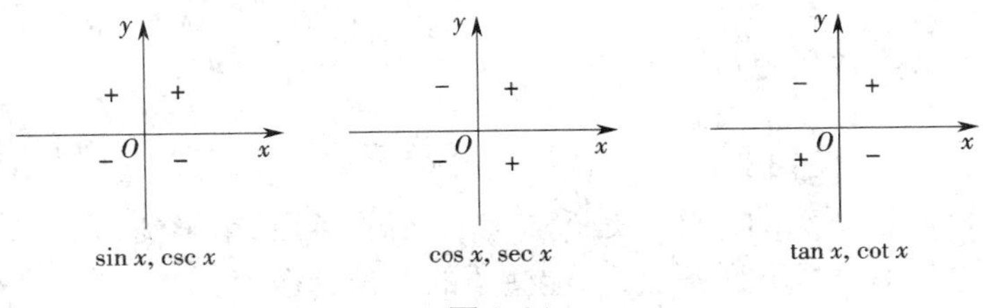

图 1.24

$\sin(2k\pi+\alpha)=\sin\ \alpha$；

$\cos(2k\pi+\alpha)=\cos\ \alpha$；

$\tan(2k\pi+\alpha)=\tan\ \alpha$；

$\cot(2k\pi+\alpha)=\cot\ \alpha$；

$\sec(2k\pi+\alpha)=\sec\ \alpha$；

$\csc(2k\pi+\alpha)=\csc\ \alpha$.

例 5　确定下列各式的符号：

(1)$904°$；　(2)$\tan\left(-\dfrac{19\pi}{6}\right)$；　(3)$\dfrac{\cos 139°}{\sin 287°}$.

解　(1)$940°=2\times360°+184°$是第Ⅲ象限的角，所以 $\sin 904°<0$.

(2)$-\dfrac{19\pi}{6}=-2\pi+\left(-\dfrac{7\pi}{6}\right)$是第Ⅱ象限的角，所以 $\tan\left(-\dfrac{19\pi}{6}\right)<0$.

(3)$139°$在第Ⅱ象限，$\cos 139°<0$，$287°$在第Ⅳ象限，$\sin 287°<0$，所以$\dfrac{\cos 139°}{\sin 287°}>0$.

例 6　按下列条件确定角 θ 所在的象限：

(1)$\cos\ \theta$ 和 $\tan\ \theta$ 都是负的；　　(2)$\cot\ \theta\cdot\csc\ \theta<0$.

解　(1)$\cos\ \theta<0$，θ 是第Ⅱ或Ⅲ象限的角，$\tan\ \theta<0$，θ 是第Ⅱ或Ⅳ象限的角，所以 θ 是第Ⅱ象限的角.

(2)根据已知条件，有两种情况：

如果$\begin{cases}\cot\ \theta>0,\\ \csc\ \theta<0,\end{cases}$那么 θ 是第Ⅲ象限的角，如果$\begin{cases}\cot\ \theta<0,\\ \csc\ \theta>0,\end{cases}$$\theta$ 是第Ⅱ象限的角，所以符合条件的角 θ 是第Ⅱ或第Ⅲ象限的角.

2.1.3　任务考核

1. 写出与下列各角终边相同的角：

(1) $-30°$；　(2) $45°$；　(3) $-234°$；　(4) $781°23'$.

2. 在直角坐标系里作出下列各角，并指出它们是哪个象限的角：

(1) $410°$；　(2) $-105°$；　(3) $1\ 020°$；　(4) $-540°$.

3. 把下列各角的角度数化为弧度数：

(1) $15°$；　(2) $48°$；　(3) $59.5°$；　(4) $22°30'$.

4. 把下列各角的弧度数化为角度数：

(1) $\frac{3\pi}{4}$；　(2) $\frac{5\pi}{18}$；　(3) $\frac{1}{15}$；　(4) -4.2.

5. 已知圆心角为 220°所对的圆弧长是 55 cm，求圆的半径(精确到 0.1 cm).

6. 如果角的终边分别通过下列各点，求这些角的三角函数值：

(1) $(-2,-5)$；　(2) $(\sqrt{3},-1)$；　(3) $(0,1)$.

7. 按照下列条件，确定角 α 所在的象限：

(1) $\sin\alpha$ 和 $\cos\alpha$ 异号；　(2) $\frac{\sin\alpha}{\cot\alpha}<0$；　(3) $\frac{\tan\alpha}{\csc\alpha}>0$.

任务 3　三角函数的基本关系式

3.1　同角三角函数的基本关系式

根据任意角的三角函数的定义，可以得到同角三角函数的基本关系式如下.

1. 倒数关系

$$\sin\alpha\cdot\csc\alpha=1;$$
$$\cos\alpha\cdot\sec\alpha=1;$$
$$\tan\alpha\cdot\cot\alpha=1.$$

2. 商数关系

$$\frac{\sin\alpha}{\cos\alpha}=\tan\alpha;$$
$$\frac{\cos\alpha}{\sin\alpha}=\cot\alpha.$$

3. 平方关系

$$\sin^2\alpha+\cos^2\alpha=1;$$

$1+\tan^2\alpha=\sec^2\alpha$;

$1+\cot^2\alpha=\csc^2\alpha$.

上面这些关系式是恒等式,即当 α 取使关系式的两边都有意义的任何值时,关系式的两边值都相等.

只要知道了角 α 的任一个三角函数值,就可以通过以上关系式求出其余5个三角函数值.

例1　已知角 α 在第Ⅲ象限,并且 $\sin\alpha=-\frac{5}{13}$,求角 α 的其他三角函数值.

解　因为角 α 在第Ⅲ象限,所以

$$\cos\alpha=-\sqrt{1-\sin^2\alpha}=-\sqrt{1-\left(-\frac{5}{13}\right)^2}=-\frac{12}{13};$$

$$\tan\alpha=\frac{\sin\alpha}{\cos\alpha}=\frac{-\frac{5}{13}}{-\frac{12}{13}}=\frac{5}{12};\ \cot\alpha=\frac{1}{\tan\alpha}=\frac{12}{5};$$

$$\sec\alpha=\frac{1}{\cos\alpha}=\frac{1}{-\frac{12}{13}}=-\frac{13}{12};\ \csc\alpha=\frac{1}{\sin\alpha}=\frac{1}{-\frac{5}{13}}=-\frac{13}{5}.$$

例2　已知 $\cos\alpha=-\frac{3}{5}$,求 $\cot\alpha$.

解　$\cos\alpha=-\frac{3}{5}<0$,所以 α 在第Ⅱ或Ⅲ象限.

当 α 在第Ⅱ象限时,$\sin\alpha>0$,$\sin\alpha=\sqrt{1-\cos^2\alpha}=\frac{4}{5}$,所以

$$\cot\alpha=\frac{\cos\alpha}{\sin\alpha}=\frac{-\frac{3}{5}}{\frac{4}{5}}=-\frac{3}{4}.$$

当 α 在第Ⅲ象限时,$\sin\alpha<0$,$\sin\alpha=-\sqrt{1-\cos^2\alpha}=-\frac{4}{5}$,所以

$$\cot\alpha=\frac{\cos\alpha}{\sin\alpha}=\frac{-\frac{3}{5}}{-\frac{4}{5}}=\frac{3}{4}.$$

3.2　诱导公式

我们知道,大于360°的任意角的三角函数可转化为0°~360°间角的三角函数,而0°~90°间角的三角函数值可以由三角函数表查得. 如果90°~360°间角的三角函数能转化为0°~90°间角的三角函数,那么任意角的三角函数值就能从表中求得. 假设 α 为任意角,我们有以下公式:

$$\left.\begin{aligned}\sin(-\alpha)&=-\sin\alpha,\\ \cos(-\alpha)&=\cos\alpha,\\ \tan(-\alpha)&=-\tan\alpha,\\ \cot(-\alpha)&=-\cot\alpha;\end{aligned}\right\}\quad(1)\qquad\left.\begin{aligned}\sin(90^\circ-\alpha)&=\cos\alpha,\\ \cos(90^\circ-\alpha)&=\sin\alpha,\\ \tan(90^\circ-\alpha)&=\cot\alpha,\\ \cot(90^\circ-\alpha)&=\tan\alpha;\end{aligned}\right\}\quad(2)$$

$$\left.\begin{aligned}\sin(90^\circ+\alpha)&=\cos\alpha,\\ \cos(90^\circ+\alpha)&=-\sin\alpha,\\ \tan(90^\circ+\alpha)&=-\cot\alpha,\\ \cot(90^\circ+\alpha)&=-\tan\alpha;\end{aligned}\right\}\quad(3)\qquad\left.\begin{aligned}\sin(180^\circ-\alpha)&=\sin\alpha,\\ \cos(180^\circ-\alpha)&=-\cos\alpha,\\ \tan(180^\circ-\alpha)&=-\tan\alpha,\\ \cot(180^\circ-\alpha)&=-\cot\alpha;\end{aligned}\right\}\quad(4)$$

$$\left.\begin{aligned}\sin(180^\circ+\alpha)&=-\sin\alpha,\\ \cos(180^\circ+\alpha)&=-\cos\alpha,\\ \tan(180^\circ+\alpha)&=\tan\alpha,\\ \cot(180^\circ+\alpha)&=\cot\alpha;\end{aligned}\right\}\quad(5)\qquad\left.\begin{aligned}\sin(360^\circ-\alpha)&=-\sin\alpha,\\ \cos(360^\circ-\alpha)&=\cos\alpha,\\ \tan(360^\circ-\alpha)&=-\tan\alpha,\\ \cot(360^\circ-\alpha)&=-\cot\alpha.\end{aligned}\right\}\quad(6)$$

以上6组公式称为诱导公式,它们可以概括为:“纵变横不变,符号看象限.”

注意这里的变是将原有的三角函数变为它的余名三角函数,α看为锐角.

利用诱导公式把任意角的三角函数转化为锐角三角函数,一般可按图1.25所示步骤进行.

任意负角的三角函数 → 任意正角的三角函数 → 0°～360°的角的三角函数 → 锐角三角函数

图1.25

例3 求下列各三角函数值:

(1) $\cos(-835^\circ)$; (2) $\cot 1\,580^\circ$; (3) $\tan\left(-\frac{14\pi}{3}\right)$.

解 (1) $\cos(-835^\circ)=\cos 835^\circ=\cos(2\times360^\circ+115^\circ)$

$=\cos 115^\circ=\cos(180^\circ-65^\circ)=-\cos 65^\circ=-0.422\,6.$

(2) $\cot 1\,580^\circ=\cot(4\times360^\circ+140^\circ)=\cot 140^\circ$

$=\cot(180^\circ-40^\circ)=-\cot 40^\circ=-1.192.$

(3) $\tan\left(-\frac{14\pi}{3}\right)=-\tan\frac{14\pi}{3}=-\tan\left(4\pi+\frac{2\pi}{3}\right)=-\tan\frac{2\pi}{3}$

$=-\tan\left(\pi-\frac{\pi}{3}\right)=\tan\frac{\pi}{3}=\sqrt{3}.$

例4 计算$\frac{\sin 855^\circ\cdot\tan(-240^\circ)}{\cot(-480^\circ)-\cos(-150^\circ)}$.

解 原式$=\frac{\sin(2\times360^\circ+135^\circ)\cdot[-\tan(180^\circ+60^\circ)]}{\cot(-3\times180^\circ+60^\circ)-\cos 150^\circ}=\frac{\sin(180^\circ-45^\circ)(-\tan 60^\circ)}{\cot 60^\circ-\cos(180^\circ-30^\circ)}$

$=\frac{\sin 45^\circ\cdot(-\tan 60^\circ)}{\cot 60^\circ+\cos 30^\circ}=\frac{\frac{\sqrt{2}}{2}\cdot(-\sqrt{3})}{\frac{\sqrt{3}}{3}+\frac{\sqrt{3}}{2}}=-\frac{3}{5}\sqrt{2}.$

3.3　加法定理

在实际问题中，常需使用角 α,β 的三角函数表示它们的和或差的三角函数. 例如用 $45°$ 和 $30°$ 角的三角函数求 $75°$ 或 $15°$ 角的三角函数. 一般地，两角和或差的三角函数不等于这两个角三角函数的和或差，例如：

$$\sin(60°+30°)\neq\sin 60°+\sin 30°;$$

$$\cos(90°-60°)\neq\cos 90°-\cos 60°;$$

$$\tan(120°+30°)\neq\tan 120°+\tan 30°.$$

由此，有必要建立相应的公式以便进行相应的运算.

3.3.1　两角和或差的三角函数

$$\sin(\alpha\pm\beta)=\sin\alpha\cos\beta\pm\cos\alpha\sin\beta;$$

$$\cos(\alpha\pm\beta)=\cos\alpha\cos\beta\mp\sin\alpha\sin\beta;$$

$$\tan(\alpha\pm\beta)=\frac{\tan\alpha\pm\tan\beta}{1\mp\tan\alpha\tan\beta}.$$

例5　不查表计算 $\cos 105°$ 和 $\sin 15°$ 的值.

解　$\cos 105°=\cos(60°+45°)=\cos 60°\cos 45°-\sin 60°\sin 45°$

$$=\frac{1}{2}\times\frac{\sqrt{2}}{2}-\frac{\sqrt{3}}{2}\times\frac{\sqrt{2}}{2}=\frac{\sqrt{2}-\sqrt{6}}{4}.$$

$\sin 15°=\sin(45°-30°)=\sin 45°\cos 30°-\cos 45°\sin 30°$

$$=\frac{\sqrt{2}}{2}\times\frac{\sqrt{3}}{2}-\frac{\sqrt{2}}{2}\times\frac{1}{2}=\frac{\sqrt{6}-\sqrt{2}}{4}.$$

例6　已知 $\cos\alpha=\frac{4}{5},\cos\beta=\frac{5}{13},\alpha\in\left(0,\frac{\pi}{2}\right),\beta\in\left(\frac{3\pi}{2},2\pi\right)$，求 $\sin(\alpha+\beta)$ 和 $\cos(\alpha+\beta)$ 的值.

解　因为 $\cos\alpha=\frac{4}{5},\cos\beta=\frac{5}{13},\alpha\in\left(0,\frac{\pi}{2}\right),\beta\in\left(\frac{3\pi}{2},2\pi\right)$，所以

$$\sin\alpha=\sqrt{1-\cos^2\alpha}=\sqrt{1-\left(\frac{4}{5}\right)^2}=\frac{3}{5};$$

$$\sin\beta=-\sqrt{1-\cos^2\beta}=-\sqrt{1-\left(\frac{5}{13}\right)^2}=-\frac{12}{13}.$$

故

$$\sin(\alpha+\beta)=\sin\alpha\cos\beta+\cos\alpha\sin\beta=\frac{3}{5}\times\frac{5}{13}+\frac{4}{5}\times\left(-\frac{12}{13}\right)=-\frac{33}{65}.$$

$$\cos(\alpha+\beta)=\cos\alpha\cos\beta-\sin\alpha\sin\beta=\frac{4}{5}\times\frac{5}{13}-\frac{3}{5}\times\left(-\frac{12}{13}\right)=\frac{56}{65}.$$

例 7 已知 $\tan\alpha=\dfrac{1}{3}$,$\tan\beta=-2$,且 $0<\alpha<\dfrac{\pi}{2}$,$\dfrac{\pi}{2}<\beta<\pi$,求 $\alpha+\beta$ 的值.

解 $\tan(\alpha+\beta)=\dfrac{\tan\alpha+\tan\beta}{1-\tan\alpha\cdot\tan\beta}=\dfrac{\dfrac{1}{3}+(-2)}{1-\dfrac{1}{3}\cdot(-2)}=-1$,

而 $0<\alpha<\dfrac{\pi}{2}$,$\dfrac{\pi}{2}<\beta<\pi$,故 $\dfrac{\pi}{2}<\alpha+\beta<\dfrac{3\pi}{2}$.

在 $\dfrac{\pi}{2}$ 和 $\dfrac{3\pi}{2}$ 之间只有一个角 $\dfrac{3\pi}{4}$ 的正切值为 -1,所以 $\alpha+\beta=\dfrac{3\pi}{4}$.

3.3.2 二倍角公式

用一个角的三角函数表示这个角的二倍的三角函数的公式叫二倍角公式.在两角和的加法定理中令 $\alpha=\beta$ 就分别得到下列公式:

$$\sin 2\alpha=2\sin\alpha\cos\alpha;$$

$$\cos 2\alpha=\cos^2\alpha-\sin^2\alpha=1-2\sin^2\alpha=2\cos^2\alpha-1;$$

$$\tan 2\alpha=\frac{2\tan\alpha}{1-\tan^2\alpha}.$$

例 8 已知 $\sin\alpha=\dfrac{4}{5}$,α 是第Ⅱ象限的角,求 $\sin 2\alpha$ 和 $\cos 2\alpha$ 的值.

解 由于 α 是第Ⅱ象限的角,所以

$$\cos\alpha=-\sqrt{1-\sin^2\alpha}=-\sqrt{1-\left(\frac{4}{5}\right)^2}=-\frac{3}{5},$$

故

$$\sin 2\alpha=2\sin\alpha\cos\alpha=2\times\frac{4}{5}\times\left(-\frac{3}{5}\right)=-\frac{24}{25};$$

$$\cos 2\alpha=1-2\sin^2\alpha=1-2\times\left(\frac{4}{5}\right)^2=-\frac{7}{25}.$$

3.4 任务考核

1. 已知 $\sin\alpha=-\dfrac{9}{41}$,且 $180°<\alpha<270°$,求角 α 的其他三角函数值.

2. 已知 $f(A)=\dfrac{\sin A-\csc A+2\cot A}{2\sec^2 A-\cos A-2\tan^2 A}$,求 $f\left(\dfrac{\pi}{10}\right)$.

3. 不查表求下列各式的值:

(1)$6\sin 150°\cdot\cot 240°$;

(2)$\sin 10°\cdot\cos 20°+\cos 10°\sin 20°$;

(3)$\dfrac{\tan 22°+\tan 23°}{1-\tan 22°\cdot\tan 23°}$.

4. 在$\triangle ABC$中，$\cos A=\frac{4}{5}$，$\cos B=\frac{12}{13}$，求$\cos C$的值.

5. 已知等腰三角形的一个底角的正弦等于$\frac{4}{5}$，求这个三角形顶角的正弦、余弦和正切.

任务4　三角形中的边角关系及计算

4.1　正弦定理

设在一个三角形ABC中，A、B、C表示三个内角，a、b、c分别表示它们所对的边，则各边和它所对角的正弦的比相等，即

$$\frac{a}{\sin A}=\frac{b}{\sin B}=\frac{c}{\sin C}.$$

利用正弦定理，可以解决以下两类有关三角形的问题：

(1)已知两角和任一边，求其他两边和一角；

(2)已知两边和其中一边的对角，求第三边的对角(从而进一步求出其他的边和角).

例1　在$\triangle ABC$中，已知$c=10$，$A=45°$，$C=30°$，求b(保留两个有效数字).

解　因为$\frac{b}{\sin B}=\frac{c}{\sin C}$，

$$B=180°-(A+C)=180°-(45°+30°)=105°,$$

所以　$b=\frac{c\cdot\sin B}{\sin C}=\frac{10\times\sin 105°}{\sin 30°}\approx 19.$

例2　在$\triangle ABC$中，已知$a=20$，$b=28$，$A=40°$，求B(精确到1°)和c(保留两个有效数字).

解　因为$\sin B=\frac{b\sin A}{a}=\frac{28\sin 40°}{20}=0.899\ 9$，

所以　$B_1=64°$，$B_2=116°$.

当$B_1=64°$时，$C_1=180°-(B_1+A)=180°-(64°+40°)=76°$，

所以　$c_1=\frac{a\sin C_1}{\sin A}=\frac{20\sin 76°}{\sin 40°}\approx 30.$

当$B_2=116°$时，$C_2=180°-(B_2+A)=180°-(116°+40°)=24°$，

所以　$c_2=\frac{a\sin C_2}{\sin A}=\frac{20\sin 24°}{\sin 40°}\approx 13.$

4.2 余弦定理

设在一个三角形 ABC 中,A、B、C 表示三个内角,a、b、c 分别表示它们所对的边,则三角形任何一边的平方等于其他两边平方的和减去这两边与它们夹角的余弦的积的两倍.即

$$\begin{cases} a^2 = b^2 + c^2 - 2bc\cos A; \\ b^2 = c^2 + a^2 - 2ca\cos B; \\ c^2 = a^2 + b^2 - 2ab\cos C. \end{cases}$$

在余弦定理中,令 $C = 90°$,这时 $\cos C = 0$,所以

$$c^2 = a^2 + b^2.$$

由此可知余弦定理是勾股定理的推广.

余弦定理也可表示为

$$\begin{cases} \cos A = \dfrac{b^2 + c^2 - a^2}{2bc}; \\ \cos B = \dfrac{c^2 + a^2 - b^2}{2ca}; \\ \cos C = \dfrac{a^2 + b^2 - c^2}{2ab}. \end{cases}$$

利用余弦定理,可以解决以下两类有关三角形的问题:

(1)已知三边,求三个角;

(2)已知两边和它们的夹角,求第三边和其他两个角.

例 3 在 $\triangle ABC$ 中,已知 $a = 7, b = 10, c = 6$,求角 A、B、C 的度数(精确到 $1°$).

解 $\cos A = \dfrac{b^2 + c^2 - a^2}{2bc} = \dfrac{10^2 + 6^2 - 7^2}{2 \times 10 \times 6} = 0.725$,所以 $A \approx 44°$.

$\cos C = \dfrac{a^2 + b^2 - c^2}{2ab} = \dfrac{7^2 + 10^2 - 6^2}{2 \times 7 \times 10} = 0.807\ 1$,所以 $C \approx 36°$.

$B = 180° - (A + B) \approx 180° - (44° + 36°) = 100°$.

例 4 在 $\triangle ABC$ 中,已知 $a = 2.730, b = 3.696, C = 82°28'$,解这个三角形(边长保留 4 个有效数字,角度精确到 $1'$).

解 由 $c^2 = a^2 + b^2 - 2ab\cos C = 2.730^2 + 3.696^2 - 2 \times 2.730 \times 3.696 \times \cos 82°28'$,得 $c = 4.297$.

$\cos A = \dfrac{b^2 + c^2 - a^2}{2bc} = \dfrac{3.696^2 + 4.297^2 - 2.730^2}{2 \times 3.696 \times 4.297} = 0.776\ 7$, $A = 39°2'$.

$B = 180° - (A + C) = 180° - (39°2' + 82°28') = 58°30'$.

4.3 任务考核

1. 根据下列条件解三角形(角度精确到 $1°$,边长保留两个有效数字).

(1) $b=26, c=15, C=23°$;

(2) $a=15, b=10, A=60°$.

2. 在$\triangle ABC$中，已知$a=49, b=26, C=107°$，求c, B.

3. 已知$\triangle ABC$中，$a=3+\sqrt{3}, c=3-\sqrt{3}, C=15°$，求$\triangle ABC$的面积.

4. 平行四边形两条邻边的长分别是$4\sqrt{6}$ cm和$4\sqrt{3}$ cm，它们的夹角是45°，求这个平行四边形的两条对角线的长与它的面积.

学习情境2　建筑工程中受弯构件的变形计算和惯性矩的计算

任务1　极限与连续

圆周率π就是圆周长与直径之比,也即直径为1的圆的周长,你可知道圆周率是怎样求出来的吗? 在公元263年,三国时期的数学家刘徽为了求圆周率,他研究了正n边形和圆的关系,在他的割圆术中有这样的记载"割之弥细,所失弥少,割之又割以至于不可割,则与圆合体而无所失矣".按照这样的思想,对直径为1的圆作分割,先作圆内接正三角形,然后取各段弧的中点,作第二次分割,得正六边形,依次类推,得正十二边形、正二十四边形……随着分割次数的增加,正n边形和圆就越来越接近.当分割次数无限增大时,正n边形就变成圆了.如果我们用C表示圆的周长,用C_n表示圆的内接正n边形的周长,显然C_n是n的函数$C_n=f(n)$,当n较大时,我们可用正n边形的周长作圆的周长的近似值,刘徽采用这种思想,求出了$C\approx3.14$.到了南北朝时期,数学家祖冲之,将正n边形推演到了98 304边形,求出圆周率落在3.141 592 6到3.141 592 7之间,这一纪录在世界上保持了达1 100年之久.但是不管圆的内接正多边形的边数n是多大的整数,C_n总是C的近似值.只有当圆的内接正多边形的边数n无限增加时,C_n才无限地趋于一个确定的值,这个确定的值我们记作π,理应是直径为1的圆的周长的精确值,称其为圆周率.

上面通过对圆周长的近似值C_n的变化趋势分析,确定出圆的周长的精确值,其实这就是极限的思想.极限描述的是变量的一种变化状态,或者说是一种变化趋势;它反映的是从有限到无限,从量变到质变的一种辩证关系.极限理论在高等数学中占有重要的地位,有了极限这一工具,我们不仅能够深入地研究一般函数,而且还可以解决"近似"与"精确"的矛盾,从近似的变化趋势中求得精确值.因此研究极限,对认识函数的特征、确定函数的值具有重要的意义.

1.1　极限的概念

1.1.1　数列$y_n=f(n)$的极限

先看一个实际问题.

设有某一种生产设备，购买时价值1万元，如果规定每一年提取的折旧费为该设备账面价格（即以前各年折旧费用提取后余下的价格）的$\frac{1}{10}$，那么这项设备的账面价格（单位：万元）按照第一年、第二年……的顺序，就可以排成一列有次序的数：

$$1,\frac{9}{10},\left(\frac{9}{10}\right)^2,\cdots,\left(\frac{9}{10}\right)^{n-1},\cdots$$

其中n为时序数.

可以发现，经过很多年以后，这项生产设备的账面价格会逐渐地接近零.

这个例子，实际是关于数列的变化趋势的问题.

我们再考察几个数列，当n无限增大时，$y_n=f(n)$数值的变化趋势.

(1)$y_n=\frac{1}{n}$: $1,\frac{1}{2},\frac{1}{3},\frac{1}{4},\frac{1}{5},\cdots$

其图像如图2.1所示，当n无限增大时，有$y_n=\frac{1}{n}$无限接近于0.

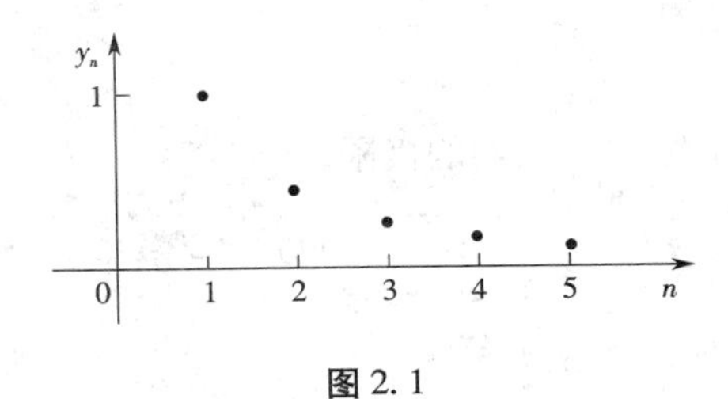

图2.1

(2)$y_n=1+(-1)^n\frac{1}{2^n}$: $\frac{1}{2},\frac{5}{4},\frac{7}{8},\frac{17}{16},\cdots$

其图像如图2.2所示，当n无限增大时，有$y_n=1+(-1)^n\frac{1}{2^n}$无限接近于1.

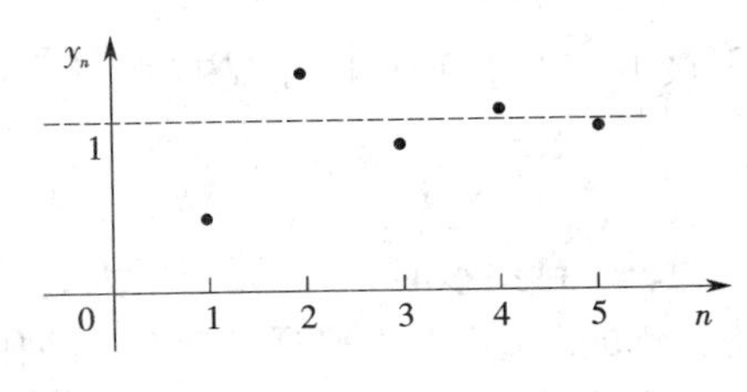

图2.2

(3)$y_n=(-1)^{n+1}$: $1,-1,1,-1,\cdots$

其图像如图2.3所示，当n无限增大时，$y_n=(-1)^{n+1}$的数值在-1和1来回跳动，不能保持与某个常数无限接近.

从上面例子可看出，当n无限增大时，数列的变化趋势大体上可分为两类：一类是y_n的数值无限接近于某一个常数；另一类则不能保持与某个常数无限接近. 针对这一现象，数学上应该怎样来描述呢？

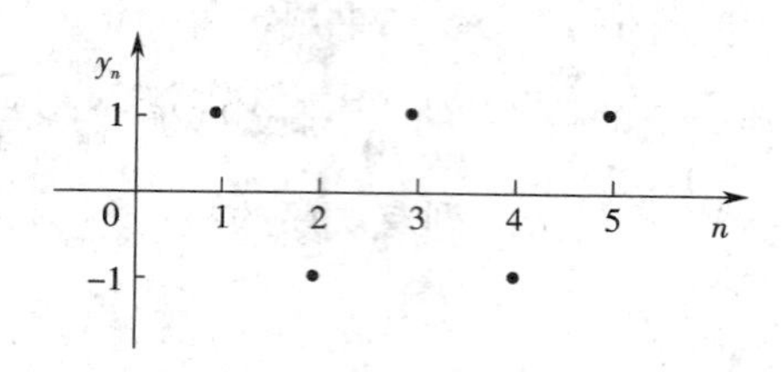

图 2.3

定义 1 如果当 n 无限增大时(记为 $n\to\infty$),数列 y_n 无限接近于某个常数 A,则称 A 为数列 y_n 的极限,记为

$$\lim_{n\to\infty} y_n = A \text{ 或 } y_n\to A(\text{当 } n\to\infty \text{ 时}).$$

这时,也称数列 y_n 收敛于 A,否则称数列 y_n 发散.

由定义 1 及图 2.1、2.2、2.3 可知

$$\lim_{n\to\infty}\frac{1}{n}=0,\ \lim_{n\to\infty}\left[1+(-1)^n\frac{1}{2^n}\right]=1,$$

而 $\lim\limits_{n\to\infty}(-1)^{n+1}$ 不存在.

例 1 考察数列的变化趋势,写出它们的极限.

(1) $y_n=2-\frac{1}{n^2}$; (2) $y_n=(-1)^n\frac{1}{3^n}$; (3) $y_n=2^n$.

解 (1) $y_n=2-\frac{1}{n^2}$,当 n 取 1,2,3,4,5,… 自然数时,y_n 的各项为 $1,\frac{7}{4},\frac{17}{9},\frac{31}{16},\cdots$ 因为当 n 无限增大时,y_n 无限接近 2,由数列极限定义有

$$\lim_{n\to\infty}\left(2-\frac{1}{n^2}\right)=2.$$

(2) $y_n=(-1)^n\frac{1}{3^n}$,当 n 取 1,2,3,4,5,… 自然数时,y_n 的各项为 $-\frac{1}{3},\frac{1}{9},-\frac{1}{27},\frac{1}{81},-\frac{1}{243},\cdots$ 因为当 n 无限增大时,y_n 无限接近 0,由数列极限定义有

$$\lim_{n\to\infty}(-1)^n\frac{1}{3^n}=0.$$

(3) $y_n=2^n$,当 n 取 1,2,3,4,5,… 自然数时,y_n 也无限增大,所以 $y_n=2^n$ 没有极限.

定义 1 是凭借直观,在运动变化的基础上,用普通语言对数列的极限做出了定性描述. 它只是形象描述,而不是严格的定量描述. 下面给出数列极限的定量描述的定义.

定义 2(极限的"$\varepsilon-N$"定义) 设有数列 $\{y_n\}$,若对于任意给定的正数 ε(不论多么小),总存在一个正整数 N,当 $n>N$ 时,使得

$$|y_n-A|<\varepsilon$$

恒成立,则称当 n 无限增大时数列 $\{y_n\}$ 以 A 为极限,记为

$$\lim_{n\to\infty} y_n = A,$$

或 $\quad y_n\to A(\text{当 } n\to\infty \text{ 时}).$

注意:定义中的 ε 刻画 y_n 与 A 的接近程度,N 刻画总有那么一个时刻(即刻画 n 充分大的程度).ε 是任意给定的,而 N 是由 ε 确定的正整数,ε 越小,N 越大,这就说明越在后面的项的值越接近常数 A.

例2　用极限的"$\varepsilon-N$"定义证明:$\lim\limits_{n\to\infty}\dfrac{2n+1}{n}=2$.

证明　对于任意给定的 $\varepsilon>0$,要使 $|y_n-2|<\varepsilon$ 成立,即

$$|y_n-2|=\left|\frac{2n+1}{n}-2\right|=\frac{1}{n}<\varepsilon$$

成立,只要有 $n>\dfrac{1}{\varepsilon}$ 就可以.

因此对于任意给定的 $\varepsilon>0$,取 $N=\left[\dfrac{1}{\varepsilon}\right]$.当 $n>N$ 时,$|y_n-2|<\varepsilon$ 恒成立.所以数列 $\{y_n\}=\left\{\dfrac{2n+1}{n}\right\}$ 以2为极限,即

$$\lim_{n\to\infty}\frac{2n+1}{n}=2.$$

比如给定 $\varepsilon=0.001$,取 $n>1\,000$ 就可以了,也就是说从第1001项开始,以后各项都满足

$$\left|\frac{2n+1}{n}-2\right|<0.001.$$

1.1.2　函数 $y=f(x)$ 的极限

前面讨论了数列的极限,数列是一种特殊的函数;现在讨论一般函数的极限,分 $x\to\infty$ 和 $x\to x_0$ 两种情形来讨论.

1. 当 $x\to\infty$ 时,函数 $y=f(x)$ 的极限

把 $x>0$ 且无限增大,记为 $x\to+\infty$;$x<0$ 且其绝对值无限增大,记为 $x\to-\infty$.$x\to\infty$ 包含 $x\to+\infty$ 与 $x\to-\infty$.下面先考察 $x\to+\infty$(或 $x\to-\infty$)时,函数的变化趋势.

考察函数 $y=\left(\dfrac{1}{2}\right)^x$,其图像如图2.4所示.

当 $x\to+\infty$ 时,曲线与 x 轴无限接近,即 $y\to0$;当 $x\to-\infty$ 时,曲线向上无限伸展,不趋近于一个确定的常数.对这样的变化趋势,我们给出如下的定义.

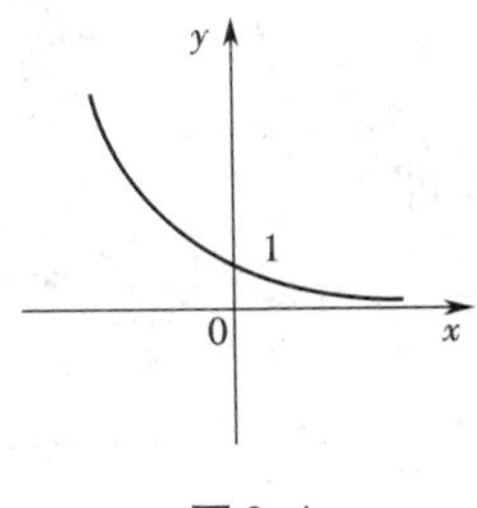

图2.4

定义3　如果当 $x\to+\infty$(或 $x\to-\infty$)时,函数 $f(x)$ 无限接近于一个确定的常数 A,则称 A 为函数 $f(x)$ 当 $x\to+\infty$(或 $x\to-\infty$)时的右(左)极限,记为

$$\lim_{\substack{x\to+\infty\\ \text{或}x\to-\infty}}f(x)=A,$$

或　　$f(x)\to A$(当 $x\to+\infty$ 或 $x\to-\infty$ 时).

对于函数 $y=\left(\dfrac{1}{2}\right)^x$,如图2.4,当 $x\to+\infty$ 时,$y=\left(\dfrac{1}{2}\right)^x$ 的极限是0,记为 $\lim\limits_{x\to+\infty}\left(\dfrac{1}{2}\right)^x=0$.

例3 设 $y=\frac{1}{x}$,求 $\lim\limits_{x\to+\infty} y$ 和 $\lim\limits_{x\to-\infty} y$.

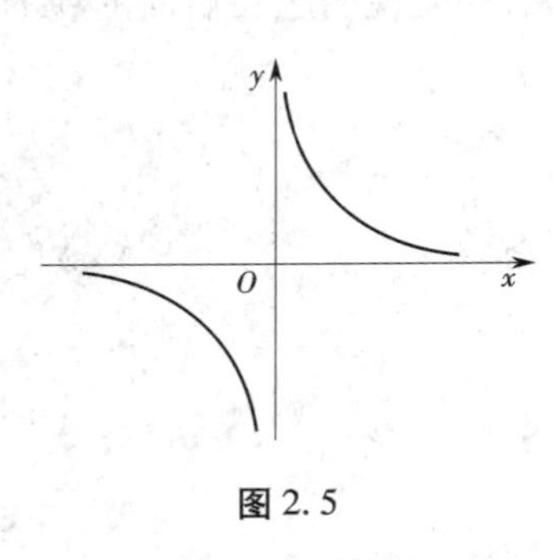

图2.5

解 图2.5所示为 $y=\frac{1}{x}$ 的图像,当 $x\to+\infty$ 时,函数 $y=\frac{1}{x}$ 的值无限趋近于0;同样,当 $x\to-\infty$ 时,函数 $y=\frac{1}{x}$ 的值也无限趋近于0. 所以有

$$\lim_{x\to+\infty} y=0,\ \lim_{x\to-\infty} y=0.$$

定义4 如果当 x 的绝对值无限增大(即 $|x|\to+\infty$)时,函数 $f(x)$ 无限趋近于一个确定的常数 A,那么 A 叫做函数 $f(x)$ 当 $x\to\infty$ 时的极限,记为

$$\lim_{x\to\infty} f(x)=A$$

或 $f(x)\to A$(当 $x\to\infty$ 时).

对于函数 $y=\frac{1}{x}$,如图2.5所示,可知当 $x\to\infty$ 时,函数 $f(x)=\frac{1}{x}$ 的极限是0,记为

$$\lim_{x\to\infty}\frac{1}{x}=0.$$

一般地,函数 $y=f(x)$ 在 $x\to\infty$ 时的极限与在 $x\to+\infty$, $x\to-\infty$ 时的极限有如图2.6所示关系.

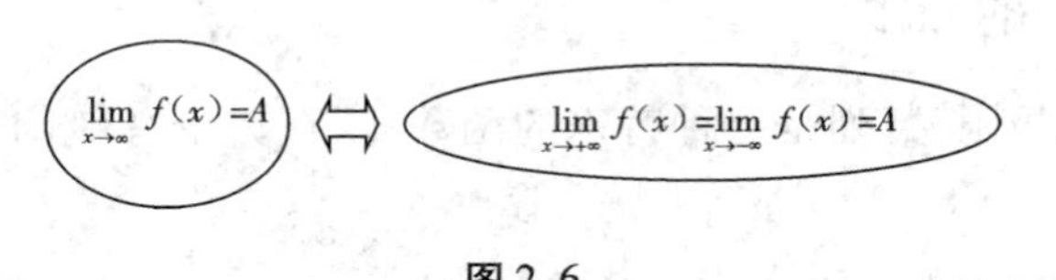

图2.6

例4 讨论极限 $\lim\limits_{x\to\infty}\frac{1}{\sqrt{2\pi}}e^{-\frac{x^2}{2}}$.

解 图2.7所示为 $y=\frac{1}{\sqrt{2\pi}}e^{-\frac{x^2}{2}}$ 的图像,当 $x\to\infty$ 时,函数 $f(x)=\frac{1}{\sqrt{2\pi}}e^{-\frac{x^2}{2}}$ 的值无限接近于0,即

$$\lim_{x\to\infty}\frac{1}{\sqrt{2\pi}}e^{-\frac{x^2}{2}}=0.$$

例5 讨论当 $x\to\infty$ 时,函数 $f(x)=\arctan x$ 的极限.

解 图2.8所示为 $y=\arctan x$ 的图像, $\lim\limits_{x\to+\infty}\arctan x=\frac{\pi}{2}$. 这里 $\lim\limits_{x\to-\infty}\arctan x=-\frac{\pi}{2}$, $\lim\limits_{x\to+\infty}\arctan x=\frac{\pi}{2}$ 和 $\lim\limits_{x\to-\infty}\arctan x=-\frac{\pi}{2}$ 虽然都存在,但它们不相等,所以 $\lim\limits_{x\to\infty}\arctan x$ 不存在.

下面用严格的数学语言给出函数极限的定义.

定义5(极限的"$\varepsilon-M$"定义) 设有函数 $y=f(x)$,若对于任意给定的正数 ε(不论多么

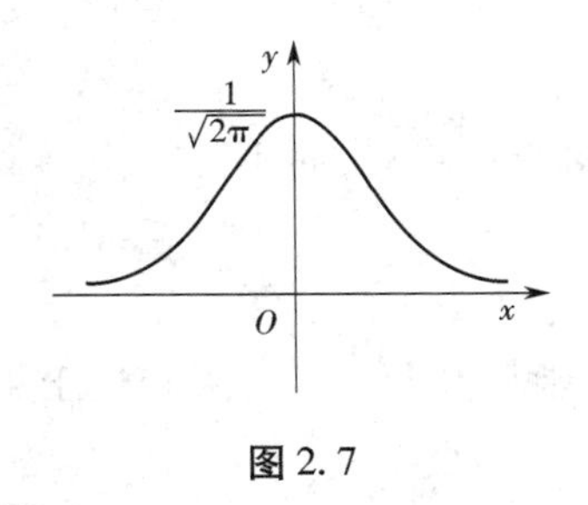

图2.7

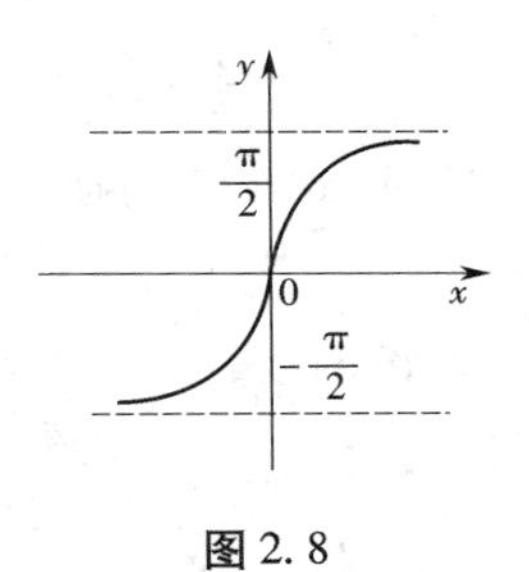

图2.8

小)，总存在一个正数 M，当 $|x|>M$ 时，使得 $|f(x)-A|<\varepsilon$ 恒成立，则称 A 为函数 $f(x)$ 当 $x\to\infty$ 时的极限，记为

$$\lim_{x\to\infty} f(x)=A,$$

或　　$f(x)\to A$（当 $x\to\infty$ 时）.

注意：定义中的 ε 刻画 $f(x)$ 与 A 的接近程度，M 刻画 $|x|$ 充分大. ε 是任意给定的正数，而 M 是由 ε 确定的正数.

例6　用极限的"$\varepsilon-M$"定义证明：$\lim\limits_{x\to\infty}\frac{1}{x}=0$.

证明　设 $f(x)=\frac{1}{x}$，对于任意给定的 $\varepsilon>0$，要使：$|f(x)-0|<\varepsilon$ 成立，即 $|f(x)-0|=\left|\frac{1}{x}-0\right|=\frac{1}{|x|}<\varepsilon$ 成立. 只要 $|x|>\frac{1}{\varepsilon}$ 就可以. 因此对于任意给定的 $\varepsilon>0$，取正数 $M=\frac{1}{\varepsilon}$. 则当 $|x|>M$ 时，$|f(x)-0|=\left|\frac{1}{x}-0\right|<\varepsilon$ 恒成立.

所以 $\lim\limits_{x\to\infty}\frac{1}{x}=0$.

2. 当 $x\to x_0$ 时，函数 $y=f(x)$ 的极限

考察函数 $f(x)=\frac{x^2-1}{x-1}$，当 $x\to1$ 时的变化趋势.

如图2.9所示，当 x 无限趋近于1时，函数 $f(x)=\frac{x^2-1}{x-1}$ 的值将无限趋近于2，对于这种变化趋势，我们有如下定义.

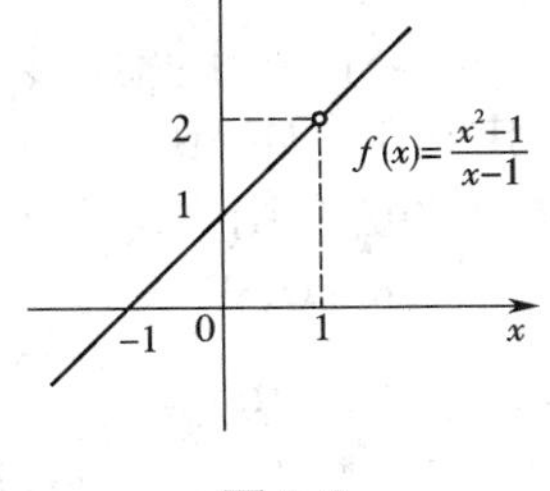

图2.9

定义6　设函数 $f(x)$ 在点 x_0 的左、右近旁有定义（在点 x_0 处，函数 $f(x)$ 可以没有定义)，如果当 x 无限趋近于 x_0 时，对应的函数 $f(x)$ 的值无限趋近于一个确定的常数 A，则称 A 为函数 $f(x)$ 当 $x\to x_0$ 时的极限，记为

$$\lim_{x\to x_0} f(x)=A,$$

或　$f(x)\to A$（当 $x\to x_0$ 时）.

由定义6，我们有

$$\lim_{x\to1}\frac{x^2-1}{x-1}=2.$$

注意:极限$\lim\limits_{x\to x_0}f(x)$刻画了函数$f(x)$在$x$趋近于$x_0$时的变化趋势,而不是在点$x_0$处的性态.

例7 讨论函数$f(x)=x^2$在$x\to2$时的极限.

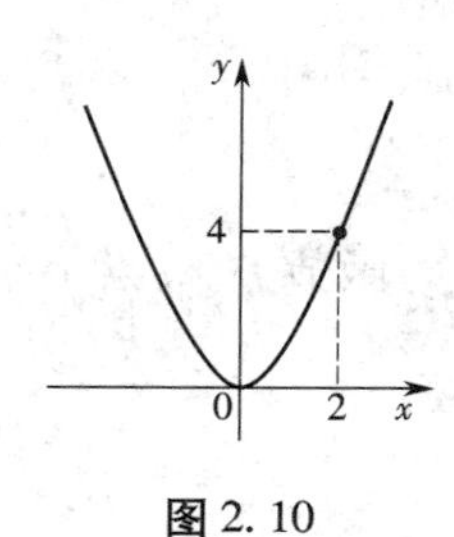

图2.10

解 如图2.10所示,当$x\to2$时,函数$f(x)=x^2$无限趋近于4,所以$\lim\limits_{x\to2}x^2=4$.

例8 设$f(x)=C$(常数),求$\lim\limits_{x\to x_0}f(x)$.

解 因为$y=C$为常值函数,即对任何$x\in\mathbf{R}$,均有$f(x)=C$,于是当$x\to x_0$时,始终有$f(x)=C$,因此

$$\lim_{x\to x_0}f(x)=\lim_{x\to x_0}C=C,$$

即常数的极限是它本身.

定义7(极限的"$\varepsilon-\delta$"定义) 设有函数$y=f(x)$,若对于任意给定的正数ε(不论多么小),总存在一个正数δ,当$0<|x-x_0|<\delta$时,使得$|f(x)-A|<\varepsilon$恒成立,则称A为函数$f(x)$当$x\to x_0$时的极限,记为

$$\lim_{x\to x_0}f(x)=A\text{ 或 }f(x)\to A(\text{当 }x\to x_0\text{时}).$$

例9 用极限的"$\varepsilon-\delta$"定义证明:$\lim\limits_{x\to3}(3x-1)=8$.

证明 设$f(x)=3x-1$,对于任意给定的$\varepsilon>0$,要使$|f(x)-8|<\varepsilon$恒成立,即

$$|f(x)-8|=|3x-1-8|=3|x-3|<\varepsilon$$

成立,只要$|x-3|<\dfrac{\varepsilon}{3}$就可以.

因此对于任意给定的$\varepsilon>0$,取正数$\delta=\dfrac{\varepsilon}{3}$,则当$0<|x-3|<\delta$时,$|f(x)-8|<\varepsilon$恒成立.

所以$\lim\limits_{x\to3}(3x-1)=8$.

3. 当$x\to x_0$时,函数$y=f(x)$的左极限与右极限

$x\to x_0$包含两种情况:一是x从x_0的左侧无限趋近于x_0(记为$x\to x_0-0$或$x\to x_0^-$);二是x从x_0的右侧无限趋近于x_0(记为$x\to x_0+0$或$x\to x_0^+$).

在实际问题中,有时只需考虑x从x_0的一侧向x_0无限趋近时,函数$y=f(x)$的变化趋势.

定义8 如果函数$f(x)$在(a,x_0)内有定义,并且当$x\to x_0-0$时,函数$f(x)$无限趋近于一个确定的常数A,则称A为函数$f(x)$当$x\to x_0$时的左极限,记为

$$\lim_{x\to x_0^-}f(x)=A,$$

或 $$f(x_0-0)=A.$$

如果函数$f(x)$在(x_0,b)内有定义,并且当$x\to x_0+0$时,函数$f(x)$无限趋近于一个确定的常数B,则称B为函数$f(x)$当$x\to x_0$时的右极限,记为

$$\lim_{x\to x_0^+}f(x)=B,$$

或 $$f(x_0+0)=B.$$

左极限或右极限统称为单侧极限.

例 10　讨论函数$f(x)=\begin{cases}x-1, & x<0,\\ 0, & x=0,\\ x+1, & x>0\end{cases}$在$x=0$处的左、右极限,并判断当$x\to0$时,$f(x)$的极限是否存在?

解　如图2.11所示,

$$\lim_{x\to0^-}f(x)=\lim_{x\to0^-}(x-1)=-1,$$

$$\lim_{x\to0^+}f(x)=\lim_{x\to0^+}(x+1)=1,$$

即$f(x)$在$x=0$处的左极限为-1,右极限为1,

$$\lim_{x\to0^-}f(x)\neq\lim_{x\to0^+}f(x),$$

所以当$x\to0$时函数$f(x)$的极限不存在.

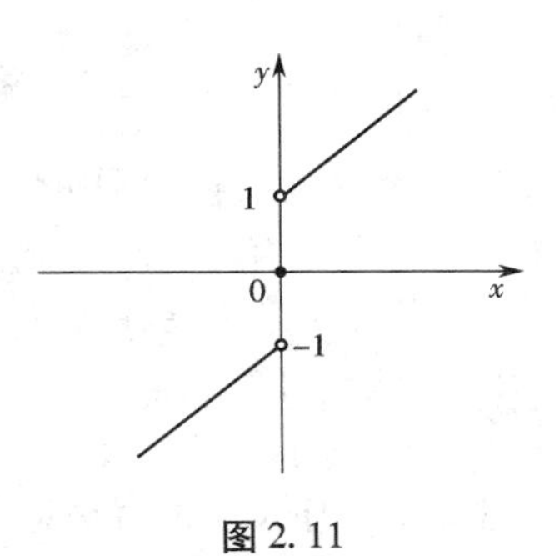

图2.11

例 11　设函数$f(x)=\begin{cases}x^2+1, & x<1,\\ 2x, & x\geqslant1,\end{cases}$讨论当$x\to1$时,函数$f(x)$的极限是否存在.

解　$$\lim_{x\to1^-}f(x)=\lim_{x\to1^-}(x^2+1)=2,$$

$$\lim_{x\to1^+}f(x)=\lim_{x\to1^+}2x=2,$$

即　$$\lim_{x\to1^-}f(x)=\lim_{x\to1^+}f(x)=2,$$

所以当$x\to1$时函数$f(x)$的极限存在,其极限值是2,即

$$\lim_{x\to1}f(x)=2.$$

函数$f(x)$在x_0处极限存在的充要条件如图2.12所示.

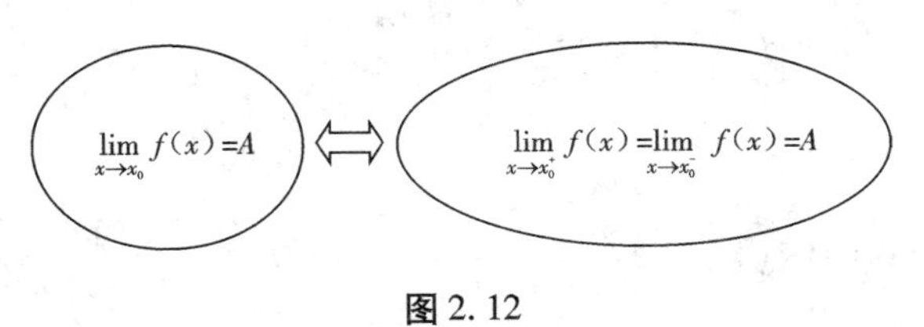

图2.12

1.2　无穷小量与无穷大量

1.2.1　无穷小量

先看一个例子:1万元购进某设备,其折旧率为$\frac{1}{10}$,则设备的价值(以万元为单位)第n年时为$a_n=\left(\frac{9}{10}\right)^{n-1}$,可以想象价值变量$a_n$随年数$n$的增加,将无限制地趋于0.这样的变量称为无穷小量.

定义 9　如果当$x\to x_0$(或$x\to\infty$)时,函数$f(x)$的极限为零,即

$$\lim_{x \to x_0} f(x)=0(\text{或}\lim_{x \to \infty} f(x)=0),$$

则称$f(x)$为当$x \to x_0$(或$x \to \infty$)时的无穷小量.

例如,由于$\lim_{x \to 3}(x-3)=0$,因此称函数$f(x)=x-3$为当$x \to 3$时的无穷小量.

又如,由于$\lim_{x \to \infty}\frac{1}{x}=0$,因此称函数$f(x)=\frac{1}{x}$为当$x \to \infty$时的无穷小量;当$x \to 5$时,函数$f(x)=\frac{1}{x}$不是无穷小量.

从上面的定义和例子可以看出:

(1)说一个函数$f(x)$是无穷小量时,必须指明自变量x的变化趋势;

(2)无穷小量是指在某一变化过程中,以零为极限的变量,而不是绝对值很小的数.常数"0"是无穷小量,除此以外,任何常量都不是无穷小量.

无穷小量有以下性质.

性质1 有限个无穷小量的代数和为无穷小量.

性质2 有界函数与无穷小量的积为无穷小量.

性质3 有限个无穷小量的积为无穷小量.

例12 求极限$\lim_{x \to \infty}\frac{\arctan x}{x}$.

解 因为$\lim_{x \to \infty}\frac{1}{x}=0$,$|\arctan x|<\frac{\pi}{2}$,由性质2得

$$\lim_{x \to \infty}\frac{\arctan x}{x}=0.$$

定理1(极限的基本定理) 如果$\lim f(x)=A$,则$f(x)=A+\alpha$,其中$\lim \alpha=0$;反之,如果$f(x)=A+\alpha$,且$\lim \alpha=0$,则$\lim f(x)=A$(证明从略).

1.2.2 无穷大量

考察函数$f(x)=\frac{1}{x}$的图像(图2.5),当$x \to 0$时,函数$f(x)=\frac{1}{x}$的绝对值无限增大,对于这样的变量称为无穷大量.

定义10 如果当$x \to x_0$(或$x \to \infty$)时,函数$f(x)$的绝对值无限增大,则称$f(x)$为当$x \to x_0$(或$x \to \infty$)时的无穷大量.

注意:

(1)定义中的$x \to x_0$可以换成$x \to x_0^-$,$x \to x_0^+$;$x \to \infty$可以换成$x \to -\infty$,$x \to +\infty$.

(2)说一个函数$f(x)$是无穷大量时,必须指明自变量x的变化趋势;不论多么大的常数,都不是无穷大量.如100^{10}不是无穷大量,无穷大量是一个绝对值可无限增大的变量,不是绝对值很大的一个数.

(3)当函数为无穷大量时,按通常意义来说极限是不存在的,但为了便于叙述函数的这一特性,就说:"函数的极限是无穷大",并记为

$$\lim_{x \to x_0} f(x)=\infty \quad (\text{或}\lim_{x \to \infty} f(x)=\infty).$$

例如，$\lim\limits_{x \to 1} \dfrac{1}{x-1} = \infty$.

(4) 在讨论 $x \to x_0$（或 $x \to \infty$）时，$f(x)$ 的绝对值趋于无穷大，还可以只考虑对应的函数值为正的或负的，分别称为正无穷大或负无穷大，记为

$$\lim_{\substack{x \to x_0 \\ (x \to \infty)}} f(x) = +\infty, \quad \lim_{\substack{x \to x_0 \\ (x \to \infty)}} f(x) = +\infty.$$

例如，$\lim\limits_{x \to 0^+} \lg x = -\infty$，$\lim\limits_{x \to \infty} x^2 = +\infty$.

(5) 若 $\lim\limits_{x \to x_0} f(x) = \infty$，则称直线 $x = x_0$ 是曲线 $y = f(x)$ 的垂直渐近线.

1.2.3　无穷小量与无穷大量的关系

我们知道，当 $x \to 1$ 时，$f(x) = \dfrac{1}{x-1}$ 是无穷大量，而 $f(x) = x - 1$ 是无穷小量；当 $x \to \infty$ 时，$f(x) = \dfrac{1}{x+1}$ 是无穷小量，而 $f(x) = x + 1$ 是无穷大量.

一般地，无穷小量与无穷大量有如下关系.

定理 2　如果 $\lim f(x) = \infty$，则 $\lim \dfrac{1}{f(x)} = 0$；反之，如果 $\lim f(x) = 0$ 且 $f(x) \neq 0$，则 $\lim \dfrac{1}{f(x)} = \infty$（证明从略）.

例 13　求下列函数的极限：

(1) $\lim\limits_{x \to \infty} \dfrac{1}{3 + x^2}$；　　(2) $\lim\limits_{x \to 1} \dfrac{x+4}{x-1}$.

解　(1) 函数 $f(x) = 3 + x^2$ 当 $x \to \infty$ 时为无穷大量，根据无穷大与无穷小的关系有

$$\lim_{x \to \infty} \frac{1}{3 + x^2} = 0.$$

(2) 当 $x \to 1$ 时，分母的极限为零，所以不能用商的极限法则，但因为 $\lim\limits_{x \to 1} \dfrac{x-1}{x+4} = 0$，即当 $x \to 1$ 时，$\dfrac{x-1}{x+4}$ 是无穷小，根据无穷大与无穷小的关系有

$$\lim_{x \to 1} \frac{x+4}{x-1} = \infty.$$

1.2.4　无穷小量的比较

在研究无穷小量的性质时，我们已经知道，两个无穷小量的和、差、积仍是无穷小量. 但是对于两个无穷小量的商，却会出现不同的情况. 如：当 $x \to 0$ 时，$x, 3x, x^2$ 都是无穷小量，对其作商并取极限有

$$\lim_{x \to 0} \frac{x^2}{3x} = 0, \quad \lim_{x \to 0} \frac{3x}{x^2} = \infty, \quad \lim_{x \to 0} \frac{x}{3x} = \frac{1}{3}.$$

两个无穷小量之比的极限的各种不同情况，反映了不同的无穷小量趋近于 0 的快慢程度. 例如，从表 2.1 可看出，当 $x \to 0$ 时，x^2 比 $3x$ 更快地趋向零，反过来 $3x$ 比 x^2 较慢地趋向零，而 x

与 $3x$ 趋向零的快慢相仿.

表 2.1

x	1	0.5	0.1	0.01	…	→	0
$3x$	3	1.5	0.3	0.03	…	→	0
x^2	1	0.25	0.01	0.000 1	…	→	0

下面就以两个无穷小量之商的极限所出现的各种情况来说明两个无穷小量之间的比较.

定义 11 设 α,β 是同一极限过程的无穷小量,即 $\lim \alpha=0$, $\lim \beta=0$.

如果 $\lim \dfrac{\beta}{\alpha}=0$,则称 β 是比 α 较高阶的无穷小量,记作 $\beta=o(\alpha)$.

如果 $\lim \dfrac{\beta}{\alpha}=\infty$,则称 β 是比 α 较低阶的无穷小量.

如果 $\lim \dfrac{\beta}{\alpha}=k\neq 0$($k$ 为常数),则称 α 与 β 是同阶无穷小量.

如果 $\lim \dfrac{\beta}{\alpha}=1$,则称 α 与 β 是等价无穷小量,记作 $\alpha\sim\beta$.

例如,$\lim\limits_{x\to 1}\dfrac{x^2-1}{x-1}=\lim\limits_{x\to 1}\dfrac{(x+1)(x-1)}{x-1}=\lim\limits_{x\to 1}(x+1)=2$,所以,当 $x\to 1$ 时,x^2-1 与 $x-1$ 是同阶无穷小量.

又 $\lim\limits_{x\to\infty}\dfrac{\frac{1}{x^2}}{\frac{1}{x}}=\lim\limits_{x\to\infty}\dfrac{1}{x}=0$,所以当 $x\to\infty$ 时,$\dfrac{1}{x^2}$ 是比 $\dfrac{1}{x}$ 较高阶的无穷小量.

1.2.5 等价无穷小量在求极限中的应用

等价无穷小量在求极限中的应用,有如下定理.

定理 3 设 α、β、α'、β' 是同一极限过程的无穷小量,且 $\alpha\sim\beta$、$\alpha'\sim\beta'$,$\lim \dfrac{\beta'}{\alpha'}$ 存在,则有 $\lim \dfrac{\beta}{\alpha}=\lim \dfrac{\beta'}{\alpha'}$(证明从略).

据此,在求两个无穷小量之比的极限时,若该极限不好求,可用分子分母各自的等价无穷小量来代替,若选择适当,可简化运算.

常见等价无穷小量:当 $x\to 0$ 时,有

$$\sin x\sim x,\quad \tan x\sim x,\quad e^x\sim 1+x,\quad \ln(1+x)\sim x,\quad 1-\cos x\sim\frac{x^2}{2}.$$

例 14 利用等价无穷小量的性质求下列极限:

(1) $\lim\limits_{x\to 0}\dfrac{\tan 3x}{\sin 2x}$;　　(2) $\lim\limits_{x\to 0}\dfrac{\tan x}{x^3-2x}$.

解　(1)当 $x \to 0$ 时，$\tan 3x \sim 3x$，$\sin 2x \sim 2x$，

所以　$$\lim_{x \to 0} \frac{\tan 3x}{\sin 2x} = \lim_{x \to 0} \frac{3x}{2x} = \frac{3}{2}.$$

(2)当 $x \to 0$ 时，$\tan x \sim x$，$x^3 - 2x \sim -2x$，

所以　$$\lim_{x \to 0} \frac{\tan x}{x^3 - 2x} = \lim_{x \to 0} \frac{x}{-2x} = -\frac{1}{2}.$$

注意：相乘(除)的无穷小量都可用各自的等价无穷小量代替，但是相加(减)的无穷小量的项不能作等价代换.

1.3　极限的四则运算法则

设 $\lim f(x) = A$，$\lim g(x) = B$，则有如下法则.

法则 1　两个具有极限的函数的代数和的极限，等于这两个函数的极限的代数和，即

$$\lim [f(x) \pm g(x)] = \lim f(x) \pm \lim g(x) = A \pm B.$$

法则 2　两个具有极限的函数的积的极限，等于这两个函数的极限的积，即

$$\lim [f(x) \cdot g(x)] = \lim f(x) \cdot \lim g(x) = A \cdot B.$$

推论 1　$\lim kf(x) = k \lim f(x)$(k 为常数).

推论 2　有限个具有极限的函数的和、差、积的极限等于各函数极限的和、差、积，即

$$\lim [f_1(x) \pm f_2(x) \pm \cdots \pm f_n(x)] = \lim f_1(x) \pm \lim f_2(x) \pm \cdots \pm \lim f_n(x);$$

$$\lim [f_1(x) \cdot f_2(x) \cdots f_n(x)] = \lim f_1(x) \cdot \lim f_2(x) \cdots \lim f_n(x).$$

推论 3　设 $\lim f(x)$ 存在，则对于正整数 n，有

$$\lim [f(x)]^n = [\lim f(x)]^n.$$

法则 3　两个具有极限的函数的商的极限，当分母不为零时，等于这两个函数的极限的商，即

$$\lim \frac{f(x)}{g(x)} = \frac{\lim f(x)}{\lim g(x)} = \frac{A}{B}\ (B \neq 0).$$(证明从略)

例 15　求 $\lim\limits_{x \to 1}(3x^2 - 2x + 1)$.

解　$$\lim_{x \to 1}(3x^2 - 2x + 1) = \lim_{x \to 1} 3x^2 - \lim_{x \to 1} 2x + \lim_{x \to 1} 1$$
$$= 3\lim_{x \to 1} x^2 - 2\lim_{x \to 1} x + 1 = 3 - 2 + 1 = 2.$$

从例 15 可以归纳出，如果函数 $f(x)$ 为多项式，则 $\lim\limits_{x \to x_0} f(x) = f(x_0)$，即多项式函数当 $x \to x_0$ 时的极限等于此多项式在点 x_0 的函数值.

例 16　求 $\lim\limits_{x \to 2} \dfrac{2x^2 + x - 5}{3x + 1}$.

解　因为 $\lim\limits_{x \to 2}(2x^2 + x - 5) = 2 \times 2^2 + 2 - 5 = 5$，

$\lim\limits_{x \to 2}(3x + 1) = 3 \times 2 + 1 = 7$，

所以　$$\lim_{x \to 2} \frac{2x^2 + x - 5}{3x + 1} = \frac{\lim\limits_{x \to 2}(2x^2 + x - 5)}{\lim\limits_{x \to 2}(3x + 1)} = \frac{5}{7}.$$

从例 16 可以归纳出,如果函数$\dfrac{f(x)}{g(x)}$为有理分式函数,且 $g(x_0)\neq 0$ 时,则

$$\lim_{x\to x_0}\frac{f(x)}{g(x)}=\frac{f(x_0)}{g(x_0)},$$

即如果有理分式函数的分母在点 x_0 不为零时,则此有理函数当 $x\to x_0$ 时的极限等于此有理分式函数在点 x_0 的函数值.

例 17 求下列函数的极限:

(1) $\lim\limits_{x\to 2}(3x^2-5x+4)$; (2) $\lim\limits_{x\to 1}\dfrac{x^2-1}{x-3}$.

解 (1) $\lim\limits_{x\to 2}(3x^2-5x+4)=3\times 2^2-5\times 2+4=6$.

(2) $\lim\limits_{x\to 1}\dfrac{x^2-1}{x-3}=\dfrac{1^2-1}{1-3}=\dfrac{0}{-2}=0$.

例 18 求 $\lim\limits_{x\to 2}\dfrac{3x^2+5}{x^2-4}$.

解 因为 $\lim\limits_{x\to 2}(x^2-4)=0$,所以不能直接利用法则 3 求此分式的极限值. 但因为 $\lim\limits_{x\to 2}(3x^2+5)=17\neq 0$,所以可以求出

$$\lim_{x\to 2}\frac{x^2-4}{3x^2+5}=\frac{0}{17}=0.$$

当 $x\to 2$ 时,$\dfrac{x^2-4}{3x^2+5}$为无穷小量,由无穷大小量的关系知

$$\lim_{x\to 2}\frac{3x^2+5}{x^2-4}=\infty.$$

例 19 求 $\lim\limits_{x\to 3}\dfrac{x-3}{x^2-9}$.

解 因为 $\lim\limits_{x\to 3}(x^2-9)=0$,所以不能直接利用法则 3. 又 $\lim\limits_{x\to 3}(x-3)=0$,在 $x\to 3$ 的过程中,$x\neq 3$,因此,求此极限时,应首先约去分子、分母的非零公因子 $x-3$. 所以

$$\lim_{x\to 3}\frac{x-3}{x^2-9}=\lim_{x\to 3}\frac{x-3}{(x-3)(x+3)}=\lim_{x\to 3}\frac{1}{x+3}=\frac{1}{6}.$$

例 20 求 $\lim\limits_{x\to 1}\left(\dfrac{1}{x-1}-\dfrac{3}{x^3-1}\right)$.

解 因为当 $x\to 1$ 时,$\dfrac{1}{x-1}$与$\dfrac{3}{x^3-1}$均为无穷大量,所以不能直接用法则 1. 先通分,约去非零公因子 $x-1$,再求极限.

$$\lim_{x\to 1}\left(\frac{1}{x-1}-\frac{3}{x^3-1}\right)=\lim_{x\to 1}\frac{x^2+x+1-3}{x^3-1}=\lim_{x\to 1}\frac{(x-1)(x+2)}{(x-1)(x^2+x+1)}$$

$$=\lim_{x\to 1}\frac{x+2}{x^2+x+1}=1.$$

例 21 求 $\lim\limits_{n\to\infty}\dfrac{2n^2+1}{3n^2-2n+3}$.

解　当 $n \to \infty$ 时，n、n^2 均是无穷大量. 因此不能直接用法则 3 求此极限，若用 n^2 同时除以分式的分子、分母，有

$$\lim_{n\to\infty}\frac{2n^2+1}{3n^2-2n+3}=\lim_{x\to\infty}\frac{2+\dfrac{1}{n^2}}{3-\dfrac{2}{n}+\dfrac{3}{n^2}}=\frac{\lim\limits_{n\to\infty}2+\lim\limits_{n\to\infty}\dfrac{1}{n^2}}{\lim\limits_{n\to\infty}3-\lim\limits_{n\to\infty}\dfrac{2}{n}+\lim\limits_{n\to\infty}\dfrac{3}{n^2}}=\frac{2}{3}.$$

例 22　求 $\lim\limits_{x\to\infty}\dfrac{3x^3+5x+2}{x^3+2x-1}$.

解　因为当 $x \to \infty$ 时，分子和分母都是无穷大，其极限不存在，不能直接利用法则 3. 此时我们用分子、分母中自变量的最高次幂 x^3 同除原式中的分子和分母，再用法则 3 求极限得

$$\lim_{x\to\infty}\frac{3x^3+5x+2}{x^3+2x-1}=\lim_{x\to\infty}\frac{3+\dfrac{5}{x^2}+\dfrac{2}{x^3}}{1+\dfrac{2}{x^2}-\dfrac{1}{x^3}}=3.$$

例 23　求 $\lim\limits_{x\to\infty}\dfrac{4x^3+2x^2-1}{3x^4+1}$.

解　将分子、分母同除以 x^4，得

$$\lim_{x\to\infty}\frac{4x^3+2x-1}{3x^4+1}=\lim_{x\to\infty}\frac{\dfrac{4}{x}+\dfrac{2}{x^2}-\dfrac{1}{x^4}}{3+\dfrac{1}{x^4}}=\frac{0+0-0}{3+0}=0.$$

例 24　$\lim\limits_{x\to\infty}\dfrac{3x^4-2x^3+1}{x^2-x-3}$.

解　因为 $\lim\limits_{x\to\infty}\dfrac{x^2-x-3}{3x^4-2x^3+1}=\lim\limits_{x\to\infty}\dfrac{\dfrac{1}{x^2}-\dfrac{1}{x^3}-\dfrac{3}{x^4}}{3-\dfrac{2}{x}+\dfrac{1}{x^4}}=0$，

所以 $\lim\limits_{x\to\infty}\dfrac{3x^4-2x^3+1}{x^2-x-3}=\infty$.

由上例知：当 $a_0 \neq 0, b_0 \neq 0$ 时，有理分式的极限一般有

$$\lim_{x\to\infty}\frac{a_0x^m+a_1x^{m-1}+\cdots+a_m}{b_0x^n+b_1x^{n-1}+\cdots+b_n}=\begin{cases}0, & n>m,\\ \dfrac{a_0}{b_0}, & n=m,\\ \infty, & n<m.\end{cases}$$

1.4　极限存在准则与两个重要极限

1.4.1　极限存在准则

准则 1　单调有界数列必有极限. 其几何解释为在数轴上，对应于单调数列 $\{x_n\}$ 的点列只

能从 x_1 开始向一个方向排列,所以只能有两种可能:或者点列 $\{x_n\}$ 沿数轴向无穷远处(此时数列 $\{x_n\}$ 发散);或者点列 $\{x_n\}$ 无限趋近于某一个定点 a(常数),也就是 $\{x_n\}$ 以 a 为极限. 现已假定数列是有界的,因此结果只能是后者.

准则 2(夹逼准则) 设有三个数列 $\{x_n\}$,$\{y_n\}$,$\{z_n\}$ 满足条件:

(1)存在 $N_0>0$(N_0为已知的正整数),当 $n>N_0$ 时,恒有 $y_n\leqslant x_n\leqslant z_n$,

(2)$\lim\limits_{n\to\infty} y_n=\lim\limits_{n\to\infty} z_n=A$,则数列 $\{x_n\}$ 收敛,且有 $\lim\limits_{n\to\infty} x_n=A$.

1.4.2 两个重要极限

1. 重要极限 $\lim\limits_{x\to 0}\dfrac{\sin x}{x}=1$

因为当 $x\to 0$ 时,分子、分母的极限均为 0,因此不能利用函数极限的运算法则来求,下面利用夹逼准则来证明.

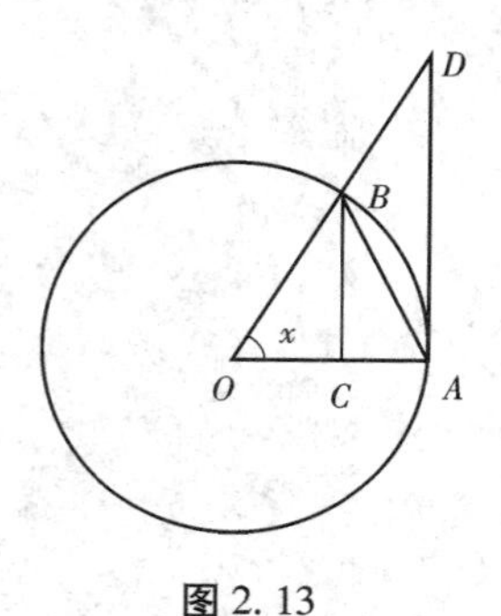

图 2.13

证明 作单位圆如图 2.13,设圆心角 $\angle AOB=x$,过点 A 作圆的切线与 OB 的延长线交于点 D,又作 $BC\perp OA$,则有

$$\sin x=BC,\ \tan x=AD.$$

因为 $\triangle OAB$ 的面积 < 扇形 OAB 的面积 < $\triangle OAD$ 的面积,所以当 $0<x<\dfrac{\pi}{2}$ 时,有 $\dfrac{1}{2}\sin x<\dfrac{1}{2}x<\dfrac{1}{2}\tan x$,即

$$\sin x<x<\tan x. \tag{1.1}$$

因为 $\sin x>0$,所以用 $\sin x$ 除不等式(1.1)得

$$1<\frac{x}{\sin x}<\frac{1}{\cos x},$$

从而有

$$\cos x<\frac{\sin x}{x}<1. \tag{1.2}$$

注意:当 $-\dfrac{\pi}{2}<x<0$ 时,不等式(1.2)同样成立.

因为

$$\cos x=1-2\sin^2\frac{x}{2}\geqslant 1-2\left(\frac{x}{2}\right)^2=1-\frac{x^2}{2}, \tag{1.3}$$

所以由(1.2)、(1.3)式可得

$$1-\frac{x^2}{2}<\frac{\sin x}{x}<1.$$

因为 $\lim\limits_{x\to 0}\left(1-\dfrac{x^2}{2}\right)=1$,$\lim\limits_{x\to 0} 1=1$,所以由夹逼准则,可得

$$\lim_{x\to 0}\frac{\sin x}{x}=1.$$

例 25 求 $\lim\limits_{x\to 0}\dfrac{\sin kx}{x}$($k$ 为非零常数).

解 $\lim\limits_{x\to 0}\dfrac{\sin kx}{x}=\lim\limits_{x\to 0}\left(\dfrac{\sin kx}{kx}\cdot k\right)=k\lim\limits_{x\to 0}\dfrac{\sin kx}{kx}=k\times 1=k.$

例 26　求$\lim\limits_{x\to 0}\dfrac{\tan x}{x}$.

解　$\lim\limits_{x\to 0}\dfrac{\tan x}{x}=\lim\limits_{x\to 0}\left(\dfrac{\sin x}{x}\cdot\dfrac{1}{\cos x}\right)=\lim\limits_{x\to 0}\dfrac{\sin x}{x}\cdot\lim\limits_{x\to 0}\dfrac{1}{\cos x}=1.$

例 27　求$\lim\limits_{x\to\infty}x\sin\dfrac{1}{x}$.

解　令$t=\dfrac{1}{x}$,当$x\to\infty$时,$t\to 0$,则

$$\lim_{x\to\infty}x\sin\frac{1}{x}=\lim_{x\to\infty}\frac{\sin\frac{1}{x}}{\frac{1}{x}}=\lim_{t\to 0}\frac{\sin t}{t}=1.$$

例 28　求$\lim\limits_{x\to\infty}\dfrac{\sin x}{x}$.

解　$\lim\limits_{x\to\infty}\dfrac{1}{x}=0$,而$|\sin x|\leqslant 1$.

根据无穷小量的性质知

$$\lim_{x\to\infty}\frac{\sin x}{x}=0.$$

例 29　求$\lim\limits_{x\to 0}\dfrac{\sin x-\frac{1}{2}\sin 2x}{x^3}$.

解

$$\lim_{x\to 0}\frac{\sin x-\frac{1}{2}\sin 2x}{x^3}=\lim_{x\to 0}\frac{\sin x(1-\cos x)}{x^3}$$

$$=\lim_{x\to 0}\left[\left(\frac{\sin x}{x}\right)\cdot\frac{2\sin^2\left(\frac{x}{2}\right)}{4\cdot\left(\frac{x}{2}\right)^2}\right]=\frac{1}{2}\lim_{x\to 0}\left(\frac{\sin x}{x}\right)\cdot\left(\lim_{x\to 0}\frac{\sin\frac{x}{2}}{\frac{x}{2}}\right)^2=\frac{1}{2}.$$

2. 重要极限$\lim\limits_{x\to\infty}\left(1+\dfrac{1}{x}\right)^x=\mathrm{e}$或$\lim\limits_{t\to 0}(1+t)^{\frac{1}{t}}=\mathrm{e}$

在研究一些实际问题,如物体的冷却、细胞的繁殖、放射性物质的衰变等问题时,需要用到整标函数$f(n)=\left(1+\dfrac{1}{n}\right)^n$在$n\to+\infty$时的变化趋势.

先将函数$f(n)=\left(1+\dfrac{1}{n}\right)^n$取值列于表2.2中.

表 2.2

n	1	10	100	1 000	10 000	100 000	…
$\left(1+\frac{1}{n}\right)^n$	2	2.593 74	2.704 814	2.716 924	2.718 146	2.718 268	…

由表可以看出,$f(n)$的值随着n的增大而增大,同时可以看到这种增加的速度极慢,它表明$f(n)$应是有界的. 根据准则1:单调有界数列必有极限. 所以,函数$f(n)=\left(1+\frac{1}{n}\right)^n$当$n\to\infty$时的极限存在,将极限值记为e,即$\lim\limits_{n\to\infty}\left(1+\frac{1}{n}\right)^n=\mathrm{e}(\mathrm{e}\approx 2.718\ 28)$.

对于连续的变量x,可利用$\lim\limits_{n\to\infty}\left(1+\frac{1}{n}\right)^n=\mathrm{e}$及夹逼准则证明$\lim\limits_{x\to\infty}\left(1+\frac{1}{x}\right)^x=\mathrm{e}$成立(证明从略).

若令$\frac{1}{x}=t$,则$x\to\infty$时,$t\to 0$. 于是,有

$$\lim_{x\to\infty}\left(1+\frac{1}{x}\right)^x=\lim_{t\to 0}(1+t)^{\frac{1}{t}}=\mathrm{e}.$$

例30 求极限$\lim\limits_{x\to\infty}\left(1+\frac{3}{x}\right)^x$.

解 先将$1+\frac{3}{x}$改写成$1+\frac{3}{x}=1+\frac{1}{\frac{x}{3}}$,再令$t=\frac{x}{3}$.

由于当$x\to\infty$时,$t\to\infty$,从而

$$\lim_{x\to\infty}\left(1+\frac{3}{x}\right)^x=\lim_{t\to\infty}\left[\left(1+\frac{1}{t}\right)^t\right]^3=\left[\lim_{t\to\infty}\left(1+\frac{1}{t}\right)^t\right]^3=\mathrm{e}^3.$$

例31 求极限$\lim\limits_{x\to 0}(1-x)^{\frac{1}{x}}$.

解
$$\lim_{x\to 0}(1-x)^{\frac{1}{x}}=\lim_{x\to 0}[1+(-x)]^{\frac{1}{x}}=\lim_{x\to 0}\{[1+(-x)]^{\frac{1}{-x}}\}^{-1}$$
$$=\lim_{x\to 0}\frac{1}{[1+(-x)]^{\frac{1}{-x}}}=\frac{1}{\lim\limits_{x\to 0}[1+(-x)]^{\frac{1}{-x}}}=\frac{1}{\mathrm{e}}=\mathrm{e}^{-1}.$$

例32 求极限$\lim\limits_{x\to\infty}\left(\frac{x}{1+x}\right)^x$.

解
$$\lim_{x\to\infty}\left(\frac{x}{1+x}\right)^x=\lim_{x\to\infty}\frac{1}{\left(1+\frac{1}{x}\right)^x}=\frac{1}{\lim\limits_{x\to\infty}\left(1+\frac{1}{x}\right)^x}=\frac{1}{\mathrm{e}}=\mathrm{e}^{-1}.$$

1.5 函数的连续性

在实践中,观察各种函数的变化趋势可以发现有两种情况:一种是函数随自变量连续不断地变化,如一天中气温的变化,江河中的水流都是随着时间连续不断地变化着的,其函数图像是一条连续不断的曲线,我们称其为“连续”;另一种是函数则跳跃地变化,如地震把连绵起伏的地面撕开一条裂缝,其作出的图像在某点处“断开”了,我们称其为“不连续”或“间断”. 为了从数量上刻画函数“连续”与“间断”的特征,我们先讨论函数的增量.

1.5.1　函数的增量

定义12　如果变量 u 从初值 u_1 变到终值 u_2，那么终值与初值之差 u_2-u_1 叫做变量的增量. 记为 Δu，即 $\Delta u=u_2-u_1$，如图2.14所示.

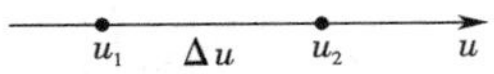

u_1　Δu　u_2　u

图2.14

构成函数有两个变量，当自变量改变时，相应的函数也随之改变，所以和函数相联系的有两个增量.

设函数 $y=f(x)$ 在某一区间 (a,b) 有定义，当自变量 x 由 x_0 变化到 x 时，记 $\Delta x=x-x_0$，称为自变量的增量；相应的函数 $y=f(x)$ 由初值 $f(x_0)$ 变到终值 $f(x)$，记 $\Delta y=f(x)-f(x_0)$ 或 $\Delta y=f(x_0+\Delta x)-f(x_0)$，称为函数的增量. 关于函数增量的几何意义如图2.15所示.

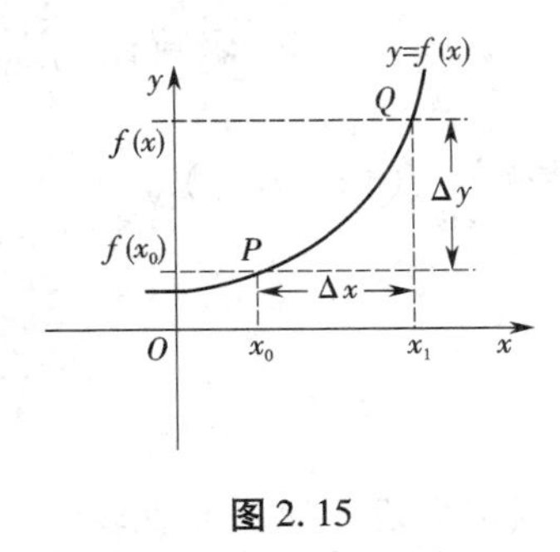

图2.15

例33　设函数 $y=3x^2-1$，在下列条件下，求自变量 x 的增量和函数 y 的增量.

(1)当 x 从1变到1.5时；

(2)当 x 从1变到0.5时；

(3)当 x 从 x_0 变到 x_1 时.

解　(1) $\Delta x=1.5-1=0.5$；

$$\Delta y=f(1.5)-f(1)=5.75-2=3.75.$$

(2) $\Delta x=0.5-1=-0.5$；

$$\Delta y=f(-0.5)-f(1)=-2.25.$$

(3) $\Delta x=x_1-x_0$；

$$\begin{aligned}\Delta y&=f(x_1)-f(x_0)=f(x_0+\Delta x)-f(x_0)\\&=[3(x_0+\Delta x)^2-1]-(3x_0^2-1)\\&=3\Delta x(2x_0+\Delta x).\end{aligned}$$

1.5.2　函数的连续性

有了函数增量的概念，就可刻画函数“连续”与“间断”的数量特征了.

1. 函数 $y=f(x)$ 在点 x_0 的连续性

先作出两个函数的图形，如图2.16(a)中所示是一条连续的曲线；而图2.16(b)是一条不连续(或间断)的曲线. 下面，我们来考察在给定点 x_0 处及其近旁函数的变化情况.

让自变量 x 从 x_0 变到 x，有增量 Δx，相应的函数 y 从 $f(x_0)$ 变到 $f(x)$，有增量 $\Delta y=f(x)-f(x_0)=y-y_0$. 当 Δx 趋向于0时，图2.16(a)中的 Δy 也随着趋向于0；而图2.16(b)中的 Δy 却趋向于 MN，即它等于那个跳跃的长度 MN. 这样，就得出了函数 $f(x)$ 在点 x_0 处连续与不连续(或间断)的概念.

定义13　设函数 $y=f(x)$ 在点 x_0 处及其左右近旁有定义，如果当自变量 x 在点 x_0 的增量 Δx 趋近于0时，相应的函数 $y=f(x)$ 的增量 $\Delta y=f(x_0+\Delta x)-f(x_0)$ 也趋近于0，即

$$\lim_{\Delta x\to 0}\Delta y=0,$$

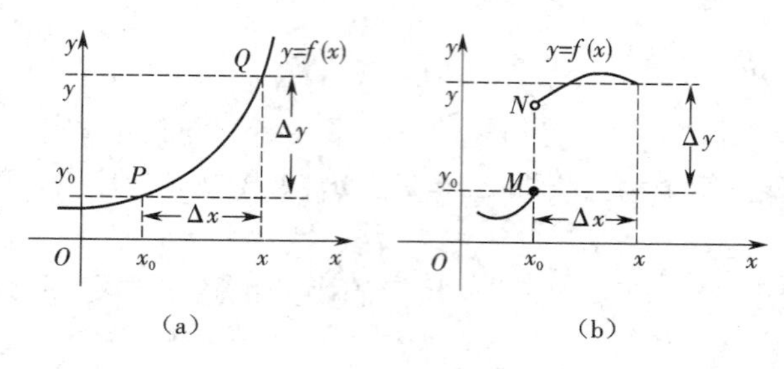

图 2.16

则称函数 $y=f(x)$ 在点 x_0 处连续;否则就称函数 $y=f(x)$ 在点 x_0 处不连续(或间断),此时称 x_0 为间断点.

由图 2.16(a)中可看出,$\Delta x\to 0$,就是 $x\to x_0$;$\Delta y\to 0$,就是 $f(x)\to f(x_0)$. 因此,函数在 x_0 点处连续的定义又可进行如下叙述.

定义 14 设函数 $y=f(x)$ 在点 x_0 处及其左右近旁有定义,如果有 $\lim\limits_{x\to x_0}f(x)=f(x_0)$,则称函数 $y=f(x)$ 在点 x_0 处连续;否则就称函数 $y=f(x)$ 在点 x_0 处不连续(或间断).

若 $\lim\limits_{x\to x_0^-}f(x)=f(x_0)$,则称函数 $f(x)$ 在 x_0 左连续.

若 $\lim\limits_{x\to x_0^+}f(x)=f(x_0)$,则称函数 $f(x)$ 在 x_0 右连续.

定理 4 函数 $f(x)$ 在点 x_0 处连续的充分必要条件是 $f(x)$ 在点 x_0 处既左连续又右连续.

例 34 证明函数 $y=3x^2-1$ 在点 $x=x_0$ 处连续.

证明 设自变量 x 在点 x_0 处有增量 Δx,则函数相应增量为

$$\begin{aligned}\Delta y&=f(x_0+\Delta x)-f(x_0)=[3(x_0+\Delta x)^2-1]-(3x_0^2-1)\\&=6x_0\Delta x+3(\Delta x)^2,\end{aligned}$$

于是 $$\lim_{\Delta x\to 0}\Delta y=\lim_{\Delta x\to 0}[6x_0\Delta x+3(\Delta x)^2]=0.$$

所以由定义知函数 $y=3x^2-1$ 在点 $x=x_0$ 处连续.

例 35 作出函数 $f(x)=\begin{cases}1, & x>1,\\ x, & -1\leqslant x\leqslant 1\end{cases}$ 的图像,并讨论函数 $f(x)$ 在点 $x=1$ 处的连续性.

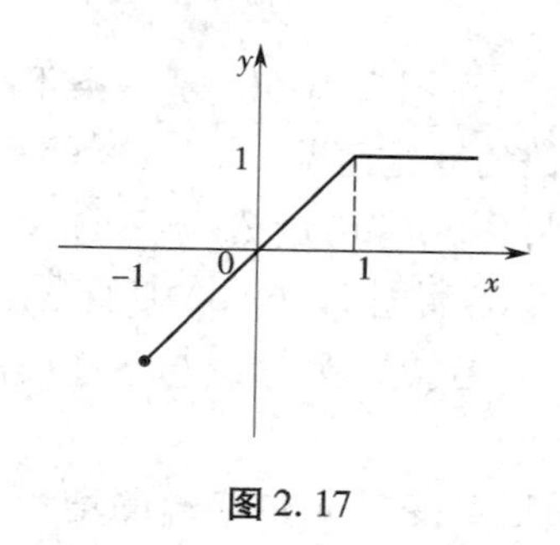

图 2.17

解 $f(x)=\begin{cases}1, & x>1,\\ x, & -1\leqslant x\leqslant 1\end{cases}$ 的图像如图 2.17 所示. 函数 $f(x)$ 在 $[-1,+\infty)$ 内有定义.

因为 $f(1-0)=\lim\limits_{x\to 1^-}f(x)=\lim\limits_{x\to 1^-}x=1$,

$f(1+0)=\lim\limits_{x\to 1^+}f(x)=\lim\limits_{x\to 1^+}1=1$,

所以 $\lim\limits_{x\to 1}f(x)=1$,又 $f(1)=1$.

所以函数 $f(x)=\begin{cases}1, & x>1,\\ x, & -1\leqslant x\leqslant 1\end{cases}$ 在点 $x=1$ 处连续.

例 36 讨论下列各函数在指定点的连续性:

(1) $f(x)=\dfrac{x^2-1}{x-1}$，在 $x=1$ 处；

(2) $f(x)=\begin{cases} x+1, & x>0, \\ 2, & x=0, \\ e^x, & x<0, \end{cases}$ 在 $x=0$ 处.

解　(1) 如图 2.18 所示，因为 $f(x)=\dfrac{x^2-1}{x-1}$ 在 $x=1$ 处无定义，所以 $x=1$ 为函数 $f(x)=\dfrac{x^2-1}{x-1}$ 的间断点.

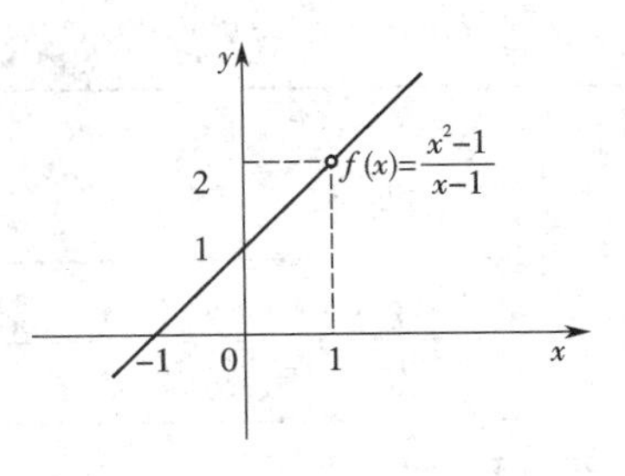

图 2.18

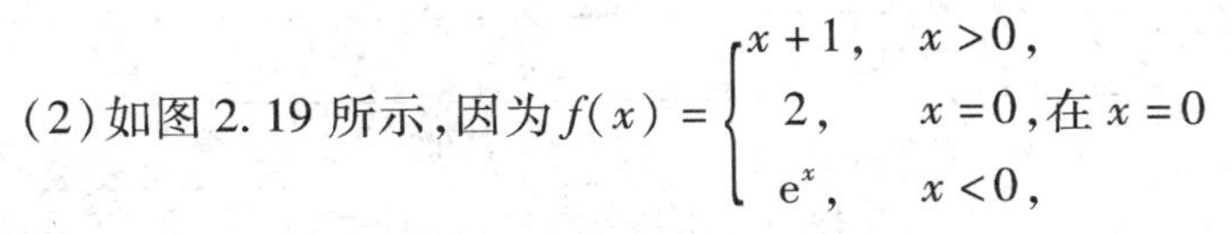

(2) 如图 2.19 所示，因为 $f(x)=\begin{cases} x+1, & x>0, \\ 2, & x=0, \\ e^x, & x<0, \end{cases}$ 在 $x=0$ 处有定义，且 $f(0)=2$，但

$$f(0-0)=\lim_{x\to0^-}f(x)=\lim_{x\to0^-}e^x=1;$$

$$f(0+0)=\lim_{x\to0^+}f(x)=\lim_{x\to0^+}(x+1)=1;$$

$$\lim_{x\to0}f(x)=1\neq f(0)=2,$$

所以 $x=0$ 是函数 $f(x)$ 的间断点.

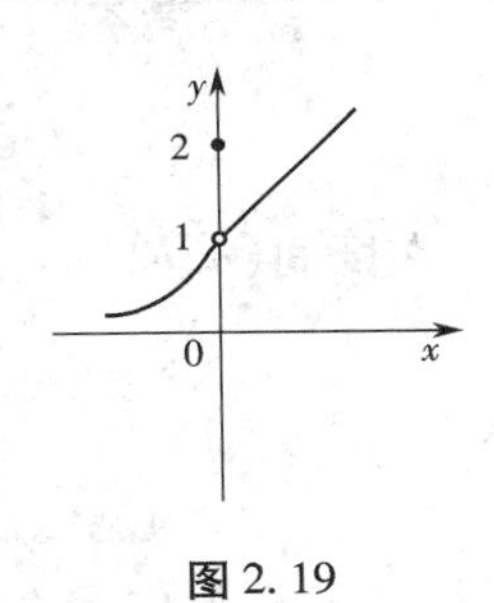

图 2.19

2. 函数的间断点及分类

根据上面的定义可知，函数 $y=f(x)$ 在点 x_0 处连续必须满足 3 个条件：

(1) 在点 x_0 处有定义；

(2) $\lim\limits_{x\to x_0}f(x)$ 存在；

(3) $\lim\limits_{x\to x_0}f(x)=f(x_0)$.

对这 3 个条件，如果一个函数在某点处不符合其中的一条，那么该函数在该点处就不连续（或间断）.

下面表 2.3、2.4 列出了函数间断点的几种常见类型.

在例 36(1) 中，尽管 $x=1$ 是间断点，(2) 中 $x=0$ 也是间断点，但造成间断的原因不一样，由此需要对间断点进行分类.

从图 2.18 中可看出，要使该函数在 $x=1$ 处连续，只要补充函数在 $x=1$ 的定义，令 $x=1$ 时，$f(x)=2$，则函数在 $x=1$ 处连续，所以称 $x=1$ 为该函数的（第一类）可去间断点.

同样，从图 2.19 中知，要使该函数在 $x=0$ 处连续，只要改变函数在 $x=0$ 的定义，令 $x=0$ 时，$f(x)=1$，则函数在 $x=0$ 处连续，所以称 $x=0$ 为该函数的（第一类）可去间断点.

凡是可去间断点，均可补充或改变函数在该点的定义，使函数在该点连续.

表 2.3

第一类间断点	
可去间断点	跳跃间断点
(1) $\lim\limits_{x\to x_0} f(x)$ 存在,但 $f(x)$ 在 x_0 处无定义; (2) $\lim\limits_{x\to x_0} f(x)$ 存在,但 $\lim\limits_{x\to x_0} f(x)\neq f(x_0)$	$f(x_0-0)$ 与 $f(x_0+0)$ 都存在,但 $f(x_0-0)\neq f(x_0+0)$

表 2.4

第二类间断点	
无穷间断点	其他
$\lim\limits_{x\to x_0} f(x)=\infty$	不属于前述各种情况的其他情况

3. 函数 $y=f(x)$ 在区间 (a,b) 内的连续性

定义 15 如果函数 $f(x)$ 在区间 (a,b) 内每一点都是连续的,则称 $f(x)$ 在区间 (a,b) 内连续,区间 (a,b) 称为函数的连续区间.

连续函数在连续区间的图像是一条连绵不断的曲线.

定理 5 初等函数在其定义区间内都是连续的(证明从略).

如果函数 $f(x)$ 是初等函数,且 x_0 是它的定义区间内的点,由定理 5 知 $f(x)$ 在点 x_0 处是连续的,即有 $\lim\limits_{x\to x_0} f(x)=f(x_0)$.

因此在求 $\lim\limits_{x\to x_0} f(x)$ 的极限时,只需计算 $f(x_0)$ 的值就可以了.

例 37 求下列函数的极限:

(1) $\lim\limits_{x\to\frac{\pi}{2}} \ln\sin x$; (2) $\lim\limits_{x\to 0}\dfrac{\ln(1+x^2)}{\cos x}$; (3) $\lim\limits_{x\to 4}\dfrac{\sqrt{x+5}-3}{x-4}$.

解 (1) $x=\dfrac{\pi}{2}$ 是函数 $y=\ln\sin x$ 定义域中的点,所以

$$\lim_{x\to\frac{\pi}{2}} \ln\sin x=\ln\sin\frac{\pi}{2}=\ln 1=0.$$

(2) $x=0$ 是函数 $y=\dfrac{\ln(1+x^2)}{\cos x}$ 定义域中的点,所以

$$\lim_{x\to 0}\frac{\ln(1+x^2)}{\cos x}=\frac{\ln(1+0)}{\cos 0}=0.$$

(3) $x=4$ 不是函数 $f(x)=\dfrac{\sqrt{x+5}-3}{x-4}$ 定义域内的点,不能将 $x=4$ 代入函数计算. 应先对 $f(x)$ 作变形,再求极限.

$$\lim_{x\to 4}\frac{\sqrt{x+5}-3}{x-4}=\lim_{x\to 4}\frac{(\sqrt{x+5}-3)(\sqrt{x+5}+3)}{(x-4)(\sqrt{x+5}+3)}$$

$$=\lim_{x\to 4}\frac{1}{(\sqrt{x+5}+3)}=\frac{1}{\sqrt{4+5}+3}=\frac{1}{6}.$$

定理6　如果函数 $u=\varphi(x)$，当 $x\to x_0$ 时极限存在且等于 a，即 $\lim\limits_{x\to x_0}\varphi(x)=a$. 而 $y=f(u)$ 在点 $u=a$ 处连续，则复合函数 $y=f[\varphi(x)]$ 当 $x\to x_0$ 时的极限存在，且等于 $f(a)$，即 $\lim\limits_{x\to x_0}f[\varphi(x)]=f(a)$（证明从略）.

由于 $a=\lim\limits_{x\to x_0}\varphi(x)$，则有 $\lim\limits_{x\to x_0}f[\varphi(x)]=f[\lim\limits_{x\to x_0}\varphi(x)]=f(a)$.

这表明，在满足定理的条件下，求复合函数的极限时，极限符号可以和函数符号交换运算顺序.

例38　求 $\lim\limits_{x\to\frac{\pi}{9}}\ln(2\cos 3x)$.

解　$\lim\limits_{x\to\frac{\pi}{9}}\ln(2\cos 3x)=\ln[\lim\limits_{x\to\frac{\pi}{9}}(2\cos 3x)]$

$$=\ln\left(2\cos\frac{\pi}{3}\right)=\ln 1=0.$$

例39　求 $\lim\limits_{x\to 0}e^{\ln(1-\sin x)}$.

解　$\lim\limits_{x\to 0}e^{\ln(1-\sin x)}=e^{\lim\limits_{x\to 0}[\ln(1-\sin x)]}=e^{\ln(1-\sin 0)}=e^0=1.$

4. $f(x)$ 在闭区间 $[a,b]$ 上的连续性

定义16　若函数 $f(x)$ 在区间 (a,b) 内连续，且 $\lim\limits_{x\to a^+}f(x)=f(a)$，$\lim\limits_{x\to b^-}f(x)=f(b)$，则称 $f(x)$ 在闭区间 $[a,b]$ 上连续.

定理7（介值定理）　如果函数 $y=f(x)$ 在闭区间 $[a,b]$ 上连续，且在这区间的端点取得不同的函数值 $f(a)=A$，$f(b)=B$，C 是 A 与 B 之间的一个实数，则在开区间 (a,b) 内至少有一点 $x=\xi$，使得 $f(\xi)=C(a<\xi<b)$（证明从略）.

定理7的几何解释：如图2.20所示，$y=f(x)$ 在闭区间 $[a,b]$ 上连续，曲线与水平直线 $y=C(A<C<B)$ 至少相交于一点，交点坐标为 $(\xi,f(\xi))$，其中，$f(\xi)=C$.

推论（根的存在定理）　如果函数 $y=f(x)$ 在闭区间 $[a,b]$ 上连续，且 $f(a)$ 与 $f(b)$ 异号，则在区间 (a,b) 内至少有一点 ξ，使得 $f(\xi)=0$，即方程 $f(x)=0$ 在 (a,b) 内至少存在一个实根 $x=\xi$.

推论的几何解释：如图2.21所示，如果点 A 与点 B 分别在 x 轴上下两侧，则连接 A、B 的连续曲线 $y=f(x)$ 至少与 x 轴有一个交点.

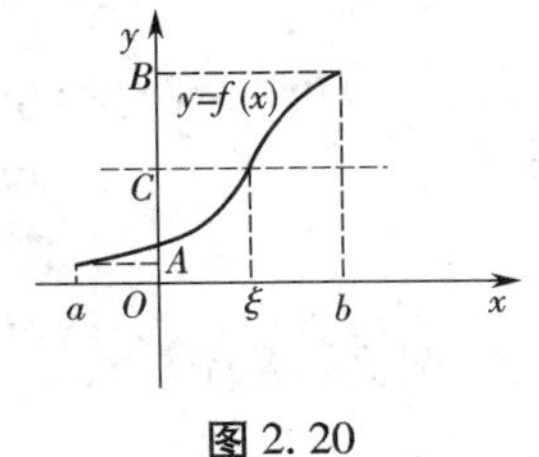

图2.20

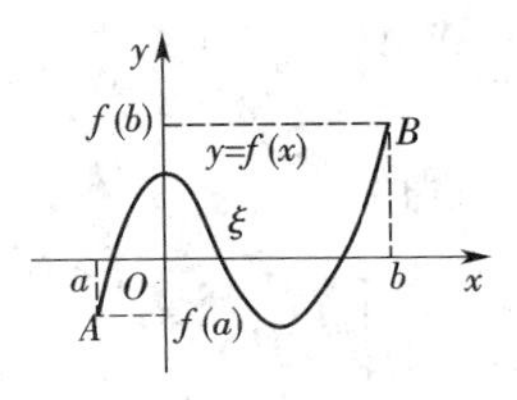

图2.21

例 39 证明三次代数方程 $x^3-4x^2+1=0$ 在区间(0,1)内至少有一个实根.

证明 令 $f(x)=x^3-4x^2+1$.

因为 $f(x)=x^3-4x^2+1$ 是初等函数,所以它在[0,1]上连续,且 $f(0)=1>0, f(1)=-2<0$.

由定理 7 的推论可知,在(0,1)内至少有一点 ξ,使得 $f(\xi)=0$,即有 $\xi^3-4\xi^2+1=0(0<\xi<1)$. 等式说明方程 $x^3-4x^2+1=0$ 在(0,1)内至少有一个实数根 $x=\xi$.

定理 8 如果函数 $y=f(x)$ 在闭区间 $[a,b]$ 上连续,则 $f(x)$ 在闭区间 $[a,b]$ 上有最大值与最小值.

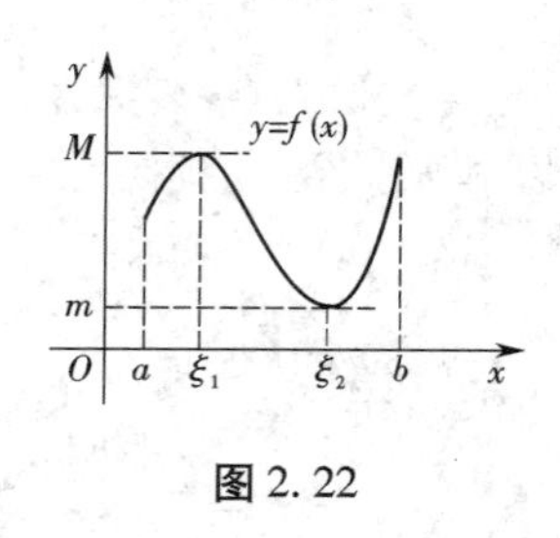

图 2.22

如图 2.22 所示,函数 $y=f(x)$ 在 $[a,b]$ 上连续,在 $x=\xi_1$ 处取得最大值 $f(\xi_1)=M$;在 $x=\xi_2$ 处取得最小值 $f(\xi_2)=m$.

注意:

(1)如果不是闭区间而是开区间,定理 8 的结论不一定正确.

(2)如果函数在闭区间上有间断点,定理 8 的结论也不一定正确.

例如,函数 $y=x^2+1$ 在开区间(-1,1)内是连续的,在 $x=0$ 处取得最小值,但在这个区间内没有最大值;而在区间(1,2) 内既无最大值也无最小值.

1.6 任务考核

1. 观察下列数列当 $n\to\infty$ 时的变化趋势,若存在极限,则写出其极限.

(1) $x_n=\dfrac{1}{n}+4$;　　(2) $x_n=(-1)^n\dfrac{1}{n}$;

(3) $x_n=\dfrac{3n}{n+1}$;　　(4) $x_n=\dfrac{n+1}{n-1}$;

(5) $x_n=2-\dfrac{1}{n^2}$;　　(6) $x_n=n$.

2. 利用函数的图像,考察函数变化趋势,并写出其极限.

(1) $\lim\limits_{x\to2}(4x-5)$;　　(2) $\lim\limits_{x\to\frac{\pi}{2}}\sin x$;

(3) $\lim\limits_{x\to\infty}\left(1+\dfrac{1}{x}\right)$;　　(4) $\lim\limits_{x\to2}\dfrac{x^2-4}{x-2}$;

(5) $\lim\limits_{x\to1}\lg x$;　　(6) $\lim\limits_{x\to+\infty}\left(\dfrac{1}{3}\right)^x$.

3. 设 $f(x)=\begin{cases}x+1, & x\geqslant0,\\ 1, & x<0,\end{cases}$ 作出它的图像,求当 $x\to0$ 时,$f(x)$ 的左右极限,并判断当 $x\to0$ 时,$f(x)$ 的极限是否存在?

4. 设函数 $f(x)=\begin{cases}x^2-1, & x<0,\\ 0, & x=0,\\ x^2+1, & x>0,\end{cases}$ 讨论当 $x\to0$ 时,$f(x)$ 的极限是否存在?

5. 判断题：

(1) 无穷小量是指在某一变化过程中，越来越接近于0的变量.（　　）

(2) 在某一变化过程中，以零为极限的量是无穷小量.（　　）

(3) $-\infty$ 是无穷小量.（　　）

(4) 无穷小量的倒数是无穷大量.（　　）

6. 求函数的极限：

(1) $\lim\limits_{x\to\infty}\dfrac{\sin x}{x^2}$；　　(2) $\lim\limits_{x\to 0} x\cos\dfrac{1}{x}$；

(3) $\lim\limits_{x\to\infty}\dfrac{\arcsin\dfrac{1}{x}}{x}$；　　(4) $\lim\limits_{x\to\infty}\dfrac{x^2}{2x+1}$.

7. 函数 $f(x)=\dfrac{1}{x^2-1}$ 在怎样的变化过程中是无穷小量？在怎样的变化过程中是无穷大量？

8. 当 $x\to 1$ 时，无穷小量 $1-x$ 和 $\dfrac{1}{2}(1-x^2)$ 是否同阶，是否等价？

9. 证明：当 $x\to -3$ 时，x^2+6x+9 是比 $x+3$ 较高阶的无穷小量.

10. 利用等价无穷小量的性质求下列极限：

(1) $\lim\limits_{x\to 0}\dfrac{\tan 3x^2}{1-\cos x}$；　　(2) $\lim\limits_{x\to 0}\dfrac{\ln(1+x)}{\sin 2x}$.

11. 设 $f(x)=\dfrac{x^2-4}{x-2}$，求 $\lim\limits_{x\to 0}f(x)$，$\lim\limits_{x\to 2}f(x)$，$\lim\limits_{x\to\infty}f(x)$.

12. 求下列极限：

(1) $\lim\limits_{x\to 3}(3x^2-5x+2)$；　　(2) $\lim\limits_{x\to 4}\dfrac{\sqrt{x}-2}{x-4}$；

(3) $\lim\limits_{t\to\infty}\left(2-\dfrac{1}{t}+\dfrac{1}{t^2}\right)$；　　(4) $\lim\limits_{x\to 0}\dfrac{4x^3-2x^2+x}{3x^2+2x}$；

(5) $\lim\limits_{x\to 2}\dfrac{x-2}{x^2-x-2}$；　　(6) $\lim\limits_{h\to 0}\dfrac{(x+h)^3-x^3}{h}$；

(7) $\lim\limits_{n\to\infty}\dfrac{1+2+\cdots+n}{n^2}$；　　(8) $\lim\limits_{x\to\infty}\dfrac{4x^3-2x^2+x}{3x^2+2x}$；

(9) $\lim\limits_{x\to\infty}\dfrac{2x^2+3x+1}{6x^2-2x+5}$；　　(10) $\lim\limits_{x\to\infty}\dfrac{x^2+x+6}{x^4-3x^2+3}$；

(11) $\lim\limits_{n\to\infty}\dfrac{n^3+2n+8}{3n^4+6n+7}$；　　(12) $\lim\limits_{n\to\infty}\left(1-\dfrac{1}{2^2}\right)\left(1-\dfrac{1}{3^2}\right)\cdots\left(1-\dfrac{1}{n^2}\right)$.

13. 利用两个重要极限求下列各极限：

(1) $\lim\limits_{x\to 0}\dfrac{\sin 2x}{x}$；　　(2) $\lim\limits_{x\to 0}\dfrac{\sin 3x}{\sin 5x}$；

(3) $\lim\limits_{n\to\infty}3^n\sin\dfrac{x}{3^n}$（$x\neq 0$ 的常数）；　　(4) $\lim\limits_{x\to 0}\dfrac{x^2}{\sin^2\left(\dfrac{x}{3}\right)}$；

(5) $\lim\limits_{x\to\infty}\left(1+\dfrac{1}{x}\right)^{-x}$;　　(6) $\lim\limits_{x\to\infty}\left(1+\dfrac{2}{x}\right)^{2x}$;

(7) $\lim\limits_{x\to\infty}\left(1-\dfrac{3}{x}\right)^{2x}$;　　(8) $\lim\limits_{x\to 0}(1+2x)^{\frac{1}{x}}$;

(9) $\lim\limits_{x\to a}\dfrac{\sin x-\sin a}{x-a}$;　　(10) $\lim\limits_{x\to\infty}\left(\dfrac{x}{x+1}\right)^{3x+3}$.

14. 已知函数 $y=3-x^2$,试求当 $x=1,\Delta x_1=0.1,\Delta x_2=-0.1,\Delta x_3=0.01$ 时,函数对应的增量 $\Delta y_1,\Delta y_2,\Delta y_3$.

15. 设函数 $f(x)=\begin{cases}2x-1, & 0<x\leqslant 1,\\ 2-x, & 1<x\leqslant 3,\end{cases}$ 求:

(1) $\lim\limits_{x\to\frac{1}{2}}f(x)$;　　(2) $\lim\limits_{x\to 1}f(x)$;　　(3) $\lim\limits_{x\to 2}f(x)$.

16. 求下列极限:

(1) $\lim\limits_{x\to 0}\sqrt{x^2-3x+2}$;　　(2) $\lim\limits_{x\to\infty}\mathrm{e}^{\frac{1}{x}}$;

(3) $\lim\limits_{x\to 5}\dfrac{\sqrt{x-1}-2}{x-5}$;　　(4) $\lim\limits_{x\to\frac{\pi}{2}}\dfrac{\cos x}{\cos\dfrac{x}{2}-\sin\dfrac{x}{2}}$;

(5) $\lim\limits_{x\to 0}\dfrac{1}{x}\ln(1-2x)$;　　(6) $\lim\limits_{x\to 0}\dfrac{\mathrm{e}^x-1}{x}$.

17. 作函数 $f(x)=\begin{cases}1, & x\leqslant 2,\\ x+3, & x>2\end{cases}$ 的图像,并讨论函数在 $x=2$ 处的连续性.

18. 设函数 $f(x)=\dfrac{x+1}{x^2-1}$,指出函数 $f(x)$ 的间断点,并判断其类型,若是第一类可去间断点,如何在间断点处补充定义使其连续.

19. 设函数 $f(x)$ 在闭区间 $[1,2]$ 上连续,且 $1<f(x)<2$. 证明至少存在 $\xi\in(1,2)$,使得 $f(\xi)=\xi$.

任务2　导数与微分

微积分学是高等数学最基本的组成部分,是现代数学的基础,是科学技术无可取代的有力工具. 它是人们认识世界、探索宇宙奥妙乃至人类自身的典型数学模型之一. 微积分堪称是人类智慧最伟大的成就之一.

如果将整个数学比成一棵大树,那么初等数学是树的根,名目繁多的数学分支是树枝,而树干的主要部分就是微积分.

微积分学包含微分学和积分学两部分. 数学中研究导数、微分及其应用的部分叫做微分学;研究不定积分、定积分及其应用的部分叫做积分学. 积分的雏形可追溯到古希腊和我国魏晋时期，而微分概念却姗姗来迟，16世纪才应运萌生. 至17世纪，由英国的牛顿和德国的莱布尼茨在不同的国家几乎同时在总结先贤研究成果的基础上，各自独立地创立了划时代的微积分，为数学的迅猛发展，科学的长足进步，乃至人类的昌盛做出了无与伦比的卓越贡献.

也许，你会觉得导数、积分非常神秘，其实它们和"加与减、乘与除"一样，是两种互逆的运算工具. 以前许多用初等数学解决起来非常困难的问题，现在应用导数和积分这两个新的工具，则变得十分容易，十分轻松.

本任务将讨论导数与微分的概念、导数与微分的运算法则及其简单应用.

2.1　导数的概念

1. 速度问题

汽车行驶的路程 s 与时间 t 有函数关系 $s(t)=0.4t^2$，我们来讨论如何求出汽车在 $t=5$ s时的瞬时速度. 我们知道做匀速直线运动的质点，其速度可由公式 $v=\frac{s}{t}$ 求出，显然这里不能用该公式求汽车在 $t=5$ s时的瞬时速度. 直接求不容易，退后一步，我们发现求汽车在 $t=5$ s时附近一段时间 $[5,5+\Delta t]$ 内的平均速度 $\bar{v}$ 是很容易的，当 Δt 越小时，该平均速度 $\bar{v}$ 就越接近汽车在 $t=5$ s时的瞬时速度，特别地，当 $\Delta t\to 0$ 时，平均速度 $\bar{v}$ 应趋于汽车在 $t=5$ s时的瞬时速度. 于是有了该问题的如下解决方法.

(1)求出当时间从 $t=5$ 变到 $t=5+\Delta t$ 时相应的增量，如图2.23所示.

$$\Delta t=t-5,$$

$$\Delta s=s(5+\Delta t)-s(5)=0.4\times(5+\Delta t)^2-0.4\times 5^2=4\Delta t+0.4(\Delta t)^2.$$

(2)作比值，求出汽车在时间 $[5,5+\Delta t]$ 内的平均速度.

$$\bar{v}=\frac{\Delta s}{\Delta t}=\frac{4\Delta t+0.4(\Delta t)^2}{\Delta t}=4+0.4\Delta t.$$

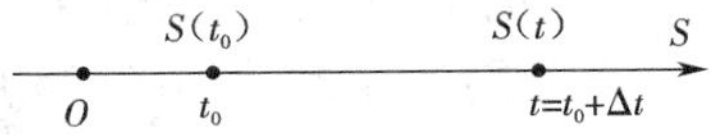

$S(t_0)$　　$S(t)$　　S

O　　t_0　　$t=t_0+\Delta t$

图2.23

(3)取极限，得汽车在 $t=5$ 秒时的瞬时速度.

$$v=\lim_{\Delta t\to 0}\bar{v}=\lim_{\Delta t\to 0}\frac{\Delta s}{\Delta t}=\lim_{\Delta t\to 0}(4+0.4\Delta t)=4(\text{m/s}).$$

一般地，设质点做变速直线运动，其运动规律为 $s=s(t)$，求质点在 t_0 时刻的瞬时速度，方法如下.

(1)求出当时间从 t_0 变到 $t=t_0+\Delta t$ 时相应的增量

$$\Delta s=s(t_0+\Delta t)-s(t_0),\ \Delta t=t-t_0.$$

(2)作比值，求出质点在时间 $[t_0,t_0+\Delta t]$ 内的平均速度.

$$\bar{v}=\frac{\Delta s}{\Delta t}=\frac{s(t_0+\Delta t)-s(t_0)}{\Delta t}.$$

(3)取极限

$$v=\lim_{\Delta t\to 0}\bar{v}=\lim_{\Delta t\to 0}\frac{\Delta s}{\Delta t}=\lim_{\Delta t\to 0}\frac{s(t_0+\Delta t)-s(t_0)}{\Delta t}.$$

若上述极限存在,则得质点在 t_0 时刻的瞬时速度.

2. 切线问题

求曲线 $y=f(x)$ 在 $P(x_0,y_0)$ 处的切线方程.

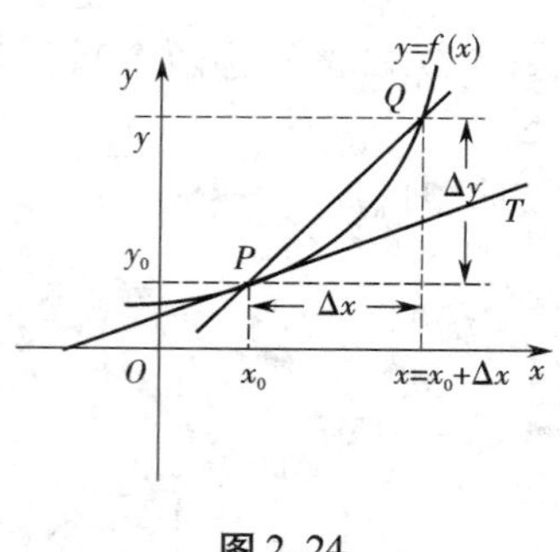

图 2.24

显然,求切线方程关键在于求曲线 $y=f(x)$ 在 $P(x_0,y_0)$ 点处的斜率 k. 由一个点是无法求出斜率的. 直接求不容易,退后一步,我们过 P 点作曲线的割线 PQ,交曲线于 $Q(x,y)$ 点,如图 2.24 所示. 割线 PQ 的斜率 k_{PQ} 是求得出的;当 Q 点沿曲线接近 P 点时,割线 PQ 将接近切线 PT,特别地,当 $Q\to P$ 时,割线 PQ 的极限位置就是切线 PT,即切线 PT 的斜率 k 是割线 PQ 斜率 k_{PQ} 的极限. 于是该问题的解决方法如下.

(1)求出从 $P(x_0,y_0)$ 点到 $Q(x,y)$ 点,曲线 $y=f(x)$ 对应的增量.

$$\Delta x=x-x_0,\ \Delta y=f(x_0+\Delta x)-f(x_0).$$

(2)作比值,求割线 PQ 的斜率.

$$k_{PQ}=\frac{\Delta y}{\Delta x}=\frac{f(x_0+\Delta x)-f(x_0)}{\Delta x}.$$

(3)取极限.

$$k=\lim_{\Delta x\to 0}k_{PQ}=\lim_{\Delta x\to 0}\frac{\Delta y}{\Delta x}=\lim_{\Delta x\to 0}\frac{f(x_0+\Delta x)-f(x_0)}{\Delta x}.$$

若上述极限存在,则得切线 PT 的斜率 k,有了切线 PT 的斜率 k,就可写出切线 PT 的方程.

上述两个问题虽然意义不同,但从解决问题的方法上看,都采用了 3 个相同的步骤,如图 2.25 所示.

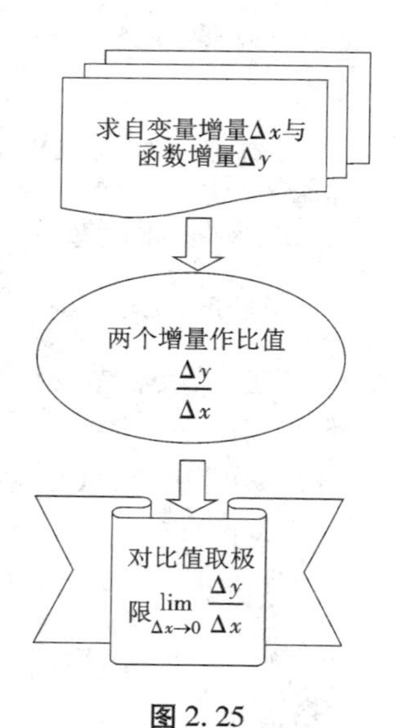

图 2.25

不仅上述问题可归结为函数增量与自变量增量之比的极限,而且在自然科学和工程技术问题中有许多问题都归结为这种形式的极限. 人们把这种方法提取出来,便产生了数学上导数的概念.

3. 导数的定义

定义 1 设函数 $y=f(x)$ 在点 x_0 及其附近有定义,当自变量 x 在 x_0 有增量 $\Delta x=x-x_0$ 时,相应的函数 $y=f(x)$ 有增量 $\Delta y=f(x)-f(x_0)$,如果极限

$$\lim_{\Delta x\to 0}\frac{\Delta y}{\Delta x}=\lim_{\Delta x\to 0}\frac{f(x_0+\Delta x)-f(x_0)}{\Delta x}$$

存在,则称 $y=f(x)$ 在点 x_0 处可导,称此极限值为 $y=f(x)$ 在点 x_0 处的导数,记为 $y'|_{x=x_0}$,即

$$y'|_{x=x_0}=\lim_{\Delta x\to 0}\frac{\Delta y}{\Delta x}=\lim_{\Delta x\to 0}\frac{f(x_0+\Delta x)-f(x_0)}{\Delta x},$$

也可记为$f'(x_0)$，$\left.\dfrac{dy}{dx}\right|_{x=x_0}$，$\left.\dfrac{df(x)}{dx}\right|_{x=x_0}$.

如果当$\Delta x\to 0$时，$\dfrac{\Delta y}{\Delta x}$的极限不存在，则称函数$y=f(x)$在点$x_0$处不可导. 如果不可导的原因是当$\Delta x\to 0$时，$\dfrac{\Delta y}{\Delta x}\to\infty$所引起的，则称函数$f(x)$在点$x_0$处的导数为无穷大.

导数$f'(x_0)$反映了函数$f(x)$在点x_0的变化速度，故也称导数$f'(x_0)$为函数$f(x)$在点x_0的变化率.

根据导数的定义，前面两个引例就可以进行如下叙述.

(1)质点在t_0时刻的瞬时速度就是路程$s(t)$在t_0时的导数.

$$v=s'(t_0)=\left.\frac{ds}{dt}\right|_{t=t_0},$$

即路程求导数就是速度，这是导数的物理意义.

(2)曲线$y=f(x)$在$P(x_0,y_0)$点处切线的斜率，就是函数$y=f(x)$在x_0处的导数.

$$k=f'(x_0)=\left.\frac{dy}{dx}\right|_{x=x_0},$$

即函数$y=f(x)$在x_0处的导数就是曲线在该点处切线的斜率，这就是导数的几何意义.

例1　求函数$y=x^2+1$在点$x=3$处的导数$y'|_{x=3}$.

解　(1)求函数的增量.

$$\Delta y=f(3+\Delta x)-f(3)=[(3+\Delta x)^2+1]-10=(6+\Delta x)\Delta x.$$

(2)作比值.

$$\frac{\Delta y}{\Delta x}=\frac{(6+\Delta x)\Delta x}{\Delta x}=6+\Delta x.$$

(3)取极限.

$$y'|_{x=3}=\lim_{\Delta x\to 0}\frac{\Delta y}{\Delta x}=\lim_{\Delta x\to 0}(6+\Delta x)=6.$$

定义2　如果函数$y=f(x)$在开区间(a,b)内，每一点处都有导数，则称函数$y=f(x)$在开区间(a,b)内可导，此时对于(a,b)内每一个确定的x，都有唯一的导数$f'(x)$与之对应，即

$$f'(x)=\lim_{\Delta x\to 0}\frac{f(x+\Delta x)-f(x)}{\Delta x}.$$

这样自变量x和$f'(x)$就构成了一个新的函数$y=f'(x)$，我们称$f'(x)$为函数$y=f(x)$的导函数，记为y'，$f'(x)$，$\dfrac{dy}{dx}$或$\dfrac{df(x)}{dx}$.

在不引起混淆的情况下，导函数也简称导数，通常求一个函数的导数，就是指函数的导函数.

例2　已知$y=x^2$，求y'及$y'|_{x=5}$.

解　$$y'=\lim_{\Delta x\to 0}\frac{f(x+\Delta x)-f(x)}{\Delta x}=\lim_{\Delta x\to 0}\frac{(x+\Delta x)^2-x^2}{\Delta x}$$

$$=\lim_{\Delta x\to 0}(2x+\Delta x)=2x.$$

$$y'|_{x=5}=2\times5=10.$$

同理可得

$$(x^3)'=3x^2.$$

一般地,对任意的实数 α,有

$$(x^\alpha)'=\alpha x^{\alpha-1}.$$

例3 已知函数 $f(x)=\sqrt{x}$,求 $f(x)$ 在点(4,2)处的切线方程.

解 $f(x)=\sqrt{x}=x^{\frac{1}{2}}$,则 $f'(x)=\frac{1}{2}x^{\frac{1}{2}-1}=\frac{1}{2\sqrt{x}}$.

$$f'(4)=\frac{1}{2\sqrt{4}}=\frac{1}{4}.$$

所以,切线方程为 $y-2=\frac{1}{4}(x-4)$,即

$$x-4y+4=0.$$

例4 已知 $y=C$(C 为常数),求 y'.

解 $y'=\lim\limits_{\Delta x\to0}\frac{f(x+\Delta x)-f(x)}{\Delta x}=\lim\limits_{\Delta x\to0}\frac{C-C}{\Delta x}=0.$

所以 $(C)'=0.$

如 $(-100)'=0$, $\left(\frac{1}{3}\right)'=0.$

我们已知道,导数的实质就是变化率,在实际问题中我们经常根据这一点来建立问题的数学模型.

例5 写出下列问题的数学模型.

(1)水箱中水的体积减小的速率与水箱中水的体积成正比.

(2)呈圆形区域的森林大火的半径蔓延的速率与它的周长成正比.

(3)作为经济模型中的一部分,设产量的变化率与需求量和生产量之差成正比,而且还假设需求量中的一部分是常数,另一部分与产量成正比.

(4)设一容器开始装有 V m³ 的水,内含 M_0 kg 的盐,每立方米中含有 S kg 的盐溶液以 f m³/s 的流量注入容器中,并与容器中的溶液充分拌匀,且溶液也以同样的速度外排,使得容器中的液体的体积保持不变,试建立容器中盐的质量变化率的模型.

解 (1) 设水箱的体积是 v,则其变化率为 v',根据题意有:$v'=-kv(k>0)$.

(2)设半径是 r,则其变化率是 r',而周长是 $2\pi r$,据题意有 $r'=k2\pi r=Kr(K=2\pi k)$.

(3)设 y 为产量,x 为需求量,据题意有 $y'=k(x-y)$ 及 $x=a+by$,所以 $y'=k[a+(b-1)y]$ 或简写为 $y'=cy+d$.

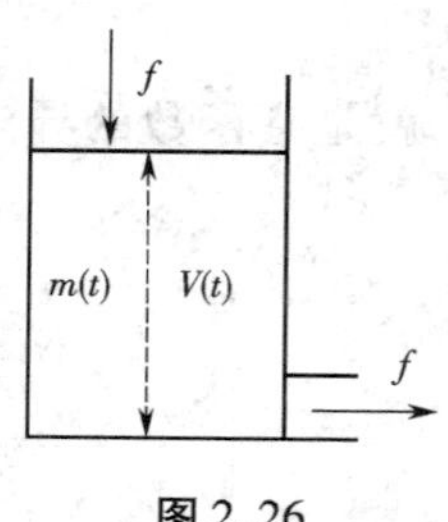

图2.26

(4)如图2.26所示,设 $m(t)$ 是时间 t 时容器中盐的质量,则它的瞬时变化率应等于流入盐的速率和流出盐的速率之差. 因为流入盐的质量等于 Sf kg/s,而容器中每立方米溶液中含有 $\frac{m}{V}$ kg 的盐,则流出盐的质量等于 $\frac{mf}{V}$ kg/s,所以

$m' = Sf - \frac{mf}{V}$.

2.2　函数的求导法则

2.2.1　基本初等函数的求导公式

(1) $(C)' = 0$;　　(2) $(x^{\alpha})' = \alpha x^{\alpha-1}$;

(3) $(\sin x)' = \cos x$;　　(4) $(\cos x)' = -\sin x$;

(5) $(\tan x)' = \sec^2 x$;　　(6) $(\cot x)' = -\csc^2 x$;

(7) $(\sec x)' = \sec x\tan x$;　　(8) $(\csc x)' = -\csc x\cot x$;

(9) $(a^x)' = a^x\ln a \quad (a>0, a\neq 1)$;　　(10) $(e^x)' = e^x$;

(11) $(\log_a x)' = \frac{1}{x\ln a} \quad (a>0, a\neq 1)$;　　(12) $(\ln x)' = \frac{1}{x}$;

(13) $(\arcsin x)' = \frac{1}{\sqrt{1-x^2}}$;　　(14) $(\arccos x)' = -\frac{1}{\sqrt{1-x^2}}$;

(15) $(\arctan x)' = \frac{1}{1+x^2}$;　　(16) $(\text{arccot}\, x)' = -\frac{1}{1+x^2}$.

例6　已知 $y = \cos x$，求 $y'|_{x=\frac{\pi}{6}}$.

解　因为 $y' = (\cos x)' = -\sin x$，所以 $y'|_{x=\frac{\pi}{6}} = -\sin\frac{\pi}{6} = -\frac{1}{2}$.

例7　曲线 $y = \ln x$ 上哪一点的切线与直线 $y = 3x-1$ 平行？

解　已知直线 $y = 3x-1$ 的斜率 $k = 3$，根据两直线平行的条件可知，所求切线的斜率也应等于3.

$y' = (\ln x)' = \frac{1}{x}$，由导数的几何意义有，$\frac{1}{x} = 3$，即 $x = \frac{1}{3}$. 将 $x = \frac{1}{3}$ 代入 $y = \ln x$，得 $y = -\ln 3$，所以曲线 $y = \ln x$ 在点 $\left(\frac{1}{3}, -\ln 3\right)$ 处的切线与直线 $y = 3x-1$ 平行.

2.2.2　求导法则

(1) $[u(x) \pm v(x)]' = u'(x) \pm v'(x)$;

(2) $[u(x) \cdot v(x)]' = u'(x)v(x) + u(x)v'(x)$,

特别 $[Cu(x)]' = Cu'(x)$（C 为常数）；

(3) $\left[\frac{u(x)}{v(x)}\right]' = \frac{u'(x)v(x) - u(x)v'(x)}{v^2(x)} \quad (v(x)\neq 0)$;

(4) $\frac{dy}{dx} = \frac{dy}{du} \cdot \frac{du}{dx}$（复合函数求导法则）.

例8　已知 $y = x^3 + 3^x + 3^3$，求 y'.

解 $y'=(x^3+3^x+3^3)'=3x^2+3^x\ln 3.$

例 9 已知 $y=\cos x-e^x+\log_2 x$,求 y'.

解 $y'=(\cos x-e^x+\log_2 x)'=-\sin x-e^x+\dfrac{1}{x\ln 2}.$

例 10 已知 $y=x\sin x$,求 y'.

解 $y'=(x\sin x)'=(x)'\sin x+x\cdot(\sin x)'=\sin x+x\cos x.$

例 11 已知 $y=(1-x^2)\ln x$,求 y'.

解
$$y'=[(1-x^2)\ln x]'=(1-x^2)'\ln x+(1-x^2)(\ln x)'$$
$$=-2x\ln x+\frac{1}{x}-x.$$

例 12 已知 $y=\dfrac{5x^4-3x^2+4}{\sqrt{x}}$,求$\dfrac{dy}{dx}$.

解
$$\frac{dy}{dx}=(5x^{\frac{7}{2}}-3x^{\frac{3}{2}}+4x^{-\frac{1}{2}})'$$
$$=5\times\frac{7}{2}x^{\frac{7}{2}-1}-3\times\frac{3}{2}x^{\frac{3}{2}-1}+4\times\left(-\frac{1}{2}\right)x^{-\frac{1}{2}-1}=\frac{35}{2}x^{\frac{5}{2}}-\frac{9}{2}x^{\frac{1}{2}}-2x^{-\frac{3}{2}}.$$

例 13 已知 $y=\dfrac{1-x^3}{1+x^3}$,求 y'.

解
$$y'=\frac{(1-x^3)'(1+x^3)-(1-x^3)(1+x^3)'}{(1+x^3)^2}$$
$$=\frac{-3x^2(1+x^3)-(1-x^3)\cdot 3x^2}{(1+x^3)^2}=-\frac{6x^2}{(1+x^3)^2}.$$

例 14 已知 $y=\tan x$,求 y'.

解
$$y'=(\tan x)'=\left(\frac{\sin x}{\cos x}\right)'=\frac{(\sin x)'\cos x-\sin x\cdot(\cos x)'}{\cos^2 x}$$
$$=\frac{\sin^2 x+\cos^2 x}{\cos^2 x}=\sec^2 x,$$

即

$$(\tan x)'=\sec^2 x. \tag{2.1}$$

类似可求得

$$(\cot x)'=-\csc^2 x. \tag{2.2}$$

例 15 已知 $y=\sec x$,求 y'.

解 因为 $\sec x=\dfrac{1}{\cos x}$,所以

$$y'=\left(\frac{1}{\cos x}\right)'=\frac{-(\cos x)'}{\cos^2 x}=\frac{\sin x}{\cos^2 x}=\sec x\cdot\tan x,$$

即

$$(\sec x)'=\sec x\cdot\tan x. \tag{2.3}$$

类似可求得

$$(\csc x)' = -\csc x \cdot \cot x. \tag{2.4}$$

例16 已知$f(t)=\dfrac{\sin t}{1+\cos t}$,求$f'\left(\dfrac{\pi}{4}\right)$.

解 $$f'(t)=\frac{(\sin t)'(1+\cos t)-\sin t(1+\cos t)'}{(1+\cos t)^2}$$

$$=\frac{\cos t(1+\cos t)-\sin t(-\sin t)}{(1+\cos t)^2}=\frac{1}{1+\cos t}.$$

$$f'\left(\frac{\pi}{4}\right)=\frac{1}{1+\cos\frac{\pi}{4}}=2-\sqrt{2}.$$

例17 已知$y=\sin 2x$,求$\dfrac{dy}{dx}$.

解

$u=2x$

$$y=\sin \boxed{2x} \Rightarrow \begin{cases} y=\sin u, \\ u=2x. \end{cases}$$

$$\frac{dy}{dx}=\frac{dy}{du}\cdot\frac{du}{dx}=(\sin u)'\cdot(2x)'=2\cos u=2\cos 2x.$$

例18 已知$y=\sqrt{1-x^2}$,求$\dfrac{dy}{dx}$.

解 $$y=\sqrt{1-x^2}\Rightarrow\begin{cases} y=\sqrt{u}=u^{\frac{1}{2}}, \\ u=1-x^2. \end{cases}$$

$$\frac{dy}{dx}=\frac{dy}{du}\cdot\frac{du}{dx}=(u^{\frac{1}{2}})'\cdot(1-x^2)'$$

$$=\frac{1}{2}u^{-\frac{1}{2}}\cdot(-2x)=-u^{-\frac{1}{2}}x=-\frac{x}{\sqrt{1-x^2}}.$$

例19 已知$y=\cos^2 x$,求y'.

解 $$y=\cos^2 x\Rightarrow\begin{cases} y=u^2, \\ u=\cos x. \end{cases}$$

$$y'=(u^2)'\cdot(\cos x)'=-2u\sin x$$

$$=-2\sin x\cos x=-\sin 2x.$$

熟练之后可摆脱中间变量字母,视内函数为外函数的自变量,对外函数求导数,并乘上内函数的导数,直至求到x为止.

例20 已知$y=\ln\sin x$,求$\dfrac{dy}{dx}$.

解

$u=\sin x$

$$\frac{dy}{dx}=(\ln\boxed{\sin x})'=\frac{1}{\sin x}\cdot(\sin x)'=\frac{\cos x}{\sin x}=\cot x.$$

例 21 已知 $y=\mathrm{e}^{x^2}$,求$\dfrac{\mathrm{d}y}{\mathrm{d}x}$.

解 $\dfrac{\mathrm{d}y}{dx}=(\mathrm{e}^{x^2})'=\mathrm{e}^{x^2}\cdot(x^2)'=2x\mathrm{e}^{x^2}$.

例 22 已知 $y=\tan^2\dfrac{x}{2}$,求$\dfrac{\mathrm{d}y}{\mathrm{d}x}$.

$u=\tan\dfrac{x}{2}$　　　　$v=\dfrac{x}{2}$

解

$$\frac{\mathrm{d}y}{\mathrm{d}x}=[(\tan\frac{x}{2})^2]'=2\tan\frac{x}{2}\cdot(\tan\frac{x}{2})'$$

$$=2\tan\frac{x}{2}\cdot\sec^2\frac{x}{2}\cdot(\frac{x}{2})'=\tan\frac{x}{2}\cdot\sec^2\frac{x}{2}.$$

例 23 已知 $y=\ln\sqrt{1+x^2}$,求$\dfrac{\mathrm{d}y}{\mathrm{d}x}$.

解 $\dfrac{\mathrm{d}y}{\mathrm{d}x}=\dfrac{1}{\sqrt{1+x^2}}\cdot(\sqrt{1+x^2})'$

$$=\frac{1}{\sqrt{1+x^2}}\cdot\frac{1}{2}(1+x^2)^{-\frac{1}{2}}\cdot(1+x^2)'=\frac{x}{1+x^2}.$$

例 24 已知 $y=\arcsin\sqrt{x}$,求 y'.

解 $y'=\dfrac{1}{\sqrt{1-x}}\cdot(\sqrt{x})'=\dfrac{1}{2\sqrt{x(1-x)}}$.

例 25 人立在码头以 0.5 m/s 的速度用缆绳将一条船往回拉,他的手高于船面 2 m,当缆绳还剩 4 m 长时,求此时船的速度.

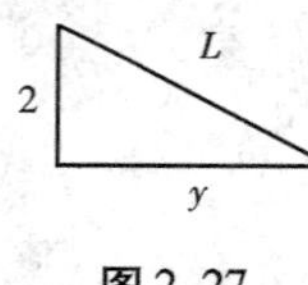

图 2.27

解 如图 2.27 所示,设 L 是船与人之间的绳长,y 是船与人所站的码头的水平距离,所以 $y=\sqrt{L^2-4}$,因此

$$y'=\frac{\mathrm{d}y}{\mathrm{d}t}=\frac{\mathrm{d}y}{\mathrm{d}L}\times\frac{\mathrm{d}L}{\mathrm{d}t}=\frac{L}{\sqrt{L^2-4}}\times L';$$

$$v=y'|_{L=4}=\frac{4\times0.5}{\sqrt{4^2-4}}\approx0.577\ (\mathrm{m/s}).$$

2.2.3 三个常用的求导方法

1. 隐函数的求导法则

我们来研究函数

$$y=5-x \tag{2.5}$$

对其变形得方程

$$x+y-5=0 \tag{2.6}$$

显然方程(2.6)确定函数(2.5),函数(2.5)隐含在方程(2.6)中. 为此把由方程 $F(x,y)$

$=0$ 确定的函数叫隐函数，而把函数(2.5)的形式叫显函数. 如：$y=x^2+1$，$y=\sin x-x$ 是显函数形式，而由方程 $x^2-y+1=0$，$xy-e^x+e^y=0$ 所确定的函数都是隐函数的形式. 虽然有的隐函数能化成显函数，但有的隐函数却不能化成显函数. 下面通过例子来说明隐函数的求导方法.

例26　求由方程 $x^2+y^2=R^2$ 所确定的隐函数 y 的导数 y'_x.

解　方程两边分别对 x 求导. 在求导的过程中要注意，方程 $x^2+y^2=R^2$ 确定了 y 是 x 的函数 $y=f(x)$，因此对 y^2 的导数应按复合函数的求导法则进行，即 y^2 是 y 的函数，而 y 又是 x 的函数. 所以有

$$2x+2yy'_x=0.$$

解出 y'_x，有 $y'_x=-\dfrac{x}{y}$.

从这看出隐函数的导数 y'_x 中允许含有 y 变量.

由上例可得到隐函数 $F(x,y)=0$ 的求导方法：

(1)方程两边对 x 求导数；

(2)视 y 为 x 的函数，遇上 y 变成 y'，遇上 y 的函数，先对 y 求导，再乘以 y'；

(3)解出 y'_x 即可.

例27　求隐函数 $xy-e^x+e^y=0$ 的导数.

解　(1)两边对 x 求导，

$$y+xy'-e^x+e^yy'=0.$$

(2)解出 y'，有 $y'=\dfrac{e^x-y}{e^y+x}$.

2. 对数求导法

我们知道，和、差求导比积、商求导容易，取对数不仅能把幂变成积，而且还能把积、商变成和、差，有利于求导；因此对幂指函数 $y=u^v$(其中 u，v 都是 x 的函数)，或者由多次乘除运算和乘方、开方所得的函数求导数，可先对等式两边取对数，然后用隐函数的求导方法求其导数，这种方法称为对数求导法.

例28　求函数 $y=x^x(x>0)$ 的导数.

解　对 $y=x^x$ 两边取自然对数，得 $\ln y=x\ln x$，两边对 x 求导，得

$$\frac{1}{y}\cdot y'=\ln x+x\cdot\frac{1}{x},$$

$$y'=y(1+\ln x)=x^x(1+\ln x).$$

例29　求函数 $y=\sqrt{\dfrac{(x-1)(x-2)}{(x-3)(x-4)}}$ 的导数.

解　对函数两边取自然对数，有

$$\ln y=\frac{1}{2}[\ln(x-1)+\ln(x-2)-\ln(x-3)-\ln(x-4)].$$

两边对 x 求导数，有

$$\frac{y'}{y}=\frac{1}{2}\left(\frac{1}{x-1}+\frac{1}{x-2}-\frac{1}{x-3}-\frac{1}{x-4}\right),$$

得

$$y'=\frac{1}{2}\sqrt{\frac{(x-1)(x-2)}{(x-3)(x-4)}}\left(\frac{1}{x-1}+\frac{1}{x-2}-\frac{1}{x-3}-\frac{1}{x-4}\right).$$

3. 参数方程式函数求导

一般说来,参数方程

$$\begin{cases}x=\varphi(t),\\ y=\psi(t),\end{cases}\quad \alpha\leqslant t\leqslant\beta$$

确定了 y 是 x 的函数 $y=f(x)$,则 y 对 x 的导数

$$\frac{dy}{dx}=\frac{\psi'(t)}{\varphi'(t)}. \tag{2.7}$$

例 30 已知椭圆的参数方程为 $\begin{cases}x=a\cos t,\\ y=b\sin t,\end{cases}$ 求 $\frac{dy}{dx}$.

解 $\frac{dy}{dx}=\frac{(b\sin t)'}{(a\cos t)'}=\frac{b\cos t}{-a\sin t}=-\frac{b}{a}\cot t.$

例 31 曲线 $\begin{cases}x=a(\theta-\sin\theta),\\ y=a(1-\cos\theta),\end{cases}$ 在 $\theta=\frac{\pi}{4}$ 处切线的斜率.

解 $\frac{dy}{dx}=\frac{[a(1-\cos\theta)]'}{[a(\theta-\sin\theta)]'}=\frac{\sin\theta}{1-\cos\theta}$,

$$k=\left.\frac{dy}{dx}\right|_{\theta=\frac{\pi}{4}}=\frac{\sin\frac{\pi}{4}}{1-\cos\frac{\pi}{4}}=1+\sqrt{2}.$$

4. 高阶导数的概念

一般说来,函数 $y=f(x)$ 的导数 $y'=f'(x)$ 仍是 x 的函数,如果 $y'=f'(x)$ 的导数存在,则称这个导数为 $y=f(x)$ 的二阶导数,记为 y'' 或 $\frac{d^2y}{dx^2}$,即 $y''=(y')'$ 或 $\frac{d^2y}{dx^2}=\frac{d}{dx}\left(\frac{dy}{dx}\right)$.

相应的把 $y'=f'(x)$ 叫做 $y=f(x)$ 的一阶导数. 类似地把 $y=f(x)$ 的二阶导数 y'' 的导数叫做函数 $y=f(x)$ 的三阶导数……一般地,把 $y=f(x)$ 的 $(n-1)$ 阶导数 $y^{(n-1)}$ 的导数叫做函数 $y=f(x)$ 的 n 阶导数,记为 $y^{(n)}$, $f^{(n)}(x)$ 或 $\frac{d^ny}{dx^n}$.

通常,二阶及二阶以上的导数统称为高阶导数. 由高阶导数的定义可知,求高阶导数仍用前面的求导方法进行计算.

例 32 求下列函数的二阶导数:

(1) $y=kx+b$; (2) $y=\sin(2x+1)$.

解 (1) $y=kx+b$, $y'=k$, $y''=0$.

(2) $y=\sin(2x+1)$, $y'=2\cos(2x+1)$, $y''=-4\sin(2x+1)$.

2.3　微分

2.3.1　微分的概念

先看这样一个问题：工人师傅用卡尺测得圆钢的直径 $D=60.04$ mm，设 D 的可能测量误差为0.005 mm，则计算圆钢截面面积时就会产生误差，其误差若干？你能作一个近似估计吗？热胀冷缩是一种常见的现象，一块正方形的金属薄片受冷热影响，边长 x 由 x_0 变到 $x_0+\Delta x$，金属薄片的面积也将发生改变，对此你能作一个估计吗？

在实际问题中，我们经常需要考察和估计当自变量有一微小的改变量 $|\Delta x|$ 时，所引起函数相应的改变量，如图2.28所示.

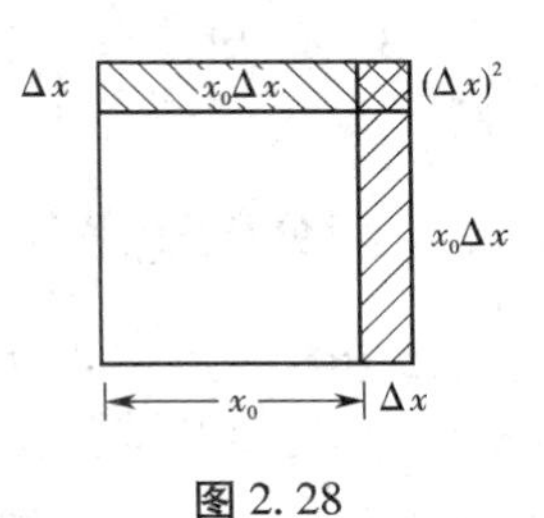

图2.28

正方形的金属薄片受冷热影响所改变的面积，可以看成是当自变量 x 在 x_0 取得增量 Δx 时，函数 $y=x^2$ 相应的增量

$$\Delta y=(x_0+\Delta x)^2-{x_0}^2=2x_0\Delta x+(\Delta x)^2. \quad (2.6)$$

在 Δy 中，第一部分 $2x_0\Delta x$ 是两块长方形面积之和，第二部分 $(\Delta x)^2$ 是一块小正方形的面积. 当 $\Delta x\to 0$ 时，Δy 的两部分虽然都趋于零；但它们趋于零的速度是不同的. $\lim\limits_{\Delta x\to 0}\dfrac{2x_0\Delta x}{\Delta x}=2x_0$，表明 $2x_0\Delta x$ 与 Δx 是同阶无穷小量；而 $\lim\limits_{\Delta x\to 0}\dfrac{(\Delta x)^2}{\Delta x}=0$，表明 $(\Delta x)^2$ 是比 Δx 较高阶的无穷小量. 因此，在 Δy 中，第一部分 $2x_0\Delta x$ 是主要的，第二部分 $(\Delta x)^2$ 是次要的，从图形上也可得到验证；所以当 $|\Delta x|$ 很小时，金属薄片的面积改变量 Δy 可用第一部分作近似代替，即 $\Delta y\approx 2x_0\Delta x$. 而 $2x_0\Delta x$ 这一项是 Δx 的线性函数，且系数 $2x_0$ 恰好是函数 $y=x^2$ 在点 x_0 处的导数 $f'(x_0)=2x_0$，所以上式可写为

$$\Delta y\approx f'(x_0)\Delta x.$$

这一结论对一般函数 $y=f(x)$ 也是成立的.

设函数 $y=f(x)$ 在点 x_0 处可导，且 $f'(x_0)\neq 0$，当自变量 x 在 x_0 取得增量 Δx 时，函数相应的增量是

$$\Delta y=f(x_0+\Delta x)-f(x_0).$$

当 $|\Delta x|$ 较小时，有 $\Delta y\approx f'(x_0)\Delta x$.

定义3　如果函数 $y=f(x)$ 在点 x_0 处具有导数，则称 $f'(x_0)\Delta x$ 为函数 $y=f(x)$ 在点 x_0 处的微分，记作 dy，即 $dy=f'(x_0)\Delta x$.

一般地，函数 $y=f(x)$ 在任意点 x 处的微分叫做函数的微分，记作 dy，即 $dy=f'(x)\Delta x$.

当 $y=x$ 时，$dy=y'\Delta x=(x)'\Delta x=\Delta x$，即 $dx=\Delta x$，则上述微分形式可改写为

$$dy=f'(x)dx,$$

从而有

$$\frac{dy}{dx}=f'(x),$$

这就是说函数的微分 dy 与自变量微分 dx 之商等于函数的导数 $f'(x)$,所以又称导数为"微商".

例 33 已知 $y=x^3$,求 $dy\big|_{\substack{x=2\\ \Delta x=0.02}}$ 及 Δy.

解 先求函数在任意点 x 处的微分

$$dy=(x^3)'\Delta x=3x^2\Delta x;$$

再求当 $x=2,\Delta x=0.02$ 时函数的微分,

$$dy\big|_{\substack{x=2\\ \Delta x=0.02}}=3\times 2^2\times 0.02=0.24,$$

$$\Delta y=f(2+\Delta x)-f(2)=2.02^3-2^3=0.2424.$$

可见 dy 与 Δy 相差甚微,所以 $\Delta y\approx dy$.

例 34 已知 $y=\sin(2x+1)$,求 dy.

解 $dy=y'dx=(\sin(2x+1))'dx=2\cos(2x+1)dx$.

2.3.2 微分的运算法则

由微分的表达式 $dy=f'(x)dx$ 可知,求函数的微分 dy,只需计算出它的导数 $f'(x)$,再乘以 dx 就行了,因此可得如下法则:

(1) $d(u\pm v)=du\pm dv$; (2.8)

(2) $d(uv)=vdu+udv$; (2.9)

(3) $d(Cu)=Cdu$; (2.10)

(4) $d\left(\dfrac{u}{v}\right)=\dfrac{vdu-udv}{v^2}$. (2.11)

(5) 设 $y=f(u),u=\varphi(x)$,则 $dy=y'dx=f'(u)\varphi'(x)dx$.

由于 $\varphi'(x)dx=du$,所以上式可写成

$$dy=f'(u)du.$$

由此可见,无论 u 是自变量还是中间变量,函数 $y=f(u)$ 的微分形式都保持不变,这性质称为微分形式的不变性.

例 35 求 $y=e^{x^2+1}$ 的微分 dy.

解 $dy=de^{x^2+1}=e^{x^2+1}d(x^2+1)=e^{x^2+1}dx^2=2xe^{x^2+1}dx$.

例 36 求 $y=\ln\sin x$ 的微分 dy.

解 $dy=d(\ln\sin x)=\dfrac{1}{\sin x}d\sin x=\dfrac{\cos x}{\sin x}dx=\cot x dx$.

例 37 已知 $y=x\cos x$,求 dy.

解
$$\begin{aligned}dy&=\cos x dx+x d\cos x=\cos x dx-x\sin x dx\\&=(\cos x-x\sin x)dx.\end{aligned}$$

例 38 在下列左端的括号中填入适当的函数,使等式成立.

(1) $d(\quad)=x^2dx$; (2) $d(\quad)=\cos\omega t dt$.

解 (1) 我们知道 $d(x^3)=3x^2dx$ 由此可知

$$x^2dx=\frac{1}{3}d(x^3)=d\left(\frac{x^3}{3}\right).$$

一般地，有

$$d\left(\frac{x^3}{3}+C\right)=x^2dx.$$

(2)因为 $d(\sin \omega t)=\omega \cos \omega t dt$，

所以 $\cos \omega t dt=\frac{1}{\omega}d(\sin \omega t)=d\left(\frac{1}{\omega}\sin \omega t\right)$，即

$$d\left(\frac{1}{\omega}\sin \omega t\right)=\cos \omega t dt.$$

一般地，有

$$d\left(\frac{1}{\omega}\sin \omega t+C\right)=\cos \omega t dt.$$

2.3.3　微分在近似计算中的应用

由前面的讨论中知道，当 $|\Delta x|$ 很小时，函数 $y=f(x)$ 在点 x_0 处的改变量 Δy 可用函数的微分 dy 来估计，即

$$\Delta y=f(x_0+\Delta x)-f(x_0)\approx f'(x_0)\Delta x=dy.$$

于是得近似公式

$$\Delta y\approx f'(x_0)\Delta x. \tag{2.13}$$

$$f(x_0+\Delta x)\approx f(x_0)+f'(x_0)\Delta x. \tag{2.14}$$

公式(2.13)常用来计算函数改变量的近似值，特别是在误差估计中很有用. 公式(2.14)可用来估计函数 $y=f(x)$ 在 x_0 附近的近似值，或者可用此公式将函数 $y=f(x)$ 在 x_0 处线性化，有利于问题的简化.

例39　用卡尺测得圆钢的直径 $D=60.04$ mm，设 D 的可能测量误差为0.005 mm，试估计计算圆钢截面面积时所产生的误差.

解　设 S 表示圆钢截面面积，则有 $S=\frac{\pi D^2}{4}$，当 $|\Delta D|$ 很小时，可用微分 dS 近似代替增量 ΔS，即

$$\Delta S\approx dS=S'\Delta D=\frac{\pi D}{2}\cdot\Delta D$$

$$=\frac{3.14\times 60.04}{2}\times 0.005\approx 0.4716(\text{mm}^2).$$

如果某个量的精确值为 A，它的近似值为 a，则称 $|A-a|$ 为 a 的绝对误差，称 $\frac{|A-a|}{|a|}$ 为 a 的相对误差.

例40　计算 $\tan 31°$ 的值.

解　设 $f(x)=\tan x$，$f'(x)=\sec^2 x$，令 $x_0=30°=\frac{\pi}{6}$，$\Delta x=1°=\frac{\pi}{180}$，由公式(2.14)有

$$\tan 31°=\tan\left(\frac{\pi}{6}+\frac{\pi}{180}\right)\approx\tan\frac{\pi}{6}+\sec^2\frac{\pi}{6}\cdot\frac{\pi}{180}$$

$$=\frac{\sqrt{3}}{3}+\left(\frac{2}{\sqrt{3}}\right)^2\times\frac{\pi}{180}\approx 0.600.$$

例 41 证明下列近似公式成立(假定$|x|$是很小的数值).

(1) $\sin x\approx x$; (2) $\sqrt[n]{1+x}\approx 1+\frac{1}{n}x$.

证明 (1)设$f(x)=\sin x, f'(x)=\cos x$,令$x_0=0,\Delta x=x$,由公式(2.14)有

$$\sin x=\sin(0+x)\approx\sin 0+\cos 0\cdot x=x,$$

所以 $\sin x\approx x$.

(2)设$f(x)=\sqrt[n]{1+x}=(1+x)^{\frac{1}{n}}, f'(x)=\frac{1}{n}(1+x)^{\frac{1}{n}-1}$,令$x_0=0,\Delta x=x$,有$f(0)=1$,

$f'(0)=\frac{1}{n}(1+0)^{\frac{1}{n}-1}=\frac{1}{n}$,

由公式(2.14)得

$$\sqrt[n]{1+x}\approx 1+\frac{1}{n}\cdot x=1+\frac{1}{n}x,$$

所以 $\sqrt[n]{1+x}\approx 1+\frac{1}{n}x$.

2.4 任务考核

1. 物体的直线运动方程为$s=t^2+3$,计算从$t=2$到$t=2+\Delta t$之间的平均速度,并计算当$\Delta t=0.1$时的平均速度,再计算$t=2$时的瞬时速度.

2. 已知$y=5-3x$,根据导数的定义求$f'(x), f'(5)$.

3. 利用幂函数的求导公式,求下列函数的导数.

(1) $y=x^{1.8}$; (2) $y=\frac{1}{\sqrt{x}}$; (3) $y=\frac{x\sqrt{x}}{\sqrt[5]{x^3}}$.

4. 求曲线$y=\sqrt[3]{x^2}$在点$P(1,1)$处的切线方程.

5. 求下列函数的导数:

(1) $y=4x^2-\frac{4}{x^2}+4$; (2) $y=\frac{x^5+\sqrt{x}+1}{x^3}$;

(3) $s=t(3+\sqrt{t})$; (4) $y=(1+x^2)\sin x$;

(5) $y=\frac{1+\cos x}{1-\cos x}$; (6) $y=3\ln x-\frac{2}{x}$;

(7) $y=x\tan x-2\sec x$; (8) $y=\frac{x\sin x}{1+\cos x}$;

(9) $y=e^x\sin x$; (10) $y=x\arctan x$;

(11) $y=x\arcsin x$.

6. 求下列函数在给定点的导数:

(1) $y=3x^2+x\cos x-1$，求 $y'|_{x=-\pi}$；

(2) $f(t)=\dfrac{1-\sqrt{t}}{1+\sqrt{t}}$，求 $f'(4)$.

7. 求下列函数的导数：

(1) $y=(10x^2+1)^8$；　　(2) $y=\sqrt{4+x^2}$；

(3) $y=\cos^2 2x$；　　(4) $y=\dfrac{\sin^2 x}{1+\cos x}$；

(5) $y=\ln(\ln x)$；　　(6) $y=\log_a(x+x^3)$；

(7) $y=e^{-x}$；　　(8) $y=e^{\frac{1}{x}}$；

(9) $y=2^{\sin x}$；　　(10) $y=\arcsin 2x$.

8. 写出问题的数学模型：某飞机以一固定的水平速度 v 在固定的高度 h 飞行，此时飞机离地面上某点的直线距离是 r，求 r 的变化率.

9. 求下列方程所确定的函数 y 在指定点的导数：

(1) $y=\ln(xy+e)$，点 $(0,1)$；

(2) $\dfrac{y^2}{x+y}=1-x^2$，点 $(0,1)$.

10. 用对数法求下列函数的导数：

(1) $y=\left(\dfrac{x}{1+x}\right)^x \quad (x>0)$；

(2) $y=\dfrac{\sqrt{x+1}(3-x)^4}{(x+5)^3}$.

11. 求由参数方程所确定的函数 y 对 x 的导数：

(1) $\begin{cases} x=\sin t+2, \\ y=1-t; \end{cases}$

(2) $\begin{cases} x=a(t^2-\sin t), \\ y=a(t-\cos t), \end{cases}$ a 为常数.

12. 求下列函数的二阶导数：

(1) $y=2x^2+\ln x$；　　(2) $y=e^{2x-1}$；　　(3) $y=\dfrac{e^x}{x}$.

任务3　导数的应用

易拉罐饮料好喝吗？清凉解渴，味道好极了. 你可曾想过这样一个问题，当容积一定时，怎样来制作易拉罐，才能使所用的材料最省？或者给你一定数量的瓷砖，围一长方形的水池，要使水池装水最多，你知道该怎么围吗？或者给你一根直径为 d 的圆木，当木料作垂直支撑时，你能设计一个加工方案,使其能支撑所承受荷载的能力最大吗?在生产实践中,经常会遇到在一定条件下,怎样使"材料最省""功率最大"等问题.实践中的这类"最省""最大"的问题,就是数学上求函数最大值、最小值问题.较简单函数或者较特殊函数的最大值、最小值问题,我们容易求得,那么就一般函数的最大值、最小值问题,我们又该怎样处理呢?

有了导数这一工具,上述问题的解决将变得十分容易.本任务将利用导数来研究函数(或曲线)的某些基本性态,并利用这些知识解决一些实际问题.

3.1 函数的极值

3.1.1 函数单调性的判定

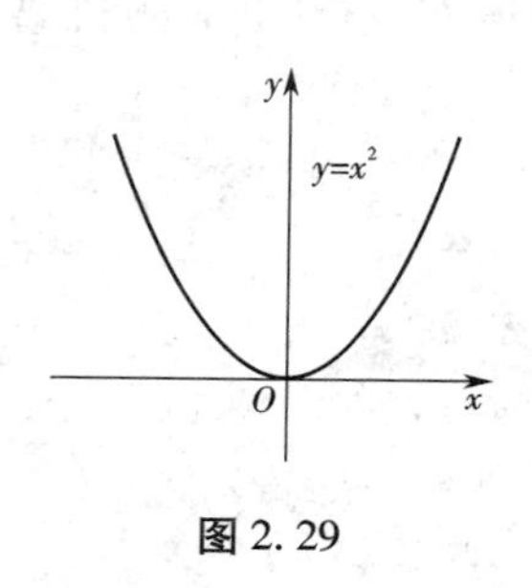

图 2.29

考察函数$f(x)=x^2$,其导数为$f'(x)=2x$,从图 2.29 可看出,当$x\in(0,+\infty)$时,函数$f(x)=x^2$是单调递增的,此时$f'(x)=2x>0$;当$x\in(-\infty,0)$时,函数$f(x)=x^2$是单调递减的,此时$f'(x)=2x<0$.这表明函数的单调性与函数导数的符号有密切的关系,我们有下面的结论.

定理 1 设函数$f(x)$在$[a,b]$上连续,在(a,b)内可导.

(1)若$x\in(a,b)$时,$f'(x)>0$,则$f(x)$在(a,b)内单调增加;

(2)若$x\in(a,b)$时,$f'(x)<0$,则$f(x)$在(a,b)内单调减少;

(3)若$x\in(a,b)$时,$f'(x)=0$,则$f(x)$在(a,b)内为常数.

定理中的闭区间改为其他各种区间结论也成立.上述定理表明,函数在(a,b)上单调增减性可用函数在(a,b)上导数的符号来判定.

例 1 判定函数$f(x)=\sin x$在$(0,2\pi)$上的单调性.

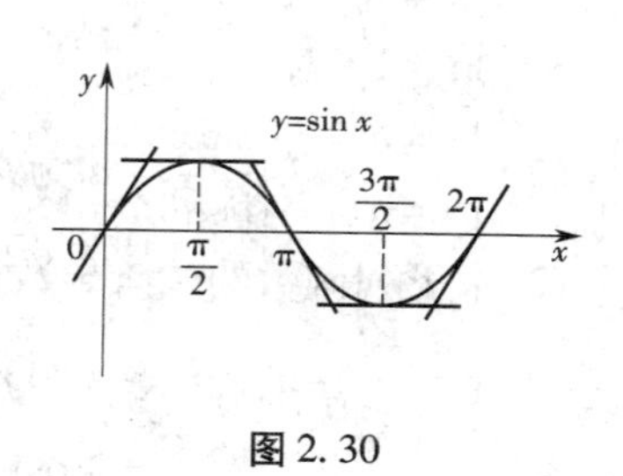

图 2.30

解 先求函数的导数$f'(x)=\cos x$,易知:在$\left(0,\frac{\pi}{2}\right)$和$\left(\frac{3\pi}{2},2\pi\right)$内$f'(x)>0$,所以函数$f(x)=\sin x$在上述区间上单调增加;在$\left(\frac{\pi}{2},\frac{3\pi}{2}\right)$内$f'(x)<0$,所以函数$f(x)=\sin x$在上述区间上单调减少.上述结论可从函数$f(x)=\sin x$的图形图 2.30 中得到验证.

从图上可以看出,点$x=\frac{\pi}{2}$和$x=\frac{3\pi}{2}$正好是函数$f(x)=\sin x$单调增减的分界点,曲线在该点处的切线平行于x轴,即函数在该点处的导数等于零.这就是说函数的导数等于零的点可能是函数单调增减的分界点.

使导数为零的点(即$f'(x)=0$的实根)叫函数$f(x)$的驻点.

由上分析可得,求函数$f(x)$的单调区间的一般步骤:

(1)确定函数$f(x)$的定义域;

(2)求出$f(x)$的全部驻点和导数$f'(x)$不存在的点,并用这些点把定义区间分成若干个区间;

(3)列表讨论函数在各个区间的单调增减性.

例2　判定函数$f(x)=2x^3-9x^2+12x-3$的单调增减性.

解　(1)$f(x)$的定义域为$(-\infty,+\infty)$.

(2)求$f(x)$的导数

$$f'(x)=6x^2-18x+12,$$

令$f'(x)=0$,即$6x^2-18x+12=0$. 解得函数增减性的可能分界点$x_1=1,x_2=2$.

$x_1=1$和$x_2=2$把函数的定义域$(-\infty,+\infty)$分成三个区间$(-\infty,1),(1,2),(2,+\infty)$.

(3)函数单调性可列表讨论,如表2.5所示(表中"↗"、"↘"分别表示函数在相应区间内是单调增、单调减的).

表2.5

x	$(-\infty,1)$	1	$(1,2)$	2	$(2,+\infty)$
$f'(x)$	+	0	—	0	+
$f(x)$	↗		↘		↗

3.1.2　函数的极值

如果一个函数$y=f(x)$在某区间(a,b)上连续变化,且不单调,那么由图2.31可看出,在函数单调增加到单调减少的分界点上,就必然会出现"峰",且在分界点x_1、x_3上函数值比它们邻近的函数值要大;在函数单调减少到单调增加的分界点上,就必然会出现"谷",且在分界点x_2、x_4上函数值比它们邻近的函数值要小. 这种局部的最大值与最小值,对研究函数的性质和在解决一些实际问题中,有着重要的应用.

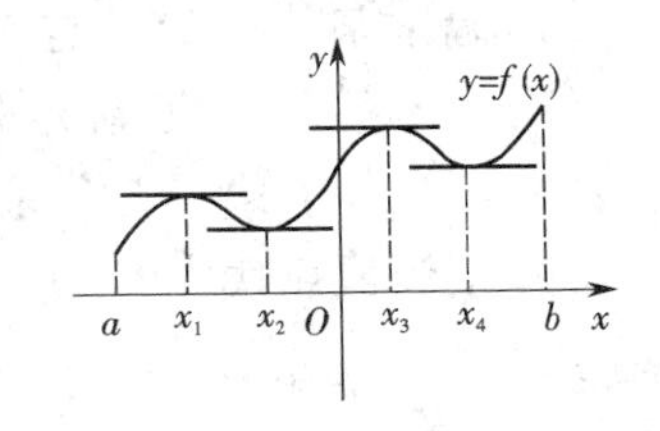

图2.31

定义1　设函数$y=f(x)$在点x_0及其附近有定义,若对点x_0附近任一点$x(x\neq x_0)$,均有

(1)$f(x)<f(x_0)$,则称$f(x_0)$为$f(x)$的极大值,称点x_0为$f(x)$的极大点;

(2)$f(x)>f(x_0)$,则称$f(x_0)$为$f(x)$的极小值,称点x_0为$f(x)$的极小点.

函数的极大值与极小值统称为函数的极值,极大点和极小点统称为函数的极值点.

按照上面的定义,图2.31中函数在x_1、x_3点处分别取得极大值$f(x_1)$、$f(x_3)$;在x_2、x_4点处分别取得极小值$f(x_2)$、$f(x_4)$.

给定函数$y=f(x)$后,怎样确定它在哪些点取得极值呢? 从图2.31可看出,在极大值或极小值处函数图形的切线是水平的,即在极值点处函数的一阶导数等于零. 因此可得函数极值的必要条件.

定理2(极值存在的必要条件)　如果函数$f(x)$在点x_0处有极值,且函数$f(x)$在x_0处可导,则有 $f'(x_0)=0$.

由函数极值的必要条件可知,可微函数的极值点必是驻点. 但是,是否所有驻点都是极值点呢? 不一定,例如:函数 $f(x)=x^3$ 在 $x=0$ 处有 $f'(x)=0$,但 $x=0$ 这一点并不是函数 $f(x)=x^3$ 的极值点. 因此,可微函数 $f(x)$ 的极值点必定是驻点,但驻点不一定是极值点.

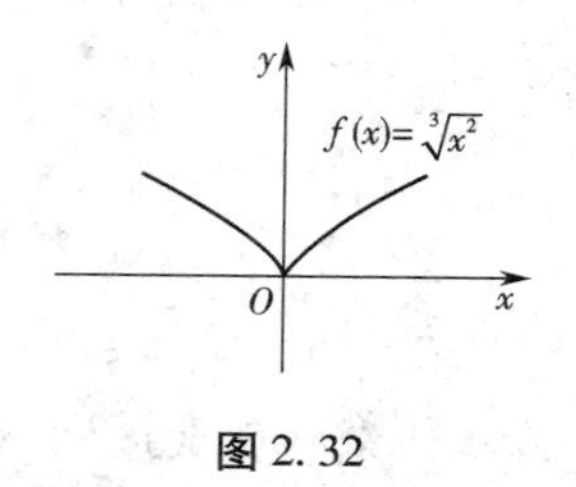

图 2.32

考察函数 $f(x)=\sqrt[3]{x^2}$,在 $x=0$ 处不可导,而 $x=0$ 却是 $f(x)=\sqrt[3]{x^2}$ 的极小值点. 如图 2.32 所示.

因此,驻点和导数不存在的点都有可能是函数的极值点,称为可能极值点.

怎样的驻点和导数不存在的点才是极值点呢? 有下面的判断定理.

定理 3(第一充分条件) 设函数 $f(x)$ 在点 x_0 处连续,在点 x_0 的附近可导(点 x_0 可除外). 当 x 由小变大经过 x_0 时,

(1)如果 $f'(x)$ 的符号不变,则 x_0 不是极值点;

(2)如果 $f'(x)$ 的符号由正变负,则 x_0 是极大点;

(3)如果 $f'(x)$ 的符号由负变正,则 x_0 是极小点.

(证明从略.)

由此可得求极值的步骤是:

(1)确定函数 $f(x)$ 的定义域;

(2)求函数的导数,确定驻点和导数不存在的点;

(3)用极值的第一充分条件确定极值点;

(4)把极值点代入 $f(x)$,求出极值并指明是极大值还是极小值.

例 3 求函数 $f(x)=\frac{1}{3}x^3-x^2-3x-3$ 的极值点和极值.

解 (1)函数 $f(x)$ 的定义域为 $(-\infty,+\infty)$.

(2)求导数 $f'(x)=x^2-2x-3=(x+1)(x-3)$,令 $f'(x)=0$,得驻点 $x_1=-1$,$x_2=3$.

(3)考虑驻点两侧 $f'(x)$ 的符号,列表讨论,如表 2.6 所示:

表 2.6

x	$(-\infty,-1)$	-1	$(-1,3)$	3	$(3,+\infty)$
$f'(x)$	+	0	—	0	+
$f(x)$	↗	极大值 $-\frac{4}{3}$	↘	极小值 -12	↗

因此,极大点为 $x=-1$,极大值为 $f(-1)=-\frac{4}{3}$;极小点为 $x=3$,极小值为 $f(3)=-12$,如图 2.33 所示.

例4　求函数 $f(x)=x-\frac{3}{2}\sqrt[3]{x^2}$ 的单调区间和极值.

解　(1) $f(x)$ 的定义域为 $(-\infty,+\infty)$.

(2) 求导数 $f'(x)=1-x^{-\frac{1}{3}}=\frac{\sqrt[3]{x}-1}{\sqrt[3]{x}}$，令 $f'(x)=0$，得驻点 $x=1$，不可导点 $x=0$.

(3) $f'(x)$ 的符号列表讨论，如表2.7所示.

因此，$(-\infty,0]$ 和 $[1,+\infty)$ 是 $f(x)$ 的单调增区间；$(0,1)$ 是单调减区间. $f(x)$ 的极大值为 $f(0)=0$，极小值为 $f(1)=-\frac{1}{2}$，如图2.34所示.

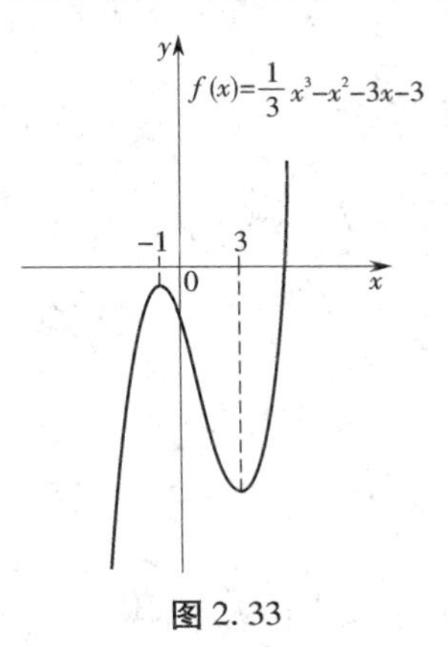

图2.33

表2.7

x	$(-\infty,0)$	0	$(0,1)$	1	$(1,+\infty)$
$f'(x)$	+	不存在	−	0	+
$f(x)$	↗	极大值0	↘	极小值 $-\frac{1}{2}$	↗

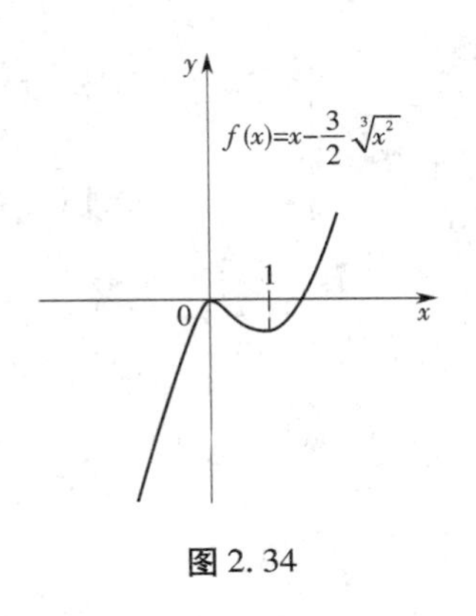

图2.34

定理4(第二充分条件)　设函数 $f(x)$ 在点 x_0 处有一、二阶导数，且 $f'(x_0)=0$，$f''(x_0)\neq 0$.

(1) 如果 $f''(x_0)>0$，则 $f(x)$ 在 x_0 处有极小值 $f(x_0)$；

(2) 如果 $f''(x_0)<0$，则 $f(x)$ 在 x_0 处有极大值 $f(x_0)$.

(证明从略.)

例5　求函数 $f(x)=\frac{1}{3}x^3-x$ 的极值.

解　(1) 函数 $f(x)$ 的定义域为 $(-\infty,+\infty)$.

(2) $f'(x)=x^2-1$，$f''(x)=2x$，令 $f'(x)=0$，得驻点 $x=\pm 1$.

$f''(-1)=-2<0$，因此 $f(x)$ 在 $x=-1$ 处取得极大值 $f(-1)=\frac{2}{3}$；$f''(1)=2>0$，因此 $f(x)$ 在 $x=1$ 处取得极小值 $f(1)=-\frac{2}{3}$.

3.2　函数的最值

定义2　在区间 $[a,b]$ 上的连续函数 $f(x)$，如果在点 x_0 处的函数值 $f(x_0)$ 与区间上其余各点的函数值 $f(x)\,(x\neq x_0)$ 相比较，都有

(1) $f(x)\leqslant f(x_0)$ 成立，则称 $f(x_0)$ 为 $f(x)$ 在 $[a,b]$ 上的最大值；

(2) $f(x)\geqslant f(x_0)$ 成立，则称 $f(x_0)$ 为 $f(x)$ 在 $[a,b]$ 上的最小值.

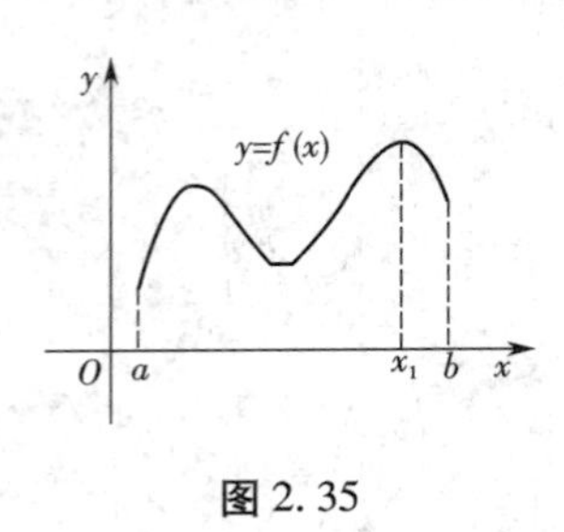

图 2.35

我们知道函数$f(x)$在闭区间$[a,b]$上的连续,必有最大值与最小值.那么我们又应怎样来求出函数的最大值和最小值呢?设函数$f(x)$在闭区间$[a,b]$上连续,如图 2.35 所示,$f(x)$的最大值是$f(x_1)$,最小值是$f(a)$,它说明函数的最值可能在区间(a,b)内取得,也可能在区间的端点处取得.

如果函数$f(x)$在(a,b)内的某点x_0处达到最值,那么这个最值一定是极值,点x_0一定是$f(x)$的极值点.

根据上面的分析,可得求函数$f(x)$在$[a,b]$上的最值的一般步骤:

(1)求出$f(x)$在(a,b)内的所有可能极值点处的函数值;

(2)求出端点处的函数值$f(a)$,$f(b)$;

(3)比较$f(a)$,$f(b)$和所有可能极值点处函数值的大小,其中最大者为最大值,最小者为最小值.

例 6 求函数$f(x)=x^4-2x^2-5$在区间$[-2,2]$上的最值.

解 $f'(x)=4x^3-4x$,令$f'(x)=0$,有$4x^3-4x=0$,得驻点$x_1=-1$,$x_2=0$,$x_3=1$.

$f(-1)=f(1)=-6$, $f(0)=-5$, $f(-2)=f(2)=3$.

因此,在区间$[-2,2]$上函数的最大值为$f(\pm 2)=3$,最小值为$f(\pm 1)=-6$.

例 7 炼油厂要建造容积为V的圆柱形储油罐(图 2.36),问应怎样设计才使所用的材料最省?

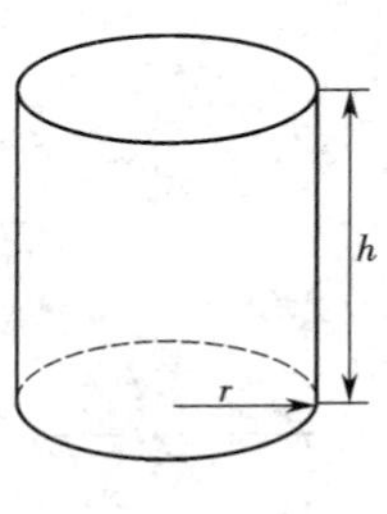

图 2.36

解 第一步:建立目标函数所用材料与圆柱形储油罐的表面积是一致的,这样制作圆柱形储油罐的最省材料问题就变为在体积V一定的条件下,怎样选择圆柱形储油罐的底半径和高,使表面积达最小的问题.

设底面半径为r,高为h,表面积为S,则有下列等量关系:

$$V=\pi r^2 h,\ h=\frac{V}{\pi r^2};$$

$$S=2\pi r^2+2\pi rh=2\pi r^2+2\pi r\cdot\frac{V}{\pi r^2}=2\pi r^2+\frac{2V}{r}.$$

第二步:求目标函数的最小值,由

$$S'=4\pi r-\frac{2V}{r^2},$$

令$S'=0$,有

$$4\pi r-\frac{2V}{r^2}=0,$$

解之有$r=\sqrt[3]{\frac{V}{2\pi}}$.

由于油罐表面积的最小值S一定存在,又S的驻点唯一,所以当$r=\sqrt[3]{\frac{V}{2\pi}}$时,$S$有最小值.

此时 $h=\sqrt[3]{\frac{4V}{\pi}}=2r, S_{\min}=3\sqrt[3]{2\pi V^2}$.

所以当圆柱形储油罐的高与底圆直径相等时,所用的材料最省.

利用最值理论解决实际问题时,其流程图如图 2.37 所示.

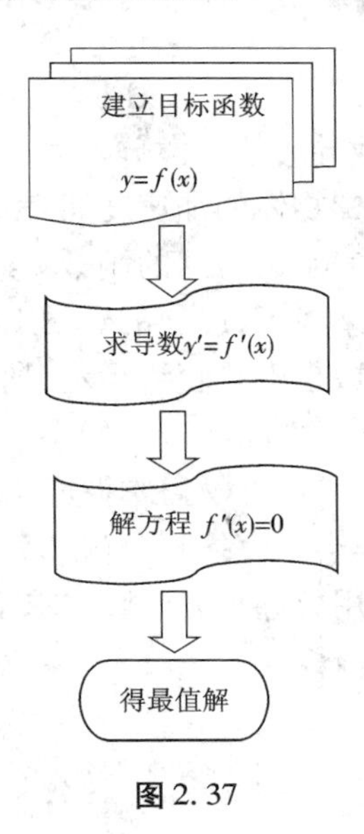

图 2.37

3.3　任务考核

1. 求函数的单调区间和极值:

(1) $f(x)=2x^3-6x^2-18x-7$;

(2) $f(x)=(x^2-1)^2-1$;

(3) $f(x)=2x^2-\ln x$;

(4) $f(x)=5-2(x+1)^{\frac{1}{3}}$.

2. 求函数的最值:

(1) $y=x+2\sqrt{x}$, $x\in[0,4]$;　　(2) $y=x^2+\frac{16}{x}$, $x\in[1,3]$.

3. 求下列最值问题:

(1)面积一定的长方形,其周长在什么情况下最短?

(2)周长一定的长方形,其面积在什么情况下最大?

4. 某企业生产每批某种产品 x 单位的总成本 $C(x)=3+x$(万元),得到的总收入 $R(x)=6x-x^2$,为了提高经济效益,每批生产产品多少个单位,才能使总利润最大?

5. 为了节省材料用边长为 48 cm 的正方形铁皮做一个无盖的铁盒,在铁皮的四角各截去面积相等的小正方形,然后把四周折起,焊成铁盒. 问在四角截去多大的正方形时,才能使所做的铁盒容积最大?

任务4 不定积分

上一任务我们学习讨论了求函数的导数或微分及其应用问题,但在自然科学和工程技术中经常还需要研究相反的问题.如已知物体的加速度能表示为时间的函数 $a=a(t)$,求物体在任一时刻的速度;或已知物体速度能表示为时间的函数 $v=v(t)$,求物体在任一时刻的移动距离.上述问题如果对于匀速直线运动来考虑,以前的数学工具已经可以解决,但在天文学、力学等方面涉及许多非匀速运动,且大多数也不是直线运动,所以要求新的数学工具,这就是本章所要讨论的积分问题.

本任务我们将在前面导数或微分基础上学习掌握原函数与不定积分的概念、性质、基本积分公式,了解不定积分的几何意义,学会用直接积分法和第一类换元积分法求不定积分,了解第二类换元积分法和分部积分法,会用分部积分法竖式求不定积分,为下一章学习定积分及微分方程打下基础.

4.1 不定积分的概念

问题1 已知物体做变速直线运动,其运动方程为 $s=s(t)$,在任意时刻 t 的速度为 $v(t)=at$(a 为常数),求物体的运动方程 $s(t)$?

分析 由导数的物理意义可知:变速直线运动的速度 $v(t)$ 是路程对时间 t 的导数 $v(t)=s'(t)$,故此问题就是已知 $s(t)$ 的导数 $s'(t)$,求 $s(t)$ 的函数关系式问题.

问题2 设曲线上任意一点 (x,y) 处切线的斜率 $k=2x$,求曲线的方程?

分析 假设所求的曲线方程为 $y=f(x)$,由导数的几何意义可知:函数 $y=f(x)$ 在某一点处的导数表示曲线在该点处切线的斜率,故本问题就转化为已知函数的导数 $f'(x)$,求该函数 $y=f(x)$?

以上两个问题,如果去掉问题的物理意义和几何意义,单纯从数学角度来讨论,可以归纳为同一个问题,就是已知某函数的导数求该函数.

定义1 设 $F(x)$ 与 $f(x)$ 是定义在某一区间 D 上的函数,如果对于该区间内的任意一点 x 都有 $F'(x)=f(x)$ 或 $\mathrm{d}F(x)=f(x)\mathrm{d}x$ 成立,则称函数 $F(x)$ 为 $f(x)$ 在区间 D 上的一个原函数.

在上述问题中,由于 $\left(\frac{1}{2}at^2\right)'=at$,所以 $S=\frac{1}{2}at^2$ 是 $v=at$ 的一个原函数;又由于 $(x^2)'=2x$,所以 $F(x)=x^2$ 是 $f(x)=2x$ 的一个原函数,并且我们发现 $(x^2+C)'=2x$(C 为任意常数),因此 $F(x)=x^2+C$(C 为任意常数)也是 $2x$ 的原函数,由此可见,一个函数的原函数如果存在,有可能不止一个.

定理(原函数族定理) 如果函数 $f(x)$ 在 D 上有一个原函数,那么它就有无穷多个原函数,并且任意两个原函数之差为常数.

定义2　若 $F(x)$ 是 $f(x)$ 在 D 上的一个原函数,则 $F(x)+C$ 称为 $f(x)$ 在 D 上的不定积分,记为

$$\int f(x)\mathrm{d}x = F(x) + C,$$

其中符号 $\int$ 为积分号,$f(x)$ 叫做被积函数,$f(x)\mathrm{d}x$ 叫做被积表达式,x 叫做积分变量,C 叫做积分常数.

由定义2知:问题1可表示为 $S(t)=\int at\mathrm{d}t=\frac{1}{2}at^2+C$;

问题2可表示为 $f(x)=\int 2x\mathrm{d}x=x^2+C$.

例1　求不定积分 $\int\cos x\mathrm{d}x$.

解　因为 $(\sin x)'=\cos x$,所以 $\int\cos x\mathrm{d}x=\sin x+C$.

同理有　$\int\sin x\mathrm{d}x=-\cos x+C$.

例2　求不定积分 $\int\mathrm{e}^x\mathrm{d}x$.

解　因为 $(\mathrm{e}^x)'=\mathrm{e}^x$,所以 $\int\mathrm{e}^x\mathrm{d}x=\mathrm{e}^x+C$.

例3　求不定积分 $\int\frac{1}{\sqrt{1-x^2}}\mathrm{d}x$.

解　因为 $(\arcsin x)'=\frac{1}{\sqrt{1-x^2}}$,所以　$\int\frac{1}{\sqrt{1-x^2}}\mathrm{d}x=\arcsin x+C$.

注意:不定积分是被积函数的全体原函数,求得一个原函数必须在后面加上积分常数 C.

4.2　不定积分的性质

由不定积分概念,可得到如下性质.

性质1　(1) $\left[\int f(x)\mathrm{d}x\right]'=f(x)$ 或 $\mathrm{d}\left[\int f(x)\mathrm{d}x\right]=f(x)\mathrm{d}x$;

(2) $\int f'(x)\mathrm{d}x=f(x)+C$ 或 $\int\mathrm{d}f(x)=f(x)+C$.

性质2　$\int[f(x)\pm g(x)]\mathrm{d}x=\int f(x)\mathrm{d}x\pm\int g(x)\mathrm{d}x$.

性质2可以推广到有限多个函数代数和的情况,即

$$\int[f_1(x)\pm f_2(x)\pm\cdots\pm f_n(x)]\mathrm{d}x=\int f_1(x)\mathrm{d}x\pm\int f_2(x)\mathrm{d}x\pm\cdots\pm\int f_n(x)\mathrm{d}x.$$

性质3　$\int kf(x)\mathrm{d}x=k\int f(x)\mathrm{d}x$　(k 为非零常数).

由性质 2 和性质 3 可以得到

$$\int[k_1f_1(x)\pm k_2f_2(x)]\mathrm{d}x = k_1\int f_1(x)\mathrm{d}x \pm k_2\int f_2(x)\mathrm{d}x \quad (k_1、k_2 \text{ 为非零常数}).$$

例 4 求不定积分 $\int(3x^2+\cos x)\mathrm{d}x$.

解 $\int(3x^2+\cos x)\mathrm{d}x = \int 3x^2\mathrm{d}x + \int\cos x\mathrm{d}x$

$$= 3\int x^2\mathrm{d}x + \int\cos x\mathrm{d}x = x^3+\sin x + C.$$

例 5 已知物体运动的速度 $V=3t^2$,且 $s|_{t=1}=2$,求该物体的运动方程 $S(t)$.

解 因为 $S'(t)=v(t)=3t^2$,所以 $s(t)=\int 3t^2\mathrm{d}t = 3\int t^2\mathrm{d}t = t^3+C$.

代入条件 $S|_{t=1}=2$ 得,$C=1$,于是所求物体的运动方程为

$$S(t)=t^3+1.$$

注意:

(1)上例中,在分项积分后,虽然每一项积分后都有一个积分常数,但由于任意常数之代数和还是任意常数,所以结果只写了一个任意常数 C.

(2)一般地,在求不定积分过程中,当不定积分号尚未完全消失时,就不必加上任意常数(即使有的项已算出了积分结果),当不定积分号彻底消失后,应立即在表达式的最后加上任意常数.

4.3 不定积分的计算

4.3.1 基本积分表

如表 2.8 所示,由于积分是微分的逆运算,所以由基本初等函数的导数公式,可以相应的得到不定积分的公式. 因为基本积分公式是计算不定积分的基础,故读者必须熟记.

表 2.8

$F'(x)=f(x)$	$\int f(x)\mathrm{d}x = F(x)+C$($k$ 为常数)
(1) $(kx)'=k$	$\int k\mathrm{d}x = kx+C$
(2) $\left(\frac{x^{\alpha+1}}{\alpha+1}\right)'=x^\alpha$	$\int x^\alpha\mathrm{d}x = \frac{x^{\alpha+1}}{\alpha+1}+C$
(3) $(\ln\lvert x\rvert)'=\frac{1}{x}$	$\int\frac{1}{x}\mathrm{d}x = \ln\lvert x\rvert + C$
(4) $\left(\frac{a^x}{\ln a}\right)'=a^x$	$\int a^x\mathrm{d}x = \frac{a^x}{\ln a}+C$
(5) $(\mathrm{e}^x)'=\mathrm{e}^x$	$\int\mathrm{e}^x\mathrm{d}x = \mathrm{e}^x+C$

续表

(6) $(\sin x)' = \cos x$	$\int \cos x\mathrm{d}x = \sin x + C$
(7) $(-\cos x)' = \sin x$	$\int \sin x\mathrm{d}x = -\cos x + C$
(8) $(\tan x)' = \sec^2 x$	$\int \sec^2 x\mathrm{d}x = \tan x + C$
(9) $(-\cot x)' = \csc^2 x$	$\int \csc^2 x\mathrm{d}x = -\cot x + C$
(10) $(\sec x)' = \sec x\tan x$	$\int \sec x\tan x\mathrm{d}x = \sec x + C$
(11) $(-\csc x)' = \csc x\cot x$	$\int \csc x\cot x\mathrm{d}x = -\csc x + C$
(12) $(\arcsin x)' = \frac{1}{\sqrt{1-x^2}}$	$\int \frac{1}{\sqrt{1-x^2}}\mathrm{d}x = \arcsin x + C$
(13) $(\arctan x)' = \frac{1}{1+x^2}$	$\int \frac{1}{1+x^2}\mathrm{d}x = \arctan x + C$

4.3.2　直接积分法

直接利用不定积分的性质和基本积分公式,或者先对被积函数进行恒等变形,再利用不定积分性质和基本积分公式来求出不定积分的方法,叫直接积分法.

例6　求 $\int(\mathrm{e}^x + 3\sin x + \sqrt{x})\mathrm{d}x$.

解　$\int(\mathrm{e}^x + 3\sin x + \sqrt{x})\mathrm{d}x = \int \mathrm{e}^x\mathrm{d}x + 3\int \sin x\mathrm{d}x + \int x^{\frac{1}{2}}\mathrm{d}x$

$$= \mathrm{e}^x - 3\cos x + \frac{1}{\frac{1}{2}+1}x^{\frac{1}{2}+1} + C = \mathrm{e}^x - 3\cos x + \frac{2}{3}x^{\frac{3}{2}} + C.$$

例7　求 $\int \mathrm{e}^x 3^x\mathrm{d}x$.

解　$\int \mathrm{e}^x 3^x\mathrm{d}x = \int(3\mathrm{e})^x\mathrm{d}x = \frac{(3\mathrm{e})^x}{\ln(3\mathrm{e})} + C = \frac{(3\mathrm{e})^x}{1+\ln 3} + C.$

例8　求 $\int \frac{(1-x)^2}{\sqrt{x}}\mathrm{d}x$.

解　$\int \frac{(1-x)^2}{\sqrt{x}}\mathrm{d}x = \int \frac{1-2x+x^2}{\sqrt{x}}\mathrm{d}x = \int(x^{-\frac{1}{2}} - 2x^{\frac{1}{2}} + x^{\frac{3}{2}})\mathrm{d}x$

$$= 2\sqrt{x} - \frac{4}{3}x^{\frac{3}{2}} + \frac{2}{5}x^{\frac{5}{2}} + C.$$

例9　求 $\int \frac{x^2-1}{x+1}\mathrm{d}x$.

解 $\int \frac{x^2-1}{x+1}dx = \int (x-1)dx = \int xdx - \int dx = \frac{1}{2}x^2 - x + C.$

例 10 求 $\int \frac{2x^2+1}{x^2(1+x^2)}dx.$

解 $\int \frac{2x^2+1}{x^2(1+x^2)}dx = \int \frac{x^2+(1+x^2)}{x^2(1+x^2)}dx = \int \left(\frac{1}{1+x^2} + \frac{1}{x^2}\right)dx.$

$$= \int \frac{1}{x^2+1}dx + \int \frac{1}{x^2}dx = \arctan x - \frac{1}{x} + C.$$

例 11 求 $\int \frac{x^4}{1+x^2}dx.$

解 $\int \frac{x^4}{1+x^2}dx = \int \frac{x^4-1+1}{x^2+1}dx = \int (x^2-1)dx + \int \frac{1}{1+x^2}dx$

$$= \frac{1}{3}x^3 - x + \arctan x + C.$$

例 12 求 $\int \tan^2 x dx.$

解 $\int \tan^2 x dx = \int (\sec^2 x - 1)dx = \int \sec^2 x dx - \int dx = \tan x - x + C.$

例 13 求 $\int \frac{1}{\sin^2 x \cos^2 x}dx.$

解 $\int \frac{1}{\sin^2 x \cos^2 x}dx = \int \frac{\sin^2 x + \cos^2 x}{\sin^2 x \cos^2 x}dx = \int \frac{1}{\cos^2 x}dx + \int \frac{1}{\sin^2 x}dx.$

$$= \int \sec^2 x dx + \int \csc^2 x dx = \tan x - \cot x + C.$$

例 14 求 $\int \frac{\cos 2x}{\cos x - \sin x}dx.$

解 $\int \frac{\cos 2x}{\cos x - \sin x}dx = \int \frac{\cos^2 x - \sin^2 x}{\cos x - \sin x}dx = \int (\cos x + \sin x)dx$

$$= \int \cos x dx + \int \sin x dx = \sin x - \cos x + C.$$

4.3.3 换元积分法

利用直接积分法可以处理一些简单的不定积分,但无法解决复合函数的不定积分,为此,引入基于复合函数求导法则之逆向思维的计算复合函数不定积分的方法——换元积分法(简称换元法),

通常人们将换元法分为两类,下面分别介绍它们.

1. 第一类换元积分法(凑微分法)

求 $\int \cos 3x dx$,因为被积函数 $\cos 3x$ 是一个复合函数,故它不能用直接积分法求出,若引入中间变量 $u=3x$,$x=\frac{1}{3}u$,$dx=\frac{1}{3}du$ 代入积分有

$$\int \cos 3x\mathrm{d}x = \int \cos u\left(\frac{1}{3}\mathrm{d}u\right) = \frac{1}{3}\sin u + C \xlongequal{\text{回代 } u = 3x} \frac{1}{3}\sin 3x + C,$$

可以验证积分结果是正确的,这一方法用于计算某些复合函数的积分相当有效.

定理1　若 $\int f(u)\mathrm{d}u = F(u) + C$,且 $u = \varphi(x)$ 可微,则

$$\int f[\varphi(x)]\varphi'(x)\mathrm{d}x = F[\varphi(x)] + C.$$

证明　因为 $F'(u) = f(u)$,$u = \varphi(x)$ 可微,所以

$$[F(\varphi(x))]' = F'_u \cdot u'_x = f(u)\varphi'(x) = f[\varphi(x)]\varphi'(x).$$

两边积分

$$\int f[\varphi(x)]\varphi'(x)\mathrm{d}x = F[\varphi(x)] + C,$$

故定理成立.

由定理知:若已知 $\int f(u)\mathrm{d}u = F(u) + C$,求形如$\int f[\varphi(x)]\mathrm{d}x$ 的不定积分时,可用下面方法

$$\int f[\varphi(x)]\varphi'(x)\mathrm{d}x = \int f[\varphi(x)]\mathrm{d}[\varphi(x)] \xlongequal{\text{令 } u = \varphi(x)} \int f(u)\mathrm{d}u$$

$$= F(u) + C \xlongequal{\text{回代 } u = \varphi(x)} F[\varphi(x)] + C.$$

上式显示出:第一类换元积分法最关键的一步是将 $\varphi'(x)\mathrm{d}x$,变成 $\mathrm{d}[\varphi(x)]$即凑出恰当的微分,故第一类换元法又叫凑微分法.

例15　求 $\int \sin 2x\mathrm{d}x$.

解　$\int \sin 2x\mathrm{d}x = \frac{1}{2}\int \sin 2x\mathrm{d}(2x) \xlongequal{\text{令 } u = 2x} \frac{1}{2}\int \sin u\mathrm{d}u$

$$= -\frac{1}{2}\cos u + C \xlongequal{\text{回代}} -\frac{1}{2}\cos 2x + C.$$

例16　求 $\int (3x-1)^4\mathrm{d}x$.

解　$\int (3x-1)^4\mathrm{d}x = \frac{1}{3}\int (3x-1)^4\mathrm{d}(3x-1) \xlongequal{\text{令 } u = 3x-1} \frac{1}{3}\int u^4\mathrm{d}u$

$$= \frac{1}{3}\cdot\frac{1}{5}u^5 + C = \frac{1}{15}u^5 + C \xlongequal{\text{回代}} \frac{1}{15}(3x-1)^5 + C.$$

例17　求 $\int \sin^2 x\cos x\mathrm{d}x$.

解　$\int \sin^2 x\cos x\mathrm{d}x = \int \sin^2 x\mathrm{d}(\sin x) \xlongequal{\text{令 } u = \sin x} \int u^2\mathrm{d}u$

$$= \frac{1}{3}u^3 + C \xlongequal{\text{回代}} \frac{1}{3}\sin^3 x\mathrm{d}x + C.$$

例18　求 $\int x\mathrm{e}^{x^2}\mathrm{d}x$.

解　$\int x\mathrm{e}^{x^2}\mathrm{d}x = \frac{1}{2}\int \mathrm{e}^{x^2}\mathrm{d}x^2 \xlongequal{\text{令 } u = x^2} \frac{1}{2}\int \mathrm{e}^u\mathrm{d}u$

$$= \frac{1}{2}e^u + C \xlongequal{\text{回代}} \frac{1}{2}e^{x^2} + C.$$

当凑微分法比较熟悉后,设中间变量的过程可以省略.

例 19 求 $\int \tan x \mathrm{d}x$.

解 $\int \tan x \mathrm{d}x = \int \frac{\sin x}{\cos x}\mathrm{d}x = -\int \frac{1}{\cos x}\mathrm{d}(\cos x) = -\ln|\cos x| + C.$

注意:同一积分,由于解法不同其结果在形式上可能不同,如例 11 可写成

$$\int \sin 2x \mathrm{d}x = 2\int \sin x \cos x \mathrm{d}x = 2\int \sin x \mathrm{d}(\sin x) = \sin^2 x + C.$$

但实际上,这些不同结果之间仅相差一个积分常数,但是要把利用不同方法计算的不定积分结果化成相同形式,有时还是比较困难的.

事实上要想知道积分结果是否正确,只需对所得结果求导检验即可.

例 20 计算下列不定积分:

(1) $\int \frac{1}{x^2 - a^2}\mathrm{d}x$;　　(2) $\int \cos^3 x \mathrm{d}x$;

(3) $\int \cos^2 x \mathrm{d}x$;　　(4) $\int \sin 3x \sin 5x \mathrm{d}x$;

(5) $\int \sin^3 x \cos^5 x \mathrm{d}x$;　　(6) $\int \frac{1}{\sqrt{4 - 9x^2}}\mathrm{d}x$.

解 (1) $\int \frac{1}{x^2 - a^2}\mathrm{d}x = \frac{1}{2a}\int\left(\frac{1}{x-a} - \frac{1}{x+a}\right)\mathrm{d}x$

$$= \frac{1}{2a}\left[\int \frac{1}{x-a}\mathrm{d}(x-a) - \int \frac{1}{x+a}\mathrm{d}(x+a)\right]$$

$$= \frac{1}{2a}[\ln|x-a| - \ln|x+a| + C = \frac{1}{2a}\ln\left|\frac{x-a}{x+a}\right| + C.$$

(2) $\int \cos^3 x \mathrm{d}x = \int \cos^2 x \cos x \mathrm{d}x$

$$= \int (1 - \sin^2 x)\mathrm{d}\sin x = \int \mathrm{d}(\sin x) - \int \sin^2 x \mathrm{d}(\sin x)$$

$$= \sin x - \frac{1}{3}\sin^3 x + C.$$

(3) $\int \cos^2 x \mathrm{d}x = \int \frac{1 + \cos 2x}{2}\mathrm{d}x = \frac{1}{2}\left(\int \mathrm{d}x + \int \cos 2x \mathrm{d}x\right)$

$$= \frac{1}{2}x + \frac{1}{4}\sin 2x + C.$$

(4) $\int \sin 3x \sin 5x \mathrm{d}x = \int\left[-\frac{1}{2}(\cos 8x - \cos 2x)\right]\mathrm{d}x$

$$= -\frac{1}{16}\int \cos 8x \mathrm{d}(8x) + \frac{1}{4}\int \cos 2x \mathrm{d}(2x)$$

$$= -\frac{1}{16}\sin 8x + \frac{1}{4}\sin 2x + C.$$

(5) $\int \sin^3 x\cos^5 x\mathrm{d}x = \int \sin^2 x\cos^5 x\sin x\mathrm{d}x$

$$= \int (1-\cos^2 x)\cos^5 x(-\mathrm{d}\cos x)$$

$$= \int (\cos^7 x - \cos^5 x)\mathrm{d}\cos x$$

$$= \frac{1}{8}\cos^8 x - \frac{1}{6}\cos^6 x + C.$$

(6) $\int \frac{1}{\sqrt{4-9x^2}}\mathrm{d}x = \int \frac{1}{2\sqrt{1-\left(\frac{3}{2}x\right)^2}}\frac{2}{3}\mathrm{d}\left(\frac{3}{2}x\right)$

$$= \frac{1}{3}\arcsin\frac{3}{2}x + C.$$

从上面几个例子可以看出，使用第一类换元积分法关键是把被积表达式凑成两部分：一部分为 $\mathrm{d}[\varphi(x)]$；另一部分为 $f[\varphi(x)]$，现把常见的凑微分列于表 2.9，供参考.

表 2.9

(1) $\mathrm{d}x = \frac{1}{a}\mathrm{d}ax = \frac{1}{a}\mathrm{d}(ax+b)$	(2) $x\mathrm{d}x = \frac{1}{2}\mathrm{d}x^2 = \frac{1}{2a}\mathrm{d}(ax^2+b)$
(3) $x^2\mathrm{d}x = \frac{1}{3}\mathrm{d}x^3 = \frac{1}{3a}\mathrm{d}(ax^3+b)$	(4) $\frac{1}{x}\mathrm{d}x = \mathrm{d}\ln\lvert x\rvert = \frac{1}{a}\mathrm{d}(a\ln\lvert x\rvert + b)$
(5) $\frac{1}{x^2}\mathrm{d}x = -\mathrm{d}\left(\frac{1}{x}\right)$	(6) $\mathrm{e}^{ax}\mathrm{d}x = \frac{1}{a}\mathrm{d}\mathrm{e}^{ax} = \frac{1}{a}\mathrm{d}(\mathrm{e}^{ax}+b)$
(7) $\cos x\mathrm{d}x = \mathrm{d}\sin x = \frac{1}{a}\mathrm{d}(a\sin x+b)$	(8) $\sin x\mathrm{d}x = -\mathrm{d}\cos x = -\frac{1}{a}\mathrm{d}(a\cos x+b)$
(9) $\sec^2 x\mathrm{d}x = \mathrm{d}\tan x$	(10) $\csc^2 x\mathrm{d}x = -\mathrm{d}\cot x$
(11) $\frac{1}{\sqrt{1-x^2}}\mathrm{d}x = \mathrm{d}\arcsin x$	(12) $\frac{1}{1+x^2}\mathrm{d}x = \mathrm{d}\arctan x$

2. 第二类换元积分法

第一类换元法是通过选择新积分变量 u，用 $u=\varphi(x)$ 进行换元，从而使得积分便于求出，但是，对于有些积分，如 $\int \frac{1}{\sqrt{x}-1}\mathrm{d}x$，$\int \sqrt{a^2-x^2}\mathrm{d}x\,(a>0)$ 等，需要做相反方式的换元，才能比较顺利地进行计算.

例 21　求 $\int \frac{1}{1+\sqrt[3]{x}}\mathrm{d}x$.

解　由于被积函数中含有根号，不易凑微分，为了去掉根号，令 $t=\sqrt[3]{x}$，$x=t^3$，则 $\mathrm{d}x = 3t^2\mathrm{d}t$.

$$\int \frac{1}{1+\sqrt[3]{x}}\mathrm{d}x = \int \frac{3t^2}{1+t}\mathrm{d}t = 3\int \frac{(t^2-1)+1}{1+t}\mathrm{d}t$$

$$= 3\int\left(t-1+\frac{1}{1+t}\right)\mathrm{d}t = 3\left(\frac{1}{2}t^2 - t + \ln|1+t|\right)+C$$

$$\xlongequal{\text{回代 } t=\sqrt[3]{x}} 3\left(\frac{1}{2}\sqrt[3]{x^2} - \sqrt[3]{x} + \ln|1+\sqrt[3]{x}|\right)+C.$$

定理 2(第二类换元积分法) 设函数 $f(x)$ 连续,函数 $x=\varphi(t)$ 单调可导,且 $\varphi'(t)\neq 0$,则

$$\int f(x)\,\mathrm{d}x \xlongequal{\text{令 } x=\varphi(t)} \int f[\varphi(t)]\varphi'(t)\,\mathrm{d}t = F(t)+C$$

$$\xlongequal{\text{回代 } t=\varphi^{-1}} F[\varphi^{-1}(x)]+C$$

(证明从略).

一般地,第二类换元法主要用于消去被积函数中的根号,分为以下两类.

(1)简单根式代换(一般根号下为一次式).

简单根式代换是以直接去掉根号为目的.

例 22 求 $\int \frac{\mathrm{d}x}{1+\sqrt{x}}$.

解 $$\int \frac{\mathrm{d}x}{1+\sqrt{x}} \xlongequal[\mathrm{d}x=2t\mathrm{d}t]{\text{令 } x=t^2} \int \frac{2t}{1+t}\mathrm{d}t = 2\int \frac{(t+1)-1}{1+t}\mathrm{d}t$$

$$= 2\int\left(1-\frac{1}{1+t}\right)\mathrm{d}t = 2t - 2\ln|1+t|+C.$$

$$\xlongequal{\text{回代 } t=\sqrt{x}} 2\sqrt{x} - 2\ln(1+\sqrt{x})+C.$$

例 23 求 $\int \frac{\mathrm{d}x}{\sqrt{x}+\sqrt[3]{x}}$.

解 为了同时去掉被积函数中的两个根式,取 2 与 3 的最小公倍数 6,令 $x=t^6$,有 $\sqrt{x}=t^3$, $\sqrt[3]{x}=t^2$, $\mathrm{d}x=6t^5\mathrm{d}t$,则

$$\int \frac{1}{\sqrt{x}+\sqrt[3]{x}}\mathrm{d}x = \int \frac{6t^5}{t^3+t^2}\mathrm{d}t = 6\int \frac{t^3}{t+1}\mathrm{d}t$$

$$= 6\int \frac{(t^3+1)-1}{t+1}\mathrm{d}t = 6\int\left(t^2-t+1-\frac{1}{t+1}\right)\mathrm{d}t$$

$$= 2t^3 - 3t^2 + 6t - 6\ln|t+1|+C$$

$$\xlongequal{\text{回代}} 2\sqrt{x} - 3\sqrt[3]{x} + 6\sqrt[6]{x} - 6\ln(\sqrt[6]{x}+1)+C.$$

例 24 求 $\int x\sqrt{2x+3}\,\mathrm{d}x$.

解 令 $\sqrt{2x+3}=t$,即 $x=\frac{1}{2}(t^2-3)$, $\mathrm{d}x=t\mathrm{d}t$,于是

$$\int x\sqrt{2x+3}\,\mathrm{d}x = \int \frac{1}{2}(t^2-3)\cdot t\cdot t\mathrm{d}t = \frac{1}{2}\int (t^4-3t^2)\,\mathrm{d}t$$

$$= \frac{1}{10}t^5 - \frac{1}{2}t^3 + C = \frac{1}{10}(2x+3)^{\frac{5}{2}} - \frac{1}{2}(2x+3)^{\frac{3}{2}} + C.$$

例 25　求 $\int \frac{1}{\sqrt{1+e^x}}dx$.

解　$\int \frac{1}{\sqrt{1+e^x}}dx \xlongequal{\sqrt{1+e^x}=t,x=\ln(t^2-1)} \int \frac{1}{t}d[\ln(t^2-1)]$

$$= \int \frac{1}{t}\cdot\frac{2t}{t^2-1}dt = 2\int\frac{1}{t^2-1}dt = 2\cdot\frac{1}{2}\ln\left|\frac{t-1}{t+1}\right| + C$$

$$= \ln\left(\frac{\sqrt{1+e^x}-1}{\sqrt{1+e^x}+1}\right) + C.$$

(2) * 三角代换

当被积函数含有 $\sqrt{a^2 \pm x^2}$, $\sqrt{x^2-a^2}$ 时,就不能用简单根式代换,为了消去根式,可利用 $\sin^2 x + \cos^2 x = 1$, $\tan^2 x + 1 = \sec^2 x$ 等三角公式进行代换.

例 26　求 $\int \sqrt{a^2-x^2}dx (a>0)$.

解　$\int \sqrt{a^2-x^2}dx \xlongequal{令 x=a\sin t} \int \sqrt{a^2-a^2\sin^2 t}\,d(a\sin t)$

$$= a^2\int\cos^2 t dt = a^2\int\frac{1+\cos 2t}{2}dt = \frac{a^2}{2}\left(t+\frac{1}{2}\sin 2t\right)+C$$

$$= \frac{a^2}{2}(t+\sin t\cos t)+C = \frac{a^2}{2}\arcsin\frac{x}{a}+\frac{x}{2}\sqrt{a^2-x^2}+C.$$

3. 分部积分法

前面我们在复合函数微分法基础上得到了换元积分法,从而通过适当的变量代换,把一些不定积分转化为容易计算的形式. 但当被积分函数是两个不同类型函数的乘积时,利用此法难以求出积分.

如: $\int x^n\sin\beta t dx$, $\int x^n a^x dx$, $\int x^n\ln x dx$, $\int x^n\arctan x dx$…… 下面利用两个函数乘积的微分法来推导另一种基本积分法——分部积分法.

定理 3(分部积分法)　若函数 $u=u(x)$, $v=v(x)$ 可导,则

$$\int uv'dx = uv - \int u'vdx \text{ 或 } \int udv = uv - \int vdu.$$

证　因为 $(uv)'=u'v+uv'$,所以 $uv'=(uv)'-u'v$.

两边积分得 $\int uv'dx = uv - \int u'vdx$.

使用分部积分法的关键在于适当选取 u 和 dv,使等式右边的积分易于积出,若选取不当,反而使运算更加复杂.

一般情况下,选择 u 和 dv 应注意以下两方面:

(1) v 容易求出;

(2)$v\mathrm{d}u$ 要比 $u\mathrm{d}v$ 容易积出.

例 27 求 $\int x\cos x\mathrm{d}x$.

解 令 $u=x,\mathrm{d}v=\cos x\mathrm{d}x$,则 $\mathrm{d}u=\mathrm{d}x,v=\sin x$. 故

$$\int x\cos x\mathrm{d}x = x\sin x - \int \sin x\mathrm{d}x = x\sin x + \cos x + C.$$

例 28 求 $\int x^2\mathrm{e}^x\mathrm{d}x$.

解 令 $u=x^2,\mathrm{d}v=\mathrm{e}^x\mathrm{d}x=\mathrm{d}\mathrm{e}^x$,则 $\mathrm{d}u=2x\mathrm{d}x,v=\mathrm{e}^x$. 故

$$\int x^2\mathrm{e}^x\mathrm{d}x = x^2\mathrm{e}^x - \int 2x\mathrm{e}^x\mathrm{d}x = x^2\mathrm{e}^x - 2\int x\mathrm{e}^x\mathrm{d}x.$$

对 $\int x\mathrm{e}^x\mathrm{d}x$ 再用一次分部积分法,有

$$\int x\mathrm{e}^x\mathrm{d}x = x\mathrm{e}^x - \int \mathrm{e}^x\mathrm{d}x = x\mathrm{e}^x - \mathrm{e}^x + C,$$

代回原式有:

$$\int x^2\mathrm{e}^x\mathrm{d}x = x^2\mathrm{e}^x + 2x\mathrm{e}^x + 2\mathrm{e}^x + C.$$

从上例可知,有时用分部积分法时,运算过程较多,如果把 $\int u\mathrm{d}v = uv - \int v\mathrm{d}u$ 写成如下"竖式"有时使用较为方便,如图 2.38 所示.

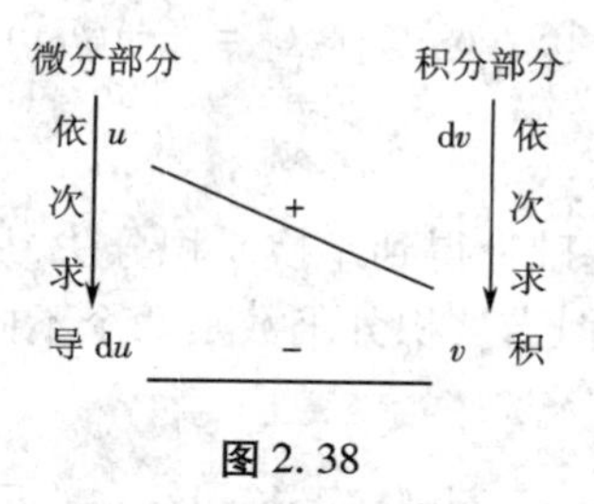

图 2.38

在以上竖式中,规定斜向乘积 uv 是已经积分的函数,带正号;横向乘积 $u'v$ 是新积分的被积函数,带负号. 即 $\int u\mathrm{d}v = uv - \int v\mathrm{d}u$. 用竖式时应注意以下几点(求导和积分每次横行对齐):

(1)当某一横向乘积仍符合应用分部积分法时,可继续应用"竖式";

(2)当某一横向乘积可积但不能用分部积分法时,写出积分用其他方法计算;

(3)当某一横向乘积除系数外,与前面出现相同函数,积分产生循环,写出积分后解出结果.

下面举例应用"竖式"积分.

例 29 计算下列积分:

(1) $\int (x^2+2)\mathrm{e}^{-x}\mathrm{d}x$;　　(2) $\int x\arctan x\mathrm{d}x$;

(3) $\int x\ln x\mathrm{d}x$;　　　　(4) $\int \mathrm{e}^x\cos x\mathrm{d}x$.

解　(1)设 $u=x^2+2,\mathrm{d}v=\mathrm{e}^{-x}\mathrm{d}x$,

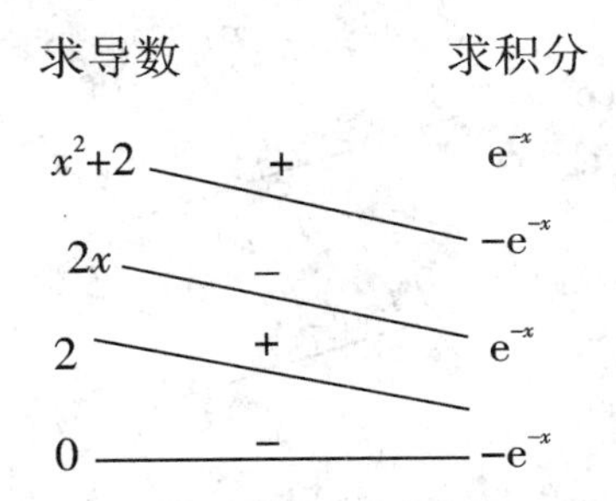

于是　$$\int(x^2+2)\mathrm{e}^{-x}\mathrm{d}x=-(x^2+2)\mathrm{e}^{-x}-2x\mathrm{e}^{-x}-2\mathrm{e}^{-x}+C.$$

(2)设 $u=\arctan x$,$\mathrm{d}v=x\mathrm{d}x$,

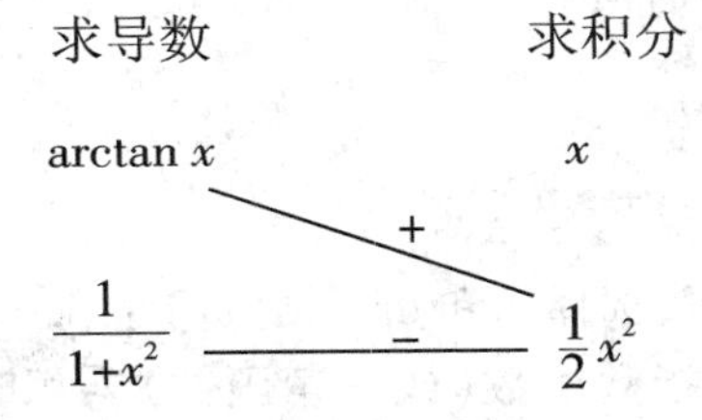

注意第二横向可积,于是

$$\begin{aligned}\int x\arctan x\mathrm{d}x&=\frac{1}{2}x^2\arctan x-\int\frac{1}{2}x^2\frac{1}{1+x^2}\mathrm{d}x\\&=\frac{1}{2}x^2\arctan x-\frac{1}{2}\int\frac{x^2+1-1}{1+x^2}\mathrm{d}x\\&=\frac{1}{2}x^2\arctan x+\frac{1}{2}\arctan x-\frac{1}{2}x+C.\end{aligned}$$

(3)设 $u=\ln x,\mathrm{d}v=x\mathrm{d}x$,

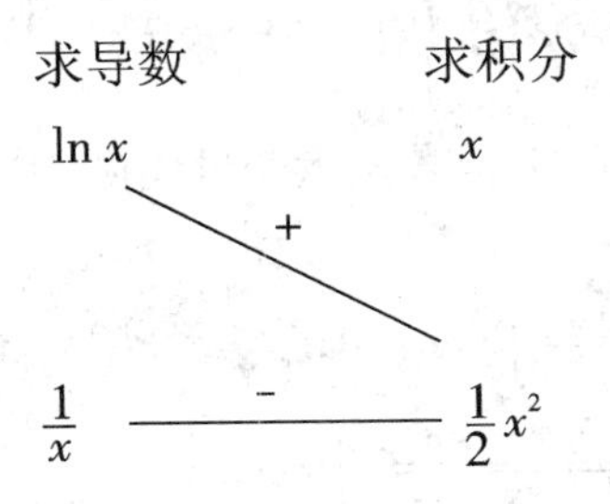

注意第二横向可积,于是

$$\begin{aligned}\int x\ln x\mathrm{d}x&=\frac{1}{2}x^2\ln x-\int\frac{1}{2}x^2\cdot\frac{1}{x}\mathrm{d}x=\frac{1}{2}x^2\ln x-\frac{1}{2}\int x\mathrm{d}x\\&=\frac{1}{2}x^2\ln x-\frac{1}{4}x^2+C.\end{aligned}$$

(4)设 $u=\cos x, dv=e^x dx$,

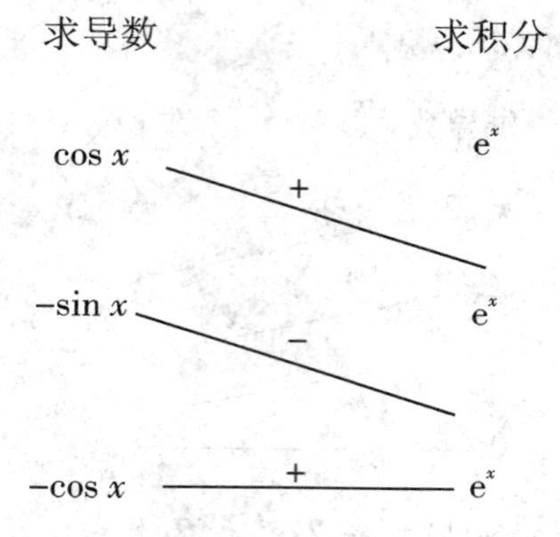

注意第三横向除系数外,与第一横向相同,于是

$$\int e^x \cos x dx = e^x \cos x + e^x \sin x - \int e^x \cos x dx,$$

移项注意不定积分含任意常数.

$$\int e^x \cos x dx = \frac{1}{2} e^x (\cos x + \sin x) + C.$$

由上述例子可知,一般情况下,选择 u 和 dv 原则如下:

(1)当被积函数是幂函数与指数函数(或三角函数)乘积时,设幂函数为 u,其余部分为 dv;

(2)当被积函数是幂函数与对数函数(或反三角函数)乘积时,设幂函数与 dx 的乘积为 dv,其余部分为 u;

(3)当被积函数是指数函数与三角函数之积时,u、dv 可任意选择;但必须连续使用两次分部积分公式,且两次选择 u、dv 的方案一样,这时在等式右边会出现欲求之积分,然后移项,即可解出(移项后,应注意在等式右边加上任意常数 C).

换句话说:选择 u 的原则为:按"指、三、幂、对、反,谁在后面谁为 u"的规律选择,其中后面是指函数的先后排列顺序,如对数函数排在幂函数的后面,则在被积函数为幂函数与对数函数的乘积时,应选择对数函数为 u.

本部分介绍的例题类型虽然不多,但若熟悉变量代换,则有很多其他类型的问题可化为我们所介绍的类型之一.

如:(1) $\int \cos(\ln x) dx \xlongequal{令 t = \ln x} \int e^t \cos t dt$;

(2) $\int \sqrt{1-x^2} \arcsin x dx \xlongequal{t = \arcsin x} \int t \cos t d\sin t$

$$= \int t\cos^2 t dt = \frac{1}{2} \int t(1 + \cos 2t) dt.$$

4. 积分表的使用

通过对不定积分的讨论可知,积分的运算要比求导数运算复杂得多,为了使用方便,现将一些函数的不定积分编汇成积分表(附录:积分表)以供查阅.积分表是按被积函数的类型排列的,我们只要根据被积函数的类型或经过适当的运算将被积函数化成表中所列类型,查阅相应公式就可得到结果,下列举例说明查表的方法.

(1)在积分表能直接查到的.

例30　求 $\int \frac{dx}{x(3+2x)^2}$.

解　被积函数含有 $a+bx$,积分表中查公式,当 $a=3,b=2$ 时得

$$\int \frac{dx}{x(3+2x)^2} = \frac{1}{3(3+2x)} - \frac{1}{9}\ln\left|\frac{3+2x}{x}\right| + C.$$

例31　求 $\int \frac{1}{3-2\sin x}dx$.

解　被积函数含有三角函数在积分表中查得 $\int \frac{1}{a+b\sin x}dx$ 公式,又因为 $a=3,b=-2$,即 $a^2>b^2$,故有

$$\int \frac{1}{3-2\sin x}dx = \frac{2}{\sqrt{3^2-(-2)^2}}\arctan\frac{3\tan\frac{x}{2}-2}{\sqrt{3^2-(-2)^2}}+C$$

$$= \frac{2}{\sqrt{5}}\arctan\frac{3\tan\frac{x}{2}-2}{\sqrt{5}}+C.$$

(2)先进行变量代换,再查表.

例32　查表求 $\int \frac{dx}{x^2\sqrt{9x^2+4}}$.

解　该积分在积分表中查不到,先进行变量代换,令 $3x=t,x=\frac{1}{3}t,dx=\frac{1}{3}dt$ 代入

$$\int \frac{dx}{x^2\sqrt{9x^2+4}} = \int \frac{\frac{1}{3}dt}{\frac{t^2}{9}\sqrt{t^2+4}} = 3\int \frac{dt}{t^2\sqrt{t^2+2^2}}.$$

查积分表公式左端积分中含 $\sqrt{t^2+a^2}$,且 $a=2$ 时得

$$\int \frac{dx}{x^2\sqrt{9x^2+4}} = 3\int \frac{dt}{t^2\sqrt{t^2+2^2}} = 3\left(-\frac{\sqrt{t^2+4}}{4t}\right)+C$$

$$\overset{\text{回代}}{=\!=} -\frac{\sqrt{9x^2+4}}{4x}+C.$$

(3)用递推公式查积分表.

例33　查表求 $\int \frac{dx}{\sin^4 x}$.

解　被积函数含有三角函数,在积分表中查公式得

$$\int \frac{dx}{\sin^n x} = -\frac{1}{n-1}\frac{\cos x}{\sin^{n-1} x} + \frac{n-2}{n-1}\int \frac{dx}{\sin^{n-2} x}.$$

当 $n=4$ 时,原积分为

$$\int \frac{dx}{\sin^4 x} = -\frac{1}{3}\frac{\cos x}{\sin^3 x} + \frac{2}{3}\int \frac{dx}{\sin^2 x}$$
$$= -\frac{1}{3}\frac{\cos x}{\sin^3 x} - \frac{2}{3}\cot x + C.$$

最后应特别指出以下两点.

(1)不是所有的积分都要查表,如 $\int \sin^2 x\cos x dx$, 只要凑成 $\int \sin^2 x d(\sin x)$ 即可很快解出,因此还是需要着重掌握不定积分的几种基本积分方法.至此,我们已经学过了计算不定积分的几种基本方法及积分表的使用,可以计算一般常见的一些函数的积分,并能用初等函数把计算结果表示出来.

(2)不是所有的初等函数的积分都可以求出,例如下列不定积分 $\int ex^2 dx$, $\int \frac{1}{\ln x}dx$, $\int \sqrt{1-k^2\sin^2 x}\,dx$, $\int \frac{\sin x}{x}dx$ 虽然存在,但由于它们不能用初等函数来表示,所以我们无法计算这些积分.

由此可知:初等函数的导数仍是初等函数,但初等函数的不定积分却不一定是初等函数.

4.4 任务考核

1. 求下列不定积分:

(1) $\int \left(3x^2 + \sqrt{x} - \frac{2}{x}\right)dx$;

(2) $\int \frac{3.4^x - 3^x}{4^x}dx$;

(3) $\int (10^x + x^{10})dx$;

(4) $\int \frac{3x^4 + 3x^2 - 1}{x^2 + 1}dx$;

(5) $\int \frac{3}{x^2(1+x^2)}dx$;

(6) $\int e^x\left(2^x + \frac{e^{-x}}{\sqrt{1-x^2}}\right)dx$;

(7) $\int \sin^2\frac{x}{2}dx$;

(8) $\int \cot^2 x dx$;

(9) $\int \sec x(\sec x - \tan x)dx$;

(10) $\int \frac{2-\sin^2 x}{\cos^2 x}dx$.

2. 利用凑微分法求不定积分:

(1) $\int e^{-3x}dx$;

(2) $\int \sin ax dx$;

(3) $\int \frac{dx}{\sin^2 3x}$;

(4) $\int \frac{dx}{4x-3}$;

(5) $\int \tan 2x\mathrm{d}x$;　　(6) $\int \mathrm{e}^x \sin(\mathrm{e}^x + 1)\mathrm{d}x$;

(7) $\int \tan \varphi \sec^2\varphi \mathrm{d}\varphi$;　　(8) $\int \left(\tan 4s - \cot \frac{s}{4}\right)\mathrm{d}s$;

(9) $\int \cos^2 x \sin x\mathrm{d}x$;　　(10) $\int \frac{1}{x^2 - x - 6}\mathrm{d}x$;

(11) $\int \frac{x^2}{\sqrt{x^3 + 1}}\mathrm{d}x$;　　(12) $\int \frac{\mathrm{d}x}{\cos^2 x \sqrt{\tan x - 1}}$;

(13) $\int \frac{\sin 2x}{\sqrt{1 + \sin^2 x}}\mathrm{d}x$;　　(14) $\int \frac{\ln^3 x}{x}\mathrm{d}x$;

(15) $\int \frac{\cos x\mathrm{d}x}{2\sin x + 3}$;　　(16) $\int \tan^4 x\mathrm{d}x$;

(17) $\int \frac{\mathrm{d}x}{\sqrt{1 - x^2}\arcsin x}$;　　(18) $\int \frac{\mathrm{d}x}{\sqrt{4 - x^2}}$;

(19) $\int \frac{2}{4 + x^2}\mathrm{d}x$;　　(20) $\int \frac{\mathrm{d}x}{4 - 9x^2}$;

(21) $\int \frac{(x + 1)\mathrm{d}x}{\sqrt[3]{x^2 + 2x + 3}}$;　　(22) $\int \frac{x - \arctan x}{1 + x^2}\mathrm{d}x$;

(23) $\int \sqrt{1 + 3\cos^2 x}\sin 2x\mathrm{d}x$;　　(24) $\int \frac{\mathrm{d}x}{2\sin^2 x + 3\cos^2 x}$;

(25) $\int \cos 3x\cos 2x\mathrm{d}x$;　　(26) $\int \cos^3 x \sin^3 x\mathrm{d}x$.

3. 用第二换元积分法计算：

(1) $\int \frac{\mathrm{d}x}{1 + \sqrt[3]{x + 1}}$;　　(2) $\int \frac{\mathrm{d}x}{\sqrt{x}(1 + \sqrt[3]{x})}$;

(3) $\int \sqrt[5]{x + 1}x\mathrm{d}x$;　　(4) $\int \frac{x^2}{\sqrt{9 - x^2}}\mathrm{d}x$;

(5) $\int \frac{\sqrt{a^2 - x^2}}{x}\mathrm{d}x (a > 0)$;　　(6) $\int \frac{\mathrm{d}x}{\sqrt{a^2 + x^2}}$;

(7) $\int \frac{1}{x\sqrt{x^2 - 4}}\mathrm{d}x$;　　(8) $\int \frac{2x - 1}{\sqrt{9x^2 - 4\mathrm{d}x}}$;

(9) $\int \frac{\mathrm{d}x}{(x^2 + a^2)^2} (a > 0)$;　　(10) $\int \frac{\mathrm{d}x}{\sqrt{1 + x - x^2}}$;

(11) $\int \frac{\mathrm{d}x}{\sqrt{1 + \mathrm{e}^x}}$;　　(12) $\int \frac{\mathrm{e}^x - 1}{\mathrm{e}^x + 1}\mathrm{d}x$.

4. 用分部积分法求下列不定积分：

(1) $\int x\mathrm{e}^{2x}\mathrm{d}x$;　　(2) $\int x\sin 2x\mathrm{d}x$;

(3) $\int \arcsin x\mathrm{d}x$;　　(4) $\int x\ln(1+x^2)\mathrm{d}x$;

(5) $\int x^2\mathrm{e}^{3x}\mathrm{d}x$;　　(6) $\int \mathrm{e}^{-x}\sin x\mathrm{d}x$;

(7) $\int \mathrm{e}^{\sqrt{x}}\mathrm{d}x$;　　(8) $\int \frac{\ln \sin x}{\cos^2 x}\mathrm{d}x$;

(9) $\int \frac{x\cos x}{\sin^3 x}\mathrm{d}x$;　　(10) $\int \cos^2\sqrt{x}\,\mathrm{d}x$.

5. 查积分表求不定积分:

(1) $\int \frac{\mathrm{d}x}{5+4\sin x}$;　　(2) $\int \sqrt{3x^2+2}\,\mathrm{d}x$;

(3) $\int \frac{\mathrm{d}x}{4-9x^2}$;　　(4) $\int \frac{\mathrm{d}x}{\sqrt{1+2x+3x^2}}$;

(5) $\int \mathrm{e}^{2x}\cos x\mathrm{d}x$;　　(6) $\int \sin^4 x\mathrm{d}x$;

(7) $\int \frac{1}{x^2(1-x)}\mathrm{d}x$;　　(8) $\int \frac{\sqrt{x-1}}{x}\mathrm{d}x\ (x \geqslant 1)$.

任务 5　定积分

前面我们讨论了积分学的第一个基本问题——不定积分,它是作为微分的反问题而引入的,从本章开始我们仍使用极限方法来研究积分学的第二个基本问题——定积分. 定积分有着十分丰富的实际背景. 例如求平面图形的面积,求物体沿直线运动的路程以及求变力对物体所做的功等等,这些问题都可以归结为求定积分的问题.

我们将会看到不定积分与定积分,作为积分学的两个基本问题,通过原函数而存在着内在的联系,正是由于上述联系,才使定积分的计算得以简化,使积分学成为解决实际问题的有力工具.

本任务将介绍定积分的概念,定积分的计算方法.

5.1　定积分的概念

引例 1　求曲边梯形的面积.

在生产实际中,我们经常会遇到求平面图形面积的问题,在中学阶段已经掌握了求规则图形(如长方形、正方形、三角形、圆等)面积的方法. 当平面图形是由直线与曲线或曲线与曲线围成时,其面积怎样来计算呢?

我们把由连续曲线 $y=f(x)$ 和直线 $x=a$, $x=b$ 和 $y=0$ 所围成的图形称为曲边梯形. 如图

2.39 所示.

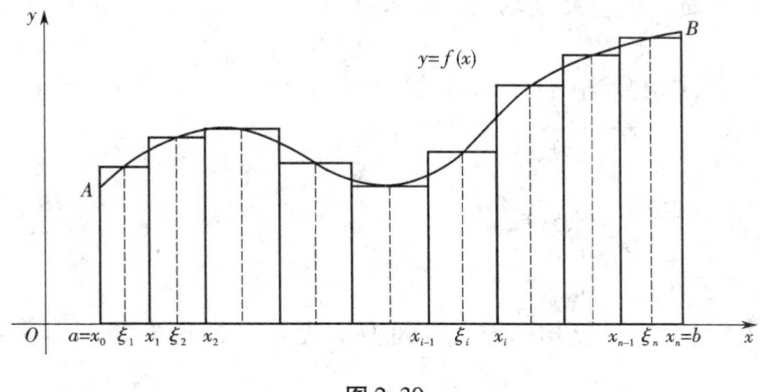

图 2.39

现假设$f(x)\geqslant 0, x\in[a,b]$,求这样的曲边梯形面积的困难在于$AB$边为曲边,其思路是:先在$[a,b]$内插入$n-1$个分点$x_1,x_2,\cdots,x_{n-1}$,过每个分点作$x$轴的垂线,把它任意分割成$n$个小曲边梯形,每个小曲边梯形可近似地看成一小矩形,那么所有小矩形的面积之和就是这个曲边梯形面积的一个近似值.只要分割得越细,精确度就越高,就越接近曲边梯形面积.于是,只要取极限,便可以得到曲边梯形面积的精确值.这种方法称为微元法,具体作法如下.

(1)分割.

将区间$[a,b]$任意分割成n个小区间,其分点坐标为$a=x_0<x_1<x_2<\cdots<x_{i-1}<x_i<\cdots x_n=b$,第$i$个小区间的长度为$\Delta x_i=x_i-x_{i-1}(i=1,2,\cdots,n)$.

(2)近似代替.

在第i个小区间$[x_{i-1},x_i]$上任取一点ξ_i,用$f(\xi_i)$代替小曲边梯形的高作一小矩形,其面积为$f(\xi_i)\Delta x_i$,设小曲边梯形的面积为ΔA_i,则有

$$\Delta A_i\approx f(\xi_i)\Delta x_i(i=1,2,\cdots,n).$$

(3)求和.

将n个小矩形的面积加起来便是曲边梯形面积的一个近似值,即

$$A\approx\sum_{i=1}^{n}f(\xi_i)\Delta x_i.$$

(4)取极限.

如果分点的数目无限增多,且使得每个小区间的长度都趋于零时,和式$\sum\limits_{i=1}^{n}f(\xi_i)\Delta x_i$的极限就是所求曲边梯形的面积$A$,用$\lambda=\max\{\Delta x_i\}(i=1,2,\cdots,n)$表示最大的区间长度,当$\lambda\to 0$时,有

$$A=\lim_{\lambda\to 0}\sum_{i=1}^{n}f(\xi_i)\Delta x_i.$$

引例2 求变速直线运动的路程.

我们知道,物体做匀速直线运动时,其路程的计算公式为

路程=速度×时间.

若物体做变速直线运动,其速度 V 是时间 t 的连续函数,即 $V=V(t)$, $t\in[T_1,T_2]$,此时要求物体从时刻 T_1 到时刻 T_2 做直线运动的路程 s. 我们仍然用微元法去解决它.

(1)分割.

将区间 $[T_1,T_2]$ 任意地分割成 n 个小区间 $[t_{i-1},t_i]$ $(i=1,2,\cdots,n,t_0=T_1,t_n=T_2)$,其小区间长度为 $\Delta t_i(i=1,2,\cdots,n)$.

(2)近似代替.

在每个小区间上任取一时刻 $\xi_i\in[t_{i-1},t_i]$,将 $V(\xi_i)$ 作为该区间上每一时刻的速度,作乘积 $\Delta s_i\approx V(\xi_i)\Delta t_i(i=1,2,\cdots,n)$.

(3)求和.

把 n 个小区间路程的近似值相加起来得到物体从 T_1 时刻到 T_2 时刻内的路程的一个近似值,即

$$s\approx\sum_{i=1}^{n}V(\xi_i)\Delta t_i.$$

(4)取极限

用 $\lambda=\max\{\Delta t_i\}(i=1,2,\cdots,n)$,则物体在 $[T_1,T_2]$ 时间内所运动的路程为

$$s=\lim_{\lambda\to 0}\sum_{i=1}^{n}V(\xi_i)\Delta t_i.$$

以上两个问题虽然研究的对象不同,但是解决问题思路和方法却相同,抽去其几何意义和物理意义就形成了定积分的概念.

定义1 设函数 $f(x)$ 在区间 $[a,b]$ 上有定义且有界,在 $[a,b]$ 上任意插入 $n-1$ 个分点 $a=x_0<x_1<x_2<\cdots<x_{i-1}<x_i<\cdots<x_n=b$ 将 $[a,b]$ 分成 n 个小区间 $[x_{i-1},x_i]$ $(i=1,2,\cdots,n)$,用 $\Delta x_i=x_i-x_{i-1}(i=1,2,\cdots,n)$ 表示每个小区间的长度,在每个小区间上任取一点 $\xi_i\in[x_{i-1},x_i]$. 作和式 $\sum\limits_{i=1}^{n}f(\xi_i)\Delta x_i$,记 $\lambda=\max\{\Delta x_1,\Delta x_2,\cdots,\Delta x_n\}$,若极限 $\lim\limits_{\lambda\to 0}\sum\limits_{i=1}^{n}f(\xi_i)\Delta x_i$ 存在,则称此极限值为函数 $f(x)$ 在 $[a,b]$ 上的定积分,记为 $\int_a^b f(x)\mathrm{d}x$,即 $\int_a^b f(x)\mathrm{d}x=\lim\limits_{\lambda\to 0}\sum\limits_{i=1}^{n}f(\xi_i)\Delta x_i$. 其中 a、b 分别称为定积分的下限、上限,$f(x)$ 称为被积函数,$f(x)\mathrm{d}x$ 称为被积表达式,x 称为积分变量,$\int$ 称为积分号,$[a,b]$ 称为积分区间.

根据定积分的定义,上述两个引例可进行如下表示.

曲边梯形的面积 $A=\int_a^b f(x)\mathrm{d}x$.

变速直线运动的路程 $s=\int_{T_1}^{T_2}V(t)\mathrm{d}t$.

从定义可以看出,定积分是一个极限问题,其结果是一个数. 定积分的数值与被积函数 $f(x)$ 和积分区间有关,与区间 $[a,b]$ 的分法和点 ξ_i 的取法以及积分变量用什么字母无关,即有

$$\int_a^b f(x)\mathrm{d}x=\int_a^b f(t)\mathrm{d}t=\int_a^b f(u)\mathrm{d}u,$$

关于函数的可积性问题,这里只给大家介绍两个充分定理(证明从略).

定理1 如果函数 $f(x)$ 在 $[a,b]$ 上连续,则 $f(x)$ 在 $[a,b]$ 上可积.

定理2　如果函数$f(x)$在$[a,b]$上只有有限个第一类间断点，则$f(x)$在$[a,b]$上可积.

5.2　定积分的几何意义

由引例1可知，当$f(x)\geqslant 0$时，定积分$\int_a^b f(x)\mathrm{d}x$表示曲线$y=f(x)$与直线$x=a,x=b$和$y=0$所围成的曲边梯形的面积；当$f(x)\leqslant 0$时，即曲边梯形在x轴的下方(如图2.40所示)，定积分$\int_a^b f(x)\mathrm{d}x$在几何上表示这个曲边梯形面积值的相反数.

当$f(x)$在$[a,b]$上有正有负时(如图2.41所示)，则定积分$\int_a^b f(x)\mathrm{d}x$的几何意义为曲线$y=f(x)$在$[a,b]$上所围成曲边梯形面积的代数和，即上正下负，$\int_a^b f(x)\mathrm{d}x=-A_1+A_2-A_3$.

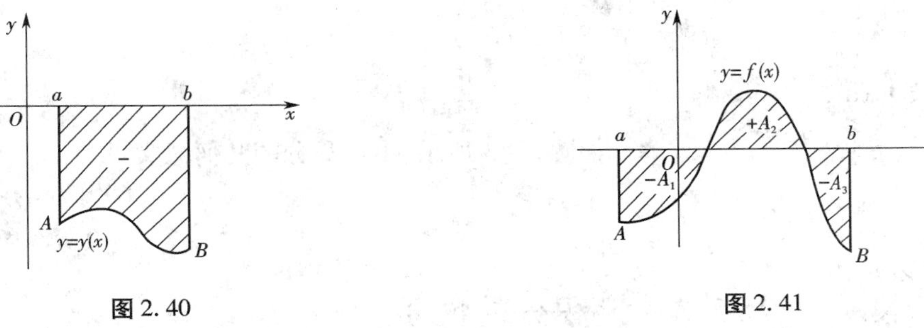

图2.40　　　　图2.41

例1　计算定积分$\int_0^1 x^2\mathrm{d}x$.

解　因$f(x)=x^2$在$[0,1]$上连续，故可积. 由于定积分值与对区间$[0,1]$的分法ξ_i的取法无关，为了计算方便，将区间$[0,1]$分成n等分，且取ξ_i为每个小区间的左端点，如图2.42所示. 于是有

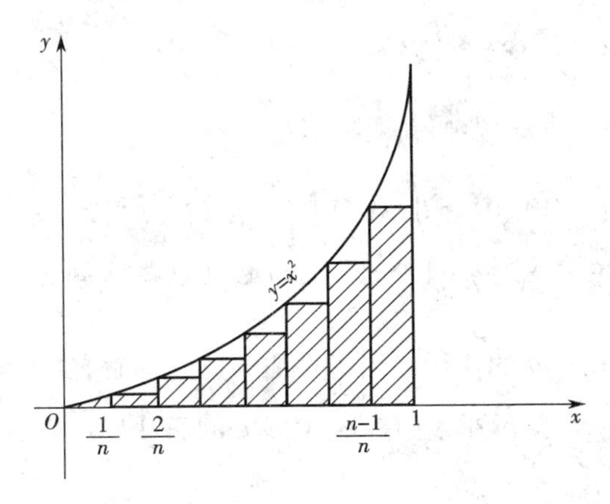

图2.42

$$\Delta x_i = \frac{1}{n}, \xi_i = \frac{i-1}{n}(i=1,2,\cdots,n),$$

而 $$f(\xi_i)\Delta x_i = \left(\frac{i-1}{n}\right)^2 \cdot \frac{1}{n} = \frac{1}{n^3}(i-1)^2,$$

故 $$\sum_{i=1}^{n} f(\xi_i)\Delta x_i = \sum_{i=1}^{n} \frac{1}{n^3}(i-1)^2 = \frac{1}{n^3}\frac{n(n-1)(2n-1)}{6} = \frac{1}{6}\left(1-\frac{1}{n}\right)\left(2-\frac{1}{n}\right).$$

这里 $\lambda = \frac{1}{n}$,当 $\lambda \to 0$ 时,$n \to \infty$,于是有

$$\int_0^1 x^2 \mathrm{d}x = \lim_{\lambda \to 0} \sum_{i=1}^{n} f(\xi_i)\Delta x_i = \lim_{n \to \infty} \frac{1}{6}\left(1-\frac{1}{n}\right)\left(2-\frac{1}{n}\right) = \frac{1}{3}.$$

例 2 求 $\int_0^1 \sqrt{1-x^2}\mathrm{d}x$.

解 由定积分的几何意义可知

$$\int_0^1 \sqrt{1-x^2}\mathrm{d}x = \frac{\pi}{4}.$$

例 3 求 $\int_0^1 x\mathrm{d}x$.

解 如图 2.43 所示,由定积分的几何意义可知

$$\int_0^1 x\mathrm{d}x = \frac{1}{2}.$$

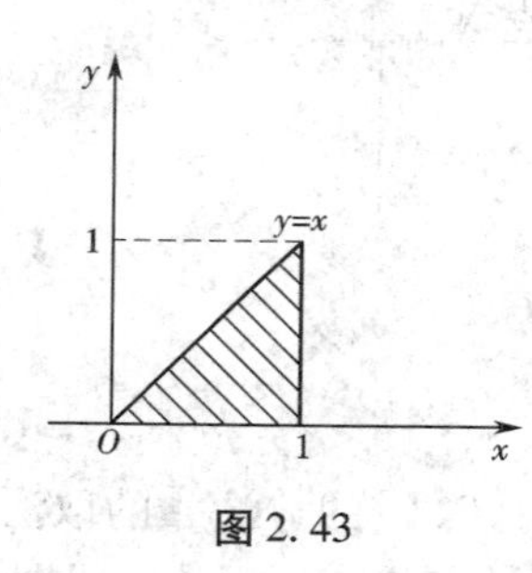

图 2.43

5.3 定积分的性质

由定积分的定义及几何意义容易得出结论:

(1) $\int_a^b f(x)\mathrm{d}x = -\int_b^a f(x)\mathrm{d}x$; (2) $\int_a^a f(x)\mathrm{d}x = 0$.

定积分有以下性质.

性质 1 $\int_a^b [f(x) \pm g(x)]\mathrm{d}x = \int_a^b f(x)\mathrm{d}x \pm \int_a^b g(x)\mathrm{d}x$.

性质 2 $\int_a^b kf(x)\mathrm{d}x = k\int_a^b f(x)\mathrm{d}x$($k$ 为常数).

性质 3 $\int_a^b f(x)\mathrm{d}x = \int_a^c f(x)\mathrm{d}x + \int_c^b f(x)\mathrm{d}x$,

其中 c 可以在 $[a,b]$ 内,也可以在 $[a,b]$ 外,但 $f(x)$ 必在这些区间上都可积.

如图 2.44 所示,对 $f(x) \geqslant 0$ 的情形给出了性质 3 的几何解释.

从图形上看,$\int_a^b f(x)\mathrm{d}x$ 表示曲边梯形 $ABCD$ 的面积 S,且 $S = S_1 + S_2$,由于

$$S_1 = \int_a^c f(x)\mathrm{d}x, S_2 = \int_c^b f(x)\mathrm{d}x,$$

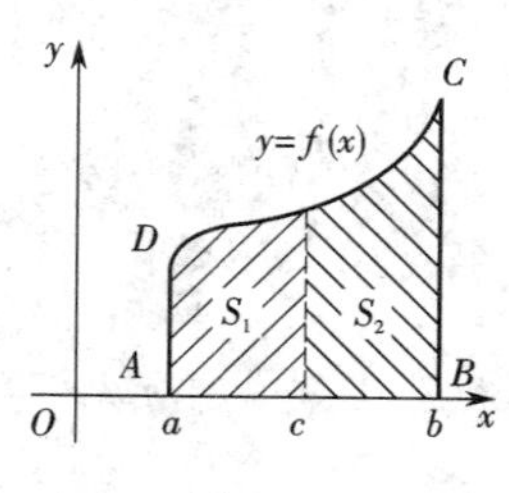

图 2.44

故知是正确的.

性质4　$\int_a^b 1\mathrm{d}x = b - a.$

5.4　定积分的积分法

5.4.1　积分变上限的函数

设函数$f(x)$在$[a,b]$上连续,则对于任意的$x \in [a,b]$,$f(x)$在$[a,x]$上也连续,于是定积分$\int_a^x f(x)\mathrm{d}x$存在,我们称此积分为变上限的定积分.因为给定一个$x(x \in [a,b])$,就有一个积分值与其对应,所以该积分是上限x的函数,记为$\Phi(x)$,这里积分变量和积分上限都是x,但它们的含意并不相同,为了区别起见,我们把积分变量改用字母t来表示,即$\Phi(x) = \int_a^x f(x)\mathrm{d}x = \int_a^x f(t)\mathrm{d}t$,如图2.45所示,也把它叫做积分上限函数或叫变上限函数.

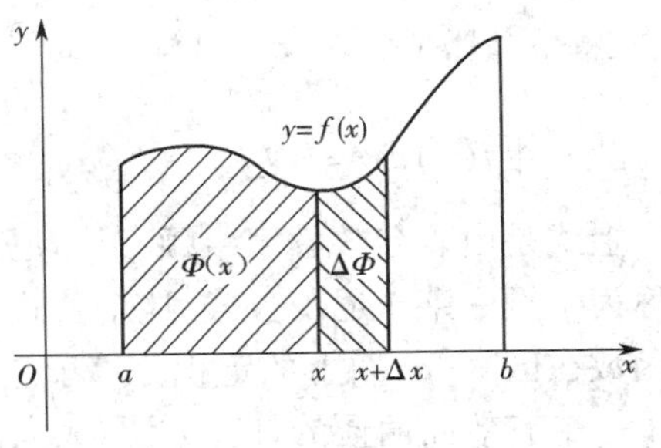

图2.45

变上限函数有如下性质,下面用定理的形式给出.

定理3　设$f(x)$在$[a,b]$上连续,则$\Phi(x) = \int_a^x f(t)\mathrm{d}t$在$[a,b]$上连续.

定理4(原函数存在定理)　若函数$f(x)$在$[a,b]$上连续,则$\Phi(x) = \int_a^x f(t)\mathrm{d}t$在$[a,b]$上可导,且有$\Phi'(x) = f(x)$,即

$$\Phi'(x) = \left[\int_a^x f(t)\mathrm{d}t\right]_x' = f(x).$$

例4　求下列函数的导数:

(1) $\int_0^x \cos^2 t\mathrm{d}t$;　　(2) $\int_{x^2}^0 \sin t^2\mathrm{d}t.$

解　(1) $\left(\int_0^x \cos^2 t\mathrm{d}t\right)_x' = \cos^2 x.$

(2)因为$\int_{x^2}^0 \sin t^2\mathrm{d}t = -\int_0^{x^2} \sin t^2\mathrm{d}t$,

所以$\left(\int_{x^2}^0 \sin t^2\mathrm{d}t\right)_x' = -\left(\int_0^{x^2} \sin t^2\,\mathrm{d}t\right)_x' = -\sin(x^2)^2 \cdot (x^2)' = -2x\sin x^4.$

5.4.2　微积分基本定理(牛顿－莱布尼茨公式)

现在我们根据原函数存在定理来证明一个重要的定理,它给出了用原函数计算定积分的公式.

定理5(微积分基本定理)　设$f(x)$在$[a,b]$上连续,$F(x)$是$f(x)$的任一原函数,即$F'(x)$

$=f(x)$,则有

$$\int_a^b f(x)\mathrm{d}x = F(b) - F(a) = F(x)\Big|_a^b.$$

证明 因为$F(x)$是$f(x)$的一个原函数,由原函数存在定理可知$\Phi(x) = \int_a^x f(t)\mathrm{d}t$也是$f(x)$的一个原函数,所以它们之间相差一个常数,即有$F(x) - \Phi(x) = C$,所以

$$F(x) = \Phi(x) + C = \int_a^x f(t)\mathrm{d}t + C.$$

令$x=a$得,$F(a) = \Phi(a) + C = \int_a^a f(t)\mathrm{d}t + C$,即$F(a)=C$,所以$F(x)=F(a)+\Phi(x)$.又令$x=b$,得$F(b) = \Phi(b) + C = \int_b^b f(t)\mathrm{d}t + C$.故

$$\int_a^b f(x)\mathrm{d}x = F(b) - F(a).$$

上式是由著名数学家牛顿、莱布尼茨经过长时期的研究后归纳总结出来的,因此我们把上式称为牛顿-莱布尼茨公式.这个公式揭示了定积分与不定积分之间的联系.它表明:一个连续函数在区间[a,b]上的定积分等于它任一个原函数在区间[a,b]上的增量.这就给定积分提供了一个有效而简便的计算方法,大大简化了计算手续.

例5 求$\int_0^1 x^2\mathrm{d}x$.

解 因为$\frac{1}{3}x^3$是x^2的一个原函数,所以

$$\int_0^1 x^2\mathrm{d}x = \frac{x^3}{3}\Big|_0^1 = \frac{1}{3}(1^3 - 0^3) = \frac{1}{3}.$$

例6 求$\int_0^{\frac{\pi}{2}}(2x - 1 + 3\cos x)\mathrm{d}x$.

解 $\int_0^{\frac{\pi}{2}}(2x - 1 + 3\cos x)\mathrm{d}x = \int_0^{\frac{\pi}{2}}2x\mathrm{d}x - \int_0^{\frac{\pi}{2}}\mathrm{d}x + \int_0^{\frac{\pi}{2}}3\cos x\mathrm{d}x.$

$$= x^2\Big|_0^{\frac{\pi}{2}} - x\Big|_0^{\frac{\pi}{2}} + 3\sin x\Big|_0^{\frac{\pi}{2}} = = \frac{\pi^2}{4} - \frac{\pi}{2} + 3.$$

例7 求$\int_0^1 \frac{x^2}{1+x^2}\mathrm{d}x$.

解 $\int_0^1 \frac{x^2}{1+x^2}\mathrm{d}x = \int_0^1\left(1 - \frac{1}{1+x^2}\right)\mathrm{d}x = \int_0^1\mathrm{d}x - \int_0^1\frac{1}{1+x^2}\mathrm{d}x$

$$= x\Big|_0^1 - \arctan x\Big|_0^1 = 1 - \frac{\pi}{4}.$$

例8 计算正弦曲线$y=\sin x$在[0,π]上与x轴所围成的平面图形的面积.

解 由图2.46,根据定积分的几何意义,则面积A为

$$A = \int_0^{\pi}\sin x\mathrm{d}x = -\cos x\Big|_0^{\pi} = -(\cos\pi - \cos 0) = 2.$$

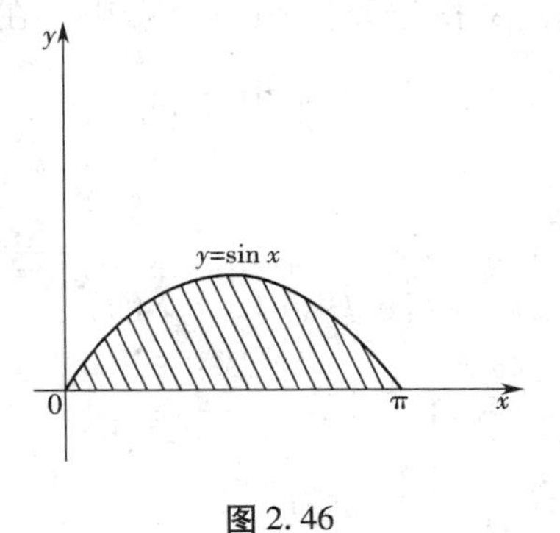

图 2.46

5.5　广义积分

5.5.1　无穷区间上的广义积分

定义 2　设 $f(x)$ 在 $[a,+\infty]$ 上连续，取 $b>a$，如果极限 $\lim\limits_{b\to+\infty}\int_a^b f(x)\mathrm{d}x$ 存在，则称此极限值为函数 $f(x)$ 在 $[a,+\infty)$ 上广义积分，记为 $\int_a^{+\infty}f(x)\mathrm{d}x$，即

$$\int_a^{+\infty}f(x)\mathrm{d}x=\lim_{b\to+\infty}\int_a^b f(x)\mathrm{d}x.$$

此时，我们称广义积分 $\int_a^{+\infty}f(x)\mathrm{d}x$ 收敛；否则称广义积分发散.

类似地，可定义广义积分

$$\int_{-\infty}^b f(x)\mathrm{d}x=\lim_{a\to-\infty}\int_a^b f(x)\mathrm{d}x.$$

定义 3　设 $f(x)$ 在 $(-\infty,+\infty)$ 上连续，且对任意实数 a，函数 $f(x)$ 在 $(-\infty,+\infty)$ 上广义积分定义为

$$\int_{-\infty}^{+\infty}f(x)\mathrm{d}x=\int_{-\infty}^a f(x)\mathrm{d}x+\int_a^{+\infty}f(x)\mathrm{d}x.$$

当上式右端的两个积分都收敛时，称广义积分 $\int_{-\infty}^{+\infty}f(x)\mathrm{d}x$ 收敛；否则称广义积分发散.

我们把上述各广义积分统称为无穷区间上的广义积分，由定义可知，广义积分的基本思想是先转化为计算定积分，再取极限.

例 9　计算 $\int_0^{+\infty}\mathrm{e}^{-x}\mathrm{d}x$.

解　取 $b>0$ 有

$$\int_0^{+\infty}\mathrm{e}^{-x}\mathrm{d}x=\lim_{b\to+\infty}\int_0^b\mathrm{e}^{-x}\mathrm{d}x=\lim_{b\to+\infty}(-\mathrm{e}^{-x})\Big|_0^b=\lim_{b\to+\infty}(1-\mathrm{e}^{-b})=1-0=1.$$

例 10　计算 $\int_1^{+\infty}\frac{1}{x}\mathrm{d}x$.

解　任取 $b>1$ 有

$$\int_1^{+\infty}\frac{1}{x}\mathrm{d}x=\lim_{b\to+\infty}\int_1^b\frac{1}{x}\mathrm{d}x=\lim_{b\to+\infty}\ln x\Big|_1^b=\lim_{b\to+\infty}\ln b=+\infty,$$

故广义积分 $\int_1^{+\infty}\frac{1}{x}\mathrm{d}x$ 发散.

在计算广义积分的过程中，也可将牛顿－莱布尼茨公式的记号引入其中简化极限的写法.

若 $F(x)$ 是 $f(x)$ 的一个原函数，记

$$F(+\infty)=\lim_{x\to+\infty}F(x),F(-\infty)=\lim_{x\to-\infty}F(x).$$

则广义积分可表示(如果极限存在)为

$$\int_{0}^{+\infty} f(x)\,\mathrm{d}x = F(x)\Big|_{a}^{+\infty} = F(+\infty) - F(a),$$

$$\int_{-\infty}^{b} f(x)\,\mathrm{d}x = F(x)\Big|_{-\infty}^{b} = F(b) - F(-\infty),$$

$$\int_{-\infty}^{+\infty} f(x)\,\mathrm{d}x = F(x)\Big|_{-\infty}^{+\infty} = F(+\infty) - F(-\infty).$$

例 11 计算 $\int_{-\infty}^{+\infty} \frac{1}{1+x^2}\mathrm{d}x$.

解 $\int_{-\infty}^{+\infty} \frac{1}{1+x^2}\mathrm{d}x = \arctan x\Big|_{-\infty}^{+\infty} = \frac{\pi}{2} - \left(-\frac{\pi}{2}\right) = \pi.$

例 12 计算 $\int_{0}^{+\infty} x\mathrm{e}^{-x}\mathrm{d}x$.

解 $\int_{0}^{+\infty} x\mathrm{e}^{-x}\mathrm{d}x = -x\mathrm{e}^{-x}\Big|_{0}^{+\infty} + \int_{0}^{+\infty} \mathrm{e}^{-x}\mathrm{d}x = \lim\limits_{x\to+\infty}(-x\mathrm{e}^{-x}) + (-\mathrm{e}^{-x})\Big|_{0}^{+\infty} = 1.$

例 13 证明广义积分 $\int_{1}^{+\infty} \frac{1}{x^p}\mathrm{d}x$,当 $p>1$ 时收敛;当 $p\leqslant 1$ 时发散.

证 当 $p=1$ 时,则 $\int_{1}^{+\infty} \frac{1}{x^p}\mathrm{d}x = +\infty$ 故发散.

当 $p\neq 1$ 时,则

$$\int_{1}^{+\infty} \frac{1}{x^p}\mathrm{d}x = \frac{1}{1-p}x^{1-p}\Big|_{1}^{+\infty} = \frac{1}{1-p}\lim_{x\to+\infty}(x^{1-p}-1) = \begin{cases} \frac{1}{p-1}, & \text{当 } p>1 \text{ 时}, \\ +\infty, & \text{当 } p<1 \text{ 时}. \end{cases}$$

综上所述,当 $p>1$ 时该广义积分收敛,其值为 $\frac{1}{p-1}$;当 $p\leqslant 1$ 时,该广义积分发散.

5.5.2 被积函数有无穷间断点的广义积分

定义 4 设函数 $f(x)$ 在 $[a,b]$ 内连续,且 $\lim\limits_{x\to a} f(x) = \infty$,取 $\varepsilon>0$,若极限 $\lim\limits_{\varepsilon\to 0}\int_{a+\varepsilon}^{b} f(x)\,\mathrm{d}x$ 存在,则把这个极限值称为函数无穷间断点的广义积分,记作

$$\int_{a}^{b} f(x)\,\mathrm{d}x = \lim_{\varepsilon\to 0}\int_{a+\varepsilon}^{b} f(x)\,\mathrm{d}x \quad (\varepsilon>0).$$

这时称广义积分 $\int_{a}^{b} f(x)\,\mathrm{d}x$ 存在或收敛. 如极限 $\lim\limits_{\varepsilon\to 0}\int_{a+\varepsilon}^{b} f(x)\,\mathrm{d}x$ 不存在,就称 $\int_{a}^{b} f(x)\,\mathrm{d}x$ 不存在或发散.

类似地,设 $f(x)$ 在 $[a,b)$ 内连续,且 $\lim\limits_{x\to b} f(x) = \infty$,取 $\varepsilon>0$,若极限 $\lim\limits_{\varepsilon\to 0}\int_{a}^{b-\varepsilon} f(x)\,\mathrm{d}x$ 存在,则定义

$$\int_{a}^{b} f(x)\,\mathrm{d}x = \lim_{\varepsilon\to 0}\int_{a}^{b-\varepsilon} f(x)\,\mathrm{d}x.$$

此时称广义积分 $\int_a^b f(x)\mathrm{d}x$ 存在或收敛，若 $\lim\limits_{\varepsilon\to0}\int_a^{b-\varepsilon} f(x)\mathrm{d}x$ 不存在，就称 $\int_a^b f(x)\mathrm{d}x$ 不存在或发散.

假设 $f(x)$ 在 $[a,b]$ 上除点 C 外连续，且 $\left(\int_a^b f(x)\mathrm{d}x = \lim\limits_{\varepsilon_1\to0}\int_a^{c-\varepsilon_1} f(x)\mathrm{d}x + \lim\limits_{\varepsilon_2\to0}\int_{c+\varepsilon_2}^b f(x)\mathrm{d}x\right)$ 存在，则称广义积分 $\int_a^b f(x)\mathrm{d}x$ 存在或收敛，否则称广义称为 $\int_a^b f(x)\mathrm{d}x$ 发散.

例 14 计算 $\int_0^1 \frac{\mathrm{d}x}{\sqrt{1-x}}$.

解 因为 $f(x)=\frac{\mathrm{d}x}{\sqrt{1-x}}$，有 $\lim\limits_{\varepsilon\to1}\frac{1}{\sqrt{1-x}}=+\infty$，按定义有

$$\int_0^1 \frac{\mathrm{d}x}{\sqrt{1-x}} = \lim_{\varepsilon\to0}\int_0^{1-\varepsilon}\frac{\mathrm{d}x}{\sqrt{1-x}} = \lim_{\varepsilon\to0}\left[-2\sqrt{1-x}\right]_0^{1-\varepsilon} = \lim_{\varepsilon\to0}\left[-2(\sqrt{\varepsilon}-1)\right] = 2.$$

例 15 判断 $\int_{-1}^1 \frac{\mathrm{d}x}{x^2}$ 的敛散性.

解 因为 $\lim\limits_{x\to0}\frac{1}{x^2}=+\infty$ 按定义需判定 $\int_{-1}^0 \frac{\mathrm{d}x}{x^2}$ 和 $\int_0^1 \frac{\mathrm{d}x}{x^2}$ 的敛散性，但 $\int_0^1 \frac{\mathrm{d}x}{x^2} = \lim\limits_{\varepsilon\to0}\int_{0+\varepsilon}^1 \frac{\mathrm{d}x}{x^2} = \lim\limits_{\varepsilon\to0}\left[-\frac{1}{x}\right]_\varepsilon^1 = \lim\limits_{\varepsilon\to0}\left[-1+\frac{1}{\varepsilon}\right]=+\infty$，所以广义积分 $\int_0^1\frac{\mathrm{d}x}{x^2}$ 发散. 由此判定广义积分 $\int_{-1}^1\frac{1}{x^2}\mathrm{d}x$ 发散.

若忽略了 $x=0$ 是函数 $f(x)=\frac{1}{x^2}$ 的无穷间断点，而直接用牛顿－莱布尼茨公式计算，则会得到错误的结果 $\int_{-1}^1\frac{\mathrm{d}x}{x^2} = -\frac{1}{x}\Big|_{-1}^1 = -2$.

5.6 任务考核

1. 试用定积分表示由曲线 $y=x^3$ 与直线 $x=-1$，$x=2$ 和 x 轴所围成的平面图形的面积 A.

2. 利用定积分的几何意义，说明：

(1) $\int_0^1 2x\mathrm{d}x = 1$；　　(2) $\int_0^1 \sqrt{1-x^2}\mathrm{d}x = \frac{\pi}{4}$；

(3) $\int_{-\pi}^{\pi} \sin x\mathrm{d}x = 0$；　　(4) $\int_{-\frac{\pi}{2}}^{\frac{\pi}{2}} \cos x\mathrm{d}x = 2\int_0^{\frac{\pi}{2}}\cos x\mathrm{d}x$.

3. 计算下列各积分：

(1) $\int_1^3 x^3\mathrm{d}x$；　　(2) $\int_0^1 (3x^2-x+1)\mathrm{d}x$；

(3) $\int_4^9 \sqrt{x}(1+\sqrt{x})\mathrm{d}x$；　　(4) $\int_1^{\sqrt{3}} \frac{1}{1+x^2}\mathrm{d}x$；

(5) $\int_1^2 \frac{1}{x+x^2}\mathrm{d}x$；　　(6) $\int_0^{2\pi} |\sin x|\ \mathrm{d}x$；

(7) $\int_0^{\frac{\pi}{4}} \tan^2\theta \mathrm{d}\theta$;　　(8) $\int_{-1}^{0} \frac{3x^4+3x^2+1}{x^2+1}\mathrm{d}x$;

(9) $\int_0^2 f(x)\mathrm{d}x$,其中 $f(x)=\begin{cases} x+1, & x\leqslant 1, \\ \frac{1}{2}x^2, & x>1. \end{cases}$

4. 计算下列定积分:

(1) $\int_{\frac{\pi}{3}}^{\pi} \sin\left(x+\frac{\pi}{3}\right)\mathrm{d}x$;　　(2) $\int_{-2}^{1} \frac{\mathrm{d}x}{(11+5x)^3}$;

(3) $\int_0^{\frac{\pi}{2}} \sin y\cos^3 y\mathrm{d}y$;　　(4) $\int_0^{\pi}(1-\sin^3\theta)\mathrm{d}\theta$;

(5) $\int_{\frac{\pi}{6}}^{\frac{\pi}{2}} \cos^2 u\mathrm{d}u$;　　(6) $\int_0^{\sqrt{2}} \sqrt{2-x^2}\mathrm{d}x$;

(7) $\int_{\frac{1}{\sqrt{2}}}^{1} \frac{\sqrt{1-x^2}}{x^2}\mathrm{d}x$;　　(8) $\int_{-1}^{1} \frac{x}{\sqrt{5-4x}}\mathrm{d}x$;

(9) $\int_1^4 \frac{\mathrm{d}x}{1+\sqrt{x}}$;　　(10) $\int_0^1 t\mathrm{e}^{-\frac{t^2}{2}}\mathrm{d}x$.

5. 计算下列定积分:

(1) $\int_0^1 x\mathrm{e}^{-x}\mathrm{d}x$;　　(2) $\int_1^{\mathrm{e}} x\ln x\mathrm{d}x$;

(3) $\int_{\frac{\pi}{4}}^{\pi} \frac{x}{\sin^2 x}\mathrm{d}x$;　　(4) $\int_1^4 \frac{\ln x}{\sqrt{x}}\mathrm{d}x$;

(5) $\int_0^1 x\arctan x\mathrm{d}x$;　　(6) $\int_0^{\frac{\pi}{2}} \mathrm{e}^{\frac{x}{2}}\cos x\mathrm{d}x$;

(7) $\int_1^{\mathrm{e}} \sin(\ln x)\mathrm{d}x$;　　(8) $\int_{\frac{1}{\mathrm{e}}}^{\mathrm{e}} |\ln x|\mathrm{d}x$.

6. 计算下列广义积分:

(1) $\int_1^{+\infty} \frac{\mathrm{d}x}{x^4}$;　　(2) $\int_{-\infty}^{0} \cos x\mathrm{d}x$;

(3) $\int_{-\infty}^{+\infty} \frac{1}{x^2+2x+2}\mathrm{d}x$;　　(4) $\int_0^{+\infty} x\mathrm{e}^{-x^2}\mathrm{d}x$.

7. 当 k 为何值时,广义积分 $\int_2^{+\infty} \frac{\mathrm{d}x}{x(\ln x)^k}$ 收敛?当 k 为何值时,广义积分发散?当 k 为何值时,广义积分取得最小值?

8. 计算下列广义积分:

(1) $\int_0^1 \frac{\mathrm{d}x}{\sqrt{1-x^2}}$;　　(2) $\int_0^1 \ln x\mathrm{d}x$;　　(3) $\int_1^{\mathrm{e}} \frac{\mathrm{d}x}{x\sqrt{1-\ln^2 x}}$;　　(4) $\int_1^2 \frac{\mathrm{d}x}{\sqrt[3]{1-x}}$.

9. 判断下列广义积分的敛散性:

(1) $\int_{-1}^{21} \frac{\mathrm{d}x}{x^2}$;　　(2) $\int_0^2 \frac{\mathrm{d}x}{(1-x)^2}$.

任务 6　定积分的应用

本任务将应用定积分的知识去讨论一些实际问题. 定积分的应用很广泛，自然科学、工程学、经济学中的许多问题都可通过定积分来解决. 本章首先介绍应用定积分处理问题的基本方法——微元法，然后建立一些几何量的计算公式.

6.1　定积分的微元法

用定积分表示一个量，如几何量、物理量或其他的量，一般分四步来考虑，我们来回顾一下解决曲边梯形面积的过程.

第一步：分割，将区间 $[a,b]$ 任意分为 n 个子区间 $[x_{i-1},x_i]$ $(i=1,2,\cdots,n)$，$x_0=a,x_n=b$.

第二步：取近似，在任意一个子区间 $[x_{i-1},x_i]$ 上，任取一点 ξ_i，作小曲边梯形面积 ΔA_i 的近似值

$$\Delta A_i \approx f(\xi_i)\Delta x_i.$$

第三步：求和，曲边梯形面积 A 为

$$A \approx \sum_{i=1}^{n} f(\xi_i)\Delta x_i .$$

第四步：取极限，$\lambda=\max\{\Delta x_i\}\to 0$，则

$$A = \lim_{\lambda\to 0}\sum_{i=1}^{n} f(\xi_i)\Delta x_i = \int_a^b f(x)\,\mathrm{d}x.$$

对照上述四步，我们发现第二步取近似时其形式 $f(\xi_i)\Delta x_i$ 与第四步积分 $\int_a^b f(x)\,\mathrm{d}x$ 中的被积表达式 $f(x)\,\mathrm{d}x$ 具有类同的形式，如果把第二步中的 ξ_i 用 x 替代，Δx_i 用 $\mathrm{d}x$ 替代，那么它就是第四步积分中的被积表达式，基于此，我们把上述四步简化为以下两步.

第一步：选取积分变量，例如选积分变量为 x，并确定其范围，例如 $x\in[a,b]$，在其上任取一个子区间，记为 $[x,x+\mathrm{d}x]$.

第二步：取所求量 I 在子区间 $[x,x+\mathrm{d}x]$ 上的部分量 ΔI 的近似值

$$\Delta I \approx f(x)\,\mathrm{d}x,$$

对 ΔI 进行积分得

$$I = \int_a^b f(x)\,\mathrm{d}x .$$

我们用简化后的步骤再解曲边梯形面积 A 的问题.

第一步：选积分变量为 x，$x\in[a,b]$，任取一个子区间 $[x,x+\mathrm{d}x]$，如图 2.47 所示.

第二步：在 $[x,x+\mathrm{d}x]$ 上用矩形面积代替小曲边梯形面积 ΔA，并用 x 处的高 $f(x)$ 作为矩形的高，得

$$\Delta A \approx f(x)\,\mathrm{d}x,$$

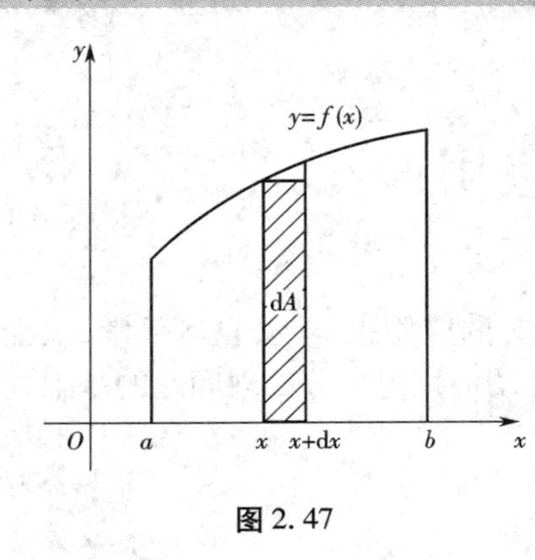

图2.47

于是 $A=\int_a^b f(x)\mathrm{d}x$,

其中$f(x)\mathrm{d}x$是所求量I的微分,所以第二步中的近似式常用微分形式,表示为

$$\mathrm{d}I=f(x)\mathrm{d}x,$$

$\mathrm{d}I$称为量I的微元.

上述简化了步骤的定积分方法称为定积分的微元法.

6.2 平面图形的面积

根据定积分$\int_a^b f(x)\mathrm{d}x$的几何意义,当$f(x)\geqslant 0$时,由曲线$y=f(x)$与直线$x=a,x=b$及x轴所围成的曲边梯形的面积为

$$A=\int_a^b f(x)\mathrm{d}x \tag{6.1}$$

当$f(x)$在$[a,b]$上有正有负时,如图2.48所示,则面积为

$$A=\int_a^b |f(x)|\ \mathrm{d}x \tag{6.2}$$

其微元是$\mathrm{d}A=|f(x)|\mathrm{d}x$.

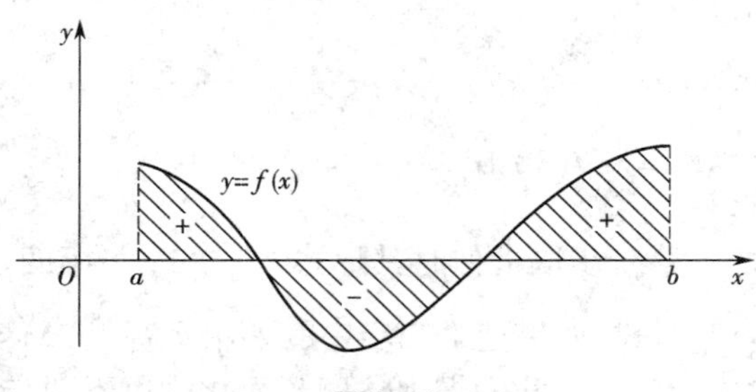

图2.48

如果平面图形是两条曲线$y_1=f(x)$和$y_2=g(x)$与两条直线$x=a,x=b$所围成(如图2.49所示),且$f(x)\geqslant g(x)$,$x\in[a,b]$,则其面积为

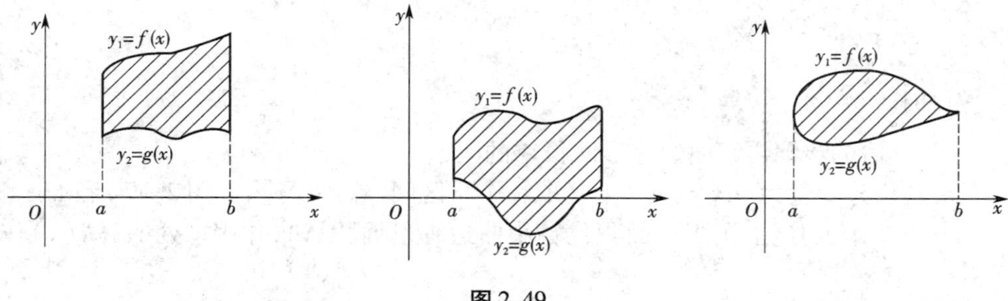

图2.49

$$A=\int_a^b[f(x)-g(x)]\mathrm{d}x. \tag{6.3}$$

类似地，如果平面图形的边界曲线是 $x=\varphi(y)$ 在 $[c,d]$ 上连续，且 $\varphi(y)\geqslant 0$，由曲线 $x=\varphi(y)$ 与直线 $y=c$，$y=d$ 和 y 轴所围成的曲边梯形（如图2.50所示）的面积为

$$A=\int_c^d\varphi(y)\mathrm{d}y. \tag{6.4}$$

同理，求两条曲线 $x=\varphi(y)$，$x=\psi(y)$，且 $\varphi(y)\geqslant\psi(y)$，$y\in[c,d]$，和两条直线 $y=c$，$y=d$ 所围成（如图2.51所示）的平面图形的面积为

$$A=\int_c^d[\varphi(y)-\psi(y)]\mathrm{d}y. \tag{6.5}$$

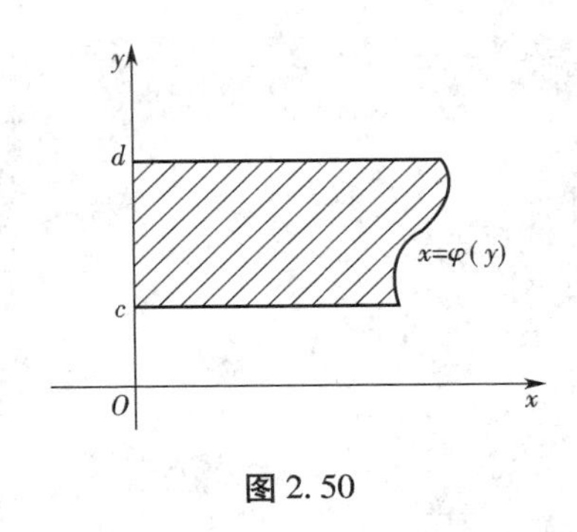

图2.50

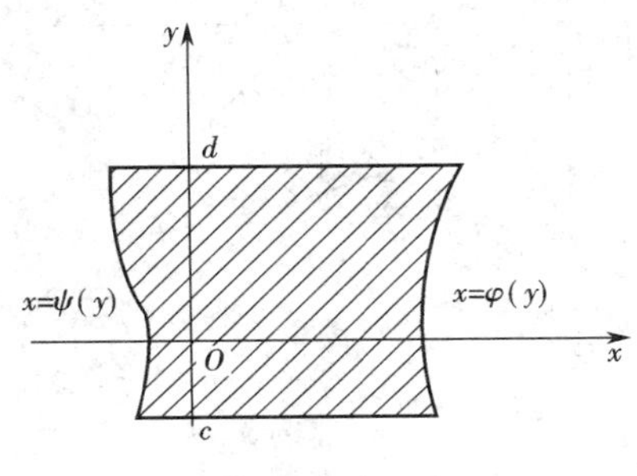

图2.51

例1　求正弦曲线 $y=\sin x$ 与直线 $x=\frac{3}{2}\pi$，$x=0$ 和 x 轴所围成的平面图形的面积.

解　画出所求的平面图形草图，如图2.52所示，由公式(6.2)得

$$A=\int_0^{\frac{3}{2}\pi}|\sin x|\ \mathrm{d}x=\int_0^{\pi}\sin x\mathrm{d}x-\int_{\pi}^{\frac{3}{2}\pi}\sin x\mathrm{d}x=-\cos x\Big|_0^{\pi}+\cos x\Big|_{\pi}^{\frac{3}{2}\pi}=2+1=3.$$

例2　求曲线 $y=x^2$ 与 $y=\sqrt{x}$ 所围成图形的面积.

解　所求平面图形草图如图2.53所示.

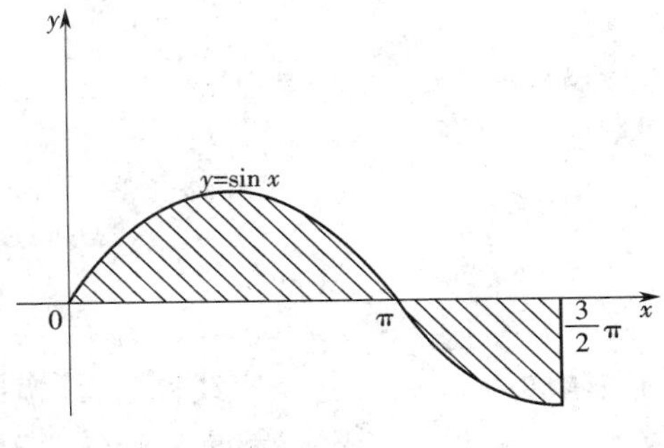

图2.52

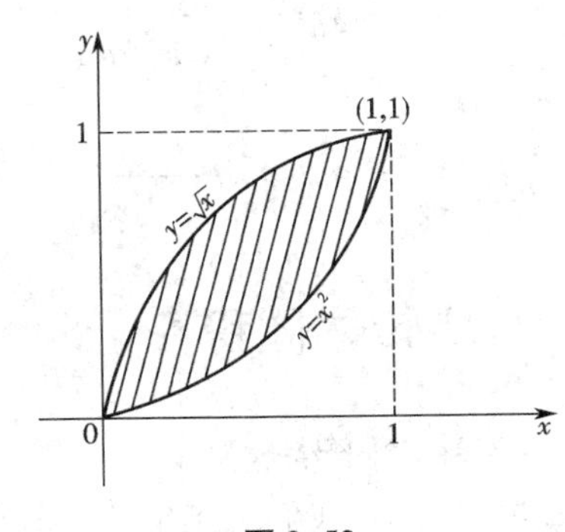

图2.53

由 $y=x^2, y=\sqrt{x}$ 得曲线的交点坐标,分别是(0,0),(1,1),故

$$A=\int_0^1(\sqrt{x}-x^2)\mathrm{d}x=\int_0^1\sqrt{x}\mathrm{d}x-\int_0^1 x^2\mathrm{d}x=\frac{2}{3}x^{\frac{3}{2}}\Big|_0^1-\frac{1}{3}x^3\Big|_0^1=\frac{1}{3}.$$

例 3 求抛物线 $y^2=2x$ 与直线 $y=4-x$ 所围成的平面图形的面积.

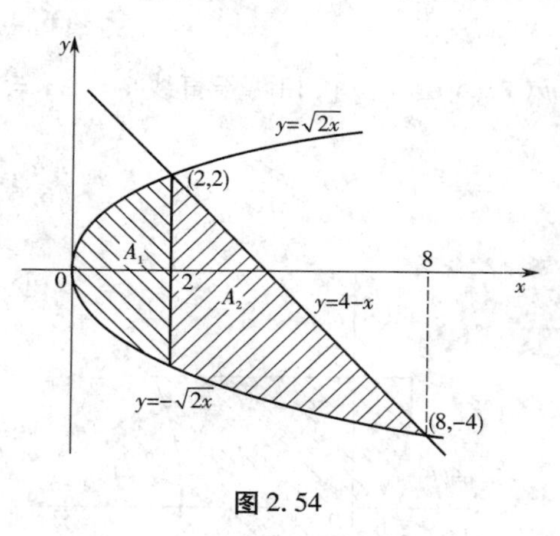

图 2.54

解 如图 2.54 所示,并求出抛物线与直线的交点坐标,即解方程组 $\begin{cases}y^2=2x,\\ y=4-x,\end{cases}$ 得交点为(2,2)和(8,-4),选择 y 为积分变量,$y\in[-4,2]$,从而积分微元为

$$\mathrm{d}A=\left[(4-y)-\frac{y^2}{2}\right]\mathrm{d}y,$$

积分得

$$\begin{aligned}A&=\int_{-4}^{2}\left[(4-y)-\frac{y^2}{2}\right]\mathrm{d}y\\&=\left(4y-\frac{y^2}{2}-\frac{y^3}{6}\right)\Big|_{-4}^{2}\\&=30-12=18.\end{aligned}$$

例 4 求椭圆 $\frac{x^2}{a^2}+\frac{y^2}{b^2}=1$ 的面积.

解 作出椭圆的草图,如图 2.55 所示,由对称性,椭圆的面积等于它在第一象限内图形面积的 4 倍,所以

$$A=4\int_0^a y\mathrm{d}x=\frac{4b}{a}\int_0^a\sqrt{a^2-x^2}\mathrm{d}x,$$

令 $x=a\sin u$,

$$\begin{aligned}A&=\frac{4b}{a}\int_0^a\sqrt{a^2-x^2}\mathrm{d}x\\&=\frac{4b}{a}\int_0^{\frac{\pi}{2}}a^2\cos^2 u\mathrm{d}u\\&=4ab\int_0^{\frac{\pi}{2}}\frac{1+\cos 2u}{2}\mathrm{d}u=\pi ab.\end{aligned}$$

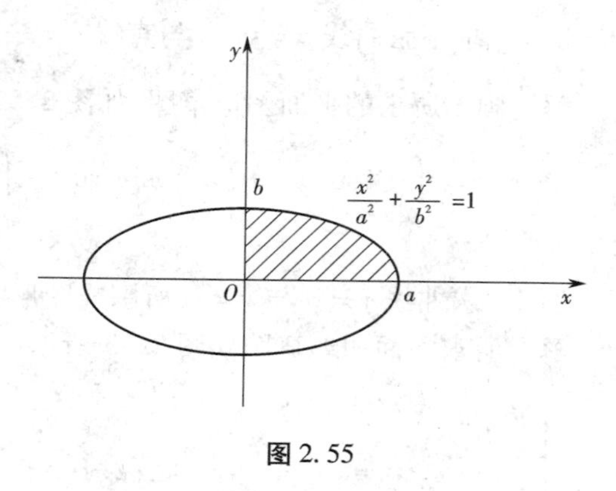

图 2.55

6.3 旋转体体积

一平面图形绕这平面内一条直线旋转一周而成的立体称为旋转体,这条直线称为旋转轴.在日常生活中,我们见到的许多物体都是旋转体,如圆锥、圆柱、圆台、球体,都是旋转体,怎样求旋转体的体积呢?我们用微元法来解决这个问题.

设旋转体是由连续曲线 $y=f(x)$ $(f(x)\geqslant 0)$ 与直线 $x=a, x=b$ 及 x 轴所围成的曲边梯形绕

x 轴旋转而成，如图 2.56 所示，取 $x\in[a,b]$. 过 x 作垂直于 x 轴的立体的截面，它是半径为 $f(x)$ 的圆，其面积为 $A(x)=\pi[f(x)]^2$，于是该旋转体的体积

$$V=\int_a^b\pi[f(x)]^2\mathrm{d}x=\int_a^b\pi y^2\mathrm{d}x. \qquad (6.6)$$

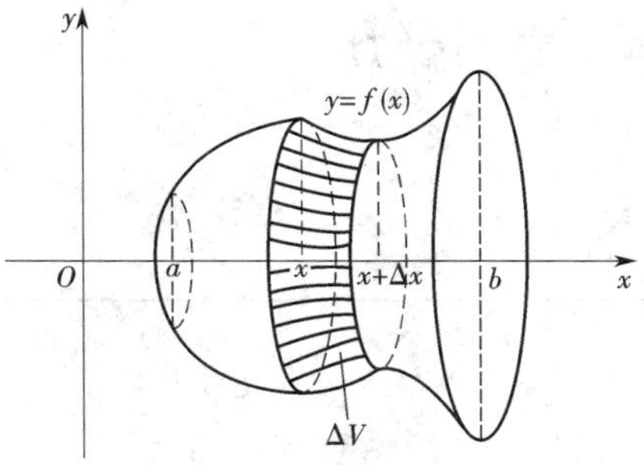

类似地可求得，由曲线 $x=\varphi(y)$ 与直线 $y=c$、$y=d$ 及 y 轴所围成的曲边梯形绕 y 轴旋转而成的旋转体的体积

$$V=\int_c^d\pi[\varphi(y)]^2\mathrm{d}y=\int_c^d\pi x^2\mathrm{d}y \qquad (6.7)$$

图 2.56

例 5　求曲线 $xy=a(a>0)$ 与 $x=a$, $x=2a$ 和 x 轴所围成的平面图形（如图 2.57 所示）绕 x 轴旋转的旋转体体积.

解　由公式(6.6)得

$$V=\pi\int_a^{2a}\frac{a^2}{x^2}\mathrm{d}x=\pi a^2\int_a^{2a}\frac{1}{x^2}\mathrm{d}x=\pi a^2\left(-\frac{1}{x}\right)\bigg|_a^{2a}=\frac{\pi}{2}a.$$

例 6　求椭圆 $\frac{x^2}{a^2}+\frac{y^2}{b^2}=1$ 分别绕 x 轴和 y 轴旋转而成的旋转体（如图 2.58 所示）的体积.

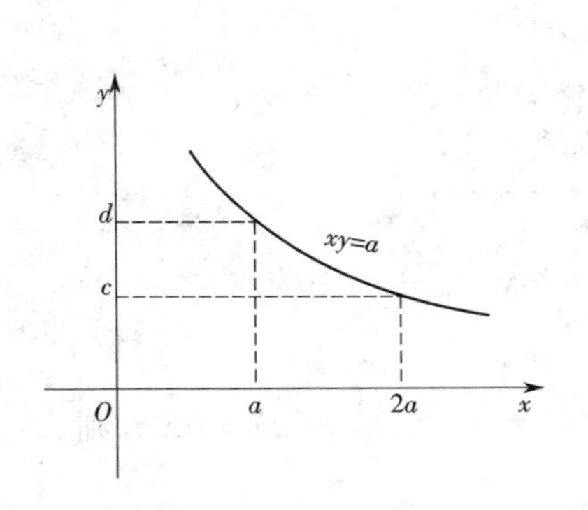

图 2.57

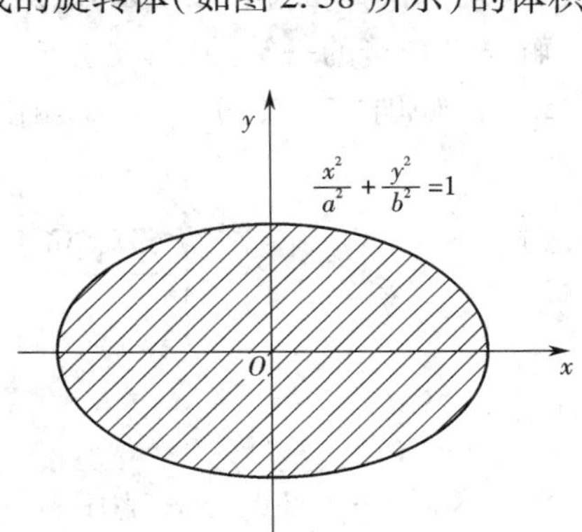

图 2.58

解　当绕 x 轴旋转时，由公式(6.6)得

$$V=\pi\int_{-a}^{a}y^2\mathrm{d}x=2\pi\int_0^a b^2\left(1-\frac{x^2}{a^2}\right)\mathrm{d}x=\frac{4}{3}\pi ab^2.$$

当绕 y 轴旋转时，由公式(6.7)得

$$V=\int_{-b}^{b}\pi x^2\mathrm{d}y=2\pi\int_0^b a^2\left(1-\frac{y^2}{b^2}\right)\mathrm{d}y=\frac{4}{3}\pi a^2b.$$

当 $a=b$ 时，则球体的体积为

$$V=\frac{4}{3}\pi a^3.$$

6.4 变力做功

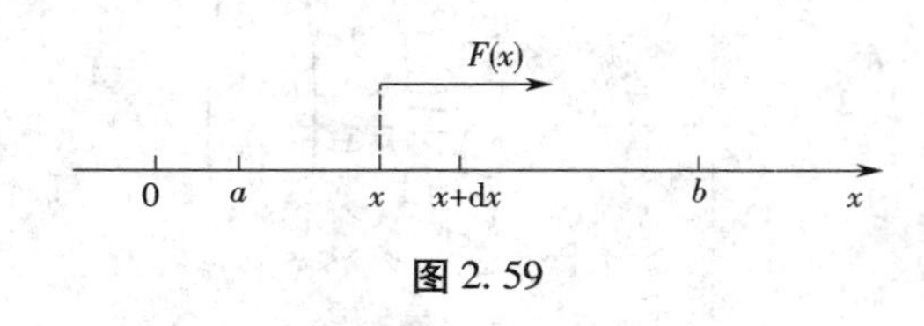

图 2.59

若有一常力 F 作用在一物体上,使物体沿力的方向移动了位移 s,则力 F 对物体所做的功为 $W=F\cdot s$.

如果物体在变力 F 的作用下做直线运动,要计算力 F 从 a 点位移到 b 点所做的功,则坐标选取如图 2.59 所示,$F(x)$ 表示物体在点 x 处所受到的力,由于力 $F(x)$ 连续变化,所以在 $[x,x+dx]$ 的一小段位移上可近似认为力是不变的,于是在 $[x,x+dx]$ 上 x 所做的功 ΔW 可近似为

$$\Delta W\approx dW=F(x)\,dx.$$

故对其在 $[a,b]$ 区间积分可得

$$W=\int_a^b F(x)\,dx.$$

例 7 已知把弹簧拉长所需的力与弹簧的伸长成正比,且知 1 N 的力能使弹簧伸长 0.01 m,求把这弹簧拉长 0.1 m 所做的功.

解 设弹簧的一端固定,建立坐标系,如图 2.60 所示,若将弹簧拉长到位置 P,且 $OP=0.1$ m. 由物理学知,$F(x)=kx$(k 为比例常数).

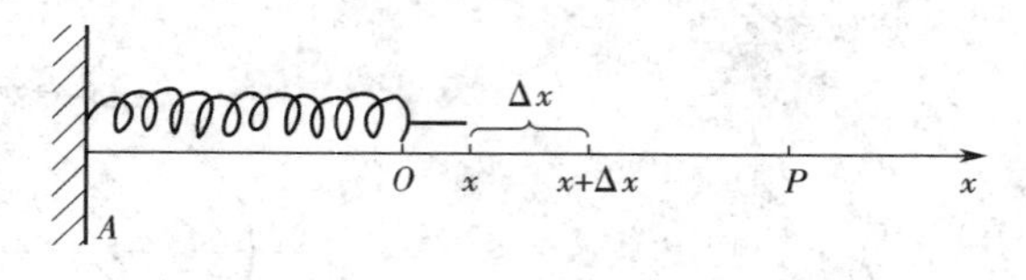

图 2.60

已知 $F(x)=1$ N 时,$x=0.01$ m,于是 $k=\dfrac{F}{x}=\dfrac{1}{0.01}=100\ \text{N}\cdot\text{m}^{-1}$,故 $F(x)=100x$,则

$$W=\int_0^{0.1}100x\,dx=50x^2\Big|_0^{0.1}=0.5(\text{J}).$$

例 8 一圆台形容器高为 5 m,上底圆半径为 3 m,下底圆半径为 2 m,试问将容器内盛满的水全部吸出需做多少功?

解 建立坐标系如图 2.61 所示,水的深度为积分变量 y,$y\in[0,5]$,直线 AB 的方程为 $y=-5(x-3)$,水的密度为 1 000 kg/m^3. 于是有

$$W=\int_0^5 9.8\times 1\,000\pi\left(3-\frac{y}{5}\right)^2 y\,dy$$
$$\approx 2.11\times 10^6\ (\text{J}).$$

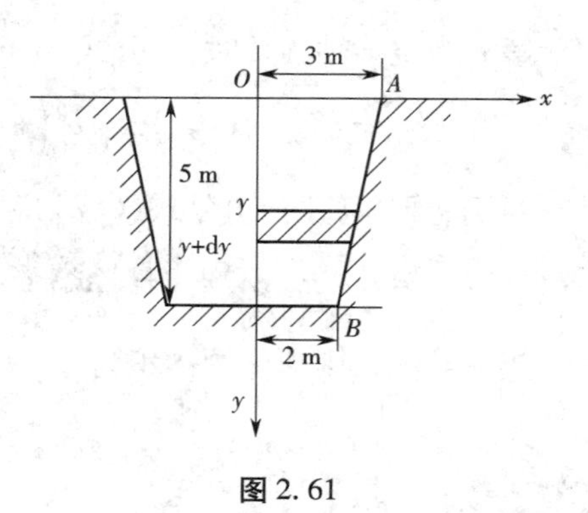

图 2.61

6.5　液体的压力

一个平板铅直浸在某种静止的液体之中，设液体的密度为 μ，要求液体对平板一侧的压力.

由物理学可知，深为 h 处的液体的压强为 $p=\mu h$，由此可知，压强 p 是深度 h 的函数，即深度不同，液体的压强不同. 把水平面取为 y 轴，水深取为 x 轴建立坐标系，如图 2.62 所示，并取微元，则微元片一侧所受的压力为 $\mathrm{d}F$，则

$$\mathrm{d}F=\mu x f(x)\mathrm{d}x.$$

整个平板一侧所受的压力是

$$F=\int_a^b \mu x f(x)\mathrm{d}x.$$

例 9　一个横放着的圆柱形的桶，桶里装满了水，设桶的底半径为 R，求桶底面所受的压力(取 $\mu=1$).

解　建立坐标系，如图 2.63 所示，则圆的方程为 $(x-R)^2+y^2=R^2$.

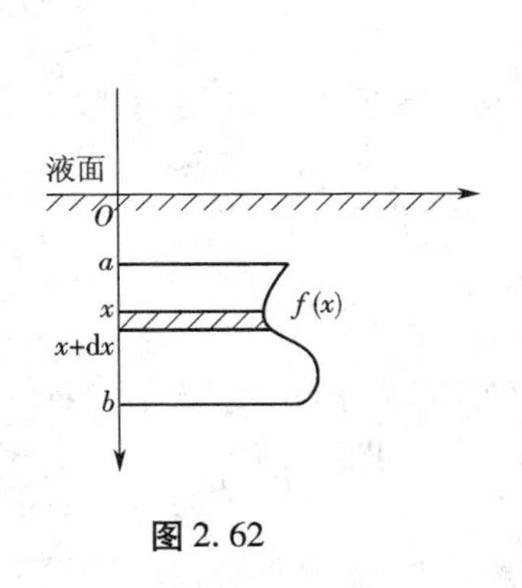

图 2.62

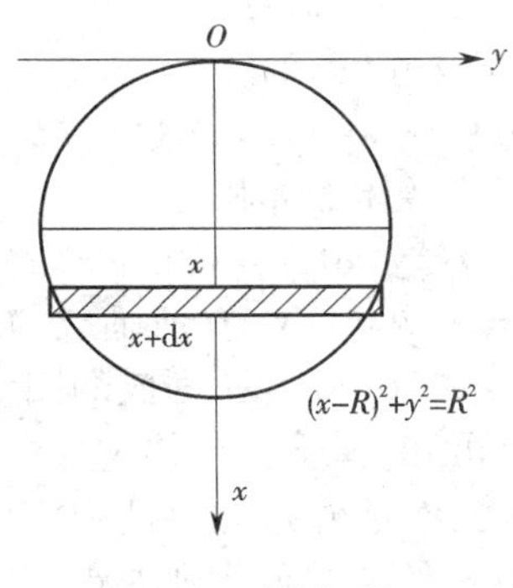

图 2.63

由对称性，$\mathrm{d}F=2xy\mathrm{d}x=2x\sqrt{R^2-(x-R)^2}\,\mathrm{d}x$，所以

$$\begin{aligned}F&=\int_0^{2R}2x\sqrt{R^2-(x-R)^2}\,\mathrm{d}x=2\int_0^{2R}(x-R+R)\sqrt{R^2-(x-R)^2}\,\mathrm{d}x\\&=2\int_0^{2R}(x-R)\sqrt{R^2-(x-R)^2}\,\mathrm{d}(x-R)+2R\int_0^{2R}\sqrt{R^2-(x-R)^2}\,\mathrm{d}x\\&=-\frac{2}{3}[R^2-(x-R)^2]^{\frac{3}{2}}\Big|_6^{2R}+2R\cdot\frac{1}{2}\pi R^2=\pi R^3.\end{aligned}$$

例 10　一椭圆形薄板，其长轴为 $2a$，短轴为 $2b$，将薄板一半铅直插入水中，使短轴与水面相齐，求水对薄板的一侧的压力.

解　建立坐标系如图 2.64 所示，椭圆的方程为

$\dfrac{x^2}{a^2}+\dfrac{y^2}{b^2}=1$，则

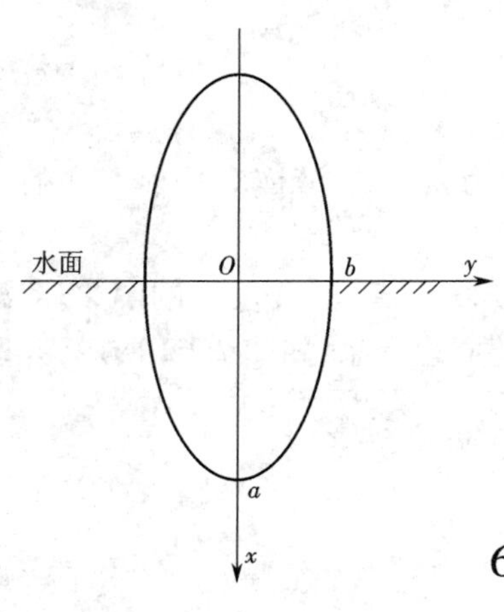

图 2.64

$$y=b\sqrt{1-\left(\frac{x}{a}\right)^2},x\in[0,a].$$

由对称性,$dF=2xydx$,所以

$$F=\int_0^a 2xb\sqrt{1-\left(\frac{x}{a}\right)^2}dx=b\int_0^a\sqrt{1-\left(\frac{x}{a}\right)^2}d(x^2)$$

$$=a^2b\int_0^a\sqrt{1-\left(\frac{x}{a}\right)^2}d\left(\frac{x}{a}\right)^2$$

$$=-a^2b\cdot\frac{2}{3}\left(1-\frac{x^2}{a^2}\right)^{\frac{3}{2}}\Bigg|_0^a=\frac{2}{3}a^2b.$$

6.6 任务考核

1. 求下列各题所给曲线围成的图形的面积.

(1)$y=\sqrt{x},y=x$;

(2)$xy=1,y=x,y=3$;

(3)$y=3-x^2,y=2x$;

(4)$y=\cos x$ 在$[0,2\pi]$内与 x 轴,y 轴及直线 $x=2\pi$.

2. 求由抛物线 $y^2=4ax$ 与过焦点半径为 a 的圆所围成的图形面积的最小值.

3. 求下列旋转体的体积.

(1)由 $y=x^2,y=0,y=x$ 所围成的图形,分别绕 x 轴,y 轴旋转.

(2)由 $y=e^x,x=1,y=0$ 所围成的图形,绕 x 轴旋转.

(3)由 $y=x^2$ 与 $y^2=x$ 所围成的图形,绕 y 轴旋转.

4. 由实验可知,弹簧在拉伸过程中,需要的力 F(单位:N)与伸长量 s(单位:cm)成正比,即 $F=ks$(k 是比例常数),如果把弹簧由原长拉伸 6 cm,计算所做的功?

5. 半径为 R 的半球形水池充满了水,要把池内的水全部吸尽,需做多少功?

6. 一圆形蓄水桶高为 5 m,底圆半径为 3 m,桶内盛满了水,试问要把桶内的水全部吸出要做多少功?

7. 一矩形闸门直立在水中,宽 2 m,高 3 m,水面超过闸门 2 m,计算闸门的一侧所受的水压力?

任务 7 多元函数微积分

7.1 二元函数求导法

一元函数 $y=f(x)$ 的导数可以描述因变量 y 对自变量 x 的瞬间变化率,对于二元函数

$z=f(x,y)$也需要描述因变量z对自变量x或y的瞬间变化率,例如只有两种投入要素一种产品的生产函数可以写为$y=f(x_1,x_2)$,其中x_1,x_2是投入量,y是产出的最大可能水平,若要讨论在一个投入要素不变的情况下,另一个投入要素每增加一个单位所引起的产出的增量即边际生产,就要涉及二元函数的求导问题.

7.1.1　二元函数偏导数的概念

定义1　设有二元函数$z=f(x,y)$,点(x_0,y_0)是其定义域D内一点,当把y固定在y_0,而在x_0处给自变量x一个增量Δx时,相应的函数$z=f(x,y)$有增量

$$\Delta_x z=f(x_0+\Delta x,y_0)-f(x_0,y_0).$$

如果

$$\lim_{\Delta x\to 0}\frac{\Delta_x z}{\Delta x}=\lim_{\Delta x\to 0}\frac{f(x_0+\Delta x,y_0)-f(x_0,y_0)}{\Delta x}$$

存在,则称该极限值为函数$z=f(x,y)$在点(x_0,y_0)处**关于x的偏导数**,记作

$$Z_x|_{(x_0,y_0)}\text{或}f_x(x_0,y_0)\text{或}\left.\frac{\partial z}{\partial x}\right|_{(x_0,y_0)}\text{或}\left.\frac{\partial f(x,y)}{\partial x}\right|_{(x_0,y_0)}.$$

类似地,当x保持不变,即将x固定为x_0,而在y_0处给自变量y一个增量Δy时,如果极限

$$\lim_{\Delta y\to 0}\frac{f(x_0,y_0+\Delta y)-f(x_0,y_0)}{\Delta y}$$

存在,则称这个极限值叫函数$z=f(x,y)$在点(x_0,y_0)处**关于y的偏导数**,记作

$$Z_y|_{(x_0,y_0)}\text{或}f_y(x_0,y_0)\text{或}\left.\frac{\partial z}{\partial y}\right|_{(x_0,y_0)}\text{或}\left.\frac{\partial f(x,y)}{\partial y}\right|_{(x_0,y_0)}.$$

例1　求函数

$$f(x,y)=\begin{cases}\dfrac{xy}{x^2+y^2}, & (x,y)\neq(0,0),\\ 0, & (x,y)=(0,0),\end{cases}$$

在点$(0,0)$处的偏导数.

解　由偏导数的定义,先固定$y=0$,在$x=0$处给x一个增量Δx,得

$$\Delta_x z=f(0+\Delta x,0)-f(0,0)=0.$$

于是　$$f_x(0,0)=\lim_{\Delta x\to 0}\frac{\Delta_x z}{\Delta x}=0.$$

同理　$f_y(0,0)=0$.

当函数$z=f(x,y)$在(x_0,y_0)有偏导数$f_x(x_0,y_0)$与$f_y(x_0,y_0)$时,我们说$z=f(x,y)$在点(x_0,y_0)可导,如果函数$f(x,y)$在区域D的每一点均可导,我们就说函数$f(x,y)$在区域D内可导,或者说$f(x,y)$是在区域D的可导函数,这时,对应于D的每一点(x,y),$f(x,y)$必有一个对x或(对y)的偏导数,因而在区域D确定了新的二元函数,称为$f(x,y)$对x(或y)的**偏导函数**,记作

$$Z_x,f_x(x,y),\frac{\partial z}{\partial x},\frac{\partial f(x,y)}{\partial x}$$

或

$$Z_y, f_y(x,y), \frac{\partial z}{\partial y}, \frac{\partial f(x,y)}{\partial y}.$$

在不致混淆的情况下,我们简称偏导函数为**偏导数**.

7.1.2 偏导数的计算

根据偏导数的定义,要计算偏导数,只需把二元函数$f(x,y)$中的一个自变量看作常量,这样,二元函数就“降格”为了一元函数,再运用一元函数的求导公式和法则求导即可.

例2 求函数$z=x^2\sin 2y$的偏导数.

解 把y看作常量,对x求导得

$$\frac{\partial z}{\partial x}=2x\sin 2y.$$

把x看作常量,对y求导得

$$\frac{\partial z}{\partial y}=2x^2\cos 2y.$$

例3 求$z=x^2+y^2-xy$在点(1,3)处的偏导数.

解 先求偏导函数

$$\frac{\partial z}{\partial x}=2x-y, \frac{\partial z}{\partial y}=2y-x.$$

在点(1,3)处的偏导数就是偏导函数在点(1,3)处的值,所以

$$\left.\frac{\partial z}{\partial x}\right|_{(1,3)}=2\times1-3=-1, \left.\frac{\partial z}{\partial y}\right|_{(1,3)}=2\times3-1=5.$$

偏导数的这种计算方法,还可以推广到更多元的函数求偏导.

例4 设$u=x^2-\frac{y}{z}$,求u_x, u_y, u_z.

解 求u_x时,把三元函数中的两个自变量y与z看作常量,这样,三元函数就“降格”为了一元函数,再用一元函数的求导法即可,则

$$u_x=2x.$$

同理$u_y=-\frac{1}{z}, u_z=-\frac{y}{z^2}$.

7.1.3 二阶偏导数

设$z=f(x,y)$有偏导数$\frac{\partial z}{\partial x}=f_x(x,y)$,$\frac{\partial z}{\partial y}=f_y(x,y)$,若$f_x(x,y)$,$f_y(x,y)$的偏导数也存在,则称它们为$z=f(x,y)$的**二阶偏导数**,显然,$z=f(x,y)$有如下4个二阶偏导数:

$$\frac{\partial}{\partial x}\left(\frac{\partial z}{\partial x}\right)=\frac{\partial^2 z}{\partial x^2}=z_{xx}=f_{xx}(x,y);\quad \frac{\partial}{\partial y}\left(\frac{\partial z}{\partial x}\right)=\frac{\partial^2 z}{\partial x\partial y}=z_{xy}=f_{xy}(x,y);$$

$$\frac{\partial}{\partial x}\left(\frac{\partial z}{\partial y}\right)=\frac{\partial^2 z}{\partial y\partial x}=z_{yx}=f_{yx}(x,y);\quad \frac{\partial}{\partial y}\left(\frac{\partial z}{\partial y}\right)=\frac{\partial^2 z}{\partial y^2}=z_{yy}=f_{yy}(x,y).$$

其中$\frac{\partial^2 z}{\partial x\partial y}$,$\frac{\partial^2 z}{\partial y\partial x}$称为**混合偏导数**,这样两个混合偏导数是有区别的,但在区域D内,若$\frac{\partial^2 z}{\partial x\partial y}$,$\frac{\partial^2 z}{\partial y\partial x}$均连续,则

$$\frac{\partial^2 z}{\partial x\partial y}=\frac{\partial^2 z}{\partial y\partial x}.$$

例5　求$z=\ln(x+y^2)$的二阶偏导数.

解　$\frac{\partial z}{\partial x}=\frac{1}{x+y^2}$, $\frac{\partial z}{\partial y}=\frac{1}{x+y^2}\cdot 2y$,

$$\frac{\partial^2 z}{\partial x^2}=\frac{\partial}{\partial x}[(x+y^2)^{-1}]=-(x+y^2)^{-2}\cdot 1=-\frac{1}{(x+y^2)^2},$$

$$\frac{\partial^2 z}{\partial y^2}=\frac{\partial}{\partial y}\left[\frac{2y}{x+y^2}\right]=2\frac{(x+y^2)\cdot 1-y\cdot 2y}{(x+y^2)^2}=\frac{2(x-y^2)}{(x+y^2)^2},$$

$$\frac{\partial^2 z}{\partial x\partial y}=\frac{\partial^2 z}{\partial y\partial x}=\frac{\partial}{\partial y}[(x+y^2)^{-1}]=-(x+y^2)^{-2}\cdot 2y=-\frac{2y}{(x+y^2)^2}.$$

例6　验证$r=\sqrt{x^2+y^2+z^2}$满足$\frac{\partial^2 r}{\partial x^2}+\frac{\partial^2 r}{\partial y^2}+\frac{\partial^2 r}{\partial z^2}=\frac{2}{r}$.

证　$\frac{\partial r}{\partial x}=\frac{1}{2\sqrt{x^2+y^2+z^2}}\cdot 2x=\frac{x}{r}$,

$$\frac{\partial^2 r}{\partial x^2}=\frac{\partial}{\partial x}\left(\frac{x}{r}\right)=\frac{r\cdot 1-x\cdot\frac{\partial r}{\partial x}}{r^2}=\frac{r\cdot 1-x\cdot\frac{x}{r}}{r^2}=\frac{r^2-x^2}{r^3}.$$

同理　$\frac{\partial^2 r}{\partial y^2}=\frac{r^2-y^2}{r^3}$,$\frac{\partial^2 r}{\partial z^2}=\frac{r^2-z^2}{r^3}$,

故
$$\frac{\partial^2 r}{\partial x^2}+\frac{\partial^2 r}{\partial y^2}+\frac{\partial^2 r}{\partial z^2}=\frac{3r^2-(x^2+y^2+z^2)}{r^3}=\frac{2}{r}.$$

7.1.4　复合函数求导法

定理1　设$u=\phi(x,y)$,$v=\psi(x,y)$在区域D内可导,$z=f(u,v)$在相应区域M内有一阶连续偏导数,则由$\begin{cases}z=f(u,v),\\u=\varphi(x,y),\\v=\psi(x,y)\end{cases}$复合而成的函数$z=f[\varphi(x,y),\psi(x,y)]$在区域$D$内也可导,且

$$\begin{aligned}\frac{\partial z}{\partial x}&=\frac{\partial z}{\partial u}\cdot\frac{\partial u}{\partial x}+\frac{\partial z}{\partial v}\cdot\frac{\partial v}{\partial x},\\\frac{\partial z}{\partial y}&=\frac{\partial z}{\partial u}\cdot\frac{\partial u}{\partial y}+\frac{\partial z}{\partial v}\cdot\frac{\partial v}{\partial y}.\end{aligned}\tag{7.1}$$

公式(7.1)为**复合函数求导的链式法则**,按照这一法则,要计算z_x,应先找到z与x的全部联系路径$z\begin{matrix}\diagup u—x\\\diagdown v—x\end{matrix}$,再分别求每条路径上的导数,然后加起来即可.求$z_y$的方法也一样,这一方

法不仅适用于二元复合函数,也适用于更多元的复合函数.

例7　设函数 $z=\ln(u^2+v)$,而 $u=e^{x+y^2}$,$v=x^2+y$,计算$\frac{\partial z}{\partial x}$,$\frac{\partial z}{\partial y}$.

解　$\frac{\partial z}{\partial u}=\frac{2u}{u^2+v}$,$\frac{\partial z}{\partial v}=\frac{1}{u^2+v}$,

$$\frac{\partial u}{\partial x}=e^{x+y^2},\frac{\partial u}{\partial y}=2ye^{x+y^2},\frac{\partial v}{\partial x}=2x,\frac{\partial v}{\partial y}=1.$$

由复合函数求导的链式法则,得

$$\frac{\partial z}{\partial x}=\frac{2}{u^2+v}(ue^{x+y^2}+x),\frac{\partial z}{\partial y}=\frac{1}{u^2+v}(4uye^{x+y^2}+1),$$

其中 $u=e^{x+y^2}$,$v=x^2+y$.

例8　求函数 $z=e^{2xy^2}\sin(x^2-2)$的一阶偏导数.

解　令 $u=2xy^2$,$v=x^2-2$,则 $z=e^u\sin v$,

$$\frac{\partial z}{\partial u}=e^u\sin v,\frac{\partial z}{\partial v}=e^u\cos v,$$

$$\frac{\partial u}{\partial x}=2y^2,\frac{\partial u}{\partial y}=4xy,\frac{\partial v}{\partial x}=2x,\frac{\partial v}{\partial y}=0.$$

应用链式法则,得

$$\frac{\partial z}{\partial x}=e^u\sin v\cdot 2y^2+e^u\cos v\cdot 2x=2e^u(y^2\sin v+x\cos v),$$

$$\frac{\partial z}{\partial y}=e^u\sin v\cdot 4xy=4xye^u\sin v,$$

其中 $u=2xy^2$,$v=x^2-2$.

例9　设函数 $z=yf(x^2-y^2)$,证明 $y\frac{\partial z}{\partial x}+x\frac{\partial z}{\partial y}=\frac{x}{y}z$.

证　把 $z=yf(x^2-y^2)$看成是由 $z=uf(v)$和 $u=y$,$v=x^2-y^2$复合而成,则

$$\frac{\partial z}{\partial x}=\frac{\partial z}{\partial u}\cdot\frac{\partial u}{\partial x}+\frac{\partial z}{\partial v}\cdot\frac{\partial v}{\partial x}=f(v)\cdot 0+\frac{\partial z}{\partial v}\cdot 2x=2x\cdot\frac{\partial z}{\partial v},$$

$$\frac{\partial z}{\partial y}=\frac{\partial z}{\partial u}\cdot\frac{\partial u}{\partial y}+\frac{\partial z}{\partial v}\cdot\frac{\partial v}{\partial y}=f(v)\cdot 1+\frac{\partial z}{\partial v}\cdot(-2y)=f(v)-2y\cdot\frac{\partial z}{\partial v},$$

于是　$y\frac{\partial z}{\partial x}+x\frac{\partial z}{\partial y}=xf(v)=\frac{x}{y}z.$

特别的,若 $z=f[\varphi(t),\psi(t)]$由 $\begin{cases}z=f(u,v),\\u=\varphi(t),\\v=\psi(t)\end{cases}$ 复合而成,其中 $z=f(u,v)$偏导数存在,$u=\varphi(t)$,$v=\psi(t)$可导,则

$$\frac{dz}{dt}=\frac{\partial z}{\partial u}\cdot\frac{du}{dt}+\frac{\partial z}{\partial v}\cdot\frac{dv}{dt}.\tag{7.2}$$

这种由多个中间变量复合而成的一元函数的导数称为**全导数**.

例10　$z=\mathrm{e}^{x-2y}$，$x=\sin t$，$y=t^3$，求全导数$\frac{\mathrm{d}z}{\mathrm{d}t}$.

解　$\frac{\mathrm{d}z}{\mathrm{d}t}=\frac{\partial z}{\partial x}\cdot\frac{\mathrm{d}x}{\mathrm{d}t}+\frac{\partial z}{\partial y}\cdot\frac{\mathrm{d}y}{\mathrm{d}t}$

$=\mathrm{e}^{x-2y}\cdot 1\cdot\cos t+\mathrm{e}^{x-2y}\cdot(-2)\cdot 3t^2=\mathrm{e}^{x-2y}(\cos t-6t^2)$.

7.2　二重积分的概念与计算

在一元函数积分学中，我们采用分割、近似替代、作和与取极限的思想给出了定积分的概念，为了多种实际问题的需要，我们可以把定积分的这种思想推广到被积函数为二元函数，积分范围为平面区域的情形，这就是二重积分.

7.2.1　二重积分的概念

1. 曲顶柱体的体积

设有一柱体，它的底面是平面上的闭区域D，它的侧面是以区域D的边界曲线为准线而母线平行于z轴的柱面，它的顶面是正值连续函数$z=f(x,y)$所表示的曲面，这种立体图形叫做曲顶柱体（图2.65）.

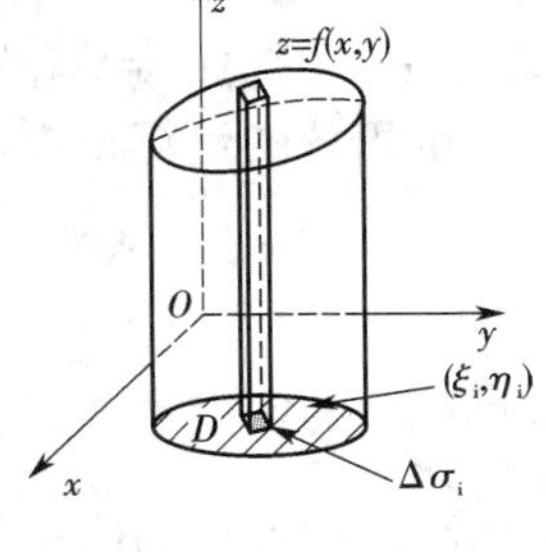

图2.65

下面我们采用类似于求曲边梯形面积的方法来求曲顶柱体的体积V.

（1）分割. 用任意曲线把区域D分割成n个小区域，即$D_1,D_2,\cdots,D_n$，用$\Delta\sigma_1,\Delta\sigma_2,\cdots,\Delta\sigma_n$分别表示小区域$D_1,D_2,\cdots,D_n$的面积，每个小区域的边界作平行于$z$轴的柱面，于是，曲顶柱体被分割成了$n$个以$D_i$为底的小曲顶柱体.

（2）近似替代. 在每个小区域D_i上任取一点(ξ_i,η_i)，用高为$f(\xi_i,\eta_i)$、底为$\Delta\sigma_i$的平顶柱体的体积$f(\xi_i,\eta_i)\Delta\sigma_i$作为第$i$个小曲顶柱体体积的近似值.

（3）作和. 这n个小平顶柱体体积之和就是曲顶柱体体积的近似值，即

$$V\approx\sum_{i=1}^{n}f(\xi_i,\eta_i)\Delta\sigma_i.$$

（4）取极限. 将这n个小区域的直径中的最大者记为λ，显然，对区域D的分割越细，即λ越小时，和式就越接近于曲顶柱体的体积，当$\lambda\to 0$时，和式的极限就是曲顶柱体的体积，即

$$V=\lim_{\lambda\to 0}\sum_{i=1}^{n}f(\xi_i,\eta_i)\Delta\sigma_i.$$

实际上，在生产实践中，常常要计算这样一些不均匀地分布在平面区域上的量，比如曲面面积、非均匀物体的质量等，这些量的计算都可以用和式的极限来表达.

2. 二重积分的定义

定义2　设$f(x,y)$是有界闭区域D上的有界函数，用任意曲线把闭区域D分成n个小闭

区域$D_1,D_2,\cdots,D_n$,用$\Delta\sigma_1,\Delta\sigma_2,\cdots,\Delta\sigma_n$分别表示小区域$D_1,D_2,\cdots,D_n$的面积,在每个小区域$D_i$上任取一点$(\xi_i,\eta_i)$,作乘积

$$f(\xi_i,\eta_i)\Delta\sigma_i(i=1,2,\cdots,n),$$

再作和

$$\sum_{i=1}^{n}f(\xi_i,\eta_i)\Delta\sigma_i.$$

如果当各小闭区域的直径中的最大者λ趋近于零时,这个和式的极限存在,则称$f(x,y)$在D上**可积**,并称此极限值为函数$f(x,y)$在闭区域D上的**二重积分**,记为$\iint\limits_D f(x,y)\mathrm{d}\sigma$,即

$$\iint\limits_D f(x,y)\mathrm{d}\sigma=\lim_{\lambda\to 0}\sum_{i=1}^{n}f(\xi_i,\eta_i)\Delta\sigma_i.$$

其中D叫做**积分区域**,$f(x,y)$**叫做被积函数**,$\mathrm{d}\sigma$**叫面积微元**.

在二重积分定义中,小区域D_i的形状是任意的,在直角坐标系中,我们取D_i的各边是平行于坐标轴的小闭矩形,如果Δx_i与Δy_i分别表示小闭矩形D_i的长与宽,则它的面积$\Delta\sigma_i=\Delta x_i\cdot\Delta y_i$,当$\lambda\to 0$时$\Delta\sigma_i=\Delta x_i\cdot\Delta y_i\to\mathrm{d}x\mathrm{d}y$,于是,面积微元$\mathrm{d}\sigma$也可表为$\mathrm{d}x\mathrm{d}y$,这种形式的面积微元对二重积分的计算很方便. 于是,函数$f(x,y)$在D上的二重积分又可表示为

$$\iint\limits_D f(x,y)\mathrm{d}x\mathrm{d}y.$$

由二重积分的定义可知,若二重积分$\iint\limits_D f(x,y)\mathrm{d}\sigma=\lim\limits_{\lambda\to 0}\sum\limits_{i=1}^{n}f(\xi_i,\eta_i)\Delta\sigma_i$存在,则其值与区域的分法和小区域上点的取法无关.

3. 二重积分的几何意义

当被积函数大于零时,二重积分是曲顶柱体的体积,当被积函数小于零时,二重积分是曲顶柱体的体积的负值,特别是当被积函数恒为1时,二重积分在数值上等于区域D的面积.

4. 二重积分的性质

因为二重积分的定义与定积分具有相似的结构,因而它们有类似的性质.

性质1 $\iint\limits_D kf(x,y)\mathrm{d}\sigma=k\iint\limits_D f(x,y)\mathrm{d}\sigma.$

性质2 $\iint\limits_D [f(x,y)\pm g(x,y)]\mathrm{d}\sigma=\iint\limits_D f(x,y)\mathrm{d}\sigma\pm\iint\limits_D g(x,y)\mathrm{d}\sigma.$

性质3 $\iint\limits_D f(x,y)\mathrm{d}\sigma=\iint\limits_{D_1} f(x,y)\mathrm{d}\sigma+\iint\limits_{D_2} f(x,y)\mathrm{d}\sigma.$

性质3表明二重积分对区域具有可加性,这里$D=D_1+D_2$.

性质4 若在D上$f(x,y)\leqslant g(x,y)$,则

$$\iint\limits_D f(x,y)\mathrm{d}\sigma\leqslant\iint\limits_D g(x,y)\mathrm{d}\sigma.$$

特别地

$$\left|\iint\limits_D f(x,y)d\sigma\right| \leqslant \iint\limits_D \left|f(x,y)\right| \mathrm{d}\sigma.$$

例 11　比较积分 $\iint\limits_D \ln(x+y)\mathrm{d}\sigma$ 与 $\iint\limits_D [\ln(x+y)]^2\mathrm{d}\sigma$ 的大小，其中 D 是顶点各为 $(1,0)$，$(1,1)$，$(2,0)$ 的三角形闭区域(图 2.66)．

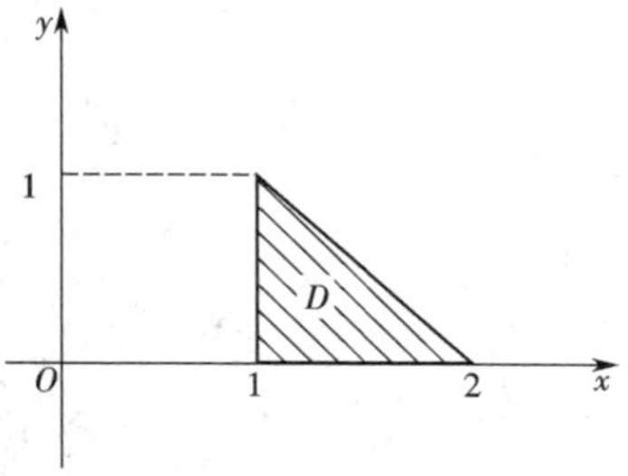

解　三角形斜边方程 $x+y=2$，在 D 内有 $1\leqslant x+y\leqslant 2<\mathrm{e}$，故 $\ln(x+y)<1$，于是 $\ln(x+y)>[\ln(x+y)]^2$，因此

$$\iint\limits_D \ln(x+y)\mathrm{d}\sigma > \iint\limits_D [\ln(x+y)]^2\mathrm{d}\sigma.$$

图 2.66

性质 5　设 M、m 分别是 $f(x,y)$ 在闭区域 D 上的最大值和最小值，σ 为 D 的面积，则

$$m\sigma \leqslant \iint\limits_D f(x,y)\mathrm{d}\sigma \leqslant M\sigma \text{（二重积分估值不等式）}.$$

例 12　不作计算，估计 $I=\iint\limits_D \mathrm{e}^{(x^2+y^2)}\mathrm{d}\sigma$ 的值，其中 D 是圆形闭区域 $x^2+y^2\leqslant 1$.

解　在 D 上，由于 $0\leqslant x^2+y^2\leqslant 1$，因此 $1=\mathrm{e}^0\leqslant \mathrm{e}^{x^2+y^2}\leqslant \mathrm{e}$.
圆形闭区域的面积 $\sigma=\pi$，据性质 5，则

$$\pi \leqslant \iint\limits_D \mathrm{e}^{(x^2+y^2)}\mathrm{d}\sigma \leqslant \mathrm{e}\pi.$$

7.2.2　二重积分的计算

按照二重积分的定义来计算二重积分，对于一些特别简单的被积函数和积分区域来说是可行的，但对一般的函数和区域来说，由于计算和数很繁杂，用二重积分的定义来计算二重积分就常常是很困难的，甚至是不可能的. 下面我们将结合二重积分的几何意义与微元法的思想将其化为两次定积分来计算.

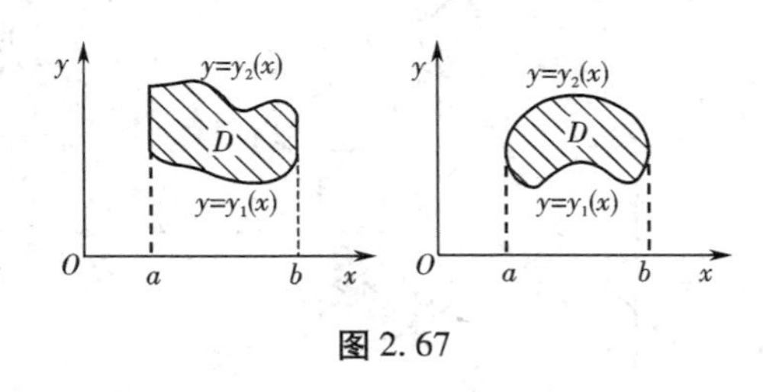

图 2.67

设曲顶柱体的曲顶是曲面 $z=f(x,y)\geqslant 0$，柱体的底面是 xOy 平面上由连续曲线 $y=y_1(x)$，$y=y_2(x)$ 及直线 $x=a$，$x=b$ 所围成的形如图 2.67 的有界闭区域 D.

在 $[a,b]$ 上任取一点 x，用过 x 并垂直于 x 轴的平面去切割曲顶柱体，所得的横截面是一曲边梯形，如图 2.68，这个曲边梯形的面积 $S(x)$ 由定积分可得

$$S(x)=\int_{y_1(x)}^{y_2(x)} f(x,y)\mathrm{d}y.$$

因为 x 的变化区间为 $[a,b]$，由微元法可知，$S(x)\mathrm{d}x$ 是曲顶柱体的一个小薄片的体积元素，因此所求曲顶柱体体积 V 可以看作是由 $S(x)\mathrm{d}x$ 这样的薄片从 $x=a$ 无限累加到 $x=b$ 而

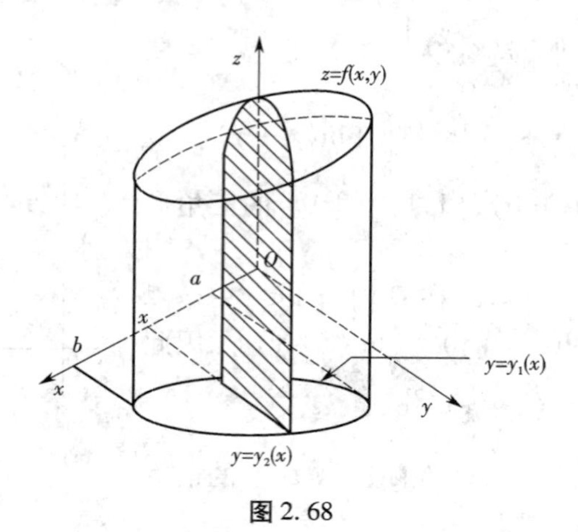

图 2.68

成,即

$$V = \int_a^b S(x)\,dx = \int_a^b \left[\int_{y_1(x)}^{y_2(x)} f(x,y)\,dy \right] dx,$$

从而有

$$\iint_D f(x,y)\,d\sigma = \int_a^b \left[\int_{y_1(x)}^{y_2(x)} f(x,y)\,dy \right] dx,$$

上式右端也常常记为 $\int_a^b dx \int_{y_1(x)}^{y_2(x)} f(x,y)\,dy$.

这是先对 y 后对 x 的累次积分的公式,在对 y 积分时,把 x 暂时固定.

如果有界闭区域 D 如图 2.69 所示,由连续曲线 $x = x_1(y)$,$x = x_2(y)$ 及直线 $y = c$,$y = d$ 所围成,那么,同样可得曲顶柱体体积,如图 2.70 所示.

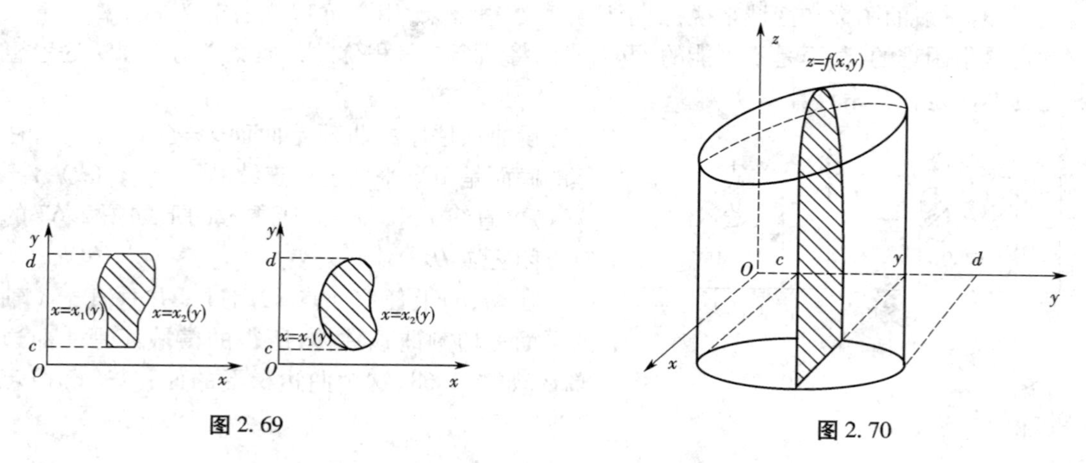

图 2.69

图 2.70

$$V = \int_c^d \left[\int_{x_1(y)}^{x_2(y)} f(x,y)\,dx \right] dy = \int_c^d dy \int_{x_1(y)}^{x_2(y)} f(x,y)\,dx,$$

这是先 x 对后对 y 的累次积分公式,在对 x 积分时,把 y 暂时固定.

一般地，若二元函数 $z=f(x,y)$ 在形如图2.67的闭区域 D 内连续，则

$$\iint_D f(x,y)\mathrm{d}\sigma = \int_a^b \mathrm{d}x \int_{y_1(x)}^{y_2(x)} f(x,y)\mathrm{d}y. \tag{7.3}$$

若二元函数 $z=f(x,y)$ 在形如图2.69的闭区域 D 内连续，则

$$\iint_D f(x,y)\mathrm{d}\sigma = \int_c^d \mathrm{d}y \int_{x_1(y)}^{x_2(y)} f(x,y)\mathrm{d}x. \tag{7.4}$$

例13　计算二重积分 $\iint_D \frac{\mathrm{d}x\mathrm{d}y}{(x+y)^2}$，其中 $D=\{(x,y)\mid 3\leqslant x\leqslant 4, 1\leqslant y\leqslant 2\}$.

解　$\iint_D \frac{\mathrm{d}x\mathrm{d}y}{(x+y)^2} = \int_1^2 \mathrm{d}y \int_3^4 \frac{\mathrm{d}x}{(x+y)^2}$（对 x 积分，y 当作常数）

$$= \int_1^2 \left(\frac{1}{y+3} - \frac{1}{y+4}\right)\mathrm{d}y = \ln\frac{25}{24}.$$

例14　计算 $\iint_D xy\mathrm{d}\sigma$，其中 D 是由抛物线 $y^2=x$ 及直线 $y=x-2$ 所围成的区域.

解　画出区域 D，如图2.71所示. 利用先对 x 后对 y 的累次积分公式，有

$$\iint_D xy\mathrm{d}\sigma = \int_{-1}^2 \left[\int_{y^2}^{y+2} xy\mathrm{d}x\right]\mathrm{d}y = \int_{-1}^2 \left[\frac{x^2}{2}y\right]_{y^2}^{y+2}\mathrm{d}y$$

$$= \frac{1}{2}\int_{-1}^2 [y(y+2)^2 - y^5]\mathrm{d}y$$

$$= \frac{1}{2}\left[\frac{y^4}{4} + \frac{4}{3}y^3 + 2y^2 - \frac{y^6}{6}\right]_{-1}^2 = 5\frac{5}{8}.$$

若用先对 y 后对 x 的累次积分的公式来计算，则应用直线 $x=1$ 把区域 D 分成 D_1 和 D_2 两部分，如图2.72所示，其中

D_1：$-\sqrt{x}\leqslant y\leqslant\sqrt{x}, 0\leqslant x\leqslant 1.$

D_2：$x-2\leqslant y\leqslant\sqrt{x}, 1\leqslant x\leqslant 4.$

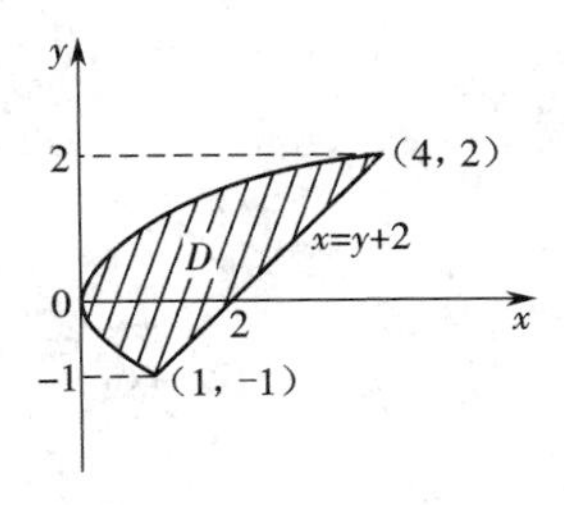

图2.71

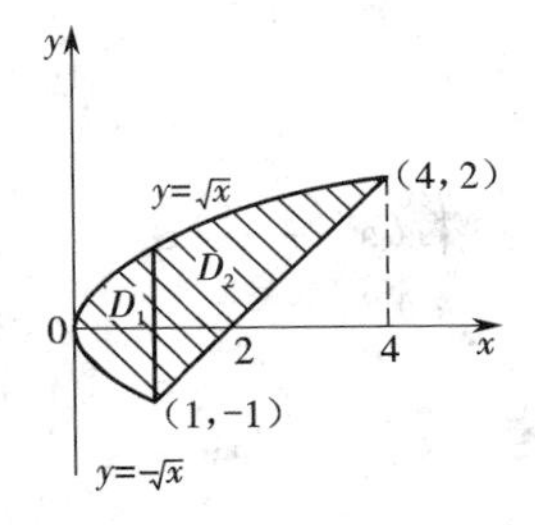

图2.72

因此，根据二重积分的性质3，就有

$$\iint_D xy\mathrm{d}\sigma = \iint_{D_1} xy\mathrm{d}\sigma + \iint_{D_2} xy\mathrm{d}\sigma = \int_0^1\left[\int_{-\sqrt{x}}^{\sqrt{x}} xy\mathrm{d}y\right]\mathrm{d}x + \int_1^4\left[\int_{x-2}^{\sqrt{x}} xy\mathrm{d}y\right]\mathrm{d}x.$$

有时若一种次序积不出，而另一种却是积得出.

例 15 计算$\iint\limits_D \frac{\sin x}{x}\mathrm{d}\sigma$其中$D$是由$y=x$及$y=x^2$所围成的区域(图 2.73).

解 先对x后对y积分,

$$I=\int_0^1\mathrm{d}y\int_y^{\sqrt{y}}\frac{\sin x}{x}\mathrm{d}x.$$

因为$\frac{\sin x}{x}$的原函数不能用初等函数来表示,因此,继续计算就非常困难了. 但先对y后对x积分,则有

$$\begin{aligned}\int_0^1\mathrm{d}x\int_{x^2}^{x}\frac{\sin x}{x}\mathrm{d}y &= \int_0^1\frac{\sin x}{x}(x-x^2)\mathrm{d}x\\ &= \int_0^1(\sin x - x\sin x)\mathrm{d}x\\ &= 1-\sin 1.\end{aligned}$$

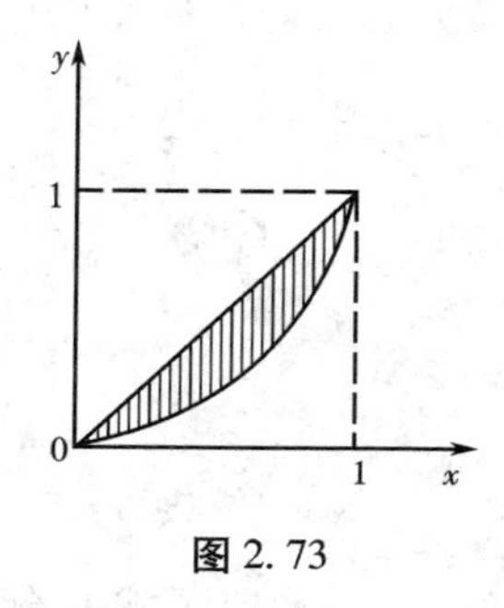

图 2.73

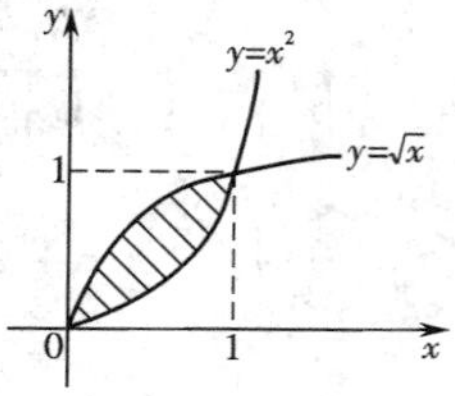

图 2.74

例 16 计算由两条抛物线$y=x^2$,$x=y^2$所围成的薄片(图 2.74 所示)的质量m,其面密度$\rho(x,y)=xy$.

解 将二重积分定积分定义中的被积函数看成$\rho(x,y)$,薄片看成如图 2.74 所示区域,则经过"分割""近似""求和""取极限"后,得到结果即是薄片的质量. 即

$$\begin{aligned}m &= \iint\limits_D\rho(x,y)\mathrm{d}\sigma = \int_0^1\mathrm{d}x\int_{x^2}^{\sqrt{x}}xy\mathrm{d}y\\ &= \frac{1}{2}\int_0^1(x^2-x^5)\mathrm{d}x = \frac{1}{12}.\end{aligned}$$

7.3 任务考核

1. 求下列函数的偏导数:

(1)$z=3x^2+4y^2+y-1$;

(2)$z=\mathrm{e}^x\sin y$;

(3)$z=x\ln(1+xy)$;

(4) $z=x\arctan\frac{y}{x}$;

(5)$u=\frac{2xy+y^2+z^2}{x^2}$;

(6)$u=x^y+y^z+z^x$.

2. 设$f(x,y)=\ln\dfrac{x^2-y^2}{x^2+y^2}$,求$f_x(2,-1)$,$f_y(2,-1)$.

3. 求下列函数的二阶偏导数:

(1)$z=y^3\mathrm{e}^x+x^2y^2+z$;　　　　(2) $z=x\cos(x+y)$.

4. 设$u=z\arctan\dfrac{x}{y}$,证明$\dfrac{\partial^2 u}{\partial x^2}+\dfrac{\partial^2 u}{\partial y^2}+\dfrac{\partial^2 u}{\partial z^2}=0$.

5. 设$z=\arctan(1+uv)$,$u=x+y$,$v=x-y$求$\dfrac{\partial z}{\partial x}$,$\dfrac{\partial z}{\partial y}$.

6. 设$z=u^5+\mathrm{e}^v$,$u=2x+y$,$v=x^2+y^2$求$\dfrac{\partial z}{\partial x}$,$\dfrac{\partial z}{\partial y}$.

7. 设$z=x^2\tan(x+y)$,$x=\mathrm{e}^t$,$y=\dfrac{\ln t}{t}$,求全导数$\dfrac{\mathrm{d}z}{\mathrm{d}t}$.

8. 设$z=F\left(\dfrac{y}{x}\right)$,证明$xz_x+yz_y=0$.

9. 求二重积分$\iint\limits_D\left(1-\dfrac{x}{3}-\dfrac{y}{4}\right)\mathrm{d}\sigma$,其中$D=\{(x,y)\mid -1\leqslant x\leqslant 1,\ -2\leqslant y\leqslant 2\}$.

10. 求二重积分$\iint\limits_D(x^2+y)\mathrm{d}\sigma$,其中$D$是由$y=x^2$,$x=2$,$y=0$所围成的区域.

11. 改换下列累次积分的积分次序:

(1) $\int_0^1\mathrm{d}y\int_{-\sqrt{1-y^2}}^{\sqrt{1-y^2}}f(x,y)\mathrm{d}x$;

(2) $\int_0^1\mathrm{d}x\int_0^{x^2}f(x,y)\mathrm{d}y+\int_1^2\mathrm{d}x\int_0^{\sqrt{1-(x-1)^2}}f(x,y)\mathrm{d}y$.

12. 计算底面为矩形闭区域$\{(x,y)\mid 1\leqslant x\leqslant 2,0\leqslant y\leqslant 1\}$,顶面为$z=\dfrac{x^2}{1+y^2}$的曲顶柱体的体积.

任务8　常微分方程和拉普拉斯变换

8.1　微分方程的概念

函数是客观事物的内部联系在数量上的反映. 我们在研究科学技术现象的某一客观规律时,往往需要找出变量之间的函数关系. 因此,如何寻求函数关系,在实践中具有重要意义. 事实上,由于客观世界的复杂性,在很多情况下,直接找到某些函数关系是不太容易的,但有时可以建立函数及其导数之间的关系式,通过这种关系式我们便可以得到所要求的函数. 函数及其导数之间的关系式就是所谓的微分方程.

微分方程在自然科学、工程技术、生物学、经济学、物理学、地质等领域都有广泛的应用,甚至在考古研究中,都可以一展身手. 法国的拉斯考(Lascaux)岩洞住居坑道是一处著名的史前人类遗址,岩洞中精彩的图画让人叹为观止. 但是,这些图画产生于什么年代? 在不同的地质学家中存在着较大的争议,直到1949年,采用利比(Libby)发明的碳—14(C^{14})年龄测量法,这个问题才得以圆满解决. 这种方法的依据是:地球周围大气不断受到宇宙射线的轰击,这些宇宙射线使地球的大气中产生中子,这些中子同氮发生作用产生 C^{14}. 因为 C^{14} 会发生放射性蜕变,通常也称之为放射性碳. 这些放射性碳在大气中又结合成二氧化碳,被植物吸收,动物通过摄取植物又把放射性碳带到自体的组织中. 在活的组织中,摄取 C^{14} 的速率正好同已有的 C^{14} 的蜕变速率相平衡,然后组织死亡之后,就停止摄取 C^{14},因此 C^{14} 的浓度通过已有的 C^{14} 的蜕变而减少. 地球的大气被宇宙射线轰击的速率始终不变,这是一个基本的物理假设. 也就是说,在像木炭这样的样品中,C^{14} 原来蜕变的速率同现在测量出的速率相同,这个假设使我们能够测定木炭样品的年龄. 根据1950年测量出的有关数据,对取自拉斯考岩洞住居坑道的木炭进行测定,利用微分方程的知识,可以计算出该坑道住居图画可能产生的年代为公元前1353年.

8.1.1 问题的提出

下面我们通过两个具体例子来说明微分方程的基本概念.

引例1 已知曲线过点(1,2),且在该曲线上任一点 $M(x,y)$ 处的切线斜率为 $2x$,求这条曲线的方程.

解 设所求曲线的方程是 $y=f(x)$. 根据导数的几何意义,可知未知函数 $y=f(x)$ 应满足关系式

$$\frac{\mathrm{d}y}{\mathrm{d}x}=2x. \tag{8.1}$$

两边积分,得

$$y=\int 2x\mathrm{d}x \text{ 即 } y=x^2+C, \tag{8.2}$$

其中 C 是任意常数.

此外,未知函数还应该满足下列条件:

$$\text{当 } x=1 \text{ 时}, y=2. \tag{8.3}$$

把(8.3)式代入(8.2)式,有

$$2=1^2+C,$$

由此确定出 $C=1$,把 $C=1$ 代入(8.3)式,即得所求曲线方程

$$y=x^2+1. \tag{8.4}$$

引例2 已知自由落体运动的速度方程是 $\frac{\mathrm{d}s}{\mathrm{d}t}=gt$,求自由落体运动的路程 s 与时间 t 的函数关系.

解 由已知,

$$\frac{ds}{dt}=gt,\tag{8.1'}$$

两边积分,得

$$s=\int gt\,dt \text{ 即 } s=\frac{1}{2}gt^2+C,\tag{8.2'}$$

其中 C 是任意常数.

此外,根据自由落体运动规律,此方程还应该满足下列条件:

$$\text{当 } t=0 \text{ 时}, s=0.\tag{8.3'}$$

把(8.3′)式代入(8.2′)式,有

$$0=\frac{1}{2}g\cdot 0^2+C,$$

由此确定出 $C=0$,把 $C=0$ 代入(8.3′)式,即得自由落体运动的位移方程

$$s=\frac{1}{2}gt^2.\tag{8.4'}$$

8.1.2　微分方程的概念

上述两个引例中的(8.1),(8.1′)式都含有未知函数的导数,它们都是微分方程. 一般地,含有未知函数的导数或微分的方程叫做**微分方程**. 其中,未知函数是一元函数的,叫做**常微分方程**;未知函数是多元函数的,叫做**偏微分方程**. 本章只讨论常微分方程.

例如:(1)$y'+x=0$;

(2)$xy^2dx+x^3ydy=0$;

(3)$\frac{d^2s}{dt^2}=a$;

(4)$xy'''-x^2y''=y^3$

等,都是微分方程.

微分方程中所出现的未知函数的最高阶导数的阶数,叫做**微分方程的阶**. 例如上述(1)和(2)是一阶微分方程,(3)是二阶微分方程,(4)是三阶微分方程.

由前面的例子我们看到,在研究某些实际问题时,首先要建立微分方程,然后找出满足微分方程的函数. 如果把某一函数代入一个微分方程后,使得该方程成为恒等式,那么这个函数就叫做微分方程的一个**解**. 例如两个引例中的(8.4),(8.4′)式就是微分方程(8.1),(8.1′)式的解.

如果微分方程解中含有任意常数,且任意常数相互独立(即它们不能合并而使得任意常数的个数减少),其个数与微分方程的阶数相同,这样的解叫做微分方程的**通解**. 例如引例中的(8.2),(8.2′)式就是微分方程(8.1),(8.1′)式的通解.

由于通解中含有任意常数,所以它还不能完全确定地反映某一客观事物的规律性. 要完全确定地反映客观事物的规律性,必须确定这些常数的值. 不含任意常数的解,即确定了通解中任意常数的值的解叫做**特解**. 例如引例中的函数(8.4),(8.4′)就是微分方程(8.1),(8.1′)的特解.

用来确定微分方程通解中任意常数的条件叫做**初始条件**. 例如引例中的(8.3),(8.3′)式就是初始条件.

带有初始条件的微分方程的求解问题叫做**初值问题**. 例如两个引例都是初值问题.

一般地,平面方程的一个解对应于平面上的一条曲线,称为微分方程的积分曲线;通解对应于平面上的无穷多条曲线,称为该方程的**积分曲线族**.

例1 验证函数

$$s=C_1\cos kt+C_2\sin kt \tag{8.5}$$

是微分方程

$$\frac{d^2s}{dt^2}+k^2s=0 \tag{8.6}$$

的解.

证 求所给函数(8.5)的导数

$$\frac{ds}{dt}=-kC_1\sin kt+kC_2\cos kt, \tag{8.7}$$

$$\frac{d^2s}{dt^2}=-k^2C_1\cos kt-k^2C_2\sin kt=-k^2(C_1\cos kt+C_2\sin kt), \tag{8.8}$$

将(8.5)式和(8.8)式代入微分方程(8.6)后成为一个恒等式,即函数(8.5)是微分方程(8.6)的解.

例2 已知函数(8.5)是微分方程(8.6)的通解,求满足初始条件 $s|_{t=0}=A,\left.\frac{ds}{dt}\right|_{t=0}=0$ 的特解.

解 将 $s|_{t=0}=A,\left.\frac{ds}{dt}\right|_{t=0}=0$ 代入(8.5)和(8.7),得

$$C_1=A,C_2=0. \tag{8.9}$$

将(8.9)代入(8.5),得所求的特解为

$$s=A\cos kt.$$

例3 求微分方程 $y'''=e^{2x}$ 的通解.

解 对 $y'''=e^{2x}$ 两边积分得

$$y''=\int e^{2x}dx=\frac{1}{2}e^{2x}+C_1.$$

两边积分得

$$y'=\int\left(\frac{1}{2}e^{2x}+C_1\right)dx=\frac{1}{4}e^{2x}+C_1x+C_2.$$

再次两边积分得

$$y=\int\left(\frac{1}{4}e^{2x}+C_1x+C_2\right)dx=\frac{1}{8}e^{2x}+\frac{1}{2}C_1x^2+C_2x+C_3$$

即为原方程的通解.

8.2　常微分方程的求解

8.2.1　可分离变量的微分方程

定义 1　如果一个一阶微分方程能化成 $g(y)\mathrm{d}y=f(x)\mathrm{d}x$ 的形式，那么原方程叫做**可分离变量的微分方程**.

解可分离变量的微分方程的一般步骤：

(1)分离变量 $g(y)\mathrm{d}y=f(x)\mathrm{d}x$；

(2)两边积分 $\int g(y)\mathrm{d}y=\int f(x)\mathrm{d}x$；

(3)求积分得通解 $G(y)=F(x)+C$ 其中，$G'(y)=g(y)$，$F'(x)=f(x)$；

(4)若给出了初始条件，确定 C 的值，求出特解.

例 4　求微分方程 $\frac{\mathrm{d}y}{\mathrm{d}x}=2xy$ 的通解.

解　此微分方程是可分离变量的. 分离变量得

$$\frac{1}{y}\mathrm{d}y=2x\mathrm{d}x,$$

两边积分得

$$\int\frac{1}{y}\mathrm{d}y=\int 2x\mathrm{d}x,$$

$$\ln|y|=x^2+C_1,$$

$$y=\pm\mathrm{e}^{x^2+C_1}=\pm\mathrm{e}^{C_1}\mathrm{e}^{x^2}.$$

因为 $\pm\mathrm{e}^{C_1}$ 仍是任意常数，把它记作 C，得方程的通解为

$$y=C\mathrm{e}^{x^2}.$$

例 5　求微分方程 $y'=\mathrm{e}^{x-y}$ 满足初始条件 $y|_{x=0}=0$ 的特解.

解　分离变量得

$$\mathrm{e}^y\mathrm{d}y=\mathrm{e}^x\mathrm{d}x,$$

两边积分得

$$\int\mathrm{e}^y\mathrm{d}y=\int\mathrm{e}^x\mathrm{d}x,$$

$$\mathrm{e}^y=\mathrm{e}^x+C,$$

将 $y|_{x=0}=0$ 代入，得 $C=0$ 于是所求微分方程的特解是

$$\mathrm{e}^y=\mathrm{e}^x，即\ y=x.$$

例 6　放射性元素铀由于不断地有原子放射出微粒子而变成其他元素，铀的含量就不断减少. 这种现象叫做衰变. 由原子物理学知道，铀的衰变速度与当时未衰变的原子的含量 M 成正比. 已知 $t=0$ 时铀的含量为 M_0，求在衰变过程中铀含量 $M(t)$ 随时间 t 变化的规律.

解　铀的衰变速度就是 $M(t)$ 对时间 t 的导数 $\frac{\mathrm{d}M}{\mathrm{d}t}$. 由于铀的衰变速度与其含量成正比，故

得微分方程

$$\frac{\mathrm{d}M}{\mathrm{d}t}=-\lambda M, \tag{8.10}$$

其中$\lambda(\lambda>0)$是常数,叫做衰变系数. λ前置负号是由于当t增加时M单调减少,即$\frac{\mathrm{d}M}{\mathrm{d}t}<0$的缘故.

根据题意,初始条件为

$$M|_{t=0}=M_0.$$

方程(8.10)是可分离变量的. 分离变量后得

$$\frac{\mathrm{d}M}{M}=-\lambda\mathrm{d}t.$$

两边积分得

$$\int\frac{\mathrm{d}M}{M}=\int(-\lambda)\mathrm{d}t,$$

以$\ln C$表示任意常数,考虑到$M>0$,得到方程的通解

$$\ln M=-\lambda t+\ln C,$$

即

$$M=C\mathrm{e}^{-\lambda t}.$$

将初始条件代入上式,得

$$M_0=C\mathrm{e}^0=C,$$

则方程的特解是

$$M=M_0\mathrm{e}^{-\lambda t},$$

这就是所求铀的衰变规律. 由此可见,铀的含量随时间的增加而按指数规律衰减(图2.75).

例7 设降落伞从跳伞塔下落之后,所受空气阻力与速度成正比,并设降落伞离开跳伞塔时($t=0$)速度为零. 求降落伞下落速度与时间的函数关系.

解 设降落伞下落速度为$v=v(t)$.

降落伞在空中下落时,同时受到重力P与阻力R的作用(图2.76). 重力大小为mg,方向与v一致;阻力大小为kv(k为比例系数),方向与v相反. 从而降落伞所受到的外力为

$$F=mg-kv.$$

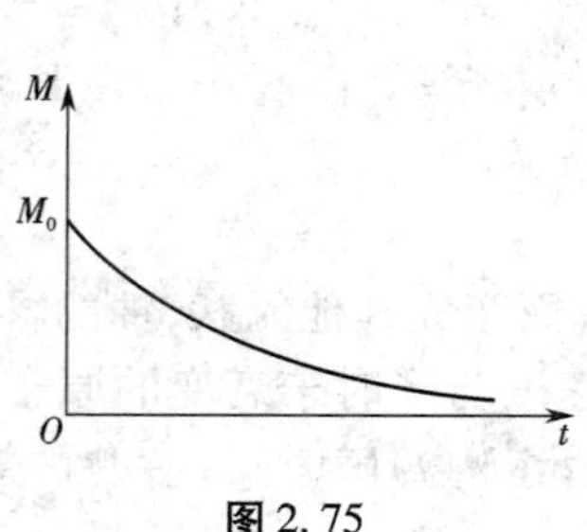

图2.75

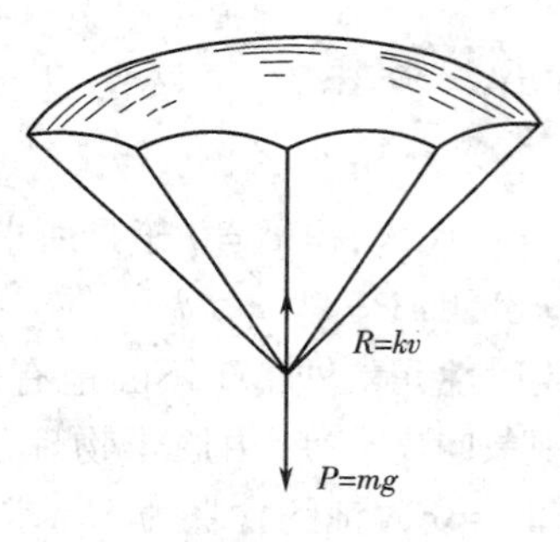

图2.76

根据牛顿第二运动规律

$$F = ma,$$

其中 a 为加速度，$a = \frac{dv}{dt}$.

因此函数 $v = v(t)$ 应满足微分方程

$$m\frac{dv}{dt} = mg - kv. \tag{8.11}$$

由于方程(8.11)是可分离变量方程，分离变量后得

$$\frac{dv}{mg - kv} = \frac{dt}{m},$$

两边积分得

$$\int \frac{dv}{mg - kv} = \int \frac{dt}{m},$$

由于 $mg - kv > 0$，积分得方程(8.11)的通解为

$$-\frac{1}{k}\ln(mg - kv) = \frac{t}{m} + C_1,$$

即 $$mg - kv = e^{-\frac{k}{m}t - kC_1},$$

或 $$v = \frac{mg}{k} + Ce^{-\frac{k}{m}t}\left(其中 C = -\frac{e^{-kC_1}}{k}\right).$$

根据题意，初始条件为 $v|_{t=0} = 0$，代入上式，得

$$C = -\frac{mg}{k}.$$

于是方程(8.11)的特解是 $v = \frac{mg}{k}(1 - e^{-\frac{k}{m}t})$.

可以看出，随着时间 t 的增大，速度 v 逐渐接近于常数$\frac{mg}{k}$，且不会超过$\frac{mg}{k}$，也就是说，跳伞后开始阶段是加速运动，但以后逐渐接近于等速运动.

例8　某企业的经营成本 C 随产量 x 增加而增加，其变化率为$\frac{dC}{dx} = (2 + x)C$，且固定成本为5，求成本函数 $C = C(x)$.

解　$\frac{dC}{dx} = (2 + x)C$，是可分离变量的微分方程. 分离变量得

$$\frac{dC}{C} = (2 + x)dx, \tag{8.12}$$

两边积分得

$$\int \frac{dC}{C} = \int (2 + x)dx,$$

$$\ln C = 2x + \frac{1}{2}x^2 + \ln C_0 = \ln e^{2x + \frac{1}{2}x^2} + \ln C_0 = \ln C_0 e^{2x + \frac{1}{2}x^2}.$$

因此微分方程(8.12)的通解是

$$C=C_0e^{2x+\frac{1}{2}x^2},$$

将初始条件 $x=0,C=5$ 代入上式,得 $C_0=5$.

因此成本函数为 $C=5e^{2x+\frac{1}{2}x^2}$.

8.2.2 一阶线性微分方程定义

方程

$$\frac{dy}{dx}+P(x)y=Q(x) \tag{8.13}$$

叫做一阶线性微分方程,其中,$P(x)$ 和 $Q(x)$ 都是 x 的连续函数.

例如:(1)$3y'+2y=x^2$;

(2)$y'+\frac{1}{x}y=\frac{1}{x}\sin x$;

(3)$y'+y\sin x=0$;

(4)$y'-y^2=0$;

(5)$yy'+y=\sin x$;

(6)$y'-\sin y=0$.

上述方程中,(1)、(2)、(3)都是一阶线性微分方程,(4)、(5)、(6)都不是一阶线性微分方程.

1. 一阶齐次线性微分方程的分类

(1)当 $Q(x)\equiv 0$ 时,方程(8.13)变成

$$\frac{dy}{dx}+P(x)y=0, \tag{8.14}$$

称为**一阶齐次线性微分方程**. 上面的方程中(3)就是一阶齐次线性微分方程.

(2)当 $Q(x)\neq 0$ 时,方程(8.13)称为**一阶非齐次线性微分方程**. 上面的方程中(1)和(2)就是一阶非齐次线性微分方程.

2. 一阶线性微分方程的解法

(1)一阶齐次线性微分方程的解法.

因为一阶齐次线性微分方程(即方程(8.14))是可分离变量的微分方程. 分离变量后得

$$\frac{dy}{y}=-P(x)dx,$$

两边积分得

$$\int\frac{dy}{y}=-\int P(x)dx,$$

积分结果为

$$\ln y=-\int P(x)dx+C_1,$$

令 $C_1=\ln C(c\neq 0)$，于是有

$$y=e^{-\int P(x)dx+\ln C},$$

即 $$y=Ce^{-\int P(x)dx},\tag{8.15}$$

这就是方程(8.14)的通解.

注意：公式(8.15)中的不定积分 $\int P(x)dx$ 仅表示 $P(x)$ 的一个原函数. 本章后面的公式也作相同规定.

(2)一阶非齐次线性微分方程的解法.

由于一阶非齐次线性微分方程(即方程(8.13))的右端 $Q(x)$ 是 x 的函数，因此，将所对应的一阶齐次线性微分方程的通解 $y=Ce^{-\int P(x)dx}$ 中的常数 C 看成是 x 的函数，即设

$$y=c(x)e^{-\int P(x)dx}\tag{8.16}$$

是一阶非齐次线性微分方程的通解，只需确定出 $c(x)$，一阶非齐次线性微分方程的通解就得到了.

将(8.16)式对 x 求导，得

$$y'=c'(x)\cdot e^{-\int P(x)dx}+c(x)\cdot[e^{-\int P(x)dx}]'$$

$$=c'(x)e^{-\int P(x)dx}-c(x)P(x)e^{-\int P(x)dx},$$

将上式代入方程(8.13)，得

$$c'(x)\cdot e^{-\int P(x)dx}-c(x)\cdot P(x)\cdot e^{-\int P(x)dx}+P(x)\cdot c(x)\cdot e^{-\int P(x)dx}=Q(x),$$

即 $$c'(x)\cdot e^{-\int P(x)dx}=Q(x),$$

$$c'(x)=Q(x)e^{-\int P(x)dx},$$

两边积分得

$$c(x)=\int Q(x)e^{-\int P(x)dx}dx+C,$$

将上式代入(8.16)，得

$$y=e^{-\int P(x)dx}\left[\int Q(x)e^{-\int P(x)dx}dx+C\right],\tag{8.17}$$

这就是一阶非齐次线性微分方程的通解. 其中各个不定积分都只表示对应的被积函数的一个原函数.

上述求一阶非齐次线性微分方程的通解的方法，是将对应的一阶齐次线性微分方程的通解中的常数 C 用一个函数 $c(x)$ 来代替，然后再去求出这个待定的函数 $c(x)$，这种方法叫做常数变易法.

公式(8.17)可变形为

$$y=e^{-\int P(x)dx}\cdot\int Q(x)\cdot e^{-\int P(x)dx}dx+C\cdot e^{-\int P(x)dx}.$$

上式中右端第二项恰好是一阶非齐次线性微分方程所对应的一阶齐次线性微分方程的通解，而第一项可以看作通解公式(8.14)中取 $C=0$ 得到的一个特解. 由此可知，一阶非齐次线

性微分方程的通解等于它的一个特解与对应的一阶齐次线性微分方程的通解之和.

例 9 用常数变易法和公式法解微分方程

$$y'-\frac{2}{x+1}y=(x+1)^3.$$

解 (1)公式法.

原方程为一阶非齐次线性微分方程,其中

$$P(x)=-\frac{2}{x+1},Q(x)=(x+1)^3,$$

代入公式(8.17),得

$$\begin{aligned}y&=\mathrm{e}^{\int\frac{2}{x+1}\mathrm{d}x}\left[\int(x+1)^3\mathrm{e}^{-\int\frac{2}{|x+1|}\mathrm{d}x}\mathrm{d}x+C\right]\\&=\mathrm{e}^{2\ln(x+1)}\cdot\left[\int(x+1)^3\cdot\mathrm{e}^{-2\ln(x+1)}\mathrm{d}x+C\right]\\&=(x+1)^2\cdot\left[\int(x+1)^3\cdot(x+1)^{-2}\mathrm{d}x+C\right]\\&=(x+1)^2\cdot\left[\int(x+1)\mathrm{d}x+C\right]\\&=(x+1)^2\cdot\left[\frac{1}{2}(x+1)^2+C\right].\end{aligned}$$

(2)常数变易法.

与原方程对应的齐次方程为

$$y'-\frac{2}{x+1}y=0,$$

用分离变量法得

$$\frac{\mathrm{d}y}{y}=\frac{2}{x+1}\mathrm{d}x,$$

两边积分得

$$\int\frac{\mathrm{d}y}{y}=\int\frac{2}{x+1}\mathrm{d}x,$$

$$\ln y=2\ln(x+1)+\ln c,$$

$$y=c(1+x)^2.$$

将上式中的 c 换成是 $c(x)$,设原方程的通解是

$$y=c(x)(1+x)^2,$$

求导得

$$y'=c'(x)\cdot(1+x)^2+2c(x)(1+x).$$

将 y 和 y' 代入原方程,得

$$c'(x)\cdot(1+x)^2+2c(x)(1+x)-\frac{2}{x+1}\cdot c(x)\cdot(1+x)^2=(1+x)^3,$$

化简得

$$c'(x)=1+x,$$

两边积分得

$$c(x)=\frac{1}{2}(1+x)^2+C,$$

所以原方程的通解是

$$y=(1+x)^2\left[\frac{1}{2}(1+x)^2+C\right].$$

例10　某公司的年利润 L 随广告费 x 而变化，其变化率为 $\frac{dL}{dx}=5-2(L+x)$，且当 $x=0$ 时 $L=10$. 求年利润 L 与广告费 x 之间的函数关系.

解　将方程变形为

$$\frac{dL}{dx}+2L=5-2x,$$

是一阶非齐次线性微分方程，其中

$$P(x)=2,Q(x)=5-2x.$$

由通解公式(8.17)，有

$$\begin{aligned}L&=e^{-\int 2dx}\left[\int(5-2x)e^{\int 2dx}dx+C\right]\\&=e^{-2x}\left[\int(5-2x)e^{2x}dx+C\right]\\&=e^{-2x}\left[\frac{1}{2}\int(5-2x)d(e^{2x})+C\right]\\&=e^{-2x}\left[\frac{1}{2}(5-2x)e^{2x}+\frac{1}{2}e^{2x}+C\right]\\&=e^{-2x}[3e^{2x}-xe^{2x}+C]\\&=3-x+Ce^{-2x}.\end{aligned}$$

将初始条件 $x=0,L=10$ 代入，得 $C=7$.

因此，年利润 L 与广告费 x 之间的函数关系为

$$L=3-x+7e^{-2x}.$$

8.2.3　二阶常系数线性齐次微分方程

形如 $y''+py'+q=f(x)$（p,q 均为常数）的微分方程叫二阶常系数线性微分方程，当 $f(x)=0$ 时，称为二阶常系数齐次线性微分方程，当 $f(x)\neq 0$ 时，称为二阶常系数非齐次线性微分方程. 这里只介绍二阶常系数齐次线性微分方程的解法，对非齐次方程，下节再进行介绍.

对于二阶常系数齐次线性微分方程

$$y''+py'+q=0, \tag{8.18}$$

有以下重要性质.

定理1　如果函数 y_1 和 y_2 是方程(8.18)的两个解，则

$$y=C_1y_1+C_2y_2$$

也是方程(8.18)的解，其中 C_1、C_2 为常数.

(证明从略.)

这个定理表明齐次线性微分方程的解具有叠加性. 能否说明 $y=C_1y_1+C_2y_2$ 就是(8.18)的通解呢?例如,$y_1=\sin 2x$ 和 $y_2=2\sin 2x$ 都是方程 $y''+4y=0$ 的解,而

$$\begin{aligned}y&=C_1y_1+C_2y_2=C_1\sin 2x+2C_2\sin 2x\\&=(C_1+2C_2)\sin 2x\\&=C\sin 2x\ (\text{其中 } C=C_1+2C_2).\end{aligned}$$

由于只有一个独立常数,所以它不是(8.18)的通解. 那么在什么时候 $y=C_1y_1+C_2y_2$ 才是(8.18)的通解呢?先引进函数线性相关和线性无关的概念.

定义2 设 $y_1=y_1(x)$ 和 $y_2=y_2(x)$ 是定义在某区间内的函数,若 $\frac{y_1}{y_2}=k$(其中 k 为常数),则称 y_1 和 y_2 线性相关,否则称为线性无关.

定理2 如果函数 y_1 和 y_2 是方程(8.18)的两个线性无关的特解,则 $y=C_1y_1+C_2y_2$(C_1、C_2 为常数)是方程(8.18)的通解.

要求方程(8.18)的解,关键是求出方程的两个线性无关的特解 y_1 和 y_2,观察一阶常系数微分方程 $y'+py=0$ 的通解是 $y=Ce^{-px}$,而 y、y'、y'' 都是指数函数形式,且只相差一个常数因子,因此不妨假设二阶常系数齐次线性微分方程的解也是指数函数 $y=e^{rx}$(r 是常数),将 $y=e^{rx}$ 代入方程(8.18),得到

$$e^{rx}(r^2+pr+q)=0.$$

因 $e^{rx}\neq 0$,所以上式要成立,就必须

$$r^2+pr+q=0, \tag{8.19}$$

这是一个关于 r 的二次代数方程,称为二阶常系数齐次线性微分方程(8.18)的特征方程,它的根叫方程(8.18)的特征根. 只要 r 满足(8.19),则 $y=e^{rx}$ 就是方程(8.18)的解. 因此方程的求根公式,有

$$r_{1,2}=\frac{-p\pm\sqrt{p^2-4q}}{2}.$$

下面根据特征方程根的3种不同情况分别讨论(8.18)的通解.

(1)特征根是两个不同实根,即

$$r_1\neq r_2,$$

则 $y_1=e^{r_1x}$ 和 $y_2=e^{r_2x}$ 是方程(8.18)的两个根,由于

$$\frac{y_1}{y_2}=\frac{e^{r_1x}}{e^{r_2x}}=e^{(r_1-r_2)}\neq\text{常数},$$

即这两个特解是线性无关的,因此方程(8.18)的通解为

$$y=C_1e^{r_1x}+C_2e^{r_2x}.$$

例11 求方程 $y''-4y'+3y=0$ 的通解.

解 特征方程是 $r^2-4r+3=0$,特征根是 $r_1=3$ 和 $r_2=1$,所以原方程的通解为

$$y=C_1e^{3x}+C_2e^{x}.$$

(2)特征根是两个相等实根,即

$$r_1=r_2,$$

由 $r_1=r_2$,只能找到方程(8.18)的一个特解 $y_1=e^{r_1x}$,要得到通解,就需找到一个与 y_1 线性无关的另一特解,使得

$$\frac{y_2}{y_1}=u(x)\quad(u(x)\neq0).$$

因此,可设 $y_2=y_1\cdot u(x)$,其中 $u(x)$ 是待定函数,将 y_2 求导,有

$$y'_2=y'_1u(x)+y_1u'(x)=r_1u(x)e^{r_1x}+u'(x)e^{r_1x},$$

$$y''_2=2r_1u'(x)e^{r_1x}+r_1^2u(x)e^{r_1x}+u''(x)e^{r_1x}.$$

将 y、y'_2、y''_2 代入方程(8.18)得

$$2r_1u'(x)e^{r_1x}+r_1^2u(x)e^{r_1x}+u''(x)e^{r_1x}+p[r_1u(x)e^{r_1x}+u'(x)e^{r_1x}]+qu(x)e^{r_1x}=0,$$

即

$$[u''(x)+(2r_1+p)u'(x)+(r_1^2+pr_1+q)u(x)]e^{r_1x}=0. \tag{8.20}$$

由于 r_1 是特征方程的重根,所以

$$r_1^2+pr_1+q=0,$$

又由根与系数的关系,有

$$r_1+r_1=-p \text{ 即 } p=-2r_1.$$

因此(8.20)可化为

$$u''(x)=0,$$

即只要 $u(x)$ 的二阶导数为0即可,所以选择最简单的函数 $u(x)=x$,可得另一个特解

$$y_2=xe^{r_1x}.$$

所以方程(8.18)的通解为

$$y=(C_1+C_2x)e^{r_1x}.$$

例12　求方程 $y''-4y'+4y=0$ 满足初始条件 $y'|_{x=0}=0$ 和 $y|_{x=0}=1$ 时的特解.

解　特征方程是

$$r^2-4r+4=0,$$

特征根是

$$r_1=r_2=2,$$

所以原方程的通解为

$$y=(C_1+C_2x)e^{2x}.$$

又　$y'=C_2e^{2x}+2(C_1+C_2x)e^{2x}.$

将初始条件 $y'|_{x=0}=0$ 和 $y|_{x=0}=1$ 代入上式,得

$$\begin{cases}1=C_1e^0,\\0=C_2+2C_1,\end{cases}\text{即}\begin{cases}C_1=1,\\C_2=-2.\end{cases}$$

因此,原方程的特解为

$$y=(1-2x)e^{2x}.$$

(3)特征根是一对共轭复数,即

$r_{1,2}=\alpha\pm\beta i$(α、β 是常数,$\beta\neq0$),这时方程的两个特解为

$$y_1=e^{(\alpha+\beta i)x} \text{和} y_2=e^{(\alpha-\beta i)x}.$$

由于这两个特解含有复数,不便应用,为了得到实数形式的解,可利用欧拉公式($e^{i\theta}=\cos\theta+i\sin\theta$)把 y_1、y_2 改写为

$$y_1=e^{\alpha x}(\cos\beta x+i\sin\beta x),$$

$$y_1=e^{\alpha x}(\cos\beta x-i\sin\beta x).$$

由定理 1 知

$$\frac{1}{2}y_1+\frac{1}{2}y_2=e^{\alpha x}\cos\beta x,$$

$$\frac{1}{2i}y_1-\frac{1}{2i}y_2=e^{\alpha x}\sin\beta x.$$

都是方程(8.18)的特解,且$\frac{e^{\alpha x}\cos\beta x}{e^{\alpha x}\sin\beta x}=\cot\beta x$,所以这两个解线性无关,因此当特征方程的两个根是一对共轭复数时,方程(8.18)的通解可表示为

$$y=e^{\alpha x}(C_1\cos\beta x+C_2\sin\beta x).$$

例 13 求方程 $y''-6y'+25y=0$ 的通解.

解 特征方程是

$$r^2-6r+25=0,$$

特征根是

$$r=\frac{6\pm\sqrt{36-4\times25}}{2}=3\pm4i,$$

所以原方程的通解为

$$y=e^{3x}(C_1\cos4x+C_2\sin4x).$$

综上所述,二阶常系数齐次线性微分方程的通解形式如表 2.9 所示.

表 2.9

特征方程的两根 r_1、r_2	微分方程(8.18)的通解
$r_1\neq r_2$(r_1、r_2 是实数)	$y=C_1e^{r_1x}+C_2e^{r_2x}$
$r_1=r_2$(r_1、r_2 是实数)	$y=(C_1+C_2x)e^{r_1x}$
一对共轭复数 $r_{1,2}=\alpha\pm\beta i$	$y=e^{\alpha x}(C_1\cos\beta x+C_2\sin\beta x)$

8.3 微分方程应用举例

例 14 如图 2.77 所示,简支梁受满跨向下均布荷载 q 作用,已知梁为等截面直梁,在全梁

范围的抗弯刚度 EI 为常数，试求 A,B 支座处的转角及梁的最大挠度.

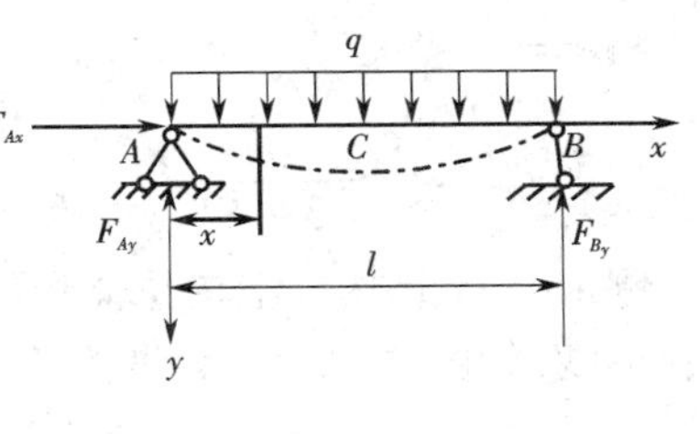

图 2.77

解　(1)建立如图 2.77 所示的直角坐标系，并列出梁的弯矩方程.

由平衡方程可求得支座反力为

$$F_{Ax}=0\ ,F_{Ay}=\frac{ql}{2},F_{By}=\frac{ql}{2}.$$

弯矩方程为

$$M(x)=F_{Ay}x-\frac{q}{2}x^2=\frac{ql}{2}x-\frac{q}{2}x^2(0\leqslant x\leqslant l).$$

(2)建立梁的挠曲线微分方程，并求出其通解.

$$EI\cdot y''=-M(x)=-\frac{ql}{2}x+\frac{q}{2}x^2.$$

两边积分得

$$EI\cdot y'=\int\left(-\frac{ql}{2}x+\frac{q}{2}x^2\right)\mathrm{d}x=-\frac{ql}{4}x^2+\frac{q}{6}x^3+C_1\ ,\tag{8.21}$$

两边再积分得

$$EI\cdot y=\int\left(-\frac{ql}{4}x^2+\frac{q}{6}x^3+C_1\right)\mathrm{d}x=-\frac{ql}{12}x^3+\frac{q}{24}x^4+C_1x+C_2\ .\tag{8.22}$$

(3)根据边界条件确定积分常数，由于简支梁支座处挠度为零，即

$$y_A=0,y_B=0.$$

将 $x=0,y_A=0$ 代入(8.22)得 $C_2=0$.

将 $x=l,y_B=0$ 代入(8.21)得 $C_1=\frac{ql^3}{24}$.

(4)确定转角方程和挠曲度线方程，并求指定的转角和挠度.

将 $C_2=0,C_1=\frac{ql^3}{24}$分别代入(8.21)式和(8.22)式得转角方程

$$\varphi(x)=\frac{1}{EI}\left(-\frac{ql}{4}x^2+\frac{q}{6}x^3+\frac{ql^3}{24}\right),\tag{8.23}$$

挠度方程

$$y=f(x)=\frac{1}{EI}\left(-\frac{ql}{12}x^3+\frac{q}{24}x^4+\frac{ql^3}{24}\right),\tag{8.24}$$

将 $x=0$ 代入(8.23)式可求得支座 A 处转角为 $\varphi_A=\frac{ql^3}{24EI}$.

将 $x=l$ 代入(8.23)式可求得支座 B 处转角为 $\varphi_B=-\frac{ql^3}{24EI}$.

由于该支梁的外力及边界条件均对称于跨中截面，因此梁的挠曲线也对称于跨中截面，故最大挠度一定在跨中截面 C 处.

将 $x=\dfrac{l}{2}$ 代入(8.24)可求 C 截面的挠度,即为最大挠度

$$y_C=y_{\max}=\frac{5ql^4}{384EI}.$$

例 15 建筑构件上单位体积、单位面积或单位长度上所承受的荷载被称为(体,面或线)荷载集度,如图 2.78 所示,设梁的长度为 l,A 点荷载集度为 q_0,呈三角形分布. 求分布荷载的简化结果.

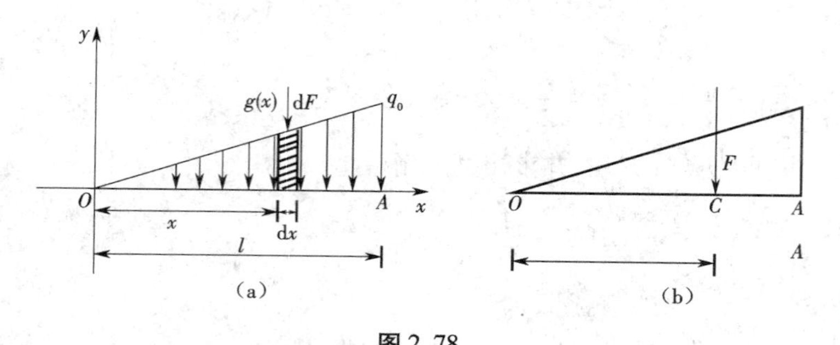

图 2.78

解 如图 2.78(a)建立直角坐标系由于各分布力同向且均垂直于 x 轴,可知该力系必合成一个合力 F,F 的大小可由定积分求得,其方向与各分力方向一致. 取[0,1]上任一小区间的荷载为 $\mathrm{d}F$,则 $\mathrm{d}F=q(x)\mathrm{d}x$,于是

$$F=\int_0^l \mathrm{d}F=\int_0^l q(x)\mathrm{d}x.$$

由相似三角形的比例关系可知

$$q(x)=\frac{q_0}{l}x\ (0\leqslant x\leqslant l),$$

所以

$$F=\int_0^l \frac{q_0}{l}x\mathrm{d}x=\frac{1}{2}q_0 l. \tag{8.25}$$

合力 F 作用线的位置,可用合力矩定理确定,设合力作用线通过 x 轴上的 C 点,横坐标为 X_C,则

$$F\cdot X_C=\int_0^l x\mathrm{d}F=\int_0^l \frac{q_0}{l}x^2\mathrm{d}x=\frac{1}{3}q_0 l^2,$$

所以

$$X_C=\frac{\frac{1}{3}q_0 l^2}{F}=\frac{2}{3}l. \tag{8.26}$$

综合(8.25),(8.26)可知,其三角形荷载的合力 F 如图 2.78(b)所示.

在结构设计中,惯性矩是衡量构件截面抗弯能力的一个重要几何量,惯性矩也可用微元法通过定积分来计算,其方法是:在截面图形内任取一个微元面积 $\mathrm{d}A$,其到两坐标轴的距离为 y 和 z,分别用符号 I_x 和 I_y 来表示该截面为圆形时 x 轴和 y 轴的惯性矩. 则

$$I_x = \int_A y^2 \mathrm{d}A,\ I_y = \int_A x^2 \mathrm{d}A.$$

例 16　计算简单图形的惯性矩,(1)矩形截面;(2)圆形截面.

解　(1)建立矩形截面的直角坐标系,如图 2.79 所示,取平行于 z 轴的微元面积 $\mathrm{d}A$,$\mathrm{d}A$ 到 z 轴的距离为 y,则

$$\mathrm{d}A = b\mathrm{d}y,$$

所以

$$I_z = \int_{-\frac{h}{2}}^{\frac{h}{2}} y^2 \mathrm{d}A = \int_{-\frac{h}{2}}^{\frac{h}{2}} y^2 b\mathrm{d}y = \frac{bh^3}{12},$$

同理可得

$$I_y = \int_{-\frac{b}{2}}^{\frac{b}{2}} z^2 h\mathrm{d}z = \frac{hb^3}{12}.$$

(2)建立圆形截面的直角坐标系如图 2.80 所示,设圆的直径为 D,半径 $R = \dfrac{D}{2}$,取其微元面积为 $\mathrm{d}A = \sqrt{R^2 - y^2}\mathrm{d}y$,则

$$I_Z = \int_A y^2 \mathrm{d}A = 2\int_{-R}^{R} y^2 \sqrt{R^2 - y^2}\mathrm{d}y = \frac{\pi R^4}{4} = \frac{\pi D^4}{64},$$

同理可得

$$I_y = \int_A z^2 \mathrm{d}A = 2\int_{-R}^{R} z^2 \sqrt{R^2 - z^2}\mathrm{d}z = \frac{\pi R^4}{4} = \frac{\pi D^4}{64}.$$

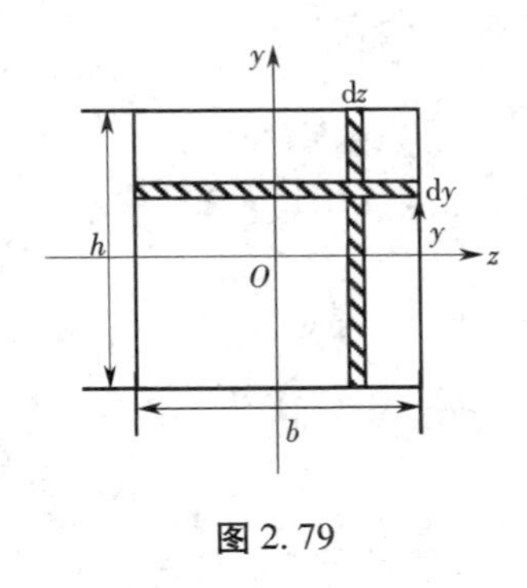

图 2.79

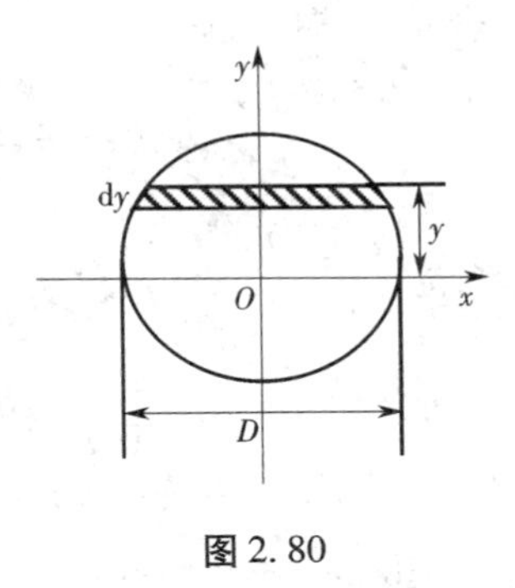

图 2.80

8.3　初值微分方程的拉普拉斯变换解法

8.3.1　拉普拉斯变换的概念

拉普拉斯(Laplace)变换在线性系统工程中有着广泛的应用,也是求解常微分方程的一种简便方法.本节将简要介绍拉普拉斯变换的基本概念、主要性质、逆变换以及它在解常系数线性微分方程中的应用.

1. 拉普拉斯变换的基本概念

定义 3 设函数 $f(t)$ 的定义域为 $[0,+\infty)$,若广义积分

$$\int_0^{+\infty} f(x)\mathrm{e}^{-pt}\mathrm{d}t$$

对于 p 在某一范围内的值收敛,则此积分就确定了以 p 为参数的函数,记作 $F(p)$,即

$$F(p)=\int_0^{+\infty} f(t)\mathrm{e}^{-pt}\mathrm{d}t.$$

函数 $F(p)$ 称为 $f(t)$ 的**拉普拉斯变换**(简称拉氏变换),又叫 $f(t)$ 的**象函数**,该公式称为 $f(t)$ 的拉氏变换式,记作

$$F(p)=L[f(t)].$$

若 $F(p)$ 是 $f(t)$ 的拉氏变换,则称 $f(t)$ 为 $F(p)$ 的拉氏逆变换,又叫 $F(p)$ 的象原函数,记作

$$f(t)=L^{-1}[F(p)].$$

例 17 求函数 $f(t)=\mathrm{e}^{at}$($t\geqslant 0$,a 是常数)的拉氏变换.

解 根据公式有

$$L[\mathrm{e}^{at}]=\int_0^{+\infty}\mathrm{e}^{at}\mathrm{e}^{-pt}\mathrm{d}t=\int_0^{+\infty}\mathrm{e}^{-(p-a)}\mathrm{d}t,$$

这个积分在 $p>a$ 时收敛,所以

$$L[\mathrm{e}^{at}]=\int_0^{+\infty}\mathrm{e}^{-(p-a)}\mathrm{d}t=\frac{1}{p-a}.$$

例 18 求函数 $f(t)=at$(a 是常数)的拉氏变换.

解 当 $p>0$ 时,极限 $\lim\limits_{t\to+\infty}\left(-\frac{at}{p}\mathrm{e}^{-pt}\right)=0$(根据洛必达法则),因此

$$L[at]=\int_0^{+\infty}at\mathrm{e}^{-pt}\mathrm{d}t=-\frac{a}{p}\int_0^{+\infty}t\mathrm{d}(\mathrm{e}^{-pt}),$$

$$L[at]=\frac{a}{p}\int_0^{+\infty}\mathrm{e}^{-pt}\mathrm{d}t=-\left[\frac{a}{p^2}\mathrm{e}^{-pt}\right]_0^{+\infty}$$

$$=\frac{a}{p^2}\ (p>0).$$

例 19 求正弦函数 $f(t)=\sin\omega t$($t\geqslant 0$)的拉氏变换.

解

$$L[\sin\omega t]=\int_0^{+\infty}\sin\omega t\mathrm{e}^{-pt}\mathrm{d}t$$

$$=-\left[\frac{1}{p^2+\omega^2}\mathrm{e}^{-pt}(p\sin\omega t+\omega\cos\omega t)\right]_0^{+\infty}$$

$$=\frac{\omega}{p^2+\omega^2}\ (p>0).$$

同理可得

$$L[\cos\omega t]=\frac{p}{p^2+\omega^2}\ (p>0).$$

例 20 求阶梯函数 $f(x)=\begin{cases}0, & t<0,\\ A, & t\geqslant 0\end{cases}$($A$ 为常数)的拉氏变换.

解　$L[f(t)]=\int_0^{+\infty}f(t)e^{-pt}dt$，

当 $p>0$ 时，有

$$\int_0^{+\infty}f(t)e^{-pt}dt=\int_0^{+\infty}Ae^{-pt}dt=-\frac{A}{p}e^{-pt}\Big|_0^{+\infty}=\frac{A}{p}.$$

特别地，当 $A=1$ 时，叫做单位阶梯函数，记作 $u(t)$，即

$$u(t)=\begin{cases}0, & t<0,\\ 1, & t\geqslant 0,\end{cases}$$

其拉氏变换为

$$L[u(t)]=\frac{1}{p}(p>0).$$

2. 拉普拉斯变换的3个主要性质

拉氏变换有以下3个主要性质，利用这些性质可以求一些较为复杂的函数的拉氏变换.

性质1（线性性质）　若 a_1,a_2 为常数，并设

$$L[f_1(t)]=F_1(p),L[f_2(t)]=F_2(p),\text{则}$$

$$L[a_1f_1(t)+a_2f_2(t)]=a_1L[f_1(t)]+a_2L[L(f_2(t))]$$
$$=a_1F_1(p)+a_2F_2(p).$$

例21　求 $f(t)=\frac{1}{a}(1-e^{-at})$ 的拉氏变换.

解　$L[f(t)]=\frac{1}{a}L[1-e^{-at}]$

$$=\frac{1}{a}\{L[1]-L[e^{-at}]\}$$

$$=\frac{1}{a}\left(\frac{1}{p}+\frac{1}{p+a}\right).$$

性质2（平移性质）　若 $L[f(t)]=F(p)$，则

$$L[e^{-at}f(t)]=F(p+a).$$

例22　求 $L[e^{-at}\sin\omega t]$ 和 $[e^{-at}\cos\omega t]$.

解　由 $L[\sin\omega t]=\frac{\omega}{p^2+\omega^2}$，$L[\cos\omega t]=\frac{p}{p^2+\omega^2}$，则

$$L[e^{-at}\sin\omega t]=\frac{\omega}{(p+a)^2+\omega^2},\ L[e^{-at}\cos\omega t]=\frac{p}{(p+a)^2+\omega^2}.$$

性质3（微分性质）　若 $L[f(t)]=F(p)$，则

$$L[f'(t)]=pF(p)-f(0).$$

一般地，$L[f^{(n)}(t)]=p^nF(p)-[p^{n-1}f(0)+p^{n-2}f'(0)+\cdots+f^{(n-1)}(0)]$.

特别地，当 $f(0)=f'(0)=\cdots=f^{(n-1)}(0)=0$ 时，有

$$L[f^{(n)}(t)]=p^nF(p).$$

例23　设 $f(t)=t^n$，求 $L[f(t)]$.

解 由于$f(0)=f'(0)=\cdots=f^{(n-1)}(0)=0,f^{(n)}=n!$,所以

$$L[n!]=L[f^{(n)}(t)]=p^nL[f(t)],$$

又 $$L[n!]=n!\ L[1]=n!\ \cdot\frac{1}{p},$$

故 $$L[f(t)]=\frac{n!}{p^{n+1}},$$

即 $$L[t^n]=\frac{n!}{p^{n+1}}.$$

例24 求$f(t)=\cos\omega t$的拉氏变换.

解 因$f'(t)=-\omega\sin\omega t,f(0)=1,f'(0)=0,f''(t)=-\omega^2\cos\omega t$,

而 $$L[f''(t)]=p^2L[f(t)]-pf(0)-f'(0),$$

则 $$L[-\omega^2\cos\omega t]=p^2L[\cos\omega t]-p.$$

即 $$-\omega^2L[\cos\omega t]=p^2L[\cos\omega t]-p,$$

移项得 $$(p^2-\omega^2)L[\cos\omega t]=p,$$

所以 $$L[\cos\omega t]=\frac{p}{(p^2-\omega^2)}.$$

拉氏变换的主要性质如表2.10所示,常用函数的拉氏变换如表2.11所示.

表2.10 拉氏变换的主要性质

序号	设$L[f(t)]=F(p)$
1	$L[a_1f_1(t)+a_2f_2(t)]=a_1L[f_1(t)]+a_2L[f_2(t)]=a_1F_1(p)+a_2F_2(p)$
2	$L[e^{-at}f(t)]=F(p+a)$
3	$L[f'(t)]=pF(p)-f(0)$ $L[f^{(n)}(t)]=p^nF(p)-[p^{n-1}f(0)+p^{n-2}f'(0)+\cdots+f^{(n-1)}(0)]$

表2.11 常用函数的拉氏变换表

序号	$f(t)$	$F(p)$
1	$\delta(t)$	1
2	$u(t)$	$\frac{1}{p}$
3	t	$\frac{1}{p^2}$
4	$t^n(n=1,2,3,\cdots)$	$\frac{n!}{p^{n+1}}$
5	e^{at}	$\frac{1}{p-a}$
6	$1-e^{-at}$	$\frac{a}{p(p+a)}$

续表

序号	$f(t)$	$F(p)$
7	te^{at}	$\frac{1}{(p-a)^2}$
8	$t^n e^{at}(n=1,2,3,\cdots)$	$\frac{n!}{(p-a)^{n+1}}$
9	$\sin \omega t$	$\frac{\omega}{p^2+\omega^2}$
10	$\cos \omega t$	$\frac{p}{p^2+\omega^2}$
11	$t\sin \omega t$	$\frac{2p\omega}{(p^2+\omega^2)^2}$
12	$t\cos \omega t$	$\frac{p^2-\omega^2}{(p^2+\omega^2)^2}$
13	$e^{-at}\sin \omega t$	$\frac{\omega}{(p+a)^2+\omega^2}$
14	$e^{-at}\cos \omega t$	$\frac{p+a}{(p+a)^2+\omega^2}$
15	$\operatorname{sh} at$	$\frac{a}{p^2-a^2}$
16	$\operatorname{ch} at$	$\frac{p}{p^2-a^2}$

8.3.2　拉氏变换的逆变换

上节主要讨论了由已知函数 $f(t)$ 求它的象函数 $F(p)$ 的问题，本节将讨论已知 $F(p)$，如何求象原函数 $f(t)$ 的问题. 对于常用的象函数 $F(p)$ 可以直接从拉氏变换公式表中查找. 应该注意的是：在利用拉氏变换表求逆变换时，需结合使用拉氏变换的性质. 为此，下面把常用的拉氏变换的性质用逆变换形式列出.

性质 1（线性性质）

$$\begin{aligned}L^{-1}[a_1F_1(p)+a_2F_2(p)] &= a_1L^{-1}[F_1(p)]+a_2L^{-1}[F_2(p)]\\ &= a_1f_1(t)+a_2f_2(t).\end{aligned}$$

性质 2（平移性质）

$$L^{-1}[F(p-a)] = e^{at}L^{-1}[F(p)] = e^{at}f(t).$$

例 25　求下列函数的拉氏逆变换：

(1) $F(p)=\frac{5}{p+2}$；　　(2) $F(p)=\frac{2p-5}{p^2}$；

(3) $F(p)=\frac{4p-3}{p^2+4}$；　　(4) $F(p)=\frac{p+2}{p^2+p+1}$.

解　(1) 由性质及拉氏变换表（序号 5）得

$$f(t)=L^{-1}\left[\frac{5}{p+2}\right]=5L^{-1}\left[\frac{1}{p+2}\right]=5\mathrm{e}^{-2t}.$$

(2)由性质及拉氏变换表(序号1、4)得

$$f(t)=L^{-1}\left[\frac{2p-5}{p^2}\right]=2L^{-1}\left[\frac{1}{p}\right]-5L^{-1}\left[\frac{1}{p^2}\right]=2-5t.$$

(3)由性质及拉氏变换表(序号9、10)得

$$f(t)=L^{-1}\left[\frac{4p-3}{p^2+4}\right]=4L^{-1}\left[\frac{p}{p^2+4}\right]-\frac{3}{2}L^{-1}\left[\frac{2}{p^2+4}\right]$$

$$=4\cos 2t-\frac{3}{2}\sin 2t.$$

(4)由性质及拉氏变换表(序号14、15)得

$$f(t)=L^{-1}\left[\frac{p+2}{p^2+p+1}\right]=L^{-1}\left[\frac{\left(p+\frac{1}{2}\right)+\frac{3}{2}}{\left(p+\frac{1}{2}\right)^2+\frac{3}{4}}\right]$$

$$=L^{-1}\left[\frac{\left(p+\frac{1}{2}\right)}{\left(p+\frac{1}{2}\right)^2+\frac{3}{4}}\right]+L^{-1}\left[\frac{\frac{3}{2}}{\left(p+\frac{1}{2}\right)^2+\frac{3}{4}}\right]$$

$$=\mathrm{e}^{-\frac{1}{2}t}\cos\frac{\sqrt{3}}{2}t+\sqrt{3}\mathrm{e}^{-\frac{1}{2}t}\sin\frac{\sqrt{3}}{2}t.$$

由上例可知,有些像函数在拉氏变换表中无法直接找到象原函数,则需加以变形,在实际问题中将会遇到大量的象函数为有理式,这就需用部分分式法先将其展成简单分式$\frac{A_2}{(x-a_2)}+\cdots+\frac{A_k}{(x-a_k)}$(式中$f(x)$的次数低于$k$)之和,然后结合性质"凑"得象原函数.

下面将简单介绍部分分式法的一般形式.

(1)$\frac{f(x)}{(x-a_1)(x-a_2)\cdots(x-a_k)}=\frac{A_1}{(x-a_1)}+\frac{A_2}{(x-a_2)}+\cdots+\frac{A_2}{(x-a)}$

(式中$f(x)$的次数低于k);

(2)$\frac{f(x)}{(x-a)^k}=\frac{A_1}{x-a}+\frac{A_2}{(x-a)^2}+\cdots+\frac{A_k}{(x-a)^k}$;

(3)$\frac{f(x)}{(x-a)(x^2+px+q)}=\frac{A}{x-a}+\frac{Bx+C}{x^2+px+q}$ (式中$f(x)$的次数低于3);

(4)$\frac{f(x)}{(x^2+px+q)^k}=\frac{A_1x+B_1}{x^2+px+q}+\frac{A_2x+B_2}{(x^2+px+q)^2}+\cdots+\frac{A_kx+B_k}{(x^2+px+q)^k}$

(式子p^2+p+q中,$p^2-4q<0$).

例26 求$F(p)=\frac{p+3}{p^2+3p+2}$的拉氏逆变换.

解　设$\frac{p+3}{p^2+3p+2}=\frac{p+3}{(p+1)(p+2)}=\frac{A}{p+1}+\frac{B}{p+2}$,

其中A、B为待定系数,在上式两端同乘以$(p+1)(p+2)$,得

$$p+3=A(p+2)+B(p+1)=(A+B)p+(2A+B),$$

由此

$$\begin{cases}A+B=1,\\2A+B=3,\end{cases}$$

解得　$A=2,B=-1.$

于是

$$f(t)=L^{-1}\left[\frac{2}{p+1}-\frac{1}{p+2}\right]=2L^{-1}\left[\frac{1}{p+1}\right]-L^{-1}\left[\frac{1}{p+2}\right]$$
$$=2e^{-t}-e^{-2t}.$$

例27　求$F(p)=\frac{p+3}{p^3+4p^2+4p}$的拉氏逆变换.

解　设$\frac{p+3}{p^3+4p^2+4p}=\frac{p+3}{p(p+2)^2}=\frac{A}{p}+\frac{B}{p+2}+\frac{C}{(p+2)^2}$,

其中,A、B、C为待定系数,由

$$p+3\equiv A(p+2)^2+Bp(p+2)+pC,$$

即

$$p+3\equiv(A+B)p^2+(4A+2B+C)p+4A,$$

所以

$$\begin{cases}A+B=0,\\4A+2B+C=1,\\4A=3,\end{cases}$$

解得

$$A=\frac{3}{4},B=-\frac{3}{4},C=-\frac{1}{2}.$$

于是

$$F(p)=\frac{\frac{3}{4}}{p}-\frac{\frac{3}{4}}{p+2}-\frac{\frac{1}{2}}{(p+2)^2},$$

$$f(t)=L^{-1}\left[\frac{\frac{3}{4}}{p}-\frac{\frac{3}{4}}{p+2}-\frac{\frac{1}{2}}{(p+2)^2}\right]$$
$$=\frac{3}{4}L^{-1}\left[\frac{1}{p}\right]-\frac{3}{4}L^{-1}\left[\frac{1}{p+2}\right]-\frac{1}{2}L^{-1}\left[\frac{1}{(p+2)^2}\right]$$
$$=\frac{3}{4}-\frac{3}{4}e^{-2t}-\frac{1}{2}te^{-2t}.$$

例 28 求 $F(p)=\dfrac{p^2}{(p+2)(p^2+2p+2)}$的拉氏逆变换.

解 设$\dfrac{p^2}{(p+2)(p^2+2p+2)}=\dfrac{A}{p+2}+\dfrac{Bp+C}{p^2+2p+2}$其中 A、B、C 待定,由上式可得

$$\begin{aligned}p^2&=A(p^2+2p+2)+(p+2)(Bp+C)\\&=(A+B)p^2+(2A+2B+C)p+(2A+2C),\end{aligned}$$

$$\begin{cases}A+B=1,\\2A+2B+C=0,\\2A+2C=0,\end{cases}$$

解得

$$A=2,B=-1,C=-2.$$

于是

$$F(p)=\frac{2}{p+2}-\frac{p+2}{p^2+2p+2},$$

$$\begin{aligned}f(t)&=L^{-1}\left[\frac{2}{p+2}-\frac{p+2}{p^2+2p+2}\right]\\&=2L^{-1}\left[\frac{1}{p+2}\right]-L^{-1}\left[\frac{(p+1)+1}{(p+1)^2+1}\right]\\&=2\mathrm{e}^{-2t}-L^{-1}\left[\frac{p+1}{(p+1)^2+1}\right]-L^{-1}\left[\frac{1}{(p+1)^2+1}\right]\\&=2\mathrm{e}^{-2t}-\mathrm{e}^{-t}\cos t-\mathrm{e}^{-t}\sin t\\&=2\mathrm{e}^{-2t}-\mathrm{e}^{-t}(\cos t+\sin t).\end{aligned}$$

8.3.3 用拉氏变换解二阶常系数线性微分方程举例

例 29 求微分方程 $x'(t)+2x(t)=0$ 满足初始条件 $x(0)=3$ 的解.

解 第一步:对方程两边取拉氏变换,并设 $L[x(t)]=X(p)$,有

$$L[x'(t)+2x(t)]=L[0],$$

$$L[x'(t)]+2L[x(t)]=0,$$

$$pX(p)-x(0)+2X(p)=0,$$

将初始条件 $x(0)=3$ 代入上式,得

$$(p+2)X(p)=3.$$

第二步:解出 $X(p)$,有

$$X(p)=\frac{3}{p+2}.$$

第三步:求像函数的逆变换

$$x(t)=L^{-1}[X(p)]=L^{-1}\left[\frac{3}{p+2}\right]=3\mathrm{e}^{-2t}.$$

由例 29 可知,用拉氏变换解常系数线性微分方程的方法是较简便的,其运算过程如图

2.81 所示.

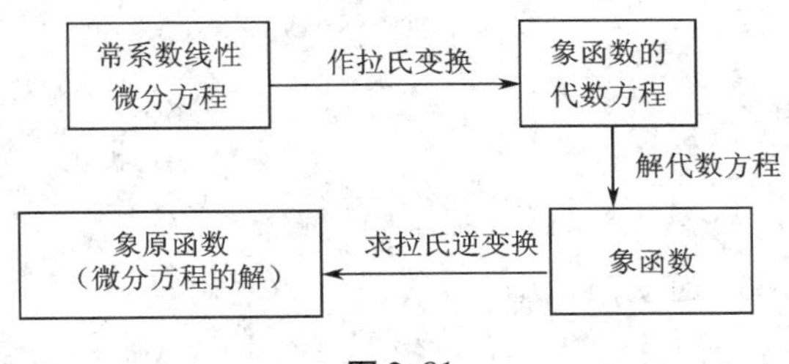

图 2.81

例 30　求微分方程 $y''+2y'-3y=\mathrm{e}^{-t}$ 满足初始条件 $y(0)=0, y'(0)=1$ 的解.

解　第一步:对方程两端取拉氏变换,并设

$$L[y(t)]=Y(p),$$

把微分方程转化为代数方程,即

$$L[y''+2y'-3y]=L[\mathrm{e}^{-t}],$$

得

$$p^2Y(p)-py(0)-y'(0)+2[pY(p)-y(0)]-3Y(p)=\frac{1}{p+1},$$

将初始条件代入上式,整理得

$$p^2Y(p)-1+2pY(p)-3Y(p)=\frac{1}{p+1}.$$

第二步:解出 $Y(p)$,有

$$Y(p)=\frac{p+2}{(p^2+2p-3)(p+1)}$$

$$=\frac{p+2}{(p+1)(p-1)(p+3)}.$$

第三步:求像函数 $Y(p)$ 的逆变换,有

$$y(t)=L^{-1}[Y(p)]=L^{-1}\left[\frac{p+2}{(p+1)(p-1)(p+3)}\right]$$

$$=L^{-1}\left[\frac{-\frac{1}{4}}{p+1}+\frac{\frac{3}{8}}{p-1}+\frac{-\frac{1}{8}}{p+3}\right]$$

$$=-\frac{1}{4}\mathrm{e}^{-t}+\frac{3}{8}\mathrm{e}^{t}-\frac{1}{8}\mathrm{e}^{-3t}.$$

例 31　求微分方程 $y''+y=2\cos t$ 满足初始条件 $y(0)=2, y'(0)=0$ 的解.

解　第一步:对方程两端取拉氏变换,并设 $L[y(t)]=Y(p)$,把微分方程转化为代数方程,即

$$L[y''+y]=L[2\cos t],$$

$$p^2Y(p)-py(0)-y'(0)+Y(p)=\frac{2p}{p^2+1},$$

将初始条件代入上式,整理得

$$p^2Y(p)-2p+Y(p)=\frac{2p}{p^2+1}.$$

第二步:解出 $Y(p)$,有

$$Y(p)=\frac{2p(p^2+1)+2p}{(p^2+1)^2}=\frac{2p}{p^2+1}+\frac{2p}{(p^2+1)^2}.$$

第三步:求像函数 $Y(p)$ 的逆变换,有

$$y(t)=L^{-1}[Y(p)]=L^{-1}\left[\frac{2p}{p^2+1}+\frac{2p}{(p^2+1)^2}\right]$$

$$=L^{-1}\left[\frac{2p}{p^2+1}\right]+L^{-1}\left[\frac{2p}{(p^2+1)^2}\right]=2\cos t+t\sin t.$$

例 32 求微分方程组 $\begin{cases}x''(t)-2y'(t)-x(t)=0,\\x'(t)-y(t)=0\end{cases}$ 满足初始条件 $x(0)=0,x'(0)=1,y(0)=1$ 的解.

解 第一步:设 $X=X(p)=L[x(t)],Y=Y(p)=L[y(t)]$,对方程组取拉氏变换,把微分方程组转化为代数方程组

$$\begin{cases}p^2X-px(0)-x'(0)-2[pY-y(0)]-X=0,\\pX-x(0)-Y=0,\end{cases}$$

将初始条件 $x(0)=0,x'(0)=1,y(0)=1$ 代入上式,整理得

$$\begin{cases}(p^2-1)X-2pY+1=0,\\pX-Y=0.\end{cases}$$

第二步:解上面方程组得

$$\begin{cases}X(p)=\dfrac{1}{p^2+1},\\[2ex]Y(p)=\dfrac{p}{p^2+1}.\end{cases}$$

第三步:取拉氏逆变换,得所求解为

$$\begin{cases}x(t)=\sin t,\\y(t)=\cos t.\end{cases}$$

例 33 有一弹性系数为 8 N/m 的弹簧,上挂有质量为 2 kg 的物体,一外力 $f(t)=16\cos 4t$ 作用在物体上,假定物体原来在平衡位置,有向上的速度 2 m/s,如果阻力忽略不计,求物体的运动规律 $s(t)$.

解 由牛顿第二定律,得物体的运动方程为

$$\frac{19.6\mathrm{d}^2s}{9.8\mathrm{d}s^2}=-8s+16\cos 4t,$$

即 $$s''(t)+4s(t)=8\cos 4t.$$

初始条件是 $s(0)=0,s'(0)=2.$

两边取拉氏变换,得

$$L[s''(t)]+L[4s(t)]=8L[\cos 4t],$$

令 $L[s(t)]=s(p)$，则有

$$p^2s(p)-ps(0)-s'(0)+4s(p)=\frac{8p}{p^2+16},$$

即

$$p^2s(p)+2+4s(p)=\frac{8p}{p^2+16},$$

解出 $s(p)$，得

$$s(p)=\frac{8p}{(p^2+16)(p^2+4)}-\frac{2}{p^2+4}$$
$$=\frac{(12-4)p}{(p^2+16)(p^2+4)}-\frac{2}{p^2+4},$$

所以有

$$s(t)=L^{-1}\left[\frac{(12-4)p}{(p^2+16)(p^2+4)}-\frac{2}{p^2+4}\right]$$
$$=L^{-1}\left[\frac{(12-4)p}{(p^2+16)(p^2+4)}\right]-L^{-1}\left[\frac{2}{p^2+4}\right]$$
$$=\frac{2}{3}\cos 2t-\frac{2}{3}\cos 4t-\sin 2t.$$

由上面的例题可以看出，利用拉氏变换解带有初始条件的线性微分方程，避免了一般求解过程中先求通解再利用初始条件确定任意常数的繁杂计算.

8.4　任务考核

1. 说出下列微分方程的阶数：

(1) $x(y')^2-2yy'+x=0$；　(2) $x^2y''-xy'+y=0$；

(3) $xy'''+2y'+x^2y^5=0$；　(4) $(7x-5y)\mathrm{d}x+(x+y)\mathrm{d}y=0$.

2. 判断下列各题中的函数是否为所给微分方程的解：

(1) $xy'=2y, y=5x^2$；　(2) $y''-2y'+y=0, y=x^2\mathrm{e}^x$.

3. 求下列微分方程的通解：

(1) $\frac{\mathrm{d}y}{\mathrm{d}x}=5$；　(2) $\frac{\mathrm{d}^2y}{\mathrm{d}x^2}=\cos x$；

(3) $\frac{\mathrm{d}y}{\mathrm{d}x}=\frac{1}{x}$；　(4) $\frac{\mathrm{d}^2y}{\mathrm{d}x^2}=x^2$.

4. 求出下列微分方程满足所给初始条件的特解：

(1) $\frac{\mathrm{d}y}{\mathrm{d}x}=\sin x, y|_{x=0}=1$；　(2) $\frac{\mathrm{d}^2y}{\mathrm{d}x^2}=6x, y|_{x=0}=0, \left.\frac{\mathrm{d}y}{\mathrm{d}x}\right|_{x=0}=2$.

5. 求下列微分方程的通解：

(1) $3x^2+5x-5y'=0$；　(2) $y'=\frac{\cos x}{3y^2+\mathrm{e}^y}$；

(3)$xy' = y\ln y$;　　(4)$y' = 10^{x+y}$.

6. 求微分方程满足已给初始条件的特解:

(1)$\sin y\cos x\mathrm{d}y = \cos y\sin x\mathrm{d}x, y|_{x=0} = \frac{\pi}{4}$;　　(2)$y' = \mathrm{e}^{2x-y}, y|_{x=0} = 0$.

7. 求下列微分方程的通解:

(1)$y' + 3y = 2$;　　(2)$y' - \frac{y}{x-2} = 2(x-2)^2$.

8. 求下列微分方程的特解:

(1)$y' - y = \cos x, y|_{x=0} = 0$;　　(2)$y' - \frac{2x-1}{x^2}y = 1, y|_{x=1} = 0$.

9. 某一曲线通过原点,并且它在任一点(x,y)处的切线斜率等于$2x+y$,求此曲线的方程.

10. 求下列齐次微分方程的通解:

(1)$y'' - 2y' + y = 0$;　　(2)$y'' + 2y = 0$;

(3)$y'' + y' + 2y = 0$;　　(4)$\frac{1}{2}y'' + 3y' + 5y = 0$;

(5)$3y'' - 5y' + 2y = 0$;　　(6)$y'' + 6y' + 9y = 0$.

11. 求下列齐次线性微分方程的特解:

(1)$y'' - 2y' = 0, y|_{x=0} = 0, y'|_{x=0} = \frac{4}{3}$;

(2)$y'' + 4y' + 3y = 0, y|_{x=0} = 2, y'|_{x=0} = 6$;

(3)$y'' + 25y = 0, y|_{x=0} = 2, y'|_{x=0} = 5$;

(4)$4y'' + 4y' + y = 0, y|_{x=0} = 2, y'|_{x=0} = 0$;

(5)$3y'' + 2y' + \frac{1}{3}y = 0, y|_{x=0} = 3, y'|_{x=0} = 0$.

12. 一曲线上动点的坐标(x,y)满足方程$\frac{\mathrm{d}y}{\mathrm{d}x} + \frac{2xy}{h} = 0$,其中$h$为已知常量,并且曲线经过点$(0,a)$,求此曲线的方程.

13. 快艇以匀速$v_0 = 5$(m/s)在静水中前进,当停止发动机后5 s速度减少到3(m/s),已知阻力与速度成正比,试求船速随时间的变化规律.

14. 镭的衰变有如下规律:镭的衰变的速度与它的现有量R成正比,由实验材料得知,镭1 600年后只有原始量R_0的一半,求镭的量R与时间t的函数关系.

15. 某企业的边际成本$C'(x) = (x + x^2)C$,且固定成本为10元,求成本函数$C(x)$.

16. 已知储存在仓库中汽油的加仑数y与支付仓库管理费x之间满足关系:$\frac{\mathrm{d}y}{\mathrm{d}x} = ax + b$(其中$a,b$为常数),且知当$x=0$时$y=y_0$,试求$y$与$x$之间的函数关系.

17. 求下列函数的拉氏变换:

(1)$2\mathrm{e}^{-4t}$;　　(2)$t^3 + 2t^2 + 3$;

(3)$1 + 4\mathrm{e}^t$;　　(4)$5\sin 2t - 3\cos 2t$.

18. 对下列几个函数,验证 $L[f'(t)]=pL[f(t)]-f(0)$.

(1) $f(t)=3e^{2t}$;　　(2) $f(t)=\cos 5t$;

(3) $f(t)=t^2+2t-4$.

19. 对上题每一函数,验证 $L[f''(t)]=p^2L[f(t)]-pf(0)-f'(0)$.

20. 求下列拉氏逆变换:

(1) $F(p)=\dfrac{1}{(p-5)^2}$;　　(2) $F(p)=\dfrac{p}{(p+3)(p+5)}$;

(3) $F(p)=\dfrac{1}{p(p+1)(p+2)}$;　　(4) $F(p)=\dfrac{p^2+2}{(p^2+10)(p+20)}$;

(5) $F(p)=\dfrac{p^3+1}{p(p-1)}$;　　(6) $F(p)=\dfrac{4}{p^2+4p+20}$;

(5) $F(p)=\dfrac{5p+3}{(p-1)(p^2+2p+5)}$;　　(6) $F(p)=\dfrac{150}{(p^2+2p+5)(p^2-4p+8)}$.

21. 利用拉氏变换求解下列方程:

(1) $x''(t)-3x'(t)+2x(t)=4, x(0)=1, x'(0)=1$;

(2) $y''(t)+16y(t)=32t, y(0)=3, y'(0)=-2$;

(3) $y''(t)+\omega^2y(t)=0, y(0)=0, y'(0)=\omega$;

(4) $x''(t)+2x'(t)+5x(t)=0, x(0)=1, x'(0)=5$;

(5) $x''(t)+4x'(t)+8x(t)=20\cos 2t, x(0)=0, x'(0)=0$.

22. 解下列微分方程组:

(1) $\begin{cases}x'+x-y=e^2,\\ y'+3x-2y=2e^2,\end{cases}$ $x(0)=y(0)=1$;

(2) $\begin{cases}x''+2y=0,\\ y'+x+y=0,\end{cases}$ $x(0)=0, x'(0)=1, y(0)=1$.

23. 一弹簧悬挂有质量为2 kg的物体时,弹簧伸长了0.098 m,阻尼系数 $\mu=24\ \text{N}\cdot\text{m/s}$. 当弹簧受到强迫力 $f(t)=100\sin 10t$ N的作用后,物体产生了振动,设物体的初始位置在它的平衡位置,求振动规律.

(提示:物体的振动规律是 $m\dfrac{d^2s}{dt^2}+\mu\dfrac{ds}{dt}+Cs=f(t)$,其中 m 是质量,C 是弹性系数.)

学习情境3　矩阵及其运算

任务1　矩阵的概念与运算

1.1　矩阵的概念

矩阵是线性代数中的一个基本概念,为了建立矩阵的概念,我们先来看下面两个实际问题.

问题1　我们知道:三元一次方程组

$$\begin{cases}2x-y+z=3,\\x+y-2z=1,\\x+3z=0\end{cases}$$

的解完全取决于其系数和常数项,因此,为了讨论问题方便,我们可以把它的系数和常数项从方程组中分离出来写成一个如下的三行四列矩形数表

$$\begin{pmatrix}2&-1&1&3\\1&1&-2&1\\1&0&3&0\end{pmatrix}.$$

问题2　某工厂生产的3种产品近两年来在3个主要销售地销售的产品数量(单位:t)如表3.1所示.

表3.1

年份	2008年			2009年		
	地区1	地区2	地区3	地区1	地区2	地区3
产品1	98	24	42	55	19	44
产品2	39	15	22	43	53	38
产品3	22	15	17	11	40	20

为了便于描述这家工厂3种产品2008年与2009年在3个主要销售地的销售情况和变化规律,我们可以将这两年的相关销售数据分别写成如下两个3行3列的矩形数表:

$$\begin{pmatrix} 98 & 24 & 42 \\ 39 & 15 & 22 \\ 22 & 15 & 17 \end{pmatrix} 与 \begin{pmatrix} 55 & 19 & 44 \\ 43 & 53 & 38 \\ 11 & 40 & 20 \end{pmatrix}.$$

从以上两个实际问题我们可以看出,有的问题的本质是可以用矩形数表来表示的,一般地我们可以给出如下定义.

定义1　由 $m\times n$ 个数 $a_{ij}(i=1,2,\cdots,m;j=1,2,\cdots,n)$ 排列而成的如下 m 行 n 列的矩形数表

$$\begin{pmatrix} a_{11} & a_{12} & \cdots & a_{1n} \\ a_{21} & a_{22} & \cdots & a_{2n} \\ \vdots & \vdots & & \vdots \\ a_{m1} & a_{m2} & \cdots & a_{mn} \end{pmatrix}$$

叫做一个 **m 行 n 列矩阵**,简称 $m\times n$ 矩阵.称矩阵的横排为**行**,纵排为**列**,矩阵中的每一个数均称为矩阵的**元素**,称 a_{ij} 为矩阵的**第 i 行 j 列元素**.

通常用大写字母 $\boldsymbol{A},\boldsymbol{B},\boldsymbol{C},\cdots$ 表示矩阵.为了更清楚地表明矩阵的行数和列数,有时矩阵也记作 $\boldsymbol{A}_{m\times n}$ 或 $\boldsymbol{A}=(a_{ij})_{m\times n}$.

只有一行的矩阵称为**行矩阵**,行矩阵可写成

$$(a_1,a_2,\cdots,a_n).$$

只有一列的矩阵称为**列矩阵**,列矩阵可写成

$$\begin{pmatrix} a_1 \\ a_2 \\ \vdots \\ a_m \end{pmatrix}.$$

元素全为0的矩阵称为**零矩阵**,记为 $\boldsymbol{0}$.

行数和列数均为 n 的矩阵称为 **n 阶方阵**,n 称为方阵的**阶数**.

方阵中从左上角到右下角的直线称为方阵的**主对角线**.

主对角线上的元素全是1,主对角线以外的元素全是0的方阵称为**单位矩阵**,记作 $\boldsymbol{E}$ 或 $\boldsymbol{E}_n$.即

$$\boldsymbol{E}_n=\begin{pmatrix} 1 & 0 & \cdots & 0 \\ 0 & 1 & \cdots & 0 \\ \vdots & \vdots & & \vdots \\ 0 & 0 & \cdots & 1 \end{pmatrix}.$$

主对角线以外的元素全是0的方阵称为**对角矩阵**.

主对角线以上的元素全为0的方阵称为**下三角矩阵**,主对角线以下的元素全为0的方阵

称为**上三角矩阵**,下三角矩阵与上三角矩阵合称**三角矩阵**.

如果两个矩阵的行数、列数分别相等,则称它们为**同型矩阵**.

如果同型矩阵 $\boldsymbol{A}$ 与 $\boldsymbol{B}$ 的所有对应位置上的元素都分别相等,则称矩阵 **$\boldsymbol{A}$ 与 $\boldsymbol{B}$ 相等**,记作 $\boldsymbol{A}=\boldsymbol{B}$.

1.2 矩阵的运算

1.2.1 矩阵的加法

在上面的问题 2 中,要计算该工厂的 3 种产品 2008 年与 2009 年在 3 个销售地各自的销量和可按如下方法进行

$$\begin{pmatrix} 98+55 & 24+19 & 42+44 \\ 39+43 & 15+53 & 22+38 \\ 22+11 & 15+40 & 17+20 \end{pmatrix}=\begin{pmatrix} 153 & 43 & 86 \\ 82 & 68 & 60 \\ 33 & 55 & 37 \end{pmatrix}.$$

定义 2 设有两个同型的 $m\times n$ 矩阵 $\boldsymbol{A}=(a_{ij})$,$\boldsymbol{B}=(b_{ij})$,将它们对应位置上的元素分别相加得到的 $m\times n$ 矩阵叫**矩阵 $\boldsymbol{A}$ 与 $\boldsymbol{B}$ 的和**,记作 $\boldsymbol{A}+\boldsymbol{B}$,即

$$\boldsymbol{A}+\boldsymbol{B}=(a_{ij})_{m\times n}+(b_{ij})_{m\times n}=(a_{ij}+b_{ij})_{m\times n}.$$

矩阵的加法满足下列运算规律.

(1)交换律:$\boldsymbol{A}+\boldsymbol{B}=\boldsymbol{B}+\boldsymbol{A}$.

(2)结合律:$(\boldsymbol{A}+\boldsymbol{B})+\boldsymbol{C}=\boldsymbol{A}+(\boldsymbol{B}+\boldsymbol{C})$.

1.2.2 矩阵的减法

定义 3 设有两个同型的 $m\times n$ 矩阵 $\boldsymbol{A}=(a_{ij})$,$\boldsymbol{B}=(b_{ij})$,将它们对应位置上的元素分别相减得到的 $m\times n$ 矩阵叫**矩阵 $\boldsymbol{A}$ 与 $\boldsymbol{B}$ 的差**,记作 $\boldsymbol{A}-\boldsymbol{B}$,即

$$\boldsymbol{A}-\boldsymbol{B}=(a_{ij})_{m\times n}-(b_{ij})_{m\times n}=(a_{ij}-b_{ij})_{m\times n}.$$

例 1 设矩阵 $\boldsymbol{A}=\begin{pmatrix} 2 & -6 & 3 \\ 5 & 0 & -4 \end{pmatrix}$,$\boldsymbol{B}=\begin{pmatrix} 6 & 2 & -1 \\ 2 & 5 & -2 \end{pmatrix}$,求 $\boldsymbol{A}-\boldsymbol{B}$.

解 $\boldsymbol{A}-\boldsymbol{B}=\begin{pmatrix} 2-6 & -6-2 & 3-(-1) \\ 5-2 & 0-5 & -4-(-2) \end{pmatrix}=\begin{pmatrix} -4 & -8 & 4 \\ 3 & -5 & -2 \end{pmatrix}$.

1.2.3 数与矩阵相乘

在上面的问题 2 中,若该工厂计划 2010 年 3 种产品在 3 个销售地的销量比 2009 年都增长 10%,则 2010 年这 3 种产品在 3 个销售地的销量可按如下方法进行计算,

$$\begin{pmatrix} 55(1+10\%) & 19(1+10\%) & 44(1+10\%) \\ 43(1+10\%) & 53(1+10\%) & 38(1+10\%) \\ 11(1+10\%) & 40(1+10\%) & 20(1+10\%) \end{pmatrix}=\begin{pmatrix} 60.5 & 20.9 & 48.4 \\ 47.3 & 58.3 & 41.8 \\ 12.1 & 44 & 22 \end{pmatrix}.$$

定义 4 用数 λ 乘矩阵 $\boldsymbol{A}$ 的每一个元素所得到的矩阵,叫**数 λ 与矩阵 $\boldsymbol{A}$ 的积**,简称数乘,

记作 λA，即如果 $A=(a_{ij})_{m\times n}$，则

$$\lambda A=(\lambda a_{ij})_{m\times n}.$$

特别地，称 $(-1)\cdot A=-A$ 叫矩阵 A 的负矩阵，我们有

$$A-B=A+(-B),$$

这说明两个矩阵的差也可以看成是一个矩阵与另一个矩阵的负矩阵的和.

例2　设矩阵 $A=\begin{pmatrix}2&-6&3\\5&0&-4\end{pmatrix}$，$B=\begin{pmatrix}6&2&-1\\2&5&-2\end{pmatrix}$，求 $3A+2B$.

解　$3A+2B=\begin{pmatrix}6&-18&9\\15&0&-12\end{pmatrix}+\begin{pmatrix}12&4&-2\\4&10&-4\end{pmatrix}=\begin{pmatrix}18&-14&7\\19&10&-16\end{pmatrix}$.

1.2.4　矩阵与矩阵的乘法

在问题2中，假设该工厂2009年的3种产品的单价分别为每吨1、2、2万元，纯利润分别为每吨0.1、0.1、0.2万元，若将这些数据用矩阵表示为

$$\begin{pmatrix}1&0.1\\2&0.1\\2&0.2\end{pmatrix}.$$

那么2009年该工厂3种产品在3个地区的销售额与纯利润就可用矩阵表示如下：

$$\begin{pmatrix}55\times1+19\times2+44\times2&55\times0.1+19\times0.1+44\times0.2\\43\times1+53\times2+38\times2&43\times0.1+53\times0.1+38\times0.2\\11\times1+40\times2+20\times2&11\times0.1+40\times0.1+20\times0.2\end{pmatrix}=\begin{pmatrix}181&16.2\\225&17.2\\131&9.1\end{pmatrix}.$$

定义5　设矩阵 $A=(a_{ij})_{m\times l}$ 的列数与矩阵 $B=(b_{ij})_{l\times n}$ 的行数相同，称由元素

$$c_{ij}=a_{i1}b_{1j}+a_{i2}b_{2j}+\cdots a_{in}b_{nj}(i=1,2,\cdots,m;j=1,2,\cdots,n)$$

构成的 m 行 n 列矩阵 $C=(c_{ij})_{m\times n}$ 叫**矩阵 A 与矩阵 B 的乘积**，记为 AB.

从矩阵乘积的定义可知：只有矩阵 A 的列数等于矩阵 B 的行数时，AB 才有意义；AB 的第 i 行第 j 列的元素恰是矩阵 A 的第 i 行的元素与矩阵 B 的第 j 列的元素对应相乘再相加的结果；AB 的行数为矩阵 A 的行数，列数等于矩阵 B 的列数.

例3　多媒体技术中，彩色视频图像编码的过程是：首先把外部输入的 R、G、B 信号进行坐标变换，从 R、G、B 彩色空间变为 Y、U、V 彩色空间，其变换公式为

$$\begin{cases}Y=0.299R+0.587G+0.114B,\\U=-0.169R-0.332G+0.5B,\\V=0.5R-0.419G-0.081B,\end{cases}$$

这个公式可用矩阵乘法表示为

$$\begin{pmatrix}Y\\U\\V\end{pmatrix}=\begin{pmatrix}0.299&0.587&0.114\\-0.169&-0.332&0.500\\0.500&-0.419&-0.081\end{pmatrix}\begin{pmatrix}R\\G\\B\end{pmatrix}.$$

例4　设矩阵 $A=\begin{pmatrix}1&2&3\\4&5&6\end{pmatrix}$，$B=\begin{pmatrix}7&10\\8&11\\9&12\end{pmatrix}$，求 AB.

解 $AB = \begin{pmatrix} 1\times7+2\times8+3\times9 & 1\times10+2\times11+3\times12 \\ 4\times7+5\times8+6\times9 & 4\times10+5\times11+6\times12 \end{pmatrix} = \begin{pmatrix} 50 & 68 \\ 122 & 167 \end{pmatrix}$.

例 5 已知矩阵 $A=(a_1,a_2,\cdots,a_n)$,$B=\begin{pmatrix} b_1 \\ b_2 \\ \vdots \\ b_n \end{pmatrix}$,求 AB 与 BA.

解 $AB=(a_1,a_2,\cdots,a_n)\begin{pmatrix} b_1 \\ b_2 \\ \vdots \\ b_n \end{pmatrix}=a_1b_1+a_2b_2+\cdots+a_nb_n$.

$$BA=\begin{pmatrix} b_1 \\ b_2 \\ \vdots \\ b_n \end{pmatrix}(a_1,a_2,\cdots,a_n)=\begin{pmatrix} b_1a_1 & b_1a_2 & \cdots & b_1a_n \\ b_2a_1 & b_2a_2 & \cdots & b_2a_n \\ \vdots & \vdots & & \vdots \\ b_na_1 & b_na_2 & \cdots & b_na_n \end{pmatrix}.$$

由例 5 可知,矩阵的乘法一般不满足交换律. 若 $AB=BA$,则称 A 与 B 是**可交换的矩阵.**

可以证明:$E_mA_{m\times n}=A_{m\times n}$,$A_{m\times n}E_n=A_{m\times n}$.

例 6 已知矩阵 $A=\begin{pmatrix} 1 & 1 \\ -1 & -1 \end{pmatrix}$,$B=\begin{pmatrix} 1 & -1 \\ -1 & 1 \end{pmatrix}$,求 AB.

解 $AB=\begin{pmatrix} 1 & 1 \\ -1 & -1 \end{pmatrix}\begin{pmatrix} 1 & -1 \\ -1 & 1 \end{pmatrix}=\begin{pmatrix} 0 & 0 \\ 0 & 0 \end{pmatrix}$.

由例 6 可知,矩阵的乘法一般不满足消去律,即不能因为 $AB=AC$ 而得到 $B=C$.

例 7 设矩阵 $A=\begin{pmatrix} 3 & 0 & 5 \\ -2 & 4 & 1 \end{pmatrix}$,$B=\begin{pmatrix} -1 & 1 & 4 & 0 \\ 3 & -2 & 5 & -3 \\ 2 & 0 & -6 & 4 \end{pmatrix}$,$C=\begin{pmatrix} 1 \\ 1 \\ 1 \\ 1 \end{pmatrix}$,求 $(AB)C$ 与 $A(BC)$.

解 $(AB)C=\begin{pmatrix} 7 & 3 & -18 & 20 \\ 16 & -10 & 6 & -8 \end{pmatrix}\begin{pmatrix} 1 \\ 1 \\ 1 \\ 1 \end{pmatrix}=\begin{pmatrix} 12 \\ 4 \end{pmatrix}$.

$$A(BC)=\begin{pmatrix} 3 & 0 & 5 \\ -2 & 4 & 1 \end{pmatrix}\begin{pmatrix} 4 \\ 3 \\ 0 \end{pmatrix}=\begin{pmatrix} 12 \\ 4 \end{pmatrix}.$$

可以证明矩阵的乘法满足如下运算规律.

(1)结合律:$(AB)C=A(BC)$.

(2)左分配律:$A(B+C)=AB+AC$.

(3)右分配律:$(\boldsymbol{A}+\boldsymbol{B})\boldsymbol{C}=\boldsymbol{AC}+\boldsymbol{BC}$.

定义6　设$\boldsymbol{A}$为方阵,称n个$\boldsymbol{A}$的乘积

$$\underbrace{\boldsymbol{AAA}\cdots\boldsymbol{A}}_{n个}$$

叫矩阵$\boldsymbol{A}$的n次方,记为$\boldsymbol{A}^n$.

容易证明:(1)$\boldsymbol{A}^m\boldsymbol{A}^n=\boldsymbol{A}^{m+n}$;(2)$(\boldsymbol{A}^m)^n=\boldsymbol{A}^{mn}$;(3)$\boldsymbol{E}^n=\boldsymbol{E}$.

例8　计算$\begin{pmatrix}1&1\\0&1\end{pmatrix}^{10}$.

解　因为$\begin{pmatrix}1&1\\0&1\end{pmatrix}^2=\begin{pmatrix}1&2\\0&1\end{pmatrix},\begin{pmatrix}1&1\\0&1\end{pmatrix}^3=\begin{pmatrix}1&3\\0&1\end{pmatrix},\begin{pmatrix}1&1\\0&1\end{pmatrix}^4=\begin{pmatrix}1&4\\0&1\end{pmatrix}$.

所以　$\begin{pmatrix}1&1\\0&1\end{pmatrix}^{10}=\begin{pmatrix}1&10\\0&1\end{pmatrix}$.

1.2.5　矩阵的转置

定义7　将$m\times n$矩阵$\boldsymbol{A}$的行依次换成相应的列而得到的$n\times m$矩阵叫矩阵$\boldsymbol{A}$的转置矩阵,记作$\boldsymbol{A}^{\mathrm{T}}$.即如果

$$\boldsymbol{A}=\begin{pmatrix}a_{11}&a_{12}&\cdots&a_{1n}\\a_{21}&a_{22}&\cdots&a_{2n}\\\vdots&\vdots&&\vdots\\a_{m1}&a_{m2}&\cdots&a_{mn}\end{pmatrix},$$

则

$$\boldsymbol{A}^{\mathrm{T}}=\begin{pmatrix}a_{11}&a_{21}&\cdots&a_{m1}\\a_{12}&a_{22}&\cdots&a_{m2}\\\vdots&\vdots&&\vdots\\a_{1n}&a_{2n}&\cdots&a_{mn}\end{pmatrix}.$$

矩阵的转置运算满足以下运算规律:

(1)$(\boldsymbol{A}\pm\boldsymbol{B})^{\mathrm{T}}=\boldsymbol{A}^{\mathrm{T}}\pm\boldsymbol{B}^{\mathrm{T}}$;

(2)$(\lambda\boldsymbol{A})^{\mathrm{T}}=\lambda\boldsymbol{A}^{\mathrm{T}}$($\lambda$为常数);

(3)$(\boldsymbol{AB})^{\mathrm{T}}=\boldsymbol{B}^{\mathrm{T}}\boldsymbol{A}^{\mathrm{T}}$;

(4)$(\boldsymbol{A}^{\mathrm{T}})^{\mathrm{T}}=\boldsymbol{A}$.

例9　已知矩阵$\boldsymbol{A}=\begin{pmatrix}0&-1\\3&2\end{pmatrix},\boldsymbol{B}=\begin{pmatrix}1&7&2\\4&2&0\end{pmatrix}$,求$(\boldsymbol{AB})^{\mathrm{T}}$.

解法1　$\boldsymbol{AB}=\begin{pmatrix}-4&-2&0\\11&25&6\end{pmatrix},(\boldsymbol{AB})^{\mathrm{T}}=\begin{pmatrix}-4&11\\-2&25\\0&6\end{pmatrix}$.

解法2　$(\boldsymbol{AB})^{\mathrm{T}}=\boldsymbol{B}^{\mathrm{T}}\boldsymbol{A}^{\mathrm{T}}=\begin{pmatrix}1&4\\7&2\\2&0\end{pmatrix}\begin{pmatrix}0&3\\-1&2\end{pmatrix}=\begin{pmatrix}-4&11\\-2&25\\0&6\end{pmatrix}$.

定义 8 若矩阵 $\boldsymbol{A}$ 满足 $\boldsymbol{A}^{\mathrm{T}}=\boldsymbol{A}$,则称矩阵 $\boldsymbol{A}$ 为**对称矩阵**.

1.3 任务考核

1. 设矩阵 $\boldsymbol{A}=\begin{pmatrix}-4 & -2 & 0\\ 11 & 25 & 6\end{pmatrix}$,$\boldsymbol{B}=\begin{pmatrix}-4 & -2 & 0\\ 11 & 25 & 6\end{pmatrix}$.

(1)求 $2\boldsymbol{A}-\boldsymbol{B}$;

(2)若矩阵 $\boldsymbol{X}$ 满足 $2(\boldsymbol{X}-2\boldsymbol{A})=\boldsymbol{B}$,求 $\boldsymbol{X}$.

2. 计算下列矩阵的乘积:

(1)$\begin{pmatrix}1 & 2 & 3\end{pmatrix}\begin{pmatrix}-1\\ 2\\ 3\end{pmatrix}$;

(2)$\begin{pmatrix}1\\ 4\\ -1\end{pmatrix}\begin{pmatrix}1 & 3\end{pmatrix}$;

(3)$\begin{pmatrix}1 & 2 & 3\end{pmatrix}\begin{pmatrix}1 & 0 & -2\\ 1 & 2 & 1\\ -1 & 1 & 1\end{pmatrix}$;

(4)$\begin{pmatrix}7 & -1\\ -2 & 5\\ 3 & -4\end{pmatrix}\begin{pmatrix}1\\ -5\end{pmatrix}$;

(5)$\begin{pmatrix}1 & 0 & 0\\ 2 & 1 & 0\\ 0 & -1 & 1\end{pmatrix}\begin{pmatrix}1 & 0 & 0\\ -1 & 1 & 0\\ 1 & -1 & 1\end{pmatrix}$;

(6)$\begin{pmatrix}2 & 1 & 4 & 0\\ 1 & -1 & 0 & 2\end{pmatrix}\begin{pmatrix}1 & 0 & 2 & 1\\ 0 & 4 & 1 & -1\\ 0 & 1 & 2 & 2\\ -3 & 0 & 1 & 0\end{pmatrix}$.

3. 设矩阵 $\boldsymbol{A}=\begin{pmatrix}1 & 0 & 1\\ 1 & -1 & 1\\ 0 & 1 & 2\end{pmatrix}$,$\boldsymbol{B}=\begin{pmatrix}0 & 1 & 1\\ 1 & -1 & 0\\ -2 & 1 & 1\end{pmatrix}$,求:

(1)$(\boldsymbol{A}+\boldsymbol{B})(\boldsymbol{A}-\boldsymbol{B})$ 与 $\boldsymbol{A}^2-\boldsymbol{B}^2$;

(2) $(\boldsymbol{AB})^{\mathrm{T}}$ 与 $\boldsymbol{A}^{\mathrm{T}}\boldsymbol{B}^{\mathrm{T}}$.

4. 设矩阵 $\boldsymbol{A}=\begin{pmatrix}1 & 0 & 2\\ 0 & a & b\\ 0 & 0 & 1\end{pmatrix}$ 与 $\boldsymbol{B}=\begin{pmatrix}1 & 1 & 1\\ 0 & 1 & 0\\ 0 & 0 & 1\end{pmatrix}$ 是可交换的矩阵,求 a 与 b.

5. 设 $\boldsymbol{A}$ 和 $\boldsymbol{B}$ 是同阶对称矩阵,证明:$\boldsymbol{AB}$ 是对称矩阵的充要条件是 $\boldsymbol{AB}=\boldsymbol{BA}$.

任务2 行列式及计算

2.1 2 阶行列式与 3 阶行列式

我们知道,二元一次方程组

$$\begin{cases}a_{11}x+a_{12}y=b_1,\\a_{21}x+a_{22}y=b_2\end{cases}$$

当 $a_{11}a_{22}-a_{12}a_{21}\neq 0$ 时,它有唯一解

$$x=\frac{b_1a_{22}-a_{12}b_2}{a_{11}a_{22}-a_{12}a_{21}},\ y=\frac{a_{11}b_2-b_1a_{21}}{a_{11}a_{22}-a_{12}a_{21}}.$$

我们将上面解中的 $a_{11}a_{22}-a_{12}a_{21}$ 部分表示为

$$\begin{vmatrix}a_{11}&a_{12}\\a_{21}&a_{22}\end{vmatrix}$$

的形式,即

$$\begin{vmatrix}a_{11}&a_{12}\\a_{21}&a_{22}\end{vmatrix}=a_{11}a_{22}-a_{12}a_{21},$$

称 $\begin{vmatrix}a_{11}&a_{12}\\a_{21}&a_{22}\end{vmatrix}$ 叫2阶方阵 $\begin{pmatrix}a_{11}&a_{12}\\a_{21}&a_{22}\end{pmatrix}$ 的行列式,简称2 **阶行列式**.

根据2阶行列式的概念,上面二元一次方程组的解可用2阶行列式表示为

$$x=\frac{\begin{vmatrix}b_1&a_{12}\\b_2&a_{22}\end{vmatrix}}{\begin{vmatrix}a_{11}&a_{12}\\a_{21}&a_{22}\end{vmatrix}},\ y=\frac{\begin{vmatrix}a_{11}&b_1\\a_{21}&b_2\end{vmatrix}}{\begin{vmatrix}a_{11}&a_{12}\\a_{21}&a_{22}\end{vmatrix}}.$$

例1　解二元一次方程组

$$\begin{cases}2x+y=7,\\x-3y=-2.\end{cases}$$

解　利用上面结论可得方程组的解

$$x=\frac{\begin{vmatrix}7&1\\-2&-3\end{vmatrix}}{\begin{vmatrix}2&1\\1&-3\end{vmatrix}}=\frac{19}{7},\ y=\frac{\begin{vmatrix}2&7\\1&-2\end{vmatrix}}{\begin{vmatrix}2&1\\1&-3\end{vmatrix}}=\frac{11}{7}.$$

对于三元一次方程组

$$\begin{cases}a_{11}x+a_{12}y+a_{13}z=b_1,\\a_{21}x+a_{22}y+a_{23}z=b_2,\\a_{31}x+a_{32}y+a_{33}z=b_3,\end{cases}$$

当 $a_{11}a_{22}a_{33}+a_{12}a_{23}a_{31}+a_{13}a_{21}a_{32}-a_{11}a_{23}a_{32}-a_{12}a_{21}a_{33}-a_{13}a_{22}a_{31}\neq 0$ 时,方程组有唯一解

$$x=\frac{b_1a_{22}a_{33}+a_{12}a_{23}b_3+a_{13}b_2a_{32}-b_1a_{23}a_{32}-a_{12}b_2a_{33}-a_{13}a_{22}b_3}{a_{11}a_{22}a_{33}+a_{12}a_{23}a_{31}+a_{13}a_{21}a_{32}-a_{11}a_{23}a_{32}-a_{12}a_{21}a_{33}-a_{13}a_{22}a_{31}},$$

$$y=\frac{a_{11}b_2a_{33}+b_1a_{23}a_{31}+a_{13}a_{21}b_3-a_{11}b_3a_{23}-b_1a_{21}a_{33}-a_{13}b_2a_{31}}{a_{11}a_{22}a_{33}+a_{12}a_{23}a_{31}+a_{13}a_{21}a_{32}-a_{11}a_{23}a_{32}-a_{12}a_{21}a_{33}-a_{13}a_{22}a_{31}},$$

$$z=\frac{a_{11}a_{22}b_3+a_{12}b_2a_{31}+b_1a_{21}a_{32}-a_{11}b_2a_{32}-a_{12}a_{21}b_3-b_1a_{22}a_{31}}{a_{11}a_{22}a_{33}+a_{12}a_{23}a_{31}+a_{13}a_{21}a_{32}-a_{11}a_{23}a_{32}-a_{12}a_{21}a_{33}-a_{13}a_{22}a_{31}}.$$

我们可以将三元一次方程组解中的

$$a_{11}a_{22}a_{33}+a_{12}a_{23}a_{31}+a_{13}a_{21}a_{32}-a_{11}a_{23}a_{32}-a_{12}a_{21}a_{33}-a_{13}a_{22}a_{31}$$

部分表示为

$$\begin{vmatrix} a_{11} & a_{12} & a_{13} \\ a_{21} & a_{22} & a_{23} \\ a_{31} & a_{32} & a_{33} \end{vmatrix}$$

的形式,称之为3阶方阵$\begin{pmatrix} a_{11} & a_{12} & a_{13} \\ a_{21} & a_{22} & a_{23} \\ a_{31} & a_{32} & a_{33} \end{pmatrix}$的行列式,简称3阶行列式. 即

$$\begin{vmatrix} a_{11} & a_{12} & a_{13} \\ a_{21} & a_{22} & a_{23} \\ a_{31} & a_{32} & a_{33} \end{vmatrix}=a_{11}a_{22}a_{33}+a_{12}a_{23}a_{31}+a_{13}a_{21}a_{32}-a_{11}a_{23}a_{32}-a_{12}a_{21}a_{33}-a_{13}a_{22}a_{31}.$$

我们将三阶行列式的结果重新组合,则3阶行列式可用2阶行列式表示如下:

$$\begin{aligned}\begin{vmatrix} a_{11} & a_{12} & a_{13} \\ a_{21} & a_{22} & a_{23} \\ a_{31} & a_{32} & a_{33} \end{vmatrix}&=a_{11}(a_{22}a_{33}-a_{23}a_{32})-a_{12}(a_{21}a_{33}-a_{23}a_{31})+a_{13}(a_{21}a_{32}-a_{22}a_{31})\\&=a_{11}(-1)^{1+1}\begin{vmatrix} a_{22} & a_{23} \\ a_{32} & a_{33} \end{vmatrix}+a_{12}(-1)^{1+2}\begin{vmatrix} a_{21} & a_{23} \\ a_{31} & a_{33} \end{vmatrix}+\\&\quad a_{13}(-1)^{1+3}\begin{vmatrix} a_{21} & a_{22} \\ a_{31} & a_{32} \end{vmatrix}.\end{aligned}$$

在这一结论中,3个2阶行列式

$$\begin{vmatrix} a_{22} & a_{23} \\ a_{32} & a_{33} \end{vmatrix},\begin{vmatrix} a_{21} & a_{23} \\ a_{31} & a_{33} \end{vmatrix},\begin{vmatrix} a_{21} & a_{22} \\ a_{31} & a_{32} \end{vmatrix}$$

分别是3阶行列式中去掉元素a_{11},a_{12},a_{13}所在的行和列后余下的元素按原位置排列成的2阶行列式. 一般地,称3阶行列式中去掉元素a_{ij}所在的行和列后余下的元素按原位置排列成的2阶行列式称为**元素a_{ij}的余子式**,记为M_{ij},称$(-1)^{i+j}M_{ij}$为**元素a_{ij}的代数余子式**,记为A_{ij},即

$$A_{ij}=(-1)^{i+j}M_{ij}.$$

由此可得

$$\begin{vmatrix} a_{11} & a_{12} & a_{13} \\ a_{21} & a_{22} & a_{23} \\ a_{31} & a_{32} & a_{33} \end{vmatrix}=a_{11}A_{11}+a_{12}A_{12}+a_{13}A_{13}.$$

同样道理,我们可以进一步验证:**3阶行列式等于其任意一行(或列)的元素与其对应的代数余子式的乘积之和.**

例2　计算行列式$\begin{vmatrix} 1 & 3 & 2 \\ 4 & 1 & 1 \\ 2 & -3 & 1 \end{vmatrix}$.

解　$$\begin{vmatrix} 1 & 3 & 2 \\ 4 & 1 & 1 \\ 2 & -3 & 1 \end{vmatrix} = 1\times(-1)^{1+1}\begin{vmatrix} 1 & 1 \\ -3 & 1 \end{vmatrix} + 3\times(-1)^{1+2}\begin{vmatrix} 4 & 1 \\ 2 & 1 \end{vmatrix} + 2\times(-1)^{1+3}\begin{vmatrix} 4 & 1 \\ 2 & -3 \end{vmatrix}$$

$$= 4 - 6 - 28$$

$$= -30.$$

利用三阶行列式,我们可以将上面三元一次方程组的解表示为

$$x = \frac{\begin{vmatrix} b_1 & a_{12} & a_{13} \\ b_2 & a_{22} & a_{23} \\ b_3 & a_{32} & a_{33} \end{vmatrix}}{\begin{vmatrix} a_{11} & a_{12} & a_{13} \\ a_{21} & a_{22} & a_{23} \\ a_{31} & a_{32} & a_{33} \end{vmatrix}},\quad y = \frac{\begin{vmatrix} a_{11} & b_1 & a_{13} \\ a_{21} & b_2 & a_{23} \\ a_{31} & b_3 & a_{33} \end{vmatrix}}{\begin{vmatrix} a_{11} & a_{12} & a_{13} \\ a_{21} & a_{22} & a_{23} \\ a_{31} & a_{32} & a_{33} \end{vmatrix}},\quad z = \frac{\begin{vmatrix} a_{11} & a_{12} & b_1 \\ a_{21} & a_{22} & b_2 \\ a_{31} & a_{32} & b_3 \end{vmatrix}}{\begin{vmatrix} a_{11} & a_{12} & a_{13} \\ a_{21} & a_{22} & a_{23} \\ a_{31} & a_{32} & a_{33} \end{vmatrix}}.$$

2.2　n 阶行列式的概念

定义1　称 n 阶方阵 $\boldsymbol{A} = \begin{pmatrix} a_{11} & a_{12} & \cdots & a_{1n} \\ a_{21} & a_{22} & \cdots & a_{2n} \\ \vdots & \vdots & & \vdots \\ a_{n1} & a_{n2} & \cdots & a_{nn} \end{pmatrix}$的行列式叫 **$n$ 阶行列式**,记为$|\boldsymbol{A}|$. n 阶行列式是关于方阵 A 的元素的一个算式,其算法定义如下.

当 $n=1$ 时,$|\boldsymbol{A}| = a_{11}$.

当 $n\geqslant 2$ 时,$|\boldsymbol{A}| = a_{i1}A_{i1} + a_{i2}A_{i2} + \cdots + a_{in}A_{in} (i=1,2,\cdots,n)$

或　　$|\boldsymbol{A}| = a_{1j}A_{1j} + a_{2j}A_{2j} + \cdots + a_{nj}A_{nj} (j=1,2,\cdots,n)$,

其中,$\boldsymbol{A}_{ij} = (-1)^{i+j}M_{ij}$,而 M_{ij}是去掉 n 阶行列式中元素 a_{ij}所在的行和列后余下的元素按原位置构成的 $n-1$ 阶行列式,即

$$M_{ij} = \begin{vmatrix} a_{1,1} & \cdots & a_{1,j-1} & a_{1,j+1} & \cdots & a_{1,n} \\ \vdots & & \vdots & \vdots & & \vdots \\ a_{i-1,1} & \cdots & a_{i-1,j-1} & a_{i-1,j+1} & \cdots & a_{i-1,n} \\ a_{i+1,1} & \cdots & a_{i+1,j-1} & a_{i+1,j+1} & \cdots & a_{i+1,n} \\ \vdots & & \vdots & \vdots & & \vdots \\ a_{n,1} & \cdots & a_{n,j-1} & a_{n,j+1} & \cdots & a_{m,n} \end{vmatrix} (i=1,2,\cdots,n,j=1,2,\cdots,n),$$

称 M_{ij}为**元素 a_{ij}的余子式**,$A_{ij} = (-1)^{i+j}M_{ij}$为**元素 a_{ij}的代数余子式**.

这就是说：n 阶行列式等于其任意一行(或列)的元素与其对应的代数余子式的乘积之和.

例3 计算行列式 $\begin{vmatrix} 1 & -1 & 0 & 2 \\ 2 & 1 & 0 & 3 \\ 1 & 2 & 3 & 1 \\ 3 & 1 & 0 & 2 \end{vmatrix}$.

解 选第3列展开

$$\begin{vmatrix} 1 & -1 & 0 & 2 \\ 2 & 1 & 0 & 3 \\ 1 & 2 & 3 & 1 \\ 3 & 1 & 0 & 2 \end{vmatrix} = 3\times(-1)^{3+3}\begin{vmatrix} 1 & -1 & 2 \\ 2 & 1 & 3 \\ 3 & 1 & 2 \end{vmatrix}$$

$$= 3\left(1\times(-1)^{1+1}\begin{vmatrix} 1 & 3 \\ 1 & 2 \end{vmatrix} + (-1)\times(-1)^{1+2}\begin{vmatrix} 2 & 3 \\ 3 & 2 \end{vmatrix} + 2\times(-1)^{1+3}\begin{vmatrix} 2 & 1 \\ 3 & 1 \end{vmatrix}\right)$$

$$= 3(-1-5-2)$$

$$= -24.$$

由行列式的定义可知.

定理1 行列式中若有某行(列)的元素全为零,则此行列式的值为零.

利用行列式的概念容易得到

$$\begin{vmatrix} a_{11} & 0 & \cdots & 0 \\ a_{21} & a_{22} & \cdots & 0 \\ \vdots & \vdots & & \vdots \\ a_{n1} & a_{n2} & \cdots & a_{nn} \end{vmatrix} = \begin{vmatrix} a_{11} & a_{12} & \cdots & a_{1n} \\ 0 & a_{22} & \cdots & a_{2n} \\ \vdots & \vdots & & \vdots \\ 0 & 0 & \cdots & a_{nn} \end{vmatrix} = a_{11}a_{22}\cdots a_{nn},$$

即三角矩阵的行列式等于其主对角线上的元素的乘积.

2.3 行列式的性质

利用行列式的定义可以证明行列式的以下性质,这些性质常常用来简化行列式的计算.

性质1 若 $\boldsymbol{A}$、$\boldsymbol{B}$ 为同阶方阵,则有 $|\boldsymbol{AB}| = |\boldsymbol{A}||\boldsymbol{B}|$.

推论1 若 $\boldsymbol{A}$ 为方阵,则有 $|\boldsymbol{A}^n| = |\boldsymbol{A}|^n$.

例4 设矩阵 $\boldsymbol{A} = \begin{pmatrix} 1 & 0 & 1 \\ 2 & 1 & -1 \\ 0 & 1 & 1 \end{pmatrix}$,求 $|\boldsymbol{A}^3|$.

解 因为 $|\boldsymbol{A}| = 4$,故 $|\boldsymbol{A}^3| = |\boldsymbol{A}|^3 = 64$.

性质2 若 $\boldsymbol{A}$ 为方阵,则有 $|\boldsymbol{A}^{\mathrm{T}}| = |\boldsymbol{A}|$.

例5 设 $\boldsymbol{A}$ 为例4中的矩阵,求 $|\boldsymbol{AA}^{\mathrm{T}}|$.

解 因为 $|\boldsymbol{A}| = 4$,故 $|\boldsymbol{AA}^{\mathrm{T}}| = |\boldsymbol{A}||\boldsymbol{A}^{\mathrm{T}}| = |\boldsymbol{A}|^2 = 16$.

性质3 互换行列式中任意两行(或列)的位置,行列式变号.

为了讨论问题方便,我们以后用记号 r_i 表示行列式的第 i 行,用 c_i 表示行列式的第 i 列;用"$r_i \leftrightarrow r_j$"表示将第 i 行与第 j 行交换,用"$c_i \leftrightarrow c_j$"表示将第 i 列与第 j 列交换.

如 $\begin{vmatrix} 1 & 3 & 2 \\ 4 & 1 & 1 \\ 2 & -3 & 1 \end{vmatrix} \xlongequal{r_1 \leftrightarrow r_3} -\begin{vmatrix} 2 & -3 & 1 \\ 4 & 1 & 1 \\ 1 & 3 & 2 \end{vmatrix}$.

性质4　行列式中某一行(或列)元素的公因子,可以提到行列式的符号之外.

如 $\begin{vmatrix} 1 & 3 & 2 \\ 4\times 2 & 1\times 2 & 1\times 2 \\ 2 & -3 & 1 \end{vmatrix} = 2\begin{vmatrix} 1 & 3 & 2 \\ 4 & 1 & 1 \\ 2 & -3 & 1 \end{vmatrix}$.

推论2　若 $\boldsymbol{A}$ 为 n 阶方阵,k 为一个数,则有 $|k\boldsymbol{A}| = k^n|\boldsymbol{A}|$.

例6　设 $\boldsymbol{A}$ 为例4中的矩阵,求 $|2\boldsymbol{A}|$.

解　因为 $|\boldsymbol{A}| = 4$,故 $|2\boldsymbol{A}| = 2^3|\boldsymbol{A}| = 32$.

性质4　把行列式的某一行(或列)的各元素乘以同一数后加到另一行(或列)对应元素上,行列式的值不变.

将第 i 行乘 λ 后加到第 j 行上记为 $r_j + \lambda r_i$;将第 i 列乘 λ 后加到第 j 列记为 $c_j + \lambda c_i$.

如 $\begin{vmatrix} 1 & 3 & 2 \\ 4 & 1 & 1 \\ 2 & -3 & 1 \end{vmatrix} \xlongequal{r_3 + 2r_1} \begin{vmatrix} 1 & 3 & 2 \\ 4 & 1 & 1 \\ 2+1\times 2 & -3+3\times 2 & 1+2\times 2 \end{vmatrix} = \begin{vmatrix} 1 & 3 & 2 \\ 4 & 1 & 1 \\ 4 & 3 & 5 \end{vmatrix}$.

推论3　如果行列式中有两行(或列)的对应元素完全相同,则行列式为零.

推论4　如果行列式中两行(或列)元素对应成比例,则此行列式为零.

例7　计算行列式 $\begin{vmatrix} 1 & 2 & 0 & 1 \\ 1 & 3 & 5 & 0 \\ 0 & 1 & 5 & 6 \\ 1 & 2 & 3 & 4 \end{vmatrix}$.

解　$\begin{vmatrix} 1 & 2 & 0 & 1 \\ 1 & 3 & 5 & 0 \\ 0 & 1 & 5 & 6 \\ 1 & 2 & 3 & 4 \end{vmatrix} \xlongequal[r_4 - r_1]{r_2 - r_1} \begin{vmatrix} 1 & 2 & 0 & 1 \\ 0 & 1 & 5 & -1 \\ 0 & 1 & 5 & 6 \\ 0 & 0 & 3 & 3 \end{vmatrix}$

$$\xlongequal{r_3 - r_2} \begin{vmatrix} 1 & 2 & 0 & 1 \\ 0 & 1 & 5 & -1 \\ 0 & 0 & 0 & 7 \\ 0 & 0 & 3 & 3 \end{vmatrix} \xlongequal{r_3 \leftrightarrow r_4} -\begin{vmatrix} 1 & 2 & 0 & 1 \\ 0 & 1 & 5 & -1 \\ 0 & 0 & 3 & 3 \\ 0 & 0 & 0 & 7 \end{vmatrix}$$

$= -21$.

例8　解方程 $\begin{vmatrix} 1 & 4 & 3 & 2 \\ 2 & x+4 & 6 & 4 \\ 3 & -2 & x & 1 \\ -3 & 2 & 5 & -1 \end{vmatrix} = 0$.

解 $\begin{vmatrix} 1 & 4 & 3 & 2 \\ 2 & x+4 & 6 & 4 \\ 3 & -2 & x & 1 \\ -3 & 2 & 5 & -1 \end{vmatrix} \xlongequal[r_3+r_4]{r_2-2r_1} \begin{vmatrix} 1 & 4 & 3 & 2 \\ 0 & x-4 & 0 & 0 \\ 0 & 0 & x+5 & 0 \\ -3 & 2 & 5 & -1 \end{vmatrix}$

$$=(x-4)\times(-1)^{2+2}\begin{vmatrix} 1 & 3 & 2 \\ 0 & x+5 & 0 \\ -3 & 5 & -1 \end{vmatrix}$$

$$=(x-4)(x+5)\times(-1)^{2+2}\begin{vmatrix} 1 & 2 \\ -3 & -1 \end{vmatrix}$$

$$=5(x-4)(x+5).$$

由 $5(x-4)(x+5)=0$ 得 $x_1=4, x_2=-5$.

例9 计算 n 阶行列式 $D=\begin{vmatrix} x & a & \cdots & a \\ a & x & \cdots & a \\ \vdots & \vdots & & \vdots \\ a & a & \cdots & x \end{vmatrix}$.

解 将第 2,3,4,…,n 列分别乘以 1 加到第一列中,提取公因子后,再把第一列乘以 $-a$ 分别加到第 2,3,4,…,n 列中,即

$$D=\begin{vmatrix} x+(n-1)a & a & \cdots & a \\ x+(n-1)a & x & \cdots & a \\ \vdots & \vdots & & \vdots \\ x+(n-1)a & a & \cdots & x \end{vmatrix}$$

$$=[x+(n-1)a]\begin{vmatrix} 1 & a & \cdots & a \\ 1 & x & \cdots & a \\ \vdots & \vdots & & \vdots \\ 1 & a & \cdots & x \end{vmatrix}$$

$$=[x+(n-1)a]\begin{vmatrix} 1 & 0 & \cdots & 0 \\ 1 & x-a & \cdots & 0 \\ \vdots & \vdots & & \vdots \\ 1 & 0 & \cdots & x-a \end{vmatrix}$$

$$=[x+(n-1)a](x-a)^{n-1}.$$

2.4 线性方程组与克拉默法则

2.4.1 线性方程组的概念

数学中,我们称未知量的次数都是 1 的方程(组)叫**线性方程(组)**.

显然,二元一次方程组与三元一次方程组都是线性方程组.

一般的,含有 m 个方程的 n 元线性方程组可写为

$$\begin{cases} a_{11}x_1+a_{12}x_2+\cdots+a_{1n}x_n=b_1, \\ a_{21}x_1+a_{22}x_2+\cdots+a_{2n}x_n=b_2, \\ \qquad\qquad\vdots \\ a_{m1}x_1+a_{m2}x_2+\cdots+a_{mn}x_n=b_m, \end{cases}$$

其中,$a_{ij}(i=1,2,\cdots,m;j=1,2,\cdots,n)$是线性方程组的系数,$b_i(i=1,2,\cdots,m)$是线性方程组的常数项,$x_1,x_2,\cdots,x_n$是线性方程组的未知量.

常数项全为零的线性方程组称为**齐次线性方程组**,$b_i(i=1,2,\cdots,m)$中至少有一个不为零的线性方程组称为**非齐次线性方程组**.

如果将方程组中的 $x_1,x_2,\cdots,x_n$用常数 $c_1,c_2,\cdots,c_n$依次代替,线性方程组中的每个方程均成立,则称 $c_1,c_2,\cdots,c_n$为线性方程组的一个**解**,线性方程组的全部解构成集合称为它的**解集合**.解线性方程组就是要确定它的解集合.解集合相等的两个线性方程组称为**同解线性方程组**.若任何常数 $c_1,c_2,\cdots,c_n$都不能使线性方程组的全部方程成立,则称线性方程组为**无解线性方程组**.

显然,齐次线性方程组至少有一个解,就是零解.

利用矩阵乘法的知识,线性方程组可用矩阵表示为

$$\begin{pmatrix} a_{11} & a_{12} & \cdots & a_{1n} \\ a_{21} & a_{22} & \cdots & a_{2n} \\ \vdots & \vdots & & \vdots \\ a_{m1} & a_{m2} & \cdots & a_{mn} \end{pmatrix}\begin{pmatrix} x_1 \\ x_2 \\ \vdots \\ x_n \end{pmatrix}=\begin{pmatrix} b_1 \\ b_2 \\ \vdots \\ b_m \end{pmatrix},$$

称矩阵$\begin{pmatrix} a_{11} & a_{12} & \cdots & a_{1n} \\ a_{21} & a_{22} & \cdots & a_{2n} \\ \vdots & \vdots & & \vdots \\ a_{m1} & a_{m2} & \cdots & a_{mn} \end{pmatrix}$为线性方程组的**系数矩阵**,记为$\boldsymbol{A}$,称$\begin{pmatrix} b_1 \\ b_2 \\ \vdots \\ b_m \end{pmatrix}$为线性方程组的**常数项矩阵**,记为$\boldsymbol{B}$,称$\begin{pmatrix} x_1 \\ x_2 \\ \vdots \\ x_n \end{pmatrix}$为线性方程组的**未知量矩阵**,记为$\boldsymbol{X}$,称矩阵$\begin{pmatrix} a_{11} & a_{12} & \cdots & a_{1n} & b_1 \\ a_{21} & a_{22} & \cdots & a_{2n} & b_2 \\ \vdots & \vdots & & \vdots & \vdots \\ a_{m1} & a_{m2} & \cdots & a_{mn} & b_m \end{pmatrix}$为线性方程组的**增广矩阵**,记为$\overline{\boldsymbol{A}}$.

于是,线性方程组可用矩阵简写成$\boldsymbol{AX}=\boldsymbol{B}$.

2.4.2　克拉默法则

与二元一次方程组和三元一次方程组的解可用行列式表示相似,一般的,我们有如下定理.

定理 2(克拉默法则)　含有 n 个方程的 n 元线性方程组

$$\begin{cases} a_{11}x_1+a_{12}x_2+\cdots+a_{1n}x_n=b_1, \\ a_{21}x_1+a_{22}x_2+\cdots+a_{2n}x_n=b_2, \\ \qquad\qquad\vdots \\ a_{n1}x_1+a_{n2}x_2+\cdots+a_{nn}x_n=b_n, \end{cases}$$

当其系数矩阵的行列式

$$D=\begin{vmatrix} a_{11} & a_{12} & \cdots & a_{1n} \\ a_{21} & a_{22} & \cdots & a_{2n} \\ \vdots & \vdots & & \vdots \\ a_{n1} & a_{n2} & \cdots & a_{nn} \end{vmatrix}\neq 0$$

时,线性方程组有唯一解

$$x_j=\frac{D_j}{D}\quad(j=1,2,3,\cdots,n),$$

其中 $D_j(j=1,2,3,\cdots,n)$ 是将系数行列式 D 中的第 j 列的元素 $a_{1j},a_{2j},\cdots,a_{nj}$ 对应地换为方程组右端的常数项 $b_1,b_2,\cdots,b_n$ 后得到的行列式.

例 10 用克拉默法则解方程组 $\begin{cases} 2x_1+x_2-5x_3+x_4=8, \\ x_1-3x_2-6x_4=9, \\ 2x_2-x_3+2x_4=-5, \\ x_1+4x_2-7x_3+6x_4=0. \end{cases}$

解 因为该方程组的系数行列式

$$D=\begin{vmatrix} 2 & 1 & -5 & 1 \\ 1 & -3 & 0 & -6 \\ 0 & 2 & -1 & 2 \\ 1 & 4 & -7 & 6 \end{vmatrix}=27\neq 0,$$

故方程组有唯一解,又因为

$$D_1=\begin{vmatrix} 8 & 1 & -5 & 1 \\ 9 & -3 & 0 & -6 \\ -5 & 2 & -1 & 2 \\ 0 & 4 & -7 & 6 \end{vmatrix}=81,\ D_2=\begin{vmatrix} 2 & 8 & -5 & 1 \\ 1 & 9 & 0 & -6 \\ 0 & -5 & -1 & 2 \\ 1 & 0 & -7 & 6 \end{vmatrix}=-108,$$

$$D_3=\begin{vmatrix} 2 & 1 & 8 & 1 \\ 1 & -3 & 9 & -6 \\ 0 & 2 & -5 & 2 \\ 1 & 4 & 0 & 6 \end{vmatrix}=-27,\ D_4=\begin{vmatrix} 2 & 1 & -5 & 8 \\ 1 & -3 & 0 & 9 \\ 0 & 2 & -1 & -5 \\ 1 & 4 & -7 & 0 \end{vmatrix}=27.$$

由克拉默法则得方程组的解为 $\begin{cases} x_1=3, \\ x_2=-4, \\ x_3=-1, \\ x_4=1. \end{cases}$

2.5　任务考核

1. 计算下列行列式:

(1) $\begin{vmatrix} 1 & -2 \\ 3 & 6 \end{vmatrix}$;

(2) $\begin{vmatrix} 1 & \log_2 3 \\ \log_3 2 & 1 \end{vmatrix}$;

(3) $\begin{vmatrix} 2 & 0 & 0 \\ -1 & 3 & 0 \\ 3 & 0 & -1 \end{vmatrix}$;

(4) $\begin{vmatrix} 0 & a & 0 \\ b & 0 & c \\ 0 & d & 0 \end{vmatrix}$;

(5) $\begin{vmatrix} x+y & y & x \\ x & x+y & y \\ y & x & x+y \end{vmatrix}$;

(6) $\begin{vmatrix} 1 & 1 & 1 \\ a & b & c \\ a^2 & b^2 & c^2 \end{vmatrix}$;

(7) $\begin{vmatrix} 1 & 2 & 3 & 4 \\ 2 & 3 & 4 & 1 \\ 3 & 4 & 1 & 2 \\ 4 & 1 & 2 & 3 \end{vmatrix}$;

(8) $\begin{vmatrix} a & 1 & 0 & 0 \\ -1 & b & 1 & 0 \\ 0 & -1 & c & 1 \\ 0 & 0 & -1 & d \end{vmatrix}$;

(9) $\begin{vmatrix} a & b & 0 & \cdots & 0 & 0 \\ 0 & a & b & \cdots & 0 & 0 \\ \vdots & \vdots & \vdots & & \vdots & \vdots \\ 0 & 0 & 0 & \cdots & a & b \\ b & 0 & 0 & \cdots & 0 & a \end{vmatrix}$($n$ 阶);

(10) $\begin{vmatrix} 1 & 2 & 3 & \cdots & n \\ 2 & 3 & 4 & \cdots & 1 \\ 3 & 4 & 5 & \cdots & 2 \\ \vdots & \vdots & \vdots & & \vdots \\ n & 1 & 2 & \cdots & n-1 \end{vmatrix}$.

2. 设矩阵 $\boldsymbol{A}=\begin{pmatrix} 1 & 0 & 2 \\ 1 & 1 & -1 \\ 0 & 1 & 1 \end{pmatrix}$, $\boldsymbol{B}=\begin{pmatrix} 2 & 0 & 1 \\ -1 & 1 & -1 \\ 0 & 1 & 0 \end{pmatrix}$,求:

(1) $|\boldsymbol{A}+\boldsymbol{B}|$ 与 $|\boldsymbol{A}|+|\boldsymbol{B}|$;(2) $|\boldsymbol{A}^3\boldsymbol{B}|$;

(3) $|2\boldsymbol{A}^{\mathrm{T}}\boldsymbol{B}|$.

3. 用克拉默法则解下列方程组:

(1) $\begin{cases} 2x+5y=1, \\ 3x+7y=4; \end{cases}$

(2) $\begin{cases} 5x-2y=3, \\ 3x+5y=0; \end{cases}$

(3) $\begin{cases} x+y-2z=-3, \\ 5x-2y+7z=22, \\ 2x-5y+4z=4; \end{cases}$

(4) $\begin{cases} x+2y+4z=31, \\ 5x+y+2z=29, \\ 3x-y+z=10; \end{cases}$

(5) $\begin{cases} x_1-2x_2=-1, \\ 3x_2+3x_3+2x_4=8, \\ x_2-2x_3=-1, \\ 4x_3-3x_4=1; \end{cases}$

(6) $\begin{cases} 2x_1-x_2+3x_3-2x_4=-6, \\ x_1+7x_2+x_3-x_4=5, \\ 3x_1+5x_2-5x_3+3x_4=19, \\ x_1-x_2-2x_3+x_4=4. \end{cases}$

任务3　矩阵的初等变换及矩阵的秩

3.1　矩阵的初等变换

矩阵的初等变换是研究矩阵的基本工具. 为了理解初等变换的意义,我们先来看用消元法求解线性方程组的问题.

在用消元法求解线性方程组时,经常反复使用以下3个步骤:

(1)互换方程组中两个方程的位置;

(2)给某一个方程的两边同时乘以一个非零常数;

(3)将一个方程的两边乘以一个数加到另一方程中去.

显然,这3个步骤虽然不改变方程组的解,但却可以使方程组的增广矩阵发生改变.

例如,设三元一次方程组为

$$\begin{cases}2x-y+z=3,\\ \frac{1}{2}x+\frac{2}{3}z=1,\\ x-y+3z=0,\end{cases}$$

其增广矩阵为

$$\overline{A}=\begin{pmatrix}2 & -1 & 1 & 3\\ \frac{1}{2} & 0 & \frac{2}{3} & 1\\ 1 & -1 & 3 & 0\end{pmatrix}.$$

如果互换上面方程组中第1、第3两个方程的位置,就相当于互换其增广矩阵中第1、第3两行的位置,即

$$\overline{A}=\begin{pmatrix}2 & -1 & 1 & 3\\ \frac{1}{2} & 0 & \frac{2}{3} & 1\\ 1 & -1 & 3 & 0\end{pmatrix}\to\begin{pmatrix}1 & -1 & 3 & 0\\ \frac{1}{2} & 0 & \frac{2}{3} & 1\\ 2 & -1 & 1 & 3\end{pmatrix}.$$

如果给上面方程组的第2个方程的两边同时乘以6(去分母),就相当于给增广矩阵中第二行的每一个元素都乘以6,即

$$\overline{A}=\begin{pmatrix}2 & -1 & 1 & 3\\ \frac{1}{2} & 0 & \frac{2}{3} & 1\\ 1 & -1 & 3 & 0\end{pmatrix}\to\begin{pmatrix}2 & -1 & 1 & 3\\ 3 & 0 & 4 & 6\\ 1 & -1 & 3 & 0\end{pmatrix}.$$

如果将上面方程组的第3个方程的两边乘以-2加到第一个方程中(加减消元),就相当

于将增广矩阵中的第 3 行的元素都乘以 −2 再加到第 1 行中，即

$$\overline{A}=\begin{pmatrix}2 & -1 & 1 & 3\\ \frac{1}{2} & 0 & \frac{2}{3} & 1\\ 1 & -1 & 3 & 0\end{pmatrix}\to\begin{pmatrix}0 & 1 & -5 & 3\\ \frac{1}{2} & 0 & \frac{2}{3} & 1\\ 1 & -1 & 3 & 0\end{pmatrix}.$$

一般的，我们称以下 3 种改变矩阵的方式：

(1)互换矩阵中任意两行的位置(简称**对换**)，

(2)给矩阵的某一行的所有元素乘以一个不为 0 的数(简称**倍乘**)，

(3)将矩阵中某一行的倍数加到另一行中去(简称**倍加**)，

为矩阵的**初等行变换**，若将初等行变换中的行变成列，则称之为**初等列变换**，初等行变换与初等列变换统称**初等变换**.

结合实例可知：**初等变换可以使矩阵发生改变，但不改变矩阵的本质特征**.

设矩阵 $\boldsymbol{A}$ 经过有限次初等变换化成了矩阵 $\boldsymbol{B}$，则称**矩阵 $\boldsymbol{A}$ 与矩阵 $\boldsymbol{B}$ 等价**，记作 $\boldsymbol{A}\sim\boldsymbol{B}$.

为了讨论问题方便，我们用记号 r_i 表示矩阵的第 i 行，用 c_i 表示矩阵的第 i 列. 用“$r_i\leftrightarrow r_j$”表示将矩阵的第 i 行与第 j 行交换，用“$c_i\leftrightarrow c_j$”表示将矩阵的第 i 列与第 j 列交换；用 λr_i 表示将矩阵的第 i 行乘 λ，“λc_i”表示将矩阵的第 i 列乘 λ；将矩阵的第 i 行乘 λ 后加到第 j 行上记为 $r_j+\lambda r_i$，将第 i 列乘 λ 后加到第 j 列记为 $c_j+\lambda c_i$.

例 1　利用初等变换将矩阵 $\begin{pmatrix}1 & 2 & 4\\ 2 & 2 & 3\\ -2 & 1 & 6\end{pmatrix}$ 化为下三角矩阵.

解
$$\begin{pmatrix}1 & 2 & 4\\ 2 & 2 & 3\\ -2 & 0 & 6\end{pmatrix}\xrightarrow[r_3+2r_1]{r_2-2r_1}\begin{pmatrix}1 & 2 & 4\\ 0 & -2 & -5\\ 0 & 4 & 14\end{pmatrix}\xrightarrow{r_3+2r_2}\begin{pmatrix}1 & 2 & 4\\ 0 & -2 & -5\\ 0 & 0 & 4\end{pmatrix}.$$

例 1 的结果不是唯一的，与选用的初等变换有关.

例 2　证明 $\begin{pmatrix}2 & 1 & 2 & 3\\ 4 & 1 & 3 & 5\\ 2 & 0 & 1 & 2\end{pmatrix}\sim\begin{pmatrix}1 & 0 & 0 & 0\\ 0 & 1 & 0 & 0\\ 0 & 0 & 0 & 0\end{pmatrix}$.

证明
$$\begin{pmatrix}2 & 1 & 2 & 3\\ 4 & 1 & 3 & 5\\ 2 & 0 & 1 & 2\end{pmatrix}\xrightarrow{r_1\leftrightarrow r_3}\begin{pmatrix}2 & 0 & 1 & 2\\ 4 & 1 & 3 & 5\\ 2 & 1 & 2 & 3\end{pmatrix}$$

$$\xrightarrow[r_3-r_1]{r_2-2r_1}\begin{pmatrix}2 & 0 & 1 & 2\\ 0 & 1 & 1 & 1\\ 0 & 1 & 1 & 1\end{pmatrix}\xrightarrow{r_3-r_2}\begin{pmatrix}2 & 0 & 1 & 2\\ 0 & 1 & 1 & 1\\ 0 & 0 & 0 & 0\end{pmatrix}$$

$$\xrightarrow[c_3-\frac{1}{2}c_1-c_2]{c_4-c_1-c_2}\begin{pmatrix}2 & 0 & 0 & 0\\ 0 & 1 & 0 & 0\\ 0 & 0 & 0 & 0\end{pmatrix}\xrightarrow{\frac{1}{2}c_1}\begin{pmatrix}1 & 0 & 0 & 0\\ 0 & 1 & 0 & 0\\ 0 & 0 & 0 & 0\end{pmatrix}.$$

证毕.

例 3 利用初等行变换解方程组$\begin{cases}2x+y+z=2,\\x+3y+z=5,\\x+y+5z=-7.\end{cases}$

解 该方程组的增广矩阵为$\overline{\boldsymbol{A}}=\begin{pmatrix}2&1&1&2\\1&3&1&5\\1&1&5&-7\end{pmatrix}$,作如下初等行变换:

$$\overline{A}=\begin{pmatrix}2&1&1&2\\1&3&1&5\\1&1&5&-7\end{pmatrix}\xrightarrow{r_1\leftrightarrow r_2}\begin{pmatrix}1&3&1&5\\2&1&1&2\\1&1&5&-7\end{pmatrix}$$

$$\xrightarrow[r_3-r_1]{r_2-2r_1}\begin{pmatrix}1&3&1&5\\0&-5&-1&-8\\0&-2&4&-12\end{pmatrix}\xrightarrow{\left(-\frac{1}{2}\right)r_3\leftrightarrow r_2}\begin{pmatrix}1&3&1&5\\0&1&-2&6\\0&-5&-1&-8\end{pmatrix}$$

$$\xrightarrow{r_3+5r_2}\begin{pmatrix}1&3&1&5\\0&1&-2&6\\0&0&-11&22\end{pmatrix}\xrightarrow{\left(-\frac{1}{11}\right)r_3}\begin{pmatrix}1&3&1&5\\0&1&-2&6\\0&0&1&-2\end{pmatrix}$$

$$\xrightarrow[r_1-r_3]{r_2+2r_3}\begin{pmatrix}1&3&0&7\\0&1&0&2\\0&0&1&-2\end{pmatrix}\xrightarrow{r_1-3r_2}\begin{pmatrix}1&0&0&1\\0&1&0&2\\0&0&1&-2\end{pmatrix}.$$

由于初等行变换不改变方程组的解,所以方程组的解为$\begin{cases}x=1,\\y=2,\\z=-2.\end{cases}$

3.2 矩阵的秩

3.2.1 矩阵的秩的概念

矩阵的秩是矩阵的一个非常重要的本质特征,为了弄清秩的概念,我们先来了解子式的概念.

定义 1 在矩阵 $\boldsymbol{A}$ 中,位于任意选定的 k 行 k 列交叉处的 k^2 个元素,按照原来的次序组成的 k 阶矩阵的行列式,称为 $\boldsymbol{A}$ 的一个 k **阶子式**. 如果子式的值不为零,则称之为**非零子式**.

例如,矩阵

$$A=\begin{pmatrix}1&-2&3&5\\0&1&2&1\\1&-1&5&6\end{pmatrix}$$

在第 1、第 2 行与第 1、第 2 列交点处的 4 个元素按照原来的次序组成的行列式

$$\begin{vmatrix} 1 & -2 \\ 0 & 1 \end{vmatrix}$$

就是 $\boldsymbol{A}$ 的一个2阶子式，且它是一个非零子式.

定义2　矩阵 $\boldsymbol{A}$ 的非零子式的最高阶数称为矩阵 $\boldsymbol{A}$ 的**秩**，记作 $r(\boldsymbol{A})$.

显然，一个矩阵的秩是唯一确定的，零矩阵的秩为零.

例4　求矩阵 $\boldsymbol{A}=\begin{pmatrix} 1 & -2 & 3 & 5 \\ 0 & 1 & 2 & 1 \\ 1 & -1 & 5 & 6 \end{pmatrix}$ 的秩.

解　显然 $\begin{vmatrix} 1 & -2 \\ 0 & 1 \end{vmatrix}=1\neq 0$，因此矩阵 $\boldsymbol{A}$ 的不为0的子式的最高阶数至少是2，$\boldsymbol{A}$ 的3阶子式共有4个，分别是

$$\begin{vmatrix} 1 & -2 & 3 \\ 0 & 1 & 2 \\ 1 & -1 & 5 \end{vmatrix}=0,\quad \begin{vmatrix} 1 & -2 & 5 \\ 0 & 1 & 1 \\ 1 & -1 & 6 \end{vmatrix}=0,$$

$$\begin{vmatrix} -2 & 3 & 5 \\ 1 & 2 & 1 \\ -1 & 5 & 6 \end{vmatrix}=0,\quad \begin{vmatrix} 1 & 3 & 5 \\ 0 & 2 & 1 \\ 1 & 5 & 6 \end{vmatrix}=0.$$

即所有的3阶子式都为0，于是 $r(\boldsymbol{A})=2$.

定义3　若 $m\times n$ 矩阵 $\boldsymbol{A}$ 的秩 $r(\boldsymbol{A})=\min(m,n)$，则称矩阵 $\boldsymbol{A}$ 为**满秩矩阵**.

3.2.2　矩阵秩的计算

1. 阶梯矩阵

定义4　满足下列两个条件的矩阵称为**阶梯矩阵**：

(1)首非零元(即非零行的第一个不为零的元)的列标随着行标的增加而严格增加；

(2)矩阵的零行位于矩阵的最下方(或无零行).

例如，矩阵

$$\boldsymbol{A}=\begin{pmatrix} 1 & 0 & -2 & 0 & 0 \\ 0 & 0 & 4 & 1 & 2 \\ 0 & 0 & 0 & 0 & 3 \\ 0 & 0 & 0 & 0 & 0 \end{pmatrix},\quad \boldsymbol{B}=\begin{pmatrix} 2 & 1 & 3 & 5 \\ 0 & 1 & 4 & 2 \\ 0 & 0 & 7 & 1 \end{pmatrix},$$

都是阶梯矩阵，而矩阵

$$\boldsymbol{C}=\begin{pmatrix} 2 & 1 & 1 & 4 \\ 0 & 3 & 2 & 6 \\ 0 & 1 & 1 & 2 \\ 0 & 0 & 0 & 0 \end{pmatrix},\quad \boldsymbol{D}=\begin{pmatrix} 1 & 0 & 1 \\ 0 & 0 & 0 \\ 0 & 1 & 1 \end{pmatrix},$$

都不是阶梯矩阵.

根据矩阵的秩的定义与行列式的知识可知：**阶梯矩阵的秩正好是阶梯矩阵中非零行的行**

数.

2. 用初等变换求矩阵的秩

由矩阵的秩的定义可以看出,我们用秩的定义来确定矩阵的秩是很困难的,但可以证明如下定理.

定理1 等价的矩阵具有相同的秩.

根据这一定理,我们要计算矩阵 $\boldsymbol{A}$ 的秩,只需用初等变换将矩阵 $\boldsymbol{A}$ 化为阶梯矩阵,则阶梯矩阵中非零行的行数就是矩阵 $\boldsymbol{A}$ 的秩.

例5 设 $\boldsymbol{A}=\begin{pmatrix}1&-1&2&1&0\\2&-2&4&-2&0\\3&0&6&-1&1\\2&1&4&2&1\end{pmatrix}$,求 $r(\boldsymbol{A})$.

解

$$\boldsymbol{A}=\begin{pmatrix}1&-1&2&1&0\\2&-2&4&-2&0\\3&0&6&-1&1\\2&1&4&2&1\end{pmatrix}\xrightarrow[r_4-2r_1]{\substack{r_2-2r_1\\r_3-3r_1}}\begin{pmatrix}1&-1&2&1&0\\0&0&0&-4&0\\0&3&0&-4&1\\0&3&0&0&1\end{pmatrix}$$

$$\xrightarrow{r_3-r_2}\begin{pmatrix}1&-1&2&1&0\\0&0&0&-4&0\\0&3&0&0&1\\0&3&0&0&1\end{pmatrix}\xrightarrow[r_2\leftrightarrow r_4]{r_3-r_4}\begin{pmatrix}1&-1&2&1&0\\0&3&0&0&1\\0&0&0&0&0\\0&0&0&-4&0\end{pmatrix}$$

$$\xrightarrow{r_2\leftrightarrow r_3}\begin{pmatrix}1&-1&2&1&0\\0&3&0&0&1\\0&0&0&-4&0\\0&0&0&0&0\end{pmatrix}.$$

阶梯矩阵中的非零行数为3,故 $r(\boldsymbol{A})=3$.

例6 若矩阵 $\boldsymbol{A}=\begin{pmatrix}1&2&4\\2&\lambda&1\\1&1&0\end{pmatrix}$是满秩矩阵,求 λ 的取值范围.

解

$$\boldsymbol{A}=\begin{pmatrix}1&2&4\\2&\lambda&1\\1&1&0\end{pmatrix}\xrightarrow[r_3-r_1]{r_2-2r_1}\begin{pmatrix}1&2&4\\0&\lambda-4&-7\\0&-1&-4\end{pmatrix}$$

$$\xrightarrow{r_2\leftrightarrow r_3}\begin{pmatrix}1&2&4\\0&-1&-4\\0&\lambda-4&-7\end{pmatrix}\xrightarrow{r_3+(\lambda-4)r_2}\begin{pmatrix}1&2&4\\0&-1&-4\\0&0&-4\lambda+9\end{pmatrix},$$

当 $-4\lambda+9\neq0$ 即 $\lambda\neq\dfrac{9}{4}$ 时,矩阵 $\boldsymbol{A}$ 是满秩矩阵.

3.3　任务考核

1. 用初等变换将下列矩阵化为下三角矩阵：

(1)$\begin{pmatrix} 1 & 4 \\ -2 & 1 \end{pmatrix}$；　(2)$\begin{pmatrix} 3 & 5 \\ -2 & 0 \end{pmatrix}$；

(3)$\begin{pmatrix} 1 & 1 & 1 \\ -2 & 1 & 1 \\ -3 & -3 & 3 \end{pmatrix}$；　(4)$\begin{pmatrix} 2 & 3 & 5 \\ 1 & 2 & 3 \\ 3 & 4 & -3 \end{pmatrix}$；

2. 设矩阵 $\boldsymbol{A}=\begin{pmatrix} 1 & 2 & 3 \\ 2 & 2 & 1 \\ 3 & 4 & 3 \end{pmatrix}$，证明 $\boldsymbol{A}\sim\boldsymbol{E}$.

3. 用初等行变换解方程组：

(1)$\begin{cases} x+y=2, \\ x-2y=5; \end{cases}$　(2)$\begin{cases} 3x+y=5, \\ 2x-y=4; \end{cases}$

(3)$\begin{cases} x+y-2z=-3, \\ 5x-2y+7z=22, \\ 2x-5y+4z=4; \end{cases}$　(4)$\begin{cases} x+2y+4z=31, \\ 5x+y+2z=29, \\ 3x-y+z=10; \end{cases}$

(5)$\begin{cases} 2x_1+x_2-5x_3+x_4=8, \\ x_1-3x_2-6x_4=9, \\ 2x_1-x_3+2x_4=-5, \\ x_1+4x_2-7x_3+6x_4=0; \end{cases}$　(6)$\begin{cases} 2x_1+3x_2+11x_3+5x_4=2, \\ x_1+x_2+5x_3+2x_4=1, \\ 2x_1+x_2+3x_3+4x_4=-3, \\ x_1+x_2+3x_3+4x_4=-3. \end{cases}$

4. 求下列矩阵的秩：

(1)$\begin{pmatrix} 1 & 2 \\ 3 & 4 \end{pmatrix}$；　(2)$\begin{pmatrix} 3 & 1 \\ 6 & 2 \end{pmatrix}$；

(3)$\begin{pmatrix} 3 & 2 & 1 \\ 3 & 1 & 5 \\ 3 & 2 & 3 \end{pmatrix}$；　(4)$\begin{pmatrix} 1 & -1 & 1 & 2 \\ 2 & 3 & 3 & 2 \\ 1 & 1 & 2 & 1 \end{pmatrix}$；

(5)$\begin{pmatrix} 1 & 1 & 1 & 1 \\ 1 & 1 & -1 & -1 \\ 1 & -1 & 1 & -1 \\ 1 & -1 & -1 & 1 \end{pmatrix}$；　(6)$\begin{pmatrix} 1 & 0 & 0 & 1 \\ 3 & -1 & 0 & 3 \\ 1 & 2 & 0 & -1 \\ 1 & 4 & 5 & 7 \end{pmatrix}$.

5. 设 $\boldsymbol{A}=\begin{pmatrix} 1 & 2 & 1 \\ -1 & 2 & 4 \\ 1 & 1 & 0 \end{pmatrix}$，$\boldsymbol{B}=\begin{pmatrix} 1 & 1 & 0 \\ 1 & 2 & 4 \\ -1 & -1 & 0 \end{pmatrix}$，求：

(1)$r(\boldsymbol{A})$；　(2)$r(\boldsymbol{B})$；

(3)$r(\boldsymbol{A}+\boldsymbol{B})$；　(4)$r(\boldsymbol{AB})$.

任务4　逆矩阵

4.1　逆矩阵的概念

在初等数学中,设 a、b 为两个非零常数,若 $ab=ba=1$,则称数 a 与 b 互为倒数,并把其中的一个叫另一个的倒数,a 的倒数也称之为 a 的逆,a 的倒数记为 $\frac{1}{a}$ 或 a^{-1},对于矩阵我们亦有类似的概念.

定义1　若同阶方阵 $\boldsymbol{A}$ 与 $\boldsymbol{B}$ 满足条件

$$\boldsymbol{AB}=\boldsymbol{BA}=\boldsymbol{E}\text{（其中 }\boldsymbol{E}\text{ 为单位矩阵）},$$

则称方阵 $\boldsymbol{A}$ 与 $\boldsymbol{B}$ **互为逆矩阵**,并把 $\boldsymbol{A}$ 与 $\boldsymbol{B}$ 中的一个叫另一个的**逆矩阵**,此时,也称矩阵 $\boldsymbol{A}$ 与 $\boldsymbol{B}$ 是**可逆的**. $\boldsymbol{A}$ 的逆矩阵记为 $\boldsymbol{A}^{-1}$,于是

$$\boldsymbol{A}^{-1}=\boldsymbol{B},\ \boldsymbol{B}^{-1}=\boldsymbol{A}.$$

若矩阵 $\boldsymbol{A}$ 可逆,由逆矩阵的定义则有

$$\boldsymbol{AA}^{-1}=\boldsymbol{A}^{-1}\boldsymbol{A}=\boldsymbol{E}.$$

例如,多媒体技术中,外部输入的 R、G、B 彩色空间变为 Y、U、V 彩色空间可表示为

$$\begin{pmatrix}Y\\U\\V\end{pmatrix}=\begin{pmatrix}0.299 & 0.587 & 0.114\\-0.169 & -0.332 & 0.500\\0.500 & -0.419 & -0.081\end{pmatrix}\begin{pmatrix}R\\G\\B\end{pmatrix},$$

反过来,外部输入的 R、G、B 彩色空间也可用 Y、U、V 彩色空间表示为

$$\begin{pmatrix}R\\G\\B\end{pmatrix}=\begin{pmatrix}0.299 & 0.587 & 0.114\\-0.169 & -0.332 & 0.500\\0.500 & -0.419 & -0.081\end{pmatrix}^{-1}\begin{pmatrix}Y\\U\\V\end{pmatrix}.$$

可以证明:**可逆矩阵的逆矩阵是唯一的.**

并不是所有方阵都是可逆的,下面是判定方阵是否可逆的两个常用定理.

定理1　方阵 $\boldsymbol{A}$ 可逆的充要条件是 $|\boldsymbol{A}|\neq 0$.

定理2　方阵 $\boldsymbol{A}$ 可逆的充要条件是 $\boldsymbol{A}$ 为满秩矩阵.

例1　判定矩阵 $\boldsymbol{A}=\begin{pmatrix}1 & -1 & -2\\-1 & 2 & 2\\2 & 3 & -4\end{pmatrix}$ 是否可逆?

解　因为 $|\boldsymbol{A}|=\begin{vmatrix}1 & -1 & -2\\-1 & 2 & 2\\2 & 3 & -4\end{vmatrix}=0$,所以矩阵 $\boldsymbol{A}$ 不可逆.

方阵的逆矩阵有以下运算性质.

(1)若$\boldsymbol{A}$可逆,则$\boldsymbol{A}^{-1}$也可逆,且$(\boldsymbol{A}^{-1})^{-1}=\boldsymbol{A}$.

(2)若$\boldsymbol{A}$可逆,常数$\lambda\neq0$,则$\lambda\boldsymbol{A}$也可逆,且$(\lambda\boldsymbol{A})^{-1}=\dfrac{1}{\lambda}\boldsymbol{A}^{-1}$.

(3)若同阶方阵$\boldsymbol{A}$与$\boldsymbol{B}$可逆,则$\boldsymbol{AB}$也可逆,且$(\boldsymbol{AB})^{-1}=\boldsymbol{B}^{-1}\boldsymbol{A}^{-1}$.

(4)若$\boldsymbol{A}$可逆,则$\boldsymbol{A}^{\mathrm{T}}$也可逆,且$(\boldsymbol{A}^{\mathrm{T}})^{-1}=(\boldsymbol{A}^{-1})^{\mathrm{T}}$.

(5)若$\boldsymbol{A}$可逆,则$|\boldsymbol{A}^{-1}|=|\boldsymbol{A}|^{-1}$.

4.2　逆矩阵的求法

4.2.1　用行列式求逆矩阵

定义2　称由n阶方阵$\boldsymbol{A}=\begin{pmatrix}a_{11}&a_{12}&\cdots&a_{1n}\\a_{21}&a_{22}&\cdots&a_{2n}\\\vdots&\vdots&&\vdots\\a_{n1}&a_{n2}&\cdots&a_{nn}\end{pmatrix}$的所有的元素的代数余子式构成的矩阵

$$\begin{pmatrix}A_{11}&A_{12}&\cdots&A_{1n}\\A_{21}&A_{22}&\cdots&A_{2n}\\\vdots&\vdots&&\vdots\\A_{n1}&A_{n2}&\cdots&A_{nn}\end{pmatrix}^{\mathrm{T}}$$

为方阵$\boldsymbol{A}$的**伴随矩阵**,记为$\boldsymbol{A}^*$.

定理3　$\boldsymbol{AA}^*=\boldsymbol{A}^*\boldsymbol{A}=|\boldsymbol{A}|\boldsymbol{E}$($\boldsymbol{E}$为单位矩阵).

由定理3可得,若$|\boldsymbol{A}|\neq0$,则有$\boldsymbol{A}\left(\dfrac{\boldsymbol{A}^*}{|\boldsymbol{A}|}\right)=\left(\dfrac{\boldsymbol{A}^*}{|\boldsymbol{A}|}\right)\boldsymbol{A}=\boldsymbol{E}$,根据逆矩阵的定义有

$$\boldsymbol{A}^{-1}=\frac{\boldsymbol{A}^*}{|\boldsymbol{A}|}.$$

上式给出了求逆矩阵的一种方法.

例2　试判断方阵$\boldsymbol{A}=\begin{pmatrix}3&7&-3\\-2&-5&2\\-4&-10&3\end{pmatrix}$是否可逆,如果可逆,求出$\boldsymbol{A}^{-1}$.

解　因为$|\boldsymbol{A}|=1\neq0$,所以方阵$\boldsymbol{A}$可逆.

$$A_{11}=\begin{vmatrix}-5&2\\-10&3\end{vmatrix}=5,A_{12}=-\begin{vmatrix}-2&2\\-4&3\end{vmatrix}=-2,A_{13}=\begin{vmatrix}-2&-5\\-4&-10\end{vmatrix}=0,$$

$$A_{21}=-\begin{vmatrix}7&-3\\-10&3\end{vmatrix}=9,A_{22}=\begin{vmatrix}3&-3\\-4&3\end{vmatrix}=-3,A_{23}=-\begin{vmatrix}3&7\\-4&-10\end{vmatrix}=2,$$

$$A_{31}=\begin{vmatrix}7&-3\\-5&2\end{vmatrix}=-1,A_{32}=-\begin{vmatrix}3&-3\\-2&2\end{vmatrix}=0,A_{33}=\begin{vmatrix}3&7\\-2&-5\end{vmatrix}=-1.$$

故 $A^* = \begin{pmatrix} 5 & 9 & -1 \\ -2 & -3 & 0 \\ 0 & 2 & -1 \end{pmatrix}$,从而得

$$A^{-1} = \frac{A^*}{|A|} = \begin{pmatrix} 5 & 9 & -1 \\ -2 & -3 & 0 \\ 0 & 2 & -1 \end{pmatrix}.$$

4.2.2 用初等变换求逆矩阵

利用矩阵理论我们可以证明:对可逆矩阵 $\boldsymbol{A}$ 与同阶的单位矩阵 $\boldsymbol{E}$ 作相同的初等行(或列)变换,如果矩阵 $\boldsymbol{A}$ 变换为 $\boldsymbol{E}$,则 $\boldsymbol{E}$ 就变换为 $\boldsymbol{A}^{-1}$. 因此,用初等行变换求矩阵 $\boldsymbol{A}$ 的逆矩阵时,只需在矩阵 $\boldsymbol{A}$ 的右边添上一个同阶的单位矩阵构成一个新矩阵($\boldsymbol{AE}$),则用初等行变换将($\boldsymbol{AE}$)中的 $\boldsymbol{A}$ 变换为 $\boldsymbol{E}$ 的同时,$\boldsymbol{E}$ 就变换为 $\boldsymbol{A}^{-1}$,即

$$(\boldsymbol{AE}) \xrightarrow{\text{初等行变换}} (\boldsymbol{EA}^{-1}).$$

例3 用初等变换求例1中矩阵的逆矩阵.

解
$$(\boldsymbol{AE}) = \begin{pmatrix} 3 & 7 & -3 & 1 & 0 & 0 \\ -2 & -5 & 2 & 0 & 1 & 0 \\ -4 & -10 & 3 & 0 & 0 & 1 \end{pmatrix}$$

$$\xrightarrow{r_1 + r_2} \begin{pmatrix} 1 & 2 & -1 & 1 & 1 & 0 \\ -2 & -5 & 2 & 0 & 1 & 0 \\ -4 & -10 & 3 & 0 & 0 & 1 \end{pmatrix}$$

$$\xrightarrow[r_3 + 4r_1]{r_2 + 2r_1} \begin{pmatrix} 1 & 2 & -1 & 1 & 1 & 0 \\ 0 & -1 & 0 & 2 & 3 & 0 \\ 0 & -2 & -1 & 4 & 4 & 1 \end{pmatrix}$$

$$\xrightarrow{r_3 - 2r_2} \begin{pmatrix} 1 & 2 & -1 & 1 & 1 & 0 \\ 0 & -1 & 0 & 2 & 3 & 0 \\ 0 & 0 & -1 & 0 & -2 & 1 \end{pmatrix}$$

$$\xrightarrow[r_1 - r_3]{r_1 + 2r_2} \begin{pmatrix} 1 & 0 & 0 & 5 & 9 & -1 \\ 0 & -1 & 0 & 2 & 3 & 0 \\ 0 & 0 & -1 & 0 & -2 & 1 \end{pmatrix}$$

$$\xrightarrow[(-1)r_3]{(-1)r_2} \begin{pmatrix} 1 & 0 & 0 & 5 & 9 & -1 \\ 0 & 1 & 0 & -2 & -3 & 0 \\ 0 & 0 & 1 & 0 & 2 & -1 \end{pmatrix}.$$

因此,

$$A^{-1} = \begin{pmatrix} 5 & 9 & -1 \\ -2 & -3 & 0 \\ 0 & 2 & -1 \end{pmatrix}.$$

定义3　称含有未知矩阵的等式为**矩阵方程**.

下面举例来说明常见的两种矩阵方程的求解方法.

例4　设 $\boldsymbol{A}=\begin{pmatrix}1&-1&1\\1&1&0\\2&1&1\end{pmatrix}$,$\boldsymbol{B}=\begin{pmatrix}1&0\\0&2\\1&1\end{pmatrix}$,解矩阵方程 $\boldsymbol{AX}=\boldsymbol{B}$ 与 $\boldsymbol{XA}=\boldsymbol{B}^{\mathrm{T}}$.

解　利用逆矩阵的计算方法可得

$$\boldsymbol{A}^{-1}=\begin{pmatrix}1&2&-1\\-1&-1&1\\-1&-3&2\end{pmatrix},$$

给等式 $\boldsymbol{AX}=\boldsymbol{B}$ 的两端的左边同时乘以 $\boldsymbol{A}^{-1}$,得

$$\boldsymbol{X}=\boldsymbol{A}^{-1}\boldsymbol{B}=\begin{pmatrix}1&2&-1\\-1&-1&1\\-1&-3&2\end{pmatrix}\begin{pmatrix}1&0\\0&2\\1&1\end{pmatrix}=\begin{pmatrix}0&3\\0&-1\\1&-4\end{pmatrix}.$$

给等式 $\boldsymbol{XA}=\boldsymbol{B}^{\mathrm{T}}$ 的两端的右边同时乘以 $\boldsymbol{A}^{-1}$,得

$$\boldsymbol{X}=\boldsymbol{B}^{\mathrm{T}}\boldsymbol{A}^{-1}=\begin{pmatrix}1&0&1\\0&2&1\end{pmatrix}\begin{pmatrix}1&2&-1\\-1&-1&1\\-1&-3&2\end{pmatrix}=\begin{pmatrix}0&-1&1\\-3&-5&4\end{pmatrix}.$$

4.3　任务考核

1. 求下列方阵的逆矩阵:

(1)$\begin{pmatrix}1&-2\\0&1\end{pmatrix}$;　　(2)$\begin{pmatrix}1&2\\3&5\end{pmatrix}$;

(3)$\begin{pmatrix}1&0&0\\1&1&0\\1&1&1\end{pmatrix}$;　　(4)$\begin{pmatrix}1&1&1\\2&-1&1\\1&2&0\end{pmatrix}$;

(5)$\begin{pmatrix}1&0&0&0\\0&2&0&0\\0&0&3&0\\0&0&0&4\end{pmatrix}$;　　(6)$\begin{pmatrix}3&-2&0&0\\5&-3&0&0\\0&0&3&4\\0&0&1&1\end{pmatrix}$.

2. 解下列矩阵方程:

(1)$\boldsymbol{X}\begin{pmatrix}2&1&-1\\2&1&0\\1&-1&1\end{pmatrix}=\begin{pmatrix}1&-1&3\\0&2&0\end{pmatrix}$;

(2)$\begin{pmatrix}1&1&-2\\0&1&-1\\-1&-2&3\end{pmatrix}\boldsymbol{X}=\begin{pmatrix}1&1\\1&0\\-2&-1\end{pmatrix}$;

(3) $\begin{pmatrix}2 & 5\\1 & 3\end{pmatrix}X\begin{pmatrix}2 & 5\\1 & 3\end{pmatrix}=\begin{pmatrix}4 & -6\\2 & 1\end{pmatrix}$.

(4) $\begin{pmatrix}0 & 0 & 1\\0 & 2 & 0\\3 & 0 & 0\end{pmatrix}X\begin{pmatrix}1 & 0 & 0\\0 & 2 & 0\\0 & 0 & 3\end{pmatrix}=\begin{pmatrix}6 & 0 & -12\\6 & -6 & 0\\12 & 0 & 6\end{pmatrix}$.

3. 证明:若 n 阶方阵 $\boldsymbol{A}$ 可逆,则 $\boldsymbol{A}$ 的伴随矩阵 $\boldsymbol{A}^*$ 也可逆.

任务 5　线性方程组

5.1　线性方程组的解的判定

在解析几何中,我们知道,二元一次方程组 $\begin{cases}a_1x+b_1y=c_1,\\a_2x+b_2y=c_2\end{cases}$ 的解可以看成是平面上两条直线的交点. 当两条直线相交时,交点是唯一的,因此,方程组的解也是唯一的;当两条直线重合时,交点无穷多,因此,方程组的解也是无穷多;当两条直线平行时,直线没有交点,因此,方程组就没有解. 对一般的线性方程组,它的解的情况是不是与二元一次方程组解的情况一样呢?

定理 1　含有 m 个方程的 n 元线性方程组 $\boldsymbol{AX}=\boldsymbol{B}$ 中,

(1)若 $R(\boldsymbol{A})=R(\overline{\boldsymbol{A}})=n$,则 $\boldsymbol{AX}=\boldsymbol{B}$ 有唯一解;若 $R(\boldsymbol{A})=R(\overline{\boldsymbol{A}})<n$,则 $\boldsymbol{AX}=\boldsymbol{B}$ 有无穷多解.

(2)若 $R(\boldsymbol{A})\neq R(\overline{\boldsymbol{A}})$,则 $\boldsymbol{AX}=\boldsymbol{B}$ 没有解.

例 1　判定方程组 $\begin{cases}x_1+2x_2+3x_3-x_4=2,\\3x_1+2x_2+x_3-x_4=4,\\x_1-2x_2-5x_3+x_4=0\end{cases}$ 的解的情况.

解　$$\overline{\boldsymbol{A}}=\begin{pmatrix}1 & 2 & 3 & -1 & 2\\3 & 2 & 1 & -1 & 4\\1 & -2 & -5 & 1 & 0\end{pmatrix}\xrightarrow[r_3-r_1]{r_2-3r_1}\begin{pmatrix}1 & 2 & 3 & -1 & 2\\0 & -4 & -8 & 2 & -2\\0 & -4 & -8 & 2 & -2\end{pmatrix}$$

$$\xrightarrow{r_3-r_2}\begin{pmatrix}1 & 2 & 3 & -1 & 2\\0 & -4 & -8 & 2 & -2\\0 & 0 & 0 & 0 & 0\end{pmatrix}.$$

因为 $r(\boldsymbol{A})=r(\overline{\boldsymbol{A}})=2<4$,故方程组有无穷多解.

例2　判定方程组 $\begin{cases} x_1-5x_2+2x_3+x_4=-1, \\ 2x_1+6x_2-3x_3-3x_4=a+5, \\ -x_1-11x_2+5x_3+4x_4=-4, \\ 3x_1+x_2-x_3-2x_4=2 \end{cases}$ 的解的情况.

解

$$\overline{A}=\begin{pmatrix} 1 & -5 & 2 & 1 & -1 \\ 2 & 6 & -3 & -3 & a+5 \\ -1 & -11 & 5 & 4 & -4 \\ 3 & 1 & -1 & -2 & 2 \end{pmatrix}$$

$$\xrightarrow[r_4-3r_1]{\substack{r_2-2r_1 \\ r_3+r_1}}\begin{pmatrix} 1 & -5 & 2 & 1 & -1 \\ 0 & 16 & -7 & -5 & a+7 \\ 0 & -16 & 7 & 5 & -5 \\ 0 & 16 & -7 & -5 & 5 \end{pmatrix}$$

$$\xrightarrow{r_2\leftrightarrow r_3}\begin{pmatrix} 1 & -5 & 2 & 1 & -1 \\ 0 & -16 & 7 & 5 & -5 \\ 0 & 16 & -7 & -5 & a+7 \\ 0 & 16 & -7 & -5 & 5 \end{pmatrix}$$

$$\xrightarrow[r_4+r_2]{r_3+r_2}\begin{pmatrix} 1 & -5 & 2 & 1 & -1 \\ 0 & -16 & 7 & 5 & -5 \\ 0 & 0 & 0 & 0 & a+2 \\ 0 & 0 & 0 & 0 & 0 \end{pmatrix}.$$

当 $a=-2$ 时,方程组有无穷多解;当 $a\neq-2$ 时,方程组无解.

5.2　线性方程组的解的结构

上面我们讨论了线性方程组有解无解的问题. 在方程组有解的情况下,特别是无穷多解的情况下,如何去求出这些解呢? 这无穷多个解之间有什么关系? 怎样去表述这些解? 这就要讨论解的结构问题.

5.2.1　齐次线性方程组解的结构

定理2　若 $\boldsymbol{X}_1,\boldsymbol{X}_2,\cdots,\boldsymbol{X}_s$ 是齐次线性方程组 $\boldsymbol{AX}=\boldsymbol{0}$ 的解,则 $\boldsymbol{X}_1,\boldsymbol{X}_2,\cdots,\boldsymbol{X}_s$ 的线性组合 $k_1\boldsymbol{X}_1+k_2\boldsymbol{X}_2+\cdots+k_s\boldsymbol{X}_s$($k_1,k_2,\cdots,k_s$ 为常数)也是 $\boldsymbol{AX}=\boldsymbol{0}$ 的解.

定义1　若齐次线性方程组 $\boldsymbol{AX}=\boldsymbol{0}$ 的 s 个解 $\eta_1,\eta_2,\cdots,\eta_s$ 满足

(1) $\eta_1,\eta_2,\cdots,\eta_s$ 线性无关;

(2) 齐次线性方程组 $\boldsymbol{AX}=\boldsymbol{0}$ 的任意一个解 $\boldsymbol{\eta}$ 均可由 $\boldsymbol{\eta}_1,\boldsymbol{\eta}_2,\cdots,\boldsymbol{\eta}_s$ 线性表出,则称 $\boldsymbol{\eta}_1,\boldsymbol{\eta}_2,\cdots,\boldsymbol{\eta}_s$ 为 $\boldsymbol{AX}=\boldsymbol{0}$ 的一个**基础解系**.

定理3 若齐次线性方程组 $\boldsymbol{AX}=\boldsymbol{0}$ 的系数矩阵 $\boldsymbol{A}$ 的秩 $r(\boldsymbol{A})=s<n$，则 $\boldsymbol{AX}=0$ 的基础解系存在，且其基础解系所含解的个数为 $n-s$.

定理3告诉我们：齐次线性方程组的基础解系不是唯一的，但齐次线性方程组的基础解系所包含的解的个数却是一定的，因此，**齐次线性方程组的任意 $n-s$ 个线性无关的解都是齐次线性方程组的基础解系**.

例3 求齐次线性方程组 $\begin{cases}x_1-x_2+5x_3-x_4=0,\\x_1+x_2-2x_3+3x_4=0,\\3x_1-x_2+8x_3+x_4=0,\\x_1+3x_2-9x_3+7x_4=0\end{cases}$ 的一个基础解系.

解 写出该方程组的增广矩阵 $\overline{\boldsymbol{A}}$ 并作如下初等变换.

$$\overline{\boldsymbol{A}}=\begin{pmatrix}1&-1&5&-1&0\\1&1&-2&3&0\\3&-1&8&1&0\\1&3&-9&7&0\end{pmatrix}\xrightarrow[r_4-r_1]{\substack{r_2-r_1\\r_3-3r_1}}\begin{pmatrix}1&-1&5&-1&0\\0&2&-7&4&0\\0&2&-7&4&0\\0&4&-14&8&0\end{pmatrix}$$

$$\xrightarrow[r_4-2r_2]{r_3-r_2}\begin{pmatrix}1&-1&5&-1&0\\0&2&-7&4&0\\0&0&0&0&0\\0&0&0&0&0\end{pmatrix}\xrightarrow{r_1+\frac{1}{2}r_2}\begin{pmatrix}1&0&\frac{3}{2}&1&0\\0&2&-7&4&0\\0&0&0&0&0\\0&0&0&0&0\end{pmatrix}$$

$$\xrightarrow{\frac{1}{2}r_2}\begin{pmatrix}1&0&\frac{3}{2}&1&0\\0&1&-\frac{7}{2}&2&0\\0&0&0&0&0\\0&0&0&0&0\end{pmatrix}.$$

于是，原方程组变换为

$$\begin{cases}x_1=-\dfrac{3}{2}x_3-x_4,\\x_2=\dfrac{7}{2}x_3-2x_4.\end{cases}$$

显然，在这一方程组中，只要 x_3 与 x_4 每取定一个值就可以对应得到 x_1 与 x_2，进而就可以得到方程组的一个解，称这个解为线性方程组的一个**特解**. x_3 与 x_4 取不同的值，就得到线性方程组不同的解，称 x_3 与 x_4 为方程组的**自由未知量**.

下面令 $x_3=1,x_4=0$ 可得方程组的一个特解为 $\boldsymbol{\eta}_1=\begin{pmatrix}-\frac{3}{2}\\ \frac{7}{2}\\ 1\\ 0\end{pmatrix}$，

令 $x_3=0,x_4=1$ 可得方程组的另一个特解为 $\boldsymbol{\eta}_2=\begin{pmatrix}-1\\ -2\\ 0\\ 1\end{pmatrix}$.

显然 $\boldsymbol{\eta}_1,\boldsymbol{\eta}_2$ 线性无关，它们就是方程组的一个基础解系. 利用方程组的基础解系，该方程组的全部解 $\boldsymbol{\eta}$ 可表示为

$$\boldsymbol{\eta}=c_1\begin{pmatrix}-\frac{3}{2}\\ \frac{7}{2}\\ 1\\ 0\end{pmatrix}+c_2\begin{pmatrix}-1\\ -2\\ 0\\ 1\end{pmatrix}\quad（其中，c_1,c_2是任意常数），$$

这个解也称方程组的**通解**.

例4　当 λ 为何值时，齐次线性方程组 $\begin{cases}x_1+2x_2+\lambda x_3=0,\\ 2x_1+5x_2-x_3=0,\\ x_1+x_2+10x_3=0\end{cases}$ 有非零解，并求出其解.

解　$$\bar{A}=\begin{pmatrix}1&2&\lambda&0\\ 2&5&-1&0\\ 1&1&10&0\end{pmatrix}\xrightarrow[r_3-r_1]{r_2-2r_1}\begin{pmatrix}1&2&\lambda&0\\ 0&1&-1-2\lambda&0\\ 0&-1&10-\lambda&0\end{pmatrix}$$

$$\xrightarrow{r_3+r_2}\begin{pmatrix}1&2&\lambda&0\\ 0&1&-1-2\lambda&0\\ 0&0&9-3\lambda&0\end{pmatrix}.$$

当 $\lambda=3$ 时，方程组有非零解. 此时

$$\bar{A}\to\begin{pmatrix}1&2&3&0\\ 0&1&-7&0\\ 0&0&0&0\end{pmatrix}\xrightarrow{r_1-2r_2}\begin{pmatrix}1&0&17&0\\ 0&1&-7&0\\ 0&0&0&0\end{pmatrix}.$$

于是，原方程组可变换为

$$\begin{cases}x_1=-17x_3,\\ x_2=7x_3,\end{cases}\text{其中 }x_3\text{ 是自由未知量.}$$

令 $x_3=1$ 得方程组的基础解系为 $\boldsymbol{\eta}_1=(-17,7,1)^{\mathrm{T}}$，于是，方程组的通解为

$$\boldsymbol{\eta}=c\boldsymbol{\eta}_1=c(-17,7,1)^{\mathrm{T}}（c 为任意常数）.$$

5.2.2 非齐次线性方程组的解的结构

定义 2 称齐次线性方程组 $\boldsymbol{AX}=\boldsymbol{0}$ 为非齐次线性方程组 $\boldsymbol{AX}=\boldsymbol{B}$ 的导出组.

定理 4 若 $\boldsymbol{X}_1$ 是非齐次线性方程组 $\boldsymbol{AX}=\boldsymbol{B}$ 的一个特解,$\boldsymbol{\eta}$ 是 $\boldsymbol{AX}=\boldsymbol{B}$ 的导出组 $\boldsymbol{AX}=\boldsymbol{0}$ 的全部解,则非齐次线性方程组 $\boldsymbol{AX}=\boldsymbol{B}$ 的全部解 $\boldsymbol{X}$ 可表示为

$$\boldsymbol{X}=\boldsymbol{X}_1+\boldsymbol{\eta}.$$

例 5 解线性方程组 $\begin{cases}x_1+3x_2-2x_3-x_4=3,\\2x_1+6x_2-3x_3=13,\\3x_1+9x_2-9x_3-5x_4=8.\end{cases}$

解 $\overline{\boldsymbol{A}}=\begin{pmatrix}1&3&-2&-1&3\\2&6&-3&0&13\\3&9&-9&-5&8\end{pmatrix}\xrightarrow[r_3-3r_1]{r_2-2r_1}\begin{pmatrix}1&3&-2&-1&3\\0&0&1&2&7\\0&0&-3&-2&-1\end{pmatrix}$

$$\xrightarrow{r_3+3r_2}\begin{pmatrix}1&3&-2&-1&3\\0&0&1&2&7\\0&0&0&4&20\end{pmatrix}\xrightarrow{\frac{1}{4}r_3}\begin{pmatrix}1&3&-2&-1&3\\0&0&1&2&7\\0&0&0&1&5\end{pmatrix}.$$

阶梯形矩阵所对应的方程组为

$$\begin{cases}x_1+3x_2-2x_3-x_4=3,\\x_3+2x_4=7,\\x_4=5,\end{cases}$$

将 $x_4=5$ 依次迭代并移项可得

$$\begin{cases}x_1=2-3x_2,\\x_3=-3,\\x_4=5,\end{cases}\quad 其中\ x_2是自由未知量,$$

令 $x_2=0$ 可得方程组的一个特解为

$$X_1=(2,0,-3,5)^{\mathrm{T}}.$$

在方程组的导出组

$$\begin{cases}x_1=-3x_2,\\x_3=0,\\x_4=0\end{cases}$$

中,令 $x_2=1$ 可得其基础解系为 $\boldsymbol{\eta}_1=(-3,1,0,0)^{\mathrm{T}}$,于是方程组的全部解是

$$\boldsymbol{X}=(2,0,-3,5)^{\mathrm{T}}+c(-3,1,0,0)^{\mathrm{T}}(c\ 为任意常数).$$

在熟练的情况下,求解方程组的过程可作适当的简化.

例 6 解线性方程组 $\begin{cases}x_1+x_2+x_3+x_4=3,\\x_1+3x_2+2x_3+4x_4=6,\\2x_1+x_3-x_4=3.\end{cases}$

解　$\bar{A}=\begin{pmatrix}1&1&1&1&3\\1&3&2&4&6\\2&0&1&-1&3\end{pmatrix}\xrightarrow[r_3-2r_1]{r_2-r_1}\begin{pmatrix}1&1&1&1&3\\0&2&1&3&3\\0&-2&-1&-3&-3\end{pmatrix}$

$$\xrightarrow{r_3+r_2}\begin{pmatrix}1&1&1&1&3\\0&2&1&3&3\\0&0&0&0&0\end{pmatrix}\xrightarrow{r_1-\frac{1}{2}r_2}\begin{pmatrix}1&0&\frac{1}{2}&-\frac{1}{2}&\frac{3}{2}\\0&2&1&3&3\\0&0&0&0&0\end{pmatrix}$$

$$\xrightarrow{\frac{1}{2}r_2}\begin{pmatrix}1&0&\frac{1}{2}&-\frac{1}{2}&\frac{3}{2}\\0&1&\frac{1}{2}&\frac{3}{2}&\frac{3}{2}\\0&0&0&0&0\end{pmatrix}.$$

于是原方程组变换为

$$\begin{cases}x_1=-\dfrac{1}{2}x_3+\dfrac{1}{2}x_4+\dfrac{3}{2},\\x_2=-\dfrac{1}{2}x_3-\dfrac{3}{2}x_4+\dfrac{3}{2},\end{cases}$$ 其中 x_3,x_4 为自由未知量，

令 $x_3=c_1,x_4=c_2$（c_1、c_2 为任意常数），可得方程组的解为

$$\begin{cases}x_1=-\dfrac{1}{2}c_1+\dfrac{1}{2}c_2+\dfrac{3}{2},\\x_2=-\dfrac{1}{2}c_1-\dfrac{3}{2}c_2+\dfrac{3}{2},\end{cases}$$

写成向量形式则得方程组的全部解为

$$X=\begin{pmatrix}\frac{3}{2}\\\frac{3}{2}\\0\\0\end{pmatrix}+c_1\begin{pmatrix}-\frac{1}{2}\\-\frac{1}{2}\\1\\0\end{pmatrix}+c_2\begin{pmatrix}\frac{1}{2}\\-\frac{3}{2}\\0\\1\end{pmatrix}$$ （其中 c_1、c_2 为任意常数）.

这里，$\left(\frac{3}{2},\frac{3}{2},0,0\right)^{\mathrm{T}}$ 是方程组的一个特解，而 $\left(-\frac{1}{2},-\frac{1}{2},1,0\right)^{\mathrm{T}}$ 与 $\left(\frac{1}{2},-\frac{3}{2},0,1\right)^{\mathrm{T}}$ 是其导出组的基础解系.

5.3　任务考核

1. 判定下列线性方程组的解的情况：

(1) $\begin{cases} x_1+2x_2-2x_3=4, \\ x_1-x_2+x_3=0, \\ x_1+x_2-x_3=3; \end{cases}$

(2) $\begin{cases} x_1-x_2+2x_3+x_4=0, \\ 2x_1-2x_2+4x_3-2x_4=0, \\ 3x_1+6x_3-x_4=1, \\ 2x_1+x_2+4x_3+2x_4=1. \end{cases}$

2. 求下列齐次线性方程组的基础解系：

(1) $\begin{cases} 2x_1+2x_2-x_3=0, \\ x_1-2x_2+4x_3=0, \\ 5x_1+8x_2+2x_3=0; \end{cases}$

(2) $\begin{cases} x_1-x_2+x_3=0, \\ 2x_1+3x_2+3x_3=0, \\ x_1+4x_2+2x_3=0; \end{cases}$

(3) $\begin{cases} x_1-2x_2+3x_3+5x_4=0, \\ x_2+2x_3+x_4=0, \\ x_1-x_2+5x_3+6x_4=0; \end{cases}$

(4) $\begin{cases} 3x_1+4x_2+x_3+2x_4+3x_5=0, \\ 5x_1+7x_2+x_3+3x_4+4x_5=0, \\ 4x_1+5x_2+2x_3+x_4+5x_5=0, \\ 7x_1+10x_2+x_3+6x_4+5x_5=0. \end{cases}$

3. 解下列线性方程组：

(1) $\begin{cases} x_1-x_2+x_3-x_4=1, \\ x_1-x_2-x_3-x_4=0, \\ 2x_1-2x_2-4x_3+4x_4=-1; \end{cases}$

(2) $\begin{cases} 2x_1+x_2+x_3-x_4+2x_5=2, \\ x_1-x_2+2x_3+x_4-x_5=4, \\ x_1-3x_2-4x_3+3x_4+x_5=8; \end{cases}$

(3) $\begin{cases} 2x_1+x_2+2x_3-x_4+3x_5=2, \\ 6x_1+2x_2+4x_3-3x_4+5x_5=3, \\ 6x_1+4x_2+8x_3-3x_4+13x_5=9, \\ 4x_1+x_2+x_3-2x_4+2x_5=1; \end{cases}$

(4) $\begin{cases} 2x_1-x_2-x_3+x_4-3x_5=4, \\ -3x_1+2x_2-5x_3-4x_4+x_5=-1, \\ x_1-x_2+2x_3-x_4+3x_5=-4, \\ -4x_1+x_2+3x_3-9x_4+16x_5=-21. \end{cases}$

4. 当 λ 为何值时，线性方程组

$$\begin{cases} x_1-3x_2+4x_3=1, \\ 2x_1-x_2+3x_3=2, \\ x_1-2x_2+3x_3=\lambda-1 \end{cases}$$

有解？有解时求其解.

5. 设线性方程组为

$$\begin{cases} 3x_1+2x_2+x_3+x_4-3x_5=a, \\ x_1+x_2+x_3+x_4+x_5=1, \\ x_2+2x_3+2x_4+6x_5=3, \\ 5x_1+4x_2+3x_3+3x_4-x_5=b, \end{cases}$$

讨论 a,b 为何值时，方程组有解，有解时求其解.

学习情景 4　矿井数据处理

任务 1　随机事件及概率

我们在现实生活中会碰到各种各样的现象，总的来说，可分为下述两类. 一类现象是在一定条件下某种结果必然会出现，这类现象称为确定性现象，如水的温度升到 100 ℃，水就沸腾. 另一类现象是在一定条件下出现的结果不止一个，而事先又无法知道哪一个结果会出现，这类现象称为随机现象，如抛掷一枚硬币，其结果有两种可能，要么出现正面，要么出现反面；抛掷一枚骰子，其结果有 6 种. 这些现象都是随机现象，对随机现象的观察而进行的试验叫**随机试验**.

1.1　随机事件

定义 1　对随机现象的观察而进行的试验如果具备以下 3 个条件：

(1)试验可在相同的条件下重复进行，

(2)每次试验的所有可能结果是明确可知的，

(3)每次试验出现的某一结果，在试验之前是不可知的，

则称其为随机试验，也可简称为试验. 试验的每一个可能出现的结果称为**随机事件**，简称**事件**，常用大写字母 $A,B,C,\cdots$ 来表示. 例如在抛掷一枚骰子的试验中，记 $A_i=\{$出现的点数为 $i\}$ $(i=1,2,\cdots,6)$，$B=\{$出现偶数点$\}$，$C=\{$出现的点数不大于 3$\}$，这些都是试验对应的随机事件.

随机试验的每一个可能出现的基本结果称为**基本事件**. 全体基本事件组成的集合，叫**基本事件空间**，记为 I. 在抛掷骰子的试验中，随机事件 $A_1,A_2,\cdots,A_6$ 都是基本事件，其基本事件空间 $I=\{1,2,3,4,5,6\}$.

显然事件是由基本事件组成的，比如：事件 $B=\{$出现偶数点$\}=\{2,4,6\}$，$C=\{$出现的点数不大于 3$\}=\{1,2,3\}$. 作为一个事件，在一次试验中，只要有一个基本事件发生了，就说该事件发生，如：掷出的点数是 2，则说事件 B,C 都发生了；掷出的点数是 3，则说事件 C 发生了.

在每一试验中一定发生的事件称为必然事件，记为 I；一定不发生的事件称为不可能事件，记为 $\varnothing$. 显然，必然事件及不可能事件已经不再具有随机性，但为了方便起见，仍把它们视为特殊的随机事件.

在实际问题中我们常常要讨论事件间的相互关系,看下面的例子.

例1 从一批含有次品的产品中任意抽取3件,给出如下事件:

A_1 = {至少有1件次品}, A_2 = {恰好有1件次品},

A_3 = {至少有2件次品}, A_4 = {3件都是次品},

A_5 = {至多有1件次品}, A_6 = {没有次品},

A_7 = {至少有1件正品}.

下面我们来研究它们之间的关系.

1. 包含关系

定义2 如果事件A发生必然导致事件B发生,则称事件B包含事件A,记为$A \subset B$或$B \supset A$,读作:A被B包含或B包含A. 在例1中$A_2 \subset A_1$.

特别地,如$A \subset B$且$B \subset A$,则称事件A与事件B相等,记为$A = B$.

2. 事件和与积

定义3 若事件发生当且仅当事件A与事件B至少有一个发生,则称此事件为事件A与事件B的和,记为$A+B$或$A \cup B$;若事件发生当且仅当事件A与事件B同时发生,则称此事件为事件A与事件B的积,记为AB或$A \cap B$,如图4.1,图4.2所示.

在例1中有$A_1 = A_2 \cup A_3$, $A_2 = A_1 \cap A_5$.

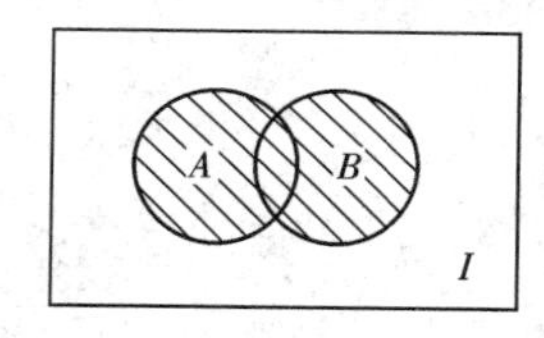

图4.1

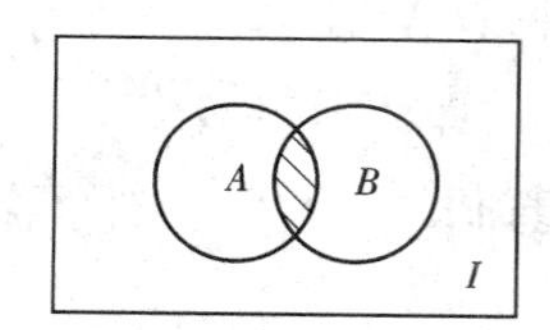

图4.2

3. 互不相容事件

定义4 若事件A与事件B不可能同时发生,即$A \cap B = \varnothing$,则称事件A与事件B为互不相容事件(或互斥),如图4.3所示.

在例1中,显然A_4与A_7互斥,即$A_4 \cap A_7 = \varnothing$显然,所有的基本事件之间都是互不相容的事件.

4. 逆事件

定义5 若事件A与事件B不可能同时发生且其中一个又必然发生,即$A \cup B = I$, $A \cap B = \varnothing$,则称事件A与事件B互为逆事件. 记为$\bar{A}$,即$\bar{A} = B$,如图4.4所示.

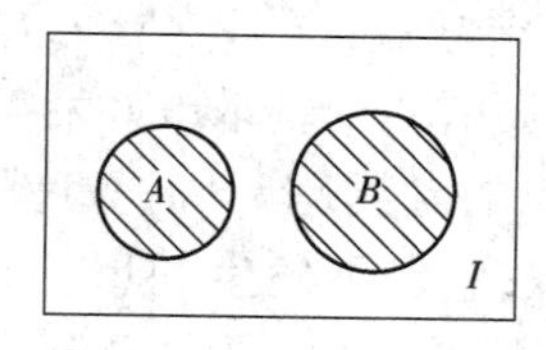

图4.3

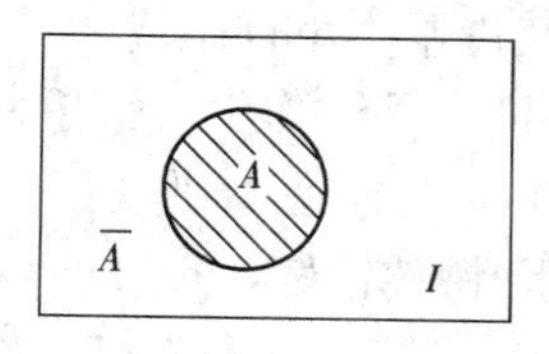

图4.4

在例1中,显然 $A_1 \cup A_6 = I, A_1 \cap A_6 = \varnothing$,所以 $A_1 = \overline{A_6}$.

5. 事件的差

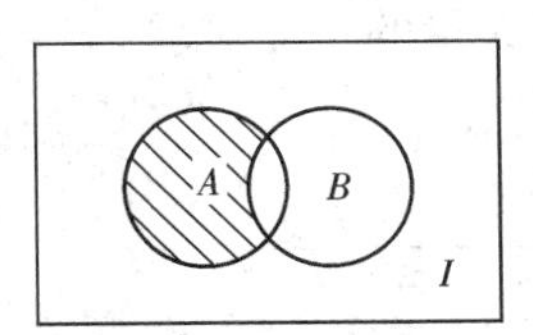

图4.5

定义6　若某事件发生当且仅当事件 A 发生且事件 B 不发生,则称此事件为事件 A 与事件 B 的差,记为 $A-B$,如图4.5所示.

在例1中,有 $A_3 = A_1 - A_5$.

6. 事件的运算规律

由于事件的运算可以看作集合的运算,因此,事件的运算规律满足集合的运算规律.

交换律　$A \cup B = B \cup A, A \cap B = B \cap A$.

结合律　$(A \cup B) \cup C = A \cup (B \cup C), (A \cap B) \cap C = A \cap (B \cap C)$.

分配律　$(A \cup B) \cap C = (A \cap C) \cup (B \cap C)$,

$(A \cap B) \cup C = (A \cup C) \cap (B \cup C)$.

对偶律　$\overline{A \cup B} = \overline{A} \cap \overline{B}, \overline{A \cap B} = \overline{A} \cup \overline{B}$.

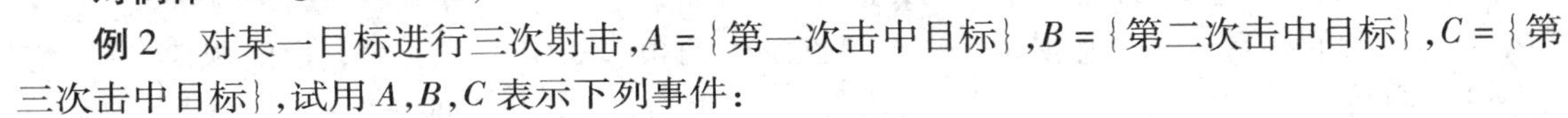

例2　对某一目标进行三次射击,$A=$ {第一次击中目标},$B=$ {第二次击中目标},$C=$ {第三次击中目标},试用 A,B,C 表示下列事件:

(1){至少击中一次目标};

(2){三次都击中目标};

(3){第一次击中目标,第二、三次都没有击中目标};

(4){三次都没有击中目标}.

解　(1){至少击中一次目标} $= A \cup B \cup C$;

(2){三次都击中目标} $= A \cap B \cap C$;

(3){第一次击中目标,第二、三次都没有击中目标} $= A \cap \overline{B} \cap \overline{C}$;

(4){三次都没有击中目标} $= \overline{A \cup B \cup C}$.

1.2　概率的概念

我们研究随机现象,不仅要知道它在一定条件下可能产生的各种结果,而且还要进一步分析各种结果(事件)发生的可能性的大小,而事件发生的可能性的大小是“事件本身所固有的属性”,把事件 A 所发生的可能性的大小,称为事件 A 发生的概率,记为 $P(A)$.

下面介绍概率的两种定义方式.

1.2.1　概率的统计定义

在相同的条件下,进行 n 次独立的试验,记事件 A 发生的次数为 μ 次,那么比值 $\frac{\mu}{n}$ 称为在 n 次试验中事件 A 发生的频率,记为 $f_n(A)$,即

$$f_n(A) = \frac{\mu}{n}.$$

为了进一步探求事件的频率与事件发生可能性之间的内在联系,历史上有很多数学家做过大量的重复试验,表4.1就是抛掷硬币这个有名试验的一些试验结果.

表4.1

实验者	抛掷次数 n	正面向上的次数 μ	频率 $=\frac{\mu}{n}$
德莫根	2 048	1 061	0.518 1
蒲丰	4 040	2 048	0.506 9
皮尔逊	12 000	6 019	0.501 6
爱德华	24 000	12 012	0.500 5

分析表4.1发现,虽然事件 $A=\{正面向上\}$ 发生的频率各不同,但它们都在一个固定的值0.5附近摆动,而且随着试验次数的增加,这种摆动的幅度越来越小,逐渐稳定于值0.5.

上述试验的结果从客观上揭示了一个事件发生的频率稳定于一个固定值的规律,这一统计规律性称为频率的稳定性,它表明随机事件发生的可能性的大小都是由它自身固有的客观属性所决定的,因此,任何事件发生的可能性的大小都是可以度量的,我们把用来表示事件发生可能性的大小的数值称为概率.

定义7 在相同的条件下,重复进行 n 次试验,如果事件 A 发生的频率稳定地在某一数值 p 的附近波动,而且一般说来随着 n 的增大,其波动的幅度越来越小,则称数值 p 为事件 A 的概率,记为 $P(A)=p$.

由此,在抛掷硬币中,事件 $A=\{正面向上\}$ 的概率 $P(A)=0.5$.

这个定义给出了在实际问题中估算概率的近似方法,当试验次数足够大时,可将频率视为概率的近似值.

由于频率 $\frac{\mu}{n}$ 总是介于0与1之间,故概率具有如下性质:

(1) $0\leqslant P(A)\leqslant 1$;

(2) $P(I)=1$;

(3) $P(\varnothing)=0$.

1.2.2 概率的古典定义

如果随机试验具有如下两个特点:基本事件的总数为有限个,每个基本事件发生的可能性相同,则称该试验为古典概型,这就是说在我们所讨论的基本事件空间 I 中,基本事件是有限个,并且

$$P(A_1)=P(A_2)=\cdots=P(A_n).$$

例如,在"抛掷骰子"的试验中有6个可能的结果,由于骰子本身是均匀的,所以可以看出它们出现的可能性是相同的,都是1/6. 同样,抛掷质地均匀的硬币观察哪面向上的试验,袋中

有几个质地、大小均相同而颜色不同的球，从中任取一球观察其颜色的试验都属于古典概型.

下面给出概率的古典定义.

定义8　设古典型随机试验的基本事件总数为 n，事件 A 由基本事件中的 m 个组成，则事件 A 的概率为

$$P(A)=\frac{\text{事件}A\text{包含的基本事件数}}{\text{基本事件总数}}=\frac{m}{n}.$$

这样在古典概型中确定事件 A 的概率问题就化为计算基本事件总数及事件 A 包含的基本事件的个数，因此弄清随机试验所有基本事件数是什么以及所讨论的事件 A 包含了哪些基本事件是十分重要的.

例3　从1，2，…，9，10这10个数中，任取一个数，问事件 $A=\{$取得的数字是3的倍数$\}$的概率是多少？

解　从10个数中任取一个，基本事件总数 $n=10$，事件 A 包含的基本事件数为 $m=3$，于是

$$P(A)=\frac{m}{n}=\frac{3}{10}.$$

例4　10个灯泡中有3个是坏的，任意抽取4个，问事件 $A=\{$恰有2个好的$\}$和事件 $B=\{$4个全是好的$\}$的概率是多少？

解　基本事件总数 C_{10}^4.

事件 A 包含的基本事件数为 $C_3^2C_7^2$，所以

$$P(A)=\frac{C_3^2\ C_7^2}{C_{10}^4}=\frac{3}{10}.$$

事件 B 包含的基本事件数为 C_7^4，所以

$$P(B)=\frac{C_7^4}{C_{10}^4}=\frac{1}{6}.$$

例5　抛掷两个质地均匀的骰子，求事件 $A=\{$出现的点数之和为11$\}$的概率.

解　记抛掷两个骰子出现的点数为 (i,j)，由于 i,j 各有6种取法，故基本事件总数 $n=6\times6=36$，又事件 A 包含的基本事件数 $m=2$，所以

$$P(A)=\frac{m}{n}=\frac{2}{36}=\frac{1}{18}.$$

例6　袋中有 N 个白球，1个黑球，把球一个一个地随机抽出，求事件 $A=\{$第 K 次抽出黑球$\}$的概率.

解　把这 $N+1$ 球看作是不同的，每次试验可以看作把 $N+1$ 个球一个一个地取出来按顺序在 $N+1$ 个位置上排成一排，每一种排法就对应一个试验，故基本事件总数 $n=(N+1)!$，要使第 K 次抽出黑球，只需在第 K 个位置上排黑球，其余 N 个位置上任意排白球，故事件 A 包含的基本事件数 $m=1\times N!$，所以 $P(A)=\dfrac{m}{n}=\dfrac{N!}{(N+1)!}=\dfrac{1}{N+1}$.

1.3 概率的加法公式与逆事件的概率

由概率的统计定义和古典定义容易知道概率具有如下性质.

(1)对于任何事件A,都有$0\leqslant P(A)\leqslant 1$.

(2)$P(I)=1,P(\varnothing)=0$.

(3)如事件A、B互不相容,则$P(A\cup B)=P(A)+P(B)$.

下面我们给出两个定理.

定理1(概率的加法公式) 设A,B为任意两事件,则有

$$P(A\cup B)=P(A)+P(B)-P(A\cap B).$$

证明 设A,B为任意两事件,

$$A\cup B=A+(B-A),且A\cap(B-A)=\varnothing.$$

由性质(3)得

$$P(A\cup B)=P(A)+P(B-A).又B=(A\cap B)\cup(B-A),$$

且 $(A\cap B)\cap(B-A)=\varnothing$,

再由性质(3)得

$$P(B)=P(A\cap B)+P(B-A),$$

即 $P(B-A)=P(B)-P(A\cap B)$,

所以 $P(A\cup B)=P(A)+P(B)-P(A\cap B)$.

例7 在如图4.6的线路中,元件A发生故障的概率为0.1,元件B发生故障的概率为0.2,元件A、B同时发生故障的概率为0.05,求线路中断的概率.

解 设$A=\{$元件A发生故障$\}$,$B=\{$元件B发生故障$\}$,则

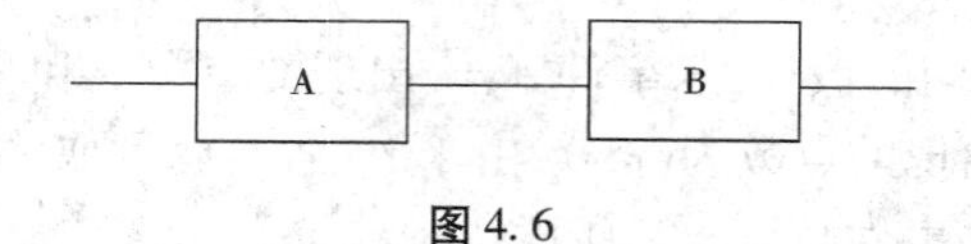

图4.6

$A\cap B=\{$元件A、B同时发生故障$\}$,

$A\cup B=\{$元件A、B至少有一个发生故障$\}=\{$线路中断$\}$.

根据题意$P(A)=0.1,P(B)=0.2,P(A\cap B)=0.05$,所以

$$P(A\cup B)=P(A)+P(B)-P(A\cap B)=0.1+0.2-0.05=0.295.$$

定理2 设A为任意事件,则

$$P(\bar{A})=1-P(A).$$

证明 因为A与$\bar{A}$互逆,即$A\cup\bar{A}=A\cap\bar{A}=\varnothing$,所以

$$P(I)=P(A\cup\bar{A})=P(A)+P(\bar{A})=1,$$

故 $P(\bar{A})=1-P(A)$.

例8 某产品的正品率是0.95,求它的次品率.

解 设$A=\{$抽查一件产品为正品$\}$,则$\bar{A}=\{$抽查一件产品为次品$\}$,所以

$P(\bar{A})=1-P(A)=1-0.95=0.05.$

例9　在袋中有17个红球,3个白球,任取3个,求事件$A=\{$至少有一个白球$\}$的概率.

解　要直接求A比较困难,考虑$\bar{A}=\{$取出的都是红球$\}$,由于

$$P(\bar{A})=\frac{C_{17}^3}{C_{20}^3}=0.596,$$

所以$P(A)=1-P(\bar{A})=0.404.$

例10　某地区订日报的有60%,订晚报的有30%,不订报的有25%,求两种报都订的概率.

解　设$A=\{$订日报$\}$,$B=\{$订晚报$\}$,则

$A\cup B=\{$至少订一种报$\}$, $A\cap B=\{$两种报都订$\}$, $\overline{A\cup B}=\{$不订报$\}$.

由题意　$P(A)=0.6,P(B)=0.3,P(\overline{A\cup B})=0.25,$

于是　$P(A\cup B)=1-P(\overline{A\cup B})=1-0.25=0.75,$

又　$P(A\cup B)=P(A)+P(B)-P(A\cap B)$,所以

$$P(A\cap B)=P(A)+P(B)-P(A\cup B)=0.6+0.3-0.75=0.15,$$

故两种报都订的概率为0.15.

1.4　条件概率

在实际问题中,常常需要计算在某个事件B已经发生的条件下,另一个事件A发生的概率,这种概率称为事件B已经发生的条件下,A发生的条件概率,简称为A对B的条件概率,记为$P(A|B)$. 由于增加了“事件B已经发生”的条件,一般说来$P(A|B)\neq P(A)$.

例11　有同类型的球25只,将它们分别标号1,2,…,25. 现从中任取一球,设$A=\{$取得标号为偶数的球$\}$,$B=\{$取得标号小于11的球$\}$,现求在B发生的条件下,A发生的条件概率$P(A|B)$.

解　由古典概率定义

$$P(A)=\frac{12}{25},\ P(B)=\frac{10}{25}=\frac{2}{5},\ P(A|B)=\frac{5}{10}=\frac{1}{2},$$

所以　$P(A|B)\neq P(A)$,又$P(AB)=\frac{5}{25}=\frac{1}{5}.$

故　$$P(A|B)=\frac{P(AB)}{P(B)}=\frac{\frac{1}{5}}{\frac{2}{5}}=\frac{1}{2}.$$

一般地,条件概率有以下公式:

(1)$P(A|B)=\dfrac{P(AB)}{P(B)}\quad(P(B)\neq 0)$;

(2)$P(B|A)=\dfrac{P(AB)}{P(A)}\quad(P(A)\neq 0)$.

由条件概率公式可得

$$P(AB)=P(A)P(B|A)=P(B)P(A|B),$$

称为概率的乘法公式.

例 12 甲乙两班共有 70 名学生,其中女生 40 名,设甲班有 30 名同学,其中女生 15 名,问在碰到甲班同学的条件下,恰好碰到 1 名女生的概率?

解 设 $A=\{$碰到甲班同学$\}$,$B=\{$碰到的是女同学$\}$,

则 $P(B|A)=\{$在碰到甲班同学的条件下,恰好碰到 1 名女生$\}$.

因为 $P(AB)=\frac{15}{70}$,$P(A)=\frac{30}{70}$,所以 $P(B|A)=\frac{P(AB)}{P(A)}=\frac{1}{2}$.

1.5 独立性

我们知道在一般情况下条件概率 $P(B|A)$ 与无条件概率 $P(B)$ 是不相等的,但在某些情况下它们又是相等的,例如从 52 张扑克牌(除去大、小王)中随机地抽出一张,事件 $A=\{$抽出的是红桃$\}$,事件 $B=\{$抽出的是 $K\}$. 显然 $P(B|A)=\frac{1}{13}$,$P(B)=\frac{4}{52}=\frac{1}{13}$,所以 $P(B|A)=P(B)$,在这种情况下,事件 A 的发生对 B 的发生的概率没有影响,即事件 A 与 B 之间应有某种独立性. 由此我们引进两个事件独立性的概念.

定义 9 对于任意两事件 A 和 B,若 $P(B|A)=P(A)$,则称 A 对 B 独立.

由独立性的定义和乘法公式可得如下性质:

(1)若事件 A 对 B 独立,则 B 对 A 也独立;

(2)若事件 A 与 B 相互独立,则 $P(AB)=P(A)P(B)$;

(3)若事件 A 与 B 相互独立,则 $\bar{A}$ 与 B,A 与 $\bar{B}$,$\bar{A}$ 与 $\bar{B}$ 也相互独立.

在实际问题中,两事件是否独立,并不一定需要通过公式的计算来证明,可根据具体情况来分析、判断,只要事件间没有明显的联系,我们就可以认为它们是相互独立的.

例 13 甲、乙两射手独立地对同一目标射击一次,他们的命中率分别是 0.7 与 0.8,试求至少有一人命中目标的概率.

解 设 $A=\{$甲命中目标$\}$,$B=\{$乙命中目标$\}$,则 $A\cup B=\{$至少有一人命中目标$\}$,

由已知 $P(A)=0.7$,$P(B)=0.8$,A 与 B 相互独立,所以

$$P(AB)=P(A)P(B)=0.7\times0.8=0.56,$$

故 $$P(A\cup B)=P(A)+P(B)-P(AB)=0.7+0.8-0.56=0.94.$$

1.6 伯努利概型

在实践中,我们经常会遇到一种特别简单的试验,这类试验的可能结果只有两个:A 及 $\bar{A}$. 例如在抽样检查产品时,抽到的不是正品,就是次品;在抛掷硬币时,不是正面向上,就是反面向上;在观察机器运行时,不是正常运转,就是发生故障等. 这类试验称为伯努利试验.

定义10　在相同的条件下，将试验重复地做 n 次，每次试验的可能结果只有两个 A 及 $\bar{A}$，而每次出现 A 的可能性一样大，则称该试验为伯努利试验.

伯努利试验是一种既重要又常见的数学模型，它有很广泛的实际应用. 在 n 重伯努利试验中，我们感兴趣的是事件 A 发生的次数. 一般地，用 $P_n(k)$ 表示在 n 重伯努利试验中事件 A 发生 k 次的概率. 下面通过实例讨论 $P_n(k)$ 的求法.

例14　某射手向一目标进行3次射击，已知他击中目标的概率 p，问他恰好击中目标两次的概率是多少?

分析　该射手向一目标进行一次射击，可看作一次试验，结果只有两个：$A=\{$击中目标$\}$，$\bar{A}=\{$未击中目标$\}$，因此这是一个3重伯努利试验，本例就是求在3重伯努利试验中，事件 A 恰好发生两次的概率 $P_3(2)$.

解　设 $A_i=\{$第 i 次射击击中目标$\}$，$B=\{$3次射击恰好击中目标两次$\}$，则

$$B=(A_1\cap A_2\cap\overline{A_3})\cup(A_1\cap\overline{A_2}\cap A_3)\cup(\overline{A_1}\cap A_2\cap A_3).$$

显然，$A_1\cap A_2\cap\overline{A_3}$，$A_1\cap\overline{A_2}\cap A_3$，$\overline{A_1}\cap A_2\cap A_3$，两两互不容的，$A_1,A_2,A_3$是相互独立的，所以

$$\begin{aligned}P_3(2)=P(B)&=P(A_1\cap A_2\cap\overline{A_3})+P(A_1\cap\overline{A_2}\cap A_3)+P(\overline{A_1}\cap A_2\cap A_3)\\&=P(A_1)P(A_2)P(\overline{A_3})+P(A_1)P(\overline{A_2})P(A_3)+P(\overline{A_1})P(A_2)P(A_3)\\&=\mathrm{C}_3^2p^2(1-p).\end{aligned}$$

一般地，有以下结论.

定理3　在伯努利概型的 n 次重复独立试验中，事件 A 发生 $k(0\leqslant k\leqslant n)$ 次的概率为

$$P_n(k)=\mathrm{C}_n^kp^k(1-p)^{n-k}\quad(\text{其中}0\leqslant k\leqslant n,P(A)=p)$$

此公式也称作二项概率公式.

例15　射手对目标进行4次独立的射击，每次命中目标的概率是0.4，试求恰好二次命中目标的概率.

解　由于每射击一次可看作一次伯努利试验，所以这是一个4重贝努利试验，故恰好2次命中目标的概率为

$$P_4(2)=\mathrm{C}_4^2(0.4)^2(1-0.4)^{4-2}=0.345\,6.$$

例16　一批产品中的一级品率为0.3，现进行有放回的抽样，共抽取10个样品. 试求：

(1)10个样品中，恰有2个一级品的概率；

(2)10个样品中至少有2个一级品的概率.

解　由于是有放回的抽样，因此它可看作是一个10重伯努利试验，令 $A=\{$抽到一级品$\}$，则 $P(A)=0.3$.

(1)恰有2个一级品的概率为

$$P_{10}(2)=\mathrm{C}_{10}^2(0.3)^2(1-0.3)^{10-2}=0.233\,5.$$

(2)至少有2个一级品的概率为

$$\sum_{k=2}^{10}P_{10}(k)=\sum_{k=2}^{10}\mathrm{C}_{10}^2(0.3)^k(1-0.3)^{10-k}=0.850\,7.$$

1.5 任务考核

1. 写出下列随机试验的基本事件空间:

(1)将一均匀硬币抛掷两次;

(2)在黑,红、白 3 个球中任取两球.

2. 设 A,B,C 为 3 个事件,用 A,B,C 的表示下列事件:

(1)A 发生,B 与 C 不发生:

(2)A 与 B 都发生,而 C 不发生;

(3)A,B,C 都不发生;

(4)A,B,C 都发生;

3. 已知 $A\subset B$,$P(A)=0.2$,$P(B)=0.3$,求 $P(A\cup B)$,$P(A\cap B)$,$P(\bar{A})$,$P(\bar{B})$的值.

4. 从 1 ~100 中任取 1 个数,求该数能被 2 或 5 整除的概率.

5. 加工某产品要经过两道工序,如果这两道工序都合格的概率为 0.95,求至少有一道工序不合格的概率.

6. 袋中有 5 个白球和 3 个黑球,从中任取 2 个球,求:

(1)取得两球同色的概率;

(2)取得的两球至少有 1 个白球的概率.

7. 某班级有 18 名男生,12 名女生,从中选出 3 名班干部,求:

(1)所选出的干部为 2 男 1 女 的概率;

(2)至少有 2 名女生的概率.

8. 100 件产品中有 10 件次品,现从中取出 5 件进行检验,求所取的 5 件产品中至多有 1 件次品的概率.

9. 一批零件共有 50 个,其中有次品 5 个,每次从中任取 1 个,取后不放回,求第二次才取到正品的概率.

10. 某人有 5 把大小相同的钥匙,但是忘记了开房门的是哪一把,因此他逐把试开,求:

(1)第 3 次才打开房门的概率;

(2)3 次内打开房门的概率.

11. 已知 $P(A)=\dfrac{1}{4}$,$P(B|A)=\dfrac{1}{3}$,$P(A|B)=\dfrac{1}{2}$,求 $P(A\cup B)$.

12. 已知 $P(\bar{A})=0.3$,$P(B)=0.4$,$P(A\bar{B})=0.5$,求 $P(B|A\cup\bar{B})$.

13. 设某家庭有 3 个孩子,在已知至少有 1 个女孩的条件下,求这个家庭中至少有 1 个男孩的概率.

14. 设某批产品有 4% 是废品,而合格品中的 75% 是一等品,求任取 1 产品为一等品的概率.

15. 设在 1 次试验中事件 A 发生的概率为 p,现进行 n 次独立重复试验,求:

(1)A 至少发生 1 次的概率;

(2)A 至多发生1次的概率.

16. 一个袋子中有5个白球,3个红球,从中任取1个,取后放回,试求两次都是白球的概率.

17. 甲乙两选手比赛,假定每局比赛甲胜的概率为0.6,乙胜的概率为0.4,求在5局3胜制中甲获胜的概率.

任务2　随机变量及分布

为了进一步地研究随机现象,需要将随机试验的结果数量化,这就需要引入随机变量的概念,使得随机事件及其概率能够用随机变量及其分布表示出来. 在随机试验研究中,我们发现有的随机试验的结果本身就是数量性的,有的则是非数量性的,前者如某电话总机在某确定时间间隔内收到的呼叫次数可能是0,1,2,…,后者如抛掷硬币试验中的“正面出现”与“反面出现”,用文字表达抛掷硬币试验的这两个结果很不方便,为了全面揭示这个试验的内在规律性,我们用数“1”代表“正面出现”,用数“0”代表“反面出现”,这样我们说到这个试验结果时,就可简单地说1或0. 一般地说,我们把随机试验中那些随着试验结果的变化而变化的量,称为随机变量.

2.1　随机变量的概念

定义1　如果对于随机试验的基本事件空间 I 中的每一个事件 ω,都有一个实数 X 与之对应,则称 X 是一个随机变量. 常用大写字母 X,Y,Z 表示随机变量.

例1　从一批正品为15件,次品为5件的产品中任取3件,其中所含的次品数 X.

例2　某本书中的印刷错误的个数 Y.

例3　某网站某周被网民点击的次数 Z.

以上例子中的 X,Y,Z 都随机变量.

随机变量 X 是定义在基本事件空间 I 上的一个函数,它的取值是由试验结果而决定的,因此随机变量在某个范围内的取值,就可以表示试验的某个可能结果——事件. 它落在实轴上不同区域上有不同的概率,这是由随机试验的统计规律性决定的.

随机变量的分布是随机变量研究中的重要概念,一旦求得了随机变量的分布,那么,随机试验中任一事件的概率也就可以确定,不仅如此,随机变量的更大好处在于能用高等数学这一有力的工具来研究随机现象的统计规律性.

2.2　离散型随机变量及概率分布

2.2.1　离散型随机变量的定义

定义2　若随机变量 X 的一切可能取值为有限个或可列无穷个(指个数无穷多,但可以一个一个列举出来),则称 X 为离散型随机变量.

要全面描述一个随机变量,仅知道它的全部可能取值是不够的,更重要的是知道它以多大的概率取这些值,为此引入下面的定义.

定义3　设 X 为离散型随机变量,它的一切可能取值为 $x_k(k=1,2,3,\cdots)$ 的对应概率 $p_k=P(X=x_k)(k=1,2,3,\cdots)$ 称为随机变量 X 的概率分布,也叫 X 的分布列.

由概率的定义知 p_k 应满足:

(1) $0\leqslant p_k\leqslant 1$;

(2) $\sum\limits_k p_k=1$.

为了直观地表述离散型随机变量的概率分布,常常列成如表4.2所示的表,

表4.2

X	x_1	x_2	$\cdots$	x_k	$\cdots$
p_k	p_1	p_2	$\cdots$	p_k	$\cdots$

称此表为随机变量 X 的概率分布表.

例4　从一批正品有95件,次品有5件的产品中,任取5件,求取到次品件数的概率分布.

解　用 X 表示取得次品的件数,则 X 可取0,1,2,3,4,5 6个值,所以 X 为离散型随机变量,于是有

$$P_0(X=0)=\frac{C_5^0\,C_{95}^5}{C_{100}^5}\approx 0.769\ 59,\ P_1(X=1)=\frac{C_5^1\,C_{95}^4}{C_{100}^5}\approx 0.211\ 43,$$

$$P_2(X=2)=\frac{C_5^2\,C_{95}^3}{C_{100}^5}\approx 0.018\ 38,\ P_3(X=3)=\frac{C_5^3\,C_{95}^2}{C_{100}^5}\approx 0.000\ 59,$$

$$P_4(X=4)=\frac{C_5^4C_{95}^1}{C_{100}^5}\approx 0.000\ 01,\ P_5(X=5)=\frac{C_5^5C_{95}^0}{C_{100}^5}\approx 0.000\ 00.$$

其概率分布如表4.3所示:

表4.3

X	0	1	2	3	4	5
p_k	0.769 59	0.211 43	0.018 38	0.000 59	0.000 01	0.000 00

2.2.2　随机变量的分布函数

定义4　设 X 是一随机变量,函数

$$F(x)=P(X\leqslant x)\quad(-\infty<x<+\infty)$$

称为随机变量 X 的分布函数.

如果将 X 看成数轴上随机点的坐标,那么,分布函数 $F(x)$ 在 x 处的函数值就表示点 X 落入区间 $(-\infty,x)$ 上的概率.对于任意的实数 $x_1<x_2$,随机点 X 落入区间 (x_1,x_2) 的概率为

$$P(x_1<X\leqslant x_2)=P(X\leqslant x_2)-P(X\leqslant x_1)=F(x_2)-F(x_1),$$

即 X 落入任一区间 (x_1,x_2) 的概率都可以由分布函数求得,因此分布函数能完整地描述随机变量.

值得注意的是,对于任意类型的随机变量(不仅仅局限于离散型)都有分布函数 $F(x)$,而且 $F(x)$ 是一个普通的函数,其定义域为 $(-\infty,+\infty)$,值域为 $[0,1]$.

例5　设袋中有2个白球,3个黑球,从中任取3个,记取到的白球为 X,求 X 的分布函数 $F(x)$,并画出 $F(x)$ 的图形.

解　用古典概型,不难求得 X 的分布列如表4.4所示.

表4.4

X	0	1	2
p_k	0.1	0.6	0.3

(1)当 $x<0$ 时,$\{X\leqslant x\}$ 为不可能事件,故 $F(x)=P(X\leqslant x)=0$.

(2)当 $0\leqslant x<1$ 时,$\{X\leqslant x\}=\{X=0\}$,故 $F(x)=P(X\leqslant x)=0.1$.

(3)当 $1\leqslant x<2$,时,$\{X\leqslant x\}=\{X=0\}\cup\{X=1\}$,故

$$F(x)=P(X\leqslant x)=P(X=0)+P(X=1)=0.1+0.6=0.7.$$

(4)当 $x\geqslant 2$ 时,$\{X\leqslant x\}=\{X=0\}\cup\{X=1\}\cup\{X=2\}$,故

$$F(x)=P(X\leqslant x)=P(X=0)+P(X=1)+P(X=2)=1.$$

于是其分布函数为

$$F(x)=\begin{cases}0, & x<0,\\ 0.1, & 0\leqslant x<1,\\ 0.7, & 1\leqslant x<2,\\ 1, & x\geqslant 2.\end{cases}$$

其图像如图4.7所示,从图4.7上可以看出,离散型随机变量的分布函数 $F(x)$ 是左连续的.

实际上,任意离散型随机变量的分布函数都有这种形式,设离散型随机变量 X 的分布列为

$$P_k=P(X=x_k),\ k=1,2,3,\cdots$$

则 X 的分布函数为

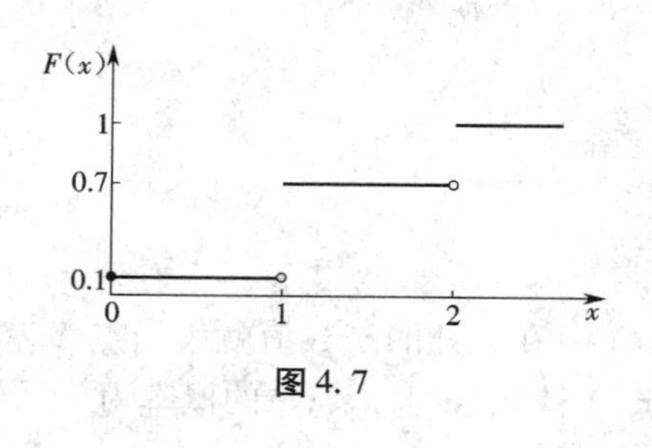

图 4.7

$$F(x)=\sum_{k:x_k\leqslant x}P(X=x_k)=\sum_{x_k\leqslant x}p_k.$$

读者可以简单地画出 $F(x)$ 的图形.

一般地,随机变量 X 的分布函数具有下列性质:

(1)$0\leqslant F(x)\leqslant 1(-\infty<x<+\infty)$,且

$$\lim_{x\to-\infty}F(x)=0,\ \lim_{x\to+\infty}F(x)=1;$$

(2)对任意的 $x_1<x_2$,

$$P(x_1<X\leqslant x_2)=F(x_2)-F(x_1).$$

例 6 随机变量 X 的分布函数为 $F(x)=\begin{cases}\dfrac{Ax}{1+x}, & x>0,\\ 0, & x\leqslant 0,\end{cases}$

其中 A 是一常数,求:

(1)常数 A;

(2)$P(1<X\leqslant 2)$.

解 (1)由分布函数的性质知

$$1=\lim_{x\to+\infty}F(x)=\lim_{x\to+\infty}\frac{Ax}{1+x}=A,\text{故 }A=1.$$

(2)$P(1<X\leqslant 2)=F(2)-F(1)=\dfrac{2}{1+2}-\dfrac{1}{1+1}=\dfrac{1}{6}.$

2.2.3 常见离散型随机变量的概率分布

1. 两点分布

如果随机变量 X 的分布列如表 4.5 所示,

表 4.5

X	0	1
P	$1-p$	p

则称 X 服从参数为 p 的两点分布.

2. 二项分布

如随机变量 X 的分布列为

$$P(X=k)=\mathrm{C}_n^k p^k(1-p)^{n-k}\quad(k=1,2,\cdots,n),$$

其中 $0\leqslant p\leqslant 1$,n 为正整数,则称 X 服从参数为 n,p 的二项分布,记为 $X\sim B(n,p)$.

二项分布实际上就是伯努利概型的概率分布,当 $n=1$ 时,二项分布就是两点分布.

3. 泊松分布

如随机变量 X 的概率分布为

$$P(X=k)=\frac{\lambda^k}{k!}e^{-\lambda}\quad(k=1,2,\cdots),$$

其中 $\lambda>0$,则称 X 服从参数为 λ 的泊松分布,记为 $X\sim P(\lambda)$.

泊松分布在管理科学中有很重要的地位,如某学校师生中生日为元旦的人数,某地区居民中年龄在百岁以上的人数,到某商店去的顾客人数,某本书中的印刷错误的次数,数字通讯中传输数字时发生误码的个数等,大都服从泊松分布.

可以证明,泊松分布是二项分布的极限,即

$$\lim_{n\to\infty}C_n^k p^k(1-p)^{n-k}=\frac{\lambda^k}{k!}e^{-\lambda}(\text{其中 }\lambda=np).$$

所以当 n 较大,p 较小时,二项分布的计算可用泊松分布作为近似. 一般地,在 $n\geqslant100,p\leqslant0.1$ 时,可用此公式.

例 7　设某同类型设备的工作是相互独立的,发生故障的概率都为 0.01. 现假设一台设备发生故障可由一名工人处理,试求下述设备发生故障需要等待维修的概率,并比较它们的有效性:

(1)由 1 名工人维护 20 台设备;

(2)由 3 名工人共同维护 90 台设备.

解　用 X 表示 20 台设备同时发生故障的台数,则 $X\sim B(20,0.01)$,所以事件{设备发生故障需要等待维修}的概率为

$$P(X>1)=\sum_{k=2}^{20}C_{20}^k\cdot0.01^k\cdot0.99^{20-k}\approx0.0175.$$

用 Y 表示 90 台设备同时发生故障的台数,则 $Y\sim B(90,0.01)$,所以事件{设备发生故障需要等待维修}的概率为

$$P(Y>3)=\sum_{k=4}^{90}C_{90}^k\cdot0.01^k\cdot0.99^{90-k}\approx0.0135.$$

可见第二种安排工人的方案更有效率.

2.3　连续型随机变量及其分布

2.3.1　连续型随机变量及其概率密度

有一类随机变量可以在一个区间内取值,如电视机的使用寿命 X 的所有可能值的取值范围为 $[0,+\infty)$,这种随机变量的取值连续地充满某个区间,不能将它们一一列举出来,这就是连续型随机变量.

定义 5　如果对于随机变量 X 的分布函数 $F(x)$,存在非负可积函数 $f(x)$,使对任意 X 有 $F(x)=\int_{-\infty}^{x}f(t)\mathrm{d}t$,则称 X 为连续型随机变量,$f(x)$ 称为 X 的概率密度函数.

由定义可知,密度函数具有以下性质:

(1)$f(x)\geqslant0$;

(2) $\int_{-\infty}^{+\infty} f(x)\,\mathrm{d}x = 1$.

例 8 设连续型随机变量 X 的概率密度函数为

$$f(x)=\begin{cases}Ax^3, & 0<x<1,\\ 0, & \text{其他},\end{cases}$$

(1)确定常数 A;

(2)求 X 的分布函数 $F(x)$;

(3)求 $P(0<X<0.5)$.

解 (1)由于 $\int_{-\infty}^{+\infty} f(x)\,\mathrm{d}x = 1$,故

$$\int_{-\infty}^{+\infty} f(x)\,\mathrm{d}x = \int_{-\infty}^{0} f(x)\,\mathrm{d}x + \int_{0}^{1} f(x)\,\mathrm{d}x + \int_{1}^{+\infty} f(x)\,\mathrm{d}x = \int_{0}^{1} Ax^3\,\mathrm{d}x = \left.\frac{Ax^4}{4}\right|_0^1 = \frac{A}{4},$$

所以 $A=4$.

(2) 由于 $F(x) = \int_{-\infty}^{x} f(t)\,\mathrm{d}t$,当 $x\leqslant 0$ 时,$F(x)=0$;当 $0<x<1$ 时,$F(x)=\int_0^x 4t^3\,\mathrm{d}t = x^4$;当 $x\geqslant 1$ 时,$F(x) = \int_0^1 4t^3\,\mathrm{d}t = 1$.

故 X 的分布函数 $F(x)$ 为

$$F(x)=\begin{cases}0, & x\leqslant 0,\\ x^4, & 0<x<1,\\ 1, & x\geqslant 1.\end{cases}$$

(3)$P(0<X<0.5)=F(0.5)-F(0)=0.5^4-0=0.062\,5$.

2.3.2 几个常见的连续型随机变量

1. 均匀分布

定义 6 如果连续型随机变量 X 的概率密度为

$$f(x)=\begin{cases}\dfrac{1}{b-a}, & a\leqslant x\leqslant b,\\ 0, & \text{其他},\end{cases}$$

则称 X 服从区间 $[a,b]$ 上的均匀分布,记为 $X\sim U[a,b]$. 其分布函数为

$$F(x)=\begin{cases}0, & x<a,\\ \dfrac{x-a}{b-a}, & a\leqslant x<b,\\ 1, & x\geqslant b.\end{cases}$$

$f(x)$ 与 $F(x)$ 的图形分别如图 4.8,图 4.9 所示.

2. 指数分布

定义 7 如果连续型随机变量 X 的概率密度为

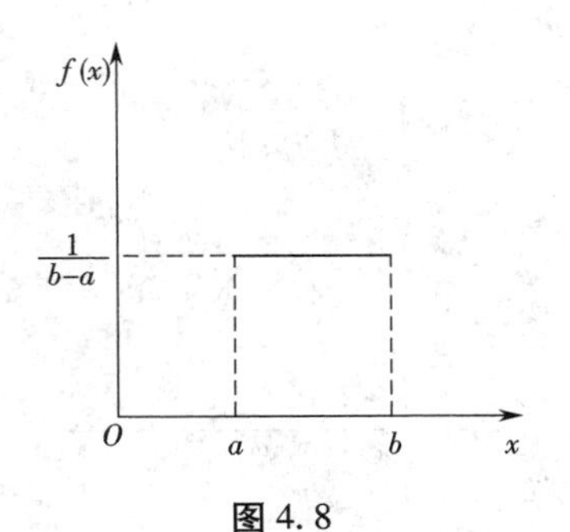

图4.8

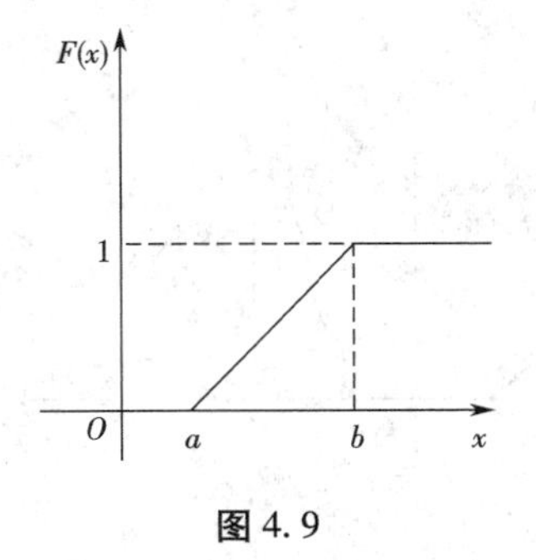

图4.9

$$f(x)=\begin{cases}\lambda e^{-\lambda x}, & x>0,\\ 0, & x\leqslant 0\end{cases}\quad (其中\ \lambda>0),$$

则称 X 服从参数为 λ 的指数分布. 其分布函数为

$$F(x)=\begin{cases}1-e^{-\lambda x}, & x>0,\\ 0, & x\leqslant 0.\end{cases}$$

$f(x)$与$F(x)$的图形分别如图4.10,图4.11所示.

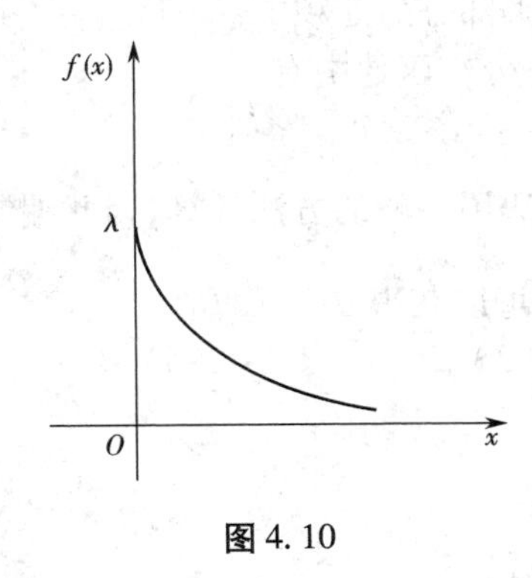

图4.10

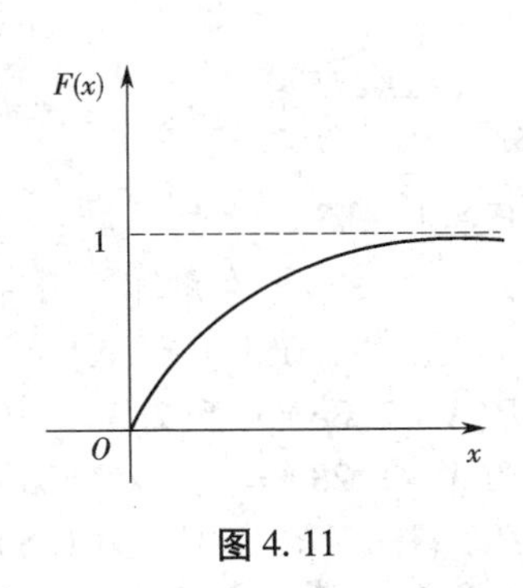

图4.11

3. 正态分布

定义8　如果连续型随机变量 X 的概率密度为

$$f(x)=\frac{1}{\sqrt{2\pi}\sigma}e^{-\frac{(x-\mu)^2}{2\sigma^2}}\quad(-\infty<x<+\infty)$$

其中μ,σ为常数且$\sigma>0$,则称 X 服从参数为μ,σ^2的正态分布,记为$X\sim N(\mu,\sigma^2)$. 其分布函数为

$$F(x)=\frac{1}{\sqrt{2\pi}\sigma}\int_{-\infty}^{x}e^{-\frac{(t-\mu)^2}{2\sigma^2}}dt.$$

正态密度函数$f(x)$的图像称为正态曲线(如图4.12),图形呈钟形,关于直线$x=\mu$对称,在$x=\mu\pm\sigma$处有拐点,当$x\to\pm\infty$时,曲线以$y=0$为渐进线,参数σ确定图形的形状,σ大时,曲线平缓;σ小时,曲线陡峭,在$x=\mu$处达到最大值(如图4.13).

当$\mu=0,\sigma^2=1$时,即$X\sim N(0,1)$,称为标准正态分布,其密度函数为

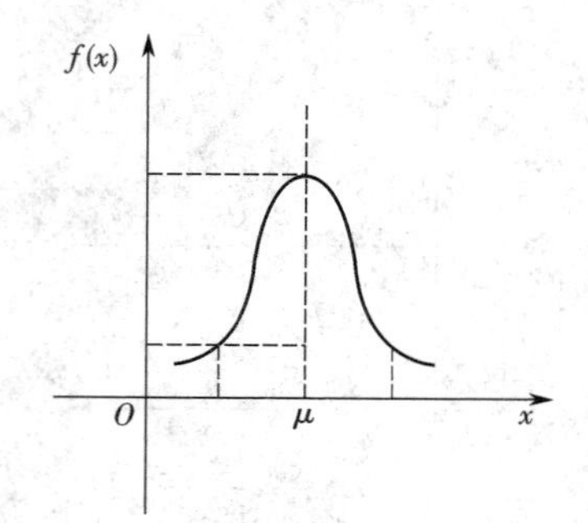

图 4. 12

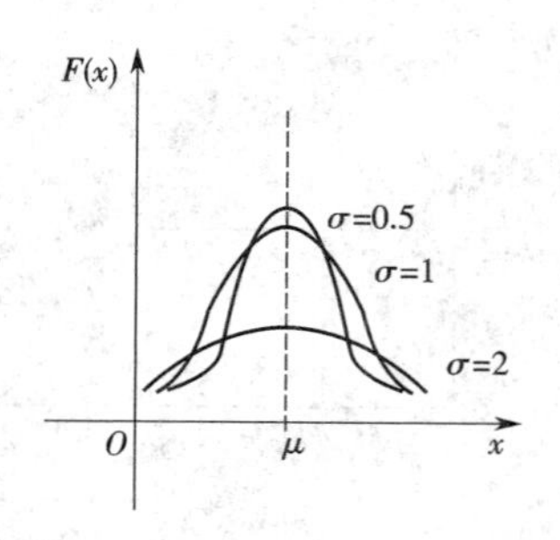

图 4. 13

$$f(x)=\frac{1}{\sqrt{2\pi}}e^{-\frac{x^2}{2}},$$

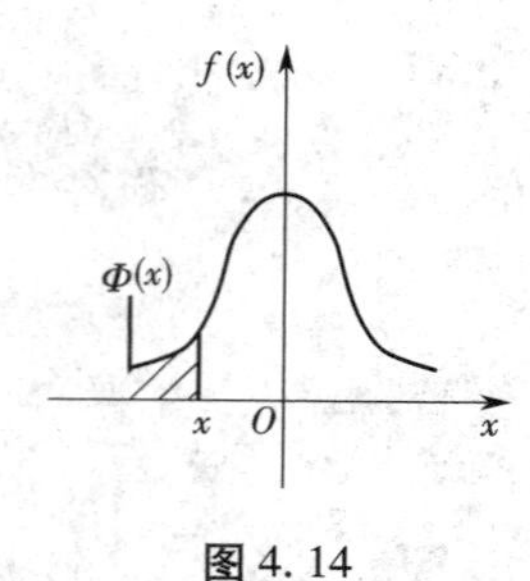

图 4. 14

其分布函数记为

$$\Phi(x)=\frac{1}{\sqrt{2\pi}}\int_{-\infty}^{x}e^{-\frac{t^2}{2}}dt.$$

如图 4. 14 所示,$\Phi(x)$为图中阴影部分的面积.

从图 4. 14 可得,在标准正态分布函数中有

$$\Phi(-x)=1-\Phi(x),$$

由于 $\Phi(x)=\frac{1}{\sqrt{2\pi}}\int_{-\infty}^{x}e^{-\frac{t^2}{2}}dt$ 无法用一般的方法计算,因此编制了标准正态分布表(附表),通过查表可以获得 $\Phi(x)$的值.

例 9 设 $X\sim N(0,1)$,查表求:$P(X<2.34)$,$P(X>1.23)$,$P(-1<X<1.5)$.

解 $P(X<2.34)=\Phi(2.34)=0.9904$.

$P(X>1.23)=1-\Phi(1.23)=1-0.8907=0.1093$.

$P(-1<X<1.5)=\Phi(1.5)-\Phi(-1)=0.7745$.

正态分布与标准正态分布之间有如下定理.

定理 1 设 $X\sim N(\mu,\sigma^2)$,则

$$P(X<x)=\Phi(\frac{x-\mu}{\sigma});$$

$$P(a\leqslant X<b)=\Phi(\frac{b-\mu}{\sigma})-\Phi(\frac{a-\mu}{\sigma}).$$

例 10 设 $X\sim N(1,4)$,求 $P(0<X\leqslant 1.6)$.

解 $P(0<X\leqslant 1.6)=\Phi(\frac{1.6-1}{2})-\Phi(\frac{0-1}{2})=\Phi(0.3)-[1-\Phi(0.5)]$

$=0.6179-[1-0.6915]=0.3094$.

2.4 任务考核

1. 什么是随机变量？它和函数中的变量有什么区别?

2. 若离散型随机变量的分布列如表4.6所示，求常数 C.

表4.6

X	0	1
P	$9C^2-C$	$3-8C$

3. 设有产品100件，其中有5件次品，现从中随机抽取20件，试求抽到次品数 X 的分布列.

4. 设某射手每次射击击中目标的概率是0.8，现连续射击30次，试求击中目标次数 X 的概率分布.

5. 设10件产品中有2件次品，现接连进行不放回抽样，直到取到正品为止. 求：

(1)抽样次数 X 的概率分布；

(2)X 的分布函数；

(3)$P(X>2)$ 及 $P(1<X<3)$.

6. 设随机变量 X 的分布函数为

$$F(x)=\begin{cases}A+Be^{-\frac{x^2}{2}}, & x>0,\\ 0, & x\leqslant 0,\end{cases}$$

求常数 A,B 和 $P(-1<X\leqslant 1)$.

7. 已知连续型随机变量 X 的密度函数为

$$f(x)=\begin{cases}A(8x-3x^2), & 0<x<2,\\ 0, & \text{其他},\end{cases}$$

求：(1)A；(2)$F(x)$；(3)$P(1<X<3)$.

8. 若随机变量 X 服从$[1,6]$上的均匀分布，求方程 $x^2+Xx+1=0$ 有实根的概率.

9. 查表求值：

(1)设 $X\sim N(0,1)$，求 $P(X<2.4)$，$P(X\geqslant 2)$，$P(-2.2\leqslant X\leqslant -0.5)$；

(2)设 $X\sim N(10,6^2)$，求 $P(X>14)$，$P(14<X<16)$，$P(|X|>8)$.

10. 设某城市成年男子的身高 X 服从 $N(170,6^2)$ 的正态分布(单位:cm). 问应如何设计公共汽车车门的高度，使成年男子与车门顶碰头的概率小于0.01?

任务3　随机变量的数字特征

随机变量的概率分布能够完整地表示随机变量的统计规律，但是由于要求得随机变量的概率分布往往比较困难. 而在实际问题中，我们并不需要全面考察随机变量的变化情况，只要知道它的某些数字特征就够了. 所谓随机变量的数字特征就是用数字来表示它的某些分布特点，其中最常用的就是数学期望和方差.

3.1 数学期望

3.1.1 离散随机变量的数学期望

我们先看一个例子.

某工厂生产的产品中90%为正品,10%为次品.现生产100件,如果生产一件次品要亏损2元,而生产一件正品可获利润5元,那么该工厂每生产一件产品可以"期望"获得多少平均利润呢?

用X表示该工厂每生产一件产品可以获得的利润,则X的概率分布如表4.7所示.

表4.7

X	-2	5
P	0.1	0.9

因此该工厂每生产一件产品可以获得的平均利润为

$$[(-2)\times 10+5\times 90]\div 100=(-2)\times 0.1+5\times 0.9=4.3\text{ 元}.$$

由此可见,X的取值与其对应的概率乘积之和表示了X取值的平均值这种加权平均值称为X的数学期望.

定义1 设X是离散随机变量,其概率分布如表4.8所示.

表4.8

X	x_1	x_2	$\cdots$	x_n
P	p_1	p_2	$\cdots$	p_n

则 $x_1p_1+x_2p_2+\cdots+x_np_n=\sum\limits_{k=1}^{n}x_kp_k$ 称为X的数学期望,记为$E(X)$.

例1 一批电子元件有5个等级,相应的概率分别为0.6,0.2,0.1,0.07及0.03,而其利润分别为100元,70元,50元,5元和-60元,求该批电子元件的平均利润.

解 设X为每一电子元件的利润,则它的概率分布如表4.9所示.

表4.9

X	100	70	50	5	-60
P	0.6	0.2	0.1	0.07	0.03

所以 $E(X)=100\times 0.6+70\times 0.2+50\times 0.1+5\times 0.07+(-60)\times 0.03=77.55$ 元.

例 2　已知 X 服从参数为 p 的二项分布，求 $E(X)$.

解　因为 X 的分布列如表 4.10 所示.

表 4.10

X	0	1
P	$1-p$	p

所以 $E(X)=0\times(1-p)+1\times p=p$.

3.1.2　连续型随机变量的数学期望

定义 2　设 X 是连续型随机变量，其概率密度函数为 $f(x)$，若积分 $\int_{-\infty}^{+\infty}xf(x)\mathrm{d}x$ 绝对收敛，则称该积分为 X 的数学期望，即

$$E(X)=\int_{-\infty}^{+\infty}xf(x)\mathrm{d}x.$$

例 3　设 X 在 $[a,b]$ 上有均匀分布，求 $E(X)$.

解　因 X 服从 $[a,b]$ 上的均匀分布，所以其密度函数为

$$f(x)=\begin{cases}\dfrac{1}{b-a}, & a\leqslant x\leqslant b,\\ 0, & \text{其他},\end{cases}$$

故　$$E(X)=\int_{-\infty}^{+\infty}xf(x)\mathrm{d}x=\int_a^b\frac{x}{b-a}dx=\frac{a+b}{2}.$$

例 4　在某一规定的时间间隔里，某电气设备用于最大负荷的时间 X（以分钟计）是一随机变量，其密度函数为

$$f(x)=\begin{cases}\dfrac{x}{1\,500^2}, & 0\leqslant x\leqslant 1\,500,\\ \dfrac{3\,000-x}{1\,500^2}, & 1\,500<x\leqslant 3\,000,\\ 0, & \text{其他},\end{cases}$$

求 $E(X)$.

解　$$E(X)=\int_{-\infty}^{+\infty}xf(x)\mathrm{d}x=\int_0^{1\,500}x\cdot\frac{x}{1\,500^2}\mathrm{d}x+\int_{1\,500}^{3\,000}x\cdot\frac{3\,000-x}{1\,500^2}\mathrm{d}x=1\,500.$$

数学期望的性质如下.

性质 1　$E(C)=C$　（C 为常数）.

性质 2　$E(CX)=CE(X)$　（C 为常数）.

性质 3　$E(X+Y)=E(X)+E(Y)$.

性质 4　设 $Y=g(X)$ 为随机变量 X 的连续函数，则有

(1)若 X 是离散型随机变量，其分布列为

$$P(X=x_k)=p_k \quad (k=1,2,\cdots),$$

那么
$$E(Y)=E(g(X))=\sum_{k=1}^{\infty}g(x_k)p_k.$$

(2)若 X 是连续型随机变量,具有密度函数 $f(x)$,那么

$$E(Y)=E(g(X))=\int_{-\infty}^{+\infty}g(x)f(x)\mathrm{d}x.$$

例5 已知 X 的分布列如表4.11所示,且 $Y=3X^2+1$,求 $E(Y)$.

表4.11

X	-1	0	1	2	3
P	0.3	0.2	0.1	0.3	0.1

解 $E(Y)=[3\times(-1)^2+1]\times 0.3+[3\times 0^2+1]\times 0.2+[3\times 1^2+1]\times 0.1+$
$[3\times 2^2+1]\times 0.3+[3\times 3^2+1]\times 0.1=8.5.$

3.2 方差

在实际问题中,数学期望反映了随机变量的集中程度,但仅有数学期望还不能完整地说明随机变量的分布特征,还必须研究它取值的离散程度.通常我们关心的是随机变量 X 对期望值 $E(X)$ 的偏离程度.

3.2.1 随机变量的方差

定义3 设 X 为随机变量,则 $E(X\text{-}E(X))^2$ 称为 X 的方差,记为 $D(X)$,即

$$D(X)=E(X-E(X))^2,$$

而 $\sqrt{D(X)}$ 称为 X 的标准差或根方差.

由方差的定义知 $D(X)$ 是随机变量 X 与其数学期望 $E(X)$ 的偏差平方的平均大小,因此 $D(X)$ 反映了 X 的取值与其数学期望 $E(X)$ 的偏离程度.当 X 的取值比较集中时,$D(X)$ 较小;反之,X 的取值比较分散,$D(X)$ 较大.所以 $D(X)$ 刻画了 X 的取值的分散程度.

当 X 是离散型随机变量,其概率分布为 $P(X=x_k)=p_k(k=1,2,\cdots)$ 时,则

$$D(X)=E(X-E(X))^2=\sum_{k=1}^{\infty}[x_k-E(X)]^2\cdot p_k.$$

当 X 是连续型随机变量,其密度函数为 $f(x)$ 时,则

$$D(X)=E(X-E(X))^2=\int_{-\infty}^{+\infty}[x-E(X)]^2f(x)\mathrm{d}x.$$

3.2.2 方差的性质

性质1 $D(C)=0$ (C 为常数).

性质 2　$D(CX)=C^2D(X)$　（C 为常数）.

性质 3　若 $X_1,X_2,\cdots,X_n$ 相互独立，则 $D(\sum_{k=1}^{n}X_k)=\sum_{k=1}^{n}D(X_k)$.

性质 4　$D(X)=E(X^2)-[E(X)]^2$.

例 6　甲乙两射手进行射击比赛，击中靶心得 2 分，击中靶环得 1 分，脱靶得 0 分，在一次射击中两人的得分为随机变量 X 和 Y，其概率分布如表 4.12 所示，试评定他们射击成绩的好坏.

表 4.12

X	0	1	2
P	0.2	0.1	0.7
Y	0	1	2
P	0.1	0.3	0.6

解　先计算它们所得分数的数学期望，

$$E(X)=0\times0.2+1\times0.1+2\times0.7=1.5,$$

$$E(Y)=0\times0.1+1\times0.3+2\times0.6=1.5.$$

它们的数学期望相等，所以计算方差，

$$D(X)=(0-1.5)^2\times0.2+(1-1.5)^2\times0.1+(2-1.5)^2\times0.7=0.65,$$

$$D(Y)=(0-1.5)^2\times0.1+(1-1.5)^2\times0.3+(2-1.5)^2\times0.6=0.45.$$

由于 $D(Y)<D(X)$，故乙的水平较甲稳定.

例 7　设 X 在 $[a,b]$ 上服从均匀分布，求 $D(X)$.

解　由前面可知 $E(X)=\frac{a+b}{2}$，而

$$E(X^2)=\int_{-\infty}^{+\infty}x^2f(x)\mathrm{d}x=\int_a^b x^2\frac{1}{b-a}\mathrm{d}x=\frac{a^2+ab+b^2}{3},$$

所以 $D(X)=E(X^2)-[E(X)]^2=\frac{a^2+ab+b^2}{3}-(\frac{a+b}{2})^2=\frac{(b-a)^2}{12}$.

表 4.13 是几个常用分布的数学期望及方差，应当熟记，并能灵活应用.

表 4.13

分布名称	概率分布或密度函数	数学期望	方差
两点分布	X: 0, 1 P: $1-p$, p	p	$p(1-p)$
二项分布 $X\sim B(n,p)$	$P(X=k)=C_n^kp^k(1-p)^{n-k}$, $k=1,2,\cdots,n,0\leqslant p\leqslant1$	np	$np(1-p)$

续表

分布名称	概率分布或密度函数	数学期望	方差
泊松分布 $X\sim P(\lambda)$	$P(X=k)=\frac{\lambda^k}{k!}e^{-\lambda}\lambda>0$, $k=1,2,\cdots$	λ	λ
均匀分布 $X\sim U[a,b]$	$f(x)=\begin{cases}\frac{1}{b-a}, & a\leqslant x\leqslant b,\\ 0, & 其他\end{cases}$	$\frac{a+b}{2}$	$\frac{(b-a)^2}{12}$
指数分布	$f(x)=\begin{cases}\lambda e^{-\lambda x}, & x\geqslant 0,\\ 0, & x<0\end{cases}$	$\frac{1}{\lambda}$	$\frac{1}{\lambda^2}$
正态分布 $X\sim N(\mu,\sigma^2)$	$f(x)=\frac{1}{\sqrt{2\pi}\sigma}e^{-\frac{(x-\mu)2}{2\sigma^2}}$	μ	σ^2

3.3 任务考核

1. 设随机变量 X 的分布如表 4.14 所示,求:

表 4.14

X	-1	0	$\frac{1}{2}$	1	2
P	$\frac{1}{3}$	$\frac{1}{6}$	$\frac{1}{6}$	$\frac{1}{12}$	$\frac{1}{4}$

(1)$E(X)$与$D(X)$;

(2)$Y=-X+1$ 的数学期望与方差.

2. 设随机变量 X 的密度函数为

$$f(x)=\begin{cases}1+x, & -1\leqslant x\leqslant 01-x,\\ 0, & 其他,\end{cases}$$

求数学期望 $E(X)$和方差.

3. 某人忘记了电话号码的最后一位数,因而随机地拨号,求他接通电话所需拨号次数的数学期望与方差.

4. 设随机变量 X 与 Y 相互独立,且 $E(X)=E(Y)=0,D(X)=D(Y)=1$,求 $E[(X+Y)^2]$.

任务4　总体与样本

4.1　总体与样本

4.1.1　总体

在数理统计中,我们把研究对象的全体称为总体.组成总体的每个对象称为个体.例如,要研究某校学生的学习情况,该校全体学生组成总体,每一个学生为一个个体.同样,要研究一批产品的质量,这批产品的全体为总体,每一件产品为一个个体.事实上,我们在研究总体时,并不是关心它们的一切特性,而是某一(或某些)数量指标.比如,研究某校学生的学习情况,我们只关心他们的分数,而不关心他们的身高体重.同样,研究一批产品的质量,我们只关心它们的使用寿命等.所以,在数理统计中说到总体,实际上是指联系于总体的某一特性指标,用 X 表示,显然 X 是一随机变量.

4.1.2　样本

为了考察总体的某一指标 X,就要从总体中抽出一部分个体 $X_1,X_2,\cdots,X_n$,我们称 $X_1,X_2,\cdots,X_n$ 为样本,样本中的个体的数量 n 称为样本容量.

数理统计所要解决的问题是如何根据样本来推断总体的特征,为了使抽出的样本能反映总体的特征,对样本的获取应注意两点:

(1)抽样应具有随机性,即每一个个体被抽到的可能性相同;

(2)抽样应具有独立性,每次抽出的结果不影响其他各次的抽取结果.

因此,样本 $X_1,X_2\cdots X_n$ 是 n 个独立的且与总体 X 有相同的分布的随机变量列,这样的样本称为简单随机样本.

注意:在一次抽取后,样本 $X_1,X_2,\cdots,X_n$ 就是一组具体的数据,所以在今后的讨论中,$X_1,X_2,\cdots,X_n$ 具有双重意义.在考察一般问题时,$X_1,X_2,\cdots,X_n$ 表示 n 个随机变量,在一次抽取后,$x_1,x_2,\cdots,x_n$ 表示 n 个具体的数据.

4.2　统计量

样本能反映总体的特征,但在取得样本后,并不是直接利用样本进行推断,而是先必须对样本进行一定的加工、处理,把样本中反映总体某些方面的信息集中起来,构造出适当的样本函数,才能去作统计推断.

定义1　设 $X_1,X_2,\cdots,X_n$ 是来自于总体的样本,把针对不同的问题所构成的不含总体未知

参数的样本函数 $\varphi(x_1, x_2 \cdots x_n)$ 称为统计量.

例如, $\frac{1}{n}\sum_{i=1}^{n} x_i$ 是样本 $x_1, x_2 \cdots x_n$ 的函数,且不含未知参数,所以它是统计量. 该统计量称为样本均值,记为 $\bar{x}$,即 $\bar{x} = \frac{1}{n}\sum_{i=1}^{n} x_i$.

同样, $\frac{1}{n-1}\sum_{i=1}^{n}(x_i - \bar{x})^2$ 也是统计量. 该统计量称为样本方差,记为 S^2,即 $S^2 = \frac{1}{n-1}\sum_{i=1}^{n}(x_i - \bar{x})^2$.

例1 某厂生产了一批稳压器,从中随机抽出10台,测得使用寿命如表4.15所示(单位:kh):

表4.15

70.1	71.4	73.8	79.4	80.1	80	81.5	81.3	69.2	72.8

试求这批产品的平匀使用寿命及方差.

解
$$\bar{x} = \frac{1}{n}\sum_{i=1}^{n} x_i = \frac{1}{10}(70.1 + 71.4 + 73.8 + 79.4 + 80.1 + 80 + 81.5 + 81.3 + 69.2 + 72.8) = 75.96.$$

$$S^2 = \frac{1}{n-1}\sum_{i=1}^{n}(x_i - \bar{x})^2 = \frac{1}{n-1}\sum_{i=1}^{n}(x_i - 75.96)^2 \approx 24.44.$$

4.3 数据的整理和频率分布

在抽样得到的数据比较多时,看起来有些杂乱无章,无法看出样本的规律性,因此需要对数据进行分析、整理、分类,从中找出它所代表的规律性.

数理统计中常常用分组、列表和制图的方法对统计资料(数据)进行整理和分类. 下面通过一个例子来说明分组整理的方法和步骤.

例2 对一批木箱抽样100件,得到的质量(单位:kg)数据如表4.16所示,

表4.16

127	118	121	113	145	125	87	94	118	111
102	72	113	76	101	134	107	118	114	128
118	114	117	121	128	94	124	135	88	105
115	134	89	141	114	119	150	107	126	95
137	108	129	136	98	121	91	111	134	123
138	104	107	121	94	126	108	114	130	129

续表

103	127	93	86	113	97	122	86	94	94
118	109	84	117	112	112	125	94	73	93
94	102	108	158	89	127	115	112	94	118
114	88	111	111	104	101	129	144	131	142

试对数据进行分组整理,并画出频率分布图.

解　对数据进行分组整理的步骤如下.

(1) 找出最大值与最小值并求出极差:158 − 72 = 86.

(2) 决定组距和组数:在样本比较多时,通常分为 10 ~ 20 组,样本容量少于 50 时,分 5 ~ 6 组,组距由极差和组数来决定. 这里极差为 86,因而可把组距分为 10,共 9 组.

(3) 决定分点:可分成 70 ~ 80,80 ~ 90,对于正好是端点的数,如 90,一般归到 90 ~ 100 这一组.

(4) 数出频数:数出样本落在每个组的数目.

(5) 计算出相应的频率,列出频数和频率分布表(如表 4.17),画出频率分布图(图 4.15).

表 4.17

组限	组中值	频数	频率	累计频率
70 ~ 80	75	3	3	3
80 ~ 90	85	8	8	11
90 ~ 100	95	13	13	24
100 ~ 110	105	16	16	40
110 ~ 120	115	26	26	66
120 ~ 130	125	20	20	86
130 ~ 140	135	8	8	94
140 ~ 150	145	4	4	98
150 ~ 158	155	2	2	100

从频率分布图 4.15 可以看出,它具有“中间高,两边底,左右基本对称”的特点,它反映了样本的统计规律性. 当样本容量增大,分组更细时,频率分布图的形状逐渐趋于一条曲线,这条曲线大致反映了总体 X 的概率分布情况,叫做概率分布曲线,在数理统计中非常重要. 若数据波动的规律不同,分布曲线的形状也就不一样. 形如图 4.15 的曲线称为正态分布曲线.

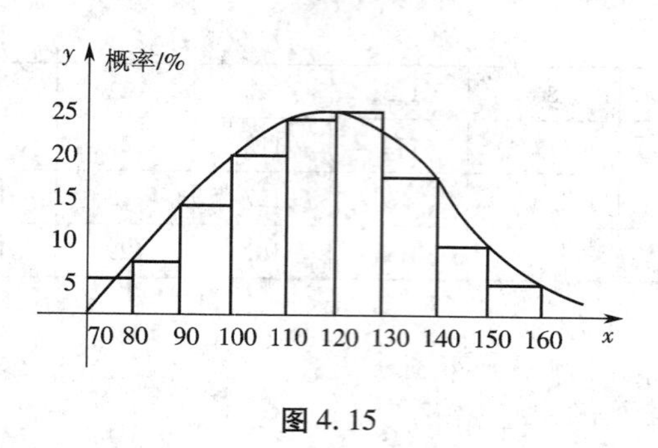

图 4.15

4.4 任务考核

1. 总体 X 的一组样本观察值为 3,2,2.5,3.1,3.7,4,试计算此样本的样本均值与样本方差.

2. 某批水果进行抽样检查,抽取 30 件,称重后结果如表 4.18 所示(单位:kg).

表 4.18

109	101	104	96	93	95	98	109	108	109
112	95	103	108	101	94	100	101	112	110
110	109	110	113	101	110	95	118	104	100

试根据数据作出频率分布表和频率分布.

任务 5 常用统计量的分布

统计量是样本的函数,它仍然是随机变量. 在生产和实验中大多数的统计量都服从正态分布,下面我们介绍几个常用的且与正态分布有关的统计量及分布.

5.1 样本均值$\bar{x}$的分布

定理 1 设总体 $X \sim N(\mu,\sigma^2)$,$X_1,X_2,\cdots,X_n$是来自总体 X 的一个样本,则有

(1) 统计量 $\overline{X} = \dfrac{1}{n}\sum\limits_{i=1}^{n} x_i \sim N(\mu,\dfrac{\sigma^2}{n})$;

(2) 统计量 $U = \dfrac{\bar{x}-\mu}{\sigma/\sqrt{n}} \sim N(0,1)$.

例1　设总体 $X \sim N(0,1)$，$X_1, X_2, \cdots, X_9$ 是来自总体 X 的一个样本，求：

(1) $\overline{X} = \frac{1}{9}\sum_{i=1}^{9} X_i$ 的分布；

(2) $P(-1 \leqslant \overline{x} \leqslant 1)$.

解　(1) 因为 $X \sim N(0,1)$，$\mu = 0$，$\sigma^2 = 1$，$n = 9$，所以

$$E(\overline{X}) = \mu = 0, D(\overline{X}) = \frac{\sigma^2}{n} = \frac{1}{9},$$

即　$$\overline{X} \sim N(0, \frac{1}{9}).$$

(2) 因为 $\overline{X} \sim N(0, \frac{1}{9})$，所以

$$U = \frac{\overline{x}}{1/3} \sim N(0,1),$$

即　$$3\overline{X} \sim N(0,1)$$

故　$$P(-1 \leqslant \overline{X} \leqslant 1) = P(-3 \leqslant 3\overline{X} \leqslant 3) = \varphi(3) - \varphi(-3) = 2\varphi(3) - 1$$
$$= 2 \times 0.998\,7 - 1 = 0.997\,4.$$

5.2　T 变量与 t 分布

利用统计量 U 作统计推断时，参数 μ, σ 必须已知，当 σ 未知时，利用样本方差 $S^2 = \frac{1}{n-1}\sum_{i=1}^{n}(X_i - \overline{X})^2$ 来代替 σ^2，所得统计变量 T，即 $T = \frac{\overline{X} - \mu}{S/\sqrt{n}}$ 称为 T 变量.

T 变量的分布叫 t 分布，记为 $T \sim t(n-1)$，其中 $n-1$ 为自由度，即相互独立的随机变量的个数.

U 变量服从标准正态分布，而 T 变量是以样本的标准差 S 代替了总体的标准差 σ，因此 t 分布只在分散程度上与标准正态分布有些区别，均值与对称性都是等同的，t 分布曲线很接近标准正态分布曲线，如图 4.16 所示.

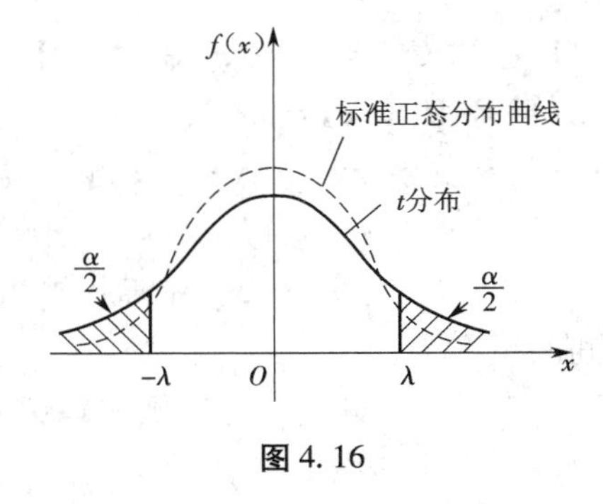

图 4.16

T 变量的分布可在附表中的 t 分布表中查得，t 分布表只适合 $P(t > \lambda) = \alpha$ 这一类型的概率分布（λ 叫临界值）.

例2　若 $P(|t| > \lambda) = 0.05$，试求自由度分别为 7，10，14 时的 λ 值.

解　因为 $P(|t| > \lambda) = 0.05$，所以 $P(t > \lambda) = P(t < -\lambda) = 0.025$.

当自由度为 7，由 t 分布表中查得：$\lambda = 2.364\,6$.

当自由度为 10，由 t 分布表中查得：$\lambda = 2.228\,1$.

当自由度为 14，由 t 分布表中查得：$\lambda = 2.144\,8$.

5.3 χ^2变量及分布

统计量$\frac{(n-1)S^2}{\sigma^2}$叫做$\chi^2$变量,即$\chi^2=\frac{(n-1)S^2}{\sigma^2}=\frac{\sum_{i=1}^{n}(X_i-\overline{X})^2}{\sigma^2}$.

当σ^2为已知或给定时,χ^2变量的概率分布叫做自由度为$n-1$的χ^2分布,记为$\chi^2\sim\chi^2(n-1)$.

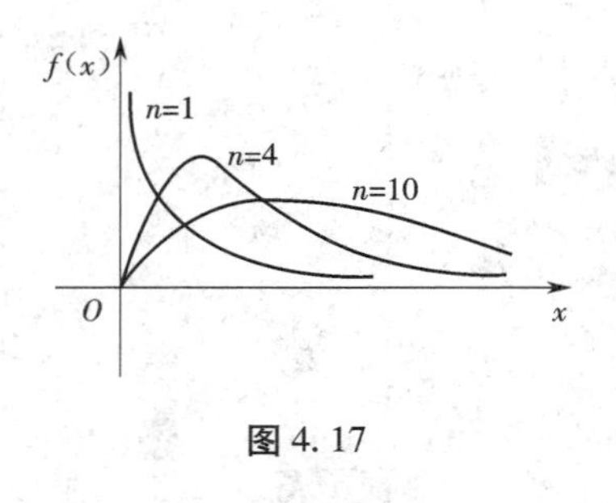

图 4.17

χ^2变量的概率分布如图 4.17 所示,可以看出,当n很大时,χ^2变量的分布趋于正态分布.

附表中给出了χ^2分布表,χ^2分布表可以查出$P(\chi^2(n)>\lambda)=\alpha$这一类型的概率分布($\lambda$叫临界值).

例 3 查表求满足要求的各个λ值:

(1)$P(\chi^2(10)>\lambda_1)=0.05$;

(2)$P(\chi^2(9)<\lambda_2)=0.025$.

解 (1)由χ^2分布表可直接查得:$\lambda_1=18.307$.

(2)因为$P(\chi^2(9)<\lambda_2)+P(\chi^2(9)>\lambda_2)=1$,

所以$P(\chi^2(9)>\lambda_2)=1-P(\chi^2(9)<\lambda_2)=1-0.025=0.975$,

查表得:$\lambda_2=2.700$.

5.4 任务考核

1. 已知$U\sim N(0,1)$,$\chi^2\sim\chi^2(15)$,$T\sim t(8)$,查表求下列各分布的临界值λ.

(1)$P(U>\lambda)=0.025$;$P(U<\lambda)=0.025$; $P(|U|<\lambda)=0.025$.

(2)$P(\chi^2>\lambda)=0.01$; $P(\chi^2<\lambda)=0.01$.

(3)$P(t>\lambda)=0.1$;$P(|t|<\lambda)=0.1$.

2. 在总体$N(52,6.3^2)$中随机抽出一个容量为 36 的样本,求样本均值$\overline{X}$落在 50.8 ~ 53.8 之间的概率.

3. 在总体$N(80,20^2)$中随机抽出一个容量为 100 的样本,求样本均值与总体均值的差的绝对值大于 3 的概率.

任务 6 参数估计

在统计推断中,如果总体的分布类型为已知,但其中含有未知参数,为了更完整地认识总体,就需要用样本值去估计总体的未知参数,这类统计推断问题就是参数估计.

6.1　参数的点估计

6.1.1　点估计的概念

所谓参数的点估计，就是寻求一个适当的统计量 $\hat{\theta}(X_1,X_2,\cdots,X_n)$，并用它的值去作总体未知参数 θ 的估计量.

估计量 $\hat{\theta}(X_1,X_2,\cdots,X_n)$ 是样本 $X_1,X_2,\cdots,X_n$ 的函数，对不同的样本观察值，所对应的估计值是不同的，即同一未知参数可能有多个不同的估计量. 我们自然会问哪个估计量更好些？这就需要评价估计量优劣，一般地，对估计量有以下评选标准.

(1)无偏性：$\hat{\theta}$ 作为一随机变量，它所取的值应集中在未知参数 θ 的真值附近，即 $E(\hat{\theta})=\theta$.

(2)有效性：在一切无偏性的估计量中，方差越小越有效.

6.2.2　均值的点估计

设 $X_1,X_2,\cdots,X_n$ 是来自总体 $X\sim N(\mu,\sigma^2)$ 的一个样本，其中 μ 未知，我们用样本均值 $\overline{X}=\frac{1}{n}\sum_{i=1}^{n}X_i$ 作为 μ 的估计量，称为均值的点估计，记为

$$\hat{U}=\overline{X}=\frac{1}{n}\sum_{i=1}^{n}X_i.$$

6.2.3　方差的点估计

设 $X_1,X_2,\cdots,X_n$ 是来自总体 $X\sim N(\mu,\sigma^2)$ 的一个样本，其中 σ^2 未知，我们用方差 $S^2=\frac{1}{n-1}\sum_{i=1}^{n}(X_i-\overline{X})^2$ 作为 σ^2 的估计量，称为方差的点估计，记为

$$\hat{\sigma}^2=S^2=\frac{1}{n-1}\sum_{i=1}^{n}(X_i-\overline{X})^2.$$

例1　从机床厂的一批零件中随机地抽出12只，测得内径(单位：cm)为：

13.30　13.80　13.40　13.32　13.43　13.48　13.51　13.31

13.34　13.47　13.44　13.50

试估计这批零件的内径的总体的 μ,σ^2.

解　$\hat{U}=\overline{X}=\frac{1}{n}\sum_{i=1}^{n}X_i=\frac{1}{12}(13.30+13.80+\cdots+13.50)=13.41.$

$$\hat{\sigma}^2=S^2=\frac{1}{n-1}\sum_{i=1}^{n}(X_i-\overline{X})^2$$

$$=\frac{1}{12-1}[(13.30-13.41)^2+(13.38-13.41)^2+\cdots(13.50-13.41)^2]=0.005\,8.$$

6.2 参数的区间估计

6.2.1 区间估计的概念

对于参数的点估计,只要给定样本观测值就能通过估计量算出未知参数的近似值,其优点是简单直观. 但是用点估计得到的估计值与未知参数的误差究竟有多大,在点估计中没有反映出来. 在实际中,我们希望能够根据样本给出未知参数的一个范围,使它以比较大的可能性包含未知参数的真值,这种估计叫做参数的区间估计.

6.2.2 置信区间

设正态总体含有一个未知参数 θ,如果能从样本值 $x_1,x_2,\cdots,x_n$ 出发,找出两个估计值 $\hat{\theta}_1$,$\hat{\theta}_2(\hat{\theta}_1<\hat{\theta}_2)$,对于给定的 $\alpha(0<\alpha<1)$ 有

$$P(\hat{\theta}_1\leqslant\theta\leqslant\hat{\theta}_2)=1-\alpha,$$

则称 $[\hat{\theta}_1,\hat{\theta}_2]$ 为未知参数 θ 的置信度为 $1-\alpha$ 的置信区间,$\hat{\theta}_1$ 为置信下限,$\hat{\theta}_2$ 为置信上限,置信度 $1-\alpha$ 也称为置信水平,α 称为显著性水平.

置信区间表达了区间估计的准确性. 置信水平 $1-\alpha$ 表达了区间估计的可靠性,显著性水平 α 表达了区间估计的不可靠的概率,即置信区间不包含 θ 真值的可能性.

进行区间估计时,必须兼顾置信区间和置信水平两方面,置信水平 $1-\alpha$ 越大,置信区间相应也越大,准确性就小. 一般地,可在一定置信度下,适当增加样本容量以获得较小的置信区间.

6.2.3 正态总体的置信区间

设 $X_1,X_2,\cdots,X_n$ 是来自总体 $X\sim N(\mu,\sigma^2)$ 的一个随机样本,其置信度为 $1-\alpha(0<\alpha<1)$,当 σ^2 为已知时,我们来讨论均值 μ 的置信区间.

由于 σ^2 已知,于是用 $U=\dfrac{\overline{X}-\mu}{\sigma/\sqrt{n}}\sim N(0,1)$ 求参数 μ 的置信区间.

令 $P(|U|\leqslant\lambda)=1-\alpha$,即

$$P\left(\left|\frac{\overline{X}-\mu}{\sigma/\sqrt{n}}\right|\leqslant\lambda\right)=1-\alpha,$$

$$P\left(\overline{X}-\frac{\sigma}{\sqrt{n}}\lambda\leqslant\mu\leqslant\overline{X}+\frac{\sigma}{\sqrt{n}}\lambda\right)=1-\alpha.$$

查出临界值 λ,故 μ 的置信区间为

$$\left[\overline{X}-\frac{\sigma}{\sqrt{n}}\lambda,\overline{X}+\frac{\sigma}{\sqrt{n}}\lambda\right].$$

例 2 已知某灯泡的使用寿命 X(单位:h)服从正态分布 $N(\mu,325)$,随机抽出 10 只测试其寿命,所得数据如下:

1 632　1 657　1 600　1 593　1 621　1 611　1 642　1 623　1 608　1 605

求 μ 的置信度为 0.95 的置信区间.

解　已知 $n=10,\sigma^2=325$,由 $P(|U|\leqslant\lambda)=0.95$,查表得 $\lambda=1.96$,而

$$\bar{x}=\frac{1}{10}(1\ 632+1\ 657+\cdots+1\ 605)=1\ 619.2,$$

所以
$$\hat{\theta}_1=\bar{x}-\frac{\sigma}{\sqrt{n}}\lambda=1\ 619.2-\frac{\sqrt{325}}{\sqrt{10}}\times1.69=1\ 608.03,$$

$$\hat{\theta}_2=\bar{x}+\frac{\sigma}{\sqrt{n}}\lambda=1\ 619.2+\frac{\sqrt{325}}{\sqrt{10}}\times1.69=1\ 630.37,$$

故 $\hat{\mu}$ 的置信度为 0.95 的置信区间为[1 608.03,1 630.37].

注意:当 σ^2 未知时,可利用 $T=\dfrac{\overline{X}-\mu}{S/\sqrt{n}}\sim t(n-1)$ 求参数 μ 的置信区间,其置信区间为

$$[\overline{X}-\frac{S}{\sqrt{n}}\lambda,\overline{X}+\frac{S}{\sqrt{n}}\lambda].$$

读者可按前面的方法自行求出.

对于方差 σ^2 我们可以使用 $\chi^2=\dfrac{(n-1)S^2}{\sigma^2}\sim\chi^2(n-1)$ 求它的置信区间.

令　$P(\lambda_1\leqslant\chi^2\leqslant\lambda_2)=1-\alpha$,即

$$P(\lambda_1\leqslant\frac{(n-1)S^2}{\sigma^2}\leqslant\lambda_2)=1-\alpha,$$

得
$$P(\frac{(n-1)S^2}{\lambda_2}\leqslant\sigma^2\leqslant\frac{(n-1)S^2}{\lambda_1})=1-\alpha,$$

所以方差 σ^2 的置信区间为 $[\dfrac{(n-1)S^2}{\lambda_2},\dfrac{(n-1)S^2}{\lambda_1}]$ (λ_1,λ_2 可查表求得).

例3　从医院出生的婴儿的体重服从正态分布,现随机取出 16 名,测得体重(单位:kg)为:

3.1,3.25,2.25,3,3.5,3.5,3.6,3.26,3.56,3.75,2.88,2.67,3.42,2.57,3.75,3.62,

试对婴儿的体重的方差进行区间估计(置信度为 0.95).

解　$\overline{X}=\dfrac{1}{16}(3.1+3.25+\cdots+3.62)=3.246\ 9.$

$$S^2=\frac{1}{15}[(3.1-3.246\ 9)^2+(3.25-3.246\ 9)^2+\cdots+(3.62-3.246\ 9)^2]=0.170\ 9.$$

$1-\alpha=0.95,\alpha=0.05$,自由度为 $16-1=15$.

查 χ^2 分布表可得:$\lambda_1=6.262,\lambda_2=27.488$.

所以方差 σ^2 的置信区间为[0.09,0.41].

6.3　任务考核

1. 某果树产量服从 $X\sim N(\mu,\sigma^2)$,随机抽取 10 株,其产量(单位:500 g)为

225,204,266,214,275,196,238,245,254,

试估计全部果树产量的均值和方差.

2. 从一批二极管中随机抽出 16 只,测试它们的平均寿命为 2 100 h,样本标准差为 50 h. 已知二极管寿命服从 $X \sim N(\mu,\sigma^2)$,试求这批二极管的寿命的 0.99 置信区间.

3. 对某飞机的飞行速度进行了 15 次测定,测得最大飞行速度(单位:m/s)如下:

422.2,417.2,425.6,420.3,425.8,423.1,418.7,428.2,438.3,434.0,

412.3,431.5,413.5,441.3,423.0

最大飞行速度服从 $X \sim N(\mu,\sigma^2)$,求:

(1)当 $\sigma^2=68$ 时,μ 的 0.95 置信区间;

(2)当 σ^2 未知时,μ 的 0.95 置信区间.

任务 7 假设检验

在科学研究生产实践中,我们可能遇到总体的分布完全未知或只知总体分布类型,但不知其参数的情况. 为了推断总体的某些性质,需要提出某些关于总体的假设. 例如,提出总体服从某种分布的假设;或如,对于分布类型已知的总体提出它的某个未知参数的假设. 然后根据样本,通过一定手段,去检验这种假设是否合理,从而决定是接收还是拒绝. 这一类统计问题称为假设检验. 对总体分布的假设的检验称为非参数的假设检验;对总体的参数的假设的检验称为参数的假设检验. 在这里我们只介绍参数的假设检验.

7.1 假设检验的基本思想和方法

在一次试验中,记事件 A 的概率为 $P(A)=\alpha$,当 α 很小时,A 称为小概率事件. 但 α 究竟为多小时,才能称为小概率,在实际问题中,它具有相对性. 小概率事件在一次试验中几乎是不可能发生的. 我们把它称为实际不可能发生原则(或小概率原理). 如果在一次试验中小概率事件居然出现了,则我们认为有不正常情况发生. 比如,某批产品,正常情况下,次品率小于 0.001,从中随机抽出一件,结果是次品,那么,我们认为这批产品是不合格的,生产过程不正常. 下面我们先看一个例子.

某制药厂灌装一种液态药品,每支药品灌装的标准是 10 mL. 已知由灌装机灌装的每支药品的灌装量服从正态分布 $N(\mu,0.12^2)$. 某天为了检查该灌装机工作是否正常,随机抽取了 9 支,测得灌装量如下:

10.01,10.18,9.98,10.21,1012,10.15,9.99,10.16,10.14

问这天灌装机工作是否正常?

要检验这天灌装机工作是否正常,就是要检验这天每支药品的灌装量的均值 μ 与 $\mu_0=10$ 是否有差异. 为此,我们先提出一个假设,假设灌装机工作正常,即

$H_0:\mu=\mu_0$.

H_0称为原假设,决定是否拒绝假设,就要看样本指标与所作假设的总体指标的差异是否显著,故这种假设又叫显著性检验.我们一般以概率的大小来检验假设,拒绝假设的概率α称为显著性水平.在这里由于要检验的假设涉及总体X的均值μ,容易想到用样本均值$\overline{X}$这一统计量来进行判断.如H_0成立,则$|\overline{X}-\mu_0|$一般不会很大,考虑到当H_0成立时,统计量$U=\dfrac{\overline{X}-\mu_0}{\sigma/\sqrt{n}}=\dfrac{\overline{X}-10}{0.12/3}\sim N(0,1)$,因此衡量$|\overline{X}-\mu_0|$的大小可归结为衡量$|U|$的大小,则显著水平就是$\alpha=P(|U|>\lambda)$.

α描述了样本均值和10出现差异的概率,当样本均值很大或很小时,U值落在$(-\infty,-\lambda)\cup(\lambda,+\infty)$这个范围内的概率$\alpha$将很小.也就是说,如果从均值$\mu_0=10$的总体中抽出样本时,实际上不会发生这样大或小的平均数.现在,通过样本值计算U值,若$|U|>\lambda$,即小概率事件发生了,则我们应拒绝H_0,反之,接受.在该例中,我们取$\alpha=0.01$,即$P(|U|>\lambda)=0.01$,查表得$\lambda=2.576$.

也就是说,在H_0为真时,$\{|U|>2.576\}$这个事件发生的概率为0.01,即在H_0为真的假设下,每次抽取9支,进行100次这样的试验,所得的统计量U的100个值中大约只有1个满足$|U|>2.576$.由该天的这次观察结果,经计算$\overline{X}=10.1044$,从而得U的观察值$\dfrac{\overline{X}-10}{0.12/3}=\dfrac{10.1044-10}{0.12/3}=2.6111$,就满足$|U|>2.576$,这就是说100次观察才大约出现一次的事件在今天的一次观察中居然出现了,所以认为这天灌装机工作不正常.

上面的推理过程很明显地运用了反证法的思想.为了判断原假设H_0是否为真,先在H_0为真的假定下,寻找一个分布为已知的统计量,由此构造出一个小概率事件,再看实际的观察结果是否违背了小概率原理.如果出现了违背了小概率原理的不合理现象,就认为H_0为真的假设值得怀疑,从而拒绝H_0,否则,就只好接受H_0.

必须注意的是,这样作出的统计推断,由于样本的随机性和局限性,有时难免会引出错误的推断.一般地,可能犯的错误有两类:

(1)H_0为真时,拒绝H_0,即误真为假;

(2)H_0不真时,接收H_0,即以假为真.

人们自然希望犯这两类错误的概率越小越好,但实际上,样本容量n一定时,犯两类错误的概率不可能同时减小,减小一个,另一个往往就会增大.要它们同时减小,只有增大容量n,但这会增加成本,不实际.因此,在通常情况下,只能指定α,通过对α的控制来采取保护措施.

7.2　正态总体参数的假设检验

正态分布$N(\mu,\sigma^2)$有两个重要的参数:均值μ和方差σ^2.当这两个参数确定以后,一个正态分布就完全确定了.因此关于正态分布的检验问题,也就是检验这两个参数的问题.下面介绍3种常用的检验法则.

7.2.1 U 检验法——方差 σ^2 已知,均值 μ 的检验

检验步骤如下.

(1)根据实际问题提出原假设 $H_0:\mu=\mu_0$.

(2)选取统计量 $U=\dfrac{\overline{X}-\mu_0}{\sigma/\sqrt{n}}$,并给定显著水平 $\alpha(0<\alpha<0)$.

(3)在显著水平 $\alpha(0<\alpha<0)$下,构造小概率事件 $\{|U|>\lambda\}$,并由 $P(|U|>\lambda)=\alpha$ 确定临界值 λ.

(4)计算 U 的观察值 $U=\dfrac{\overline{X}-\mu_0}{\sigma/\sqrt{n}}$.

(5)作出判断:当 $|U|>\lambda$ 时,则拒绝 H_0;$|U|<\lambda$ 时,则接收 H_0.

7.2.2 T 检验法——方差 σ^2 未知时,均值 μ 的检验

由于 σ^2 未知,选用 $T=\dfrac{\overline{X}-\mu}{S/\sqrt{n}}$ 作为检验统计量,由于 $T\sim t(n-1)$,根据自由度 $n-1$ 求临界值 λ,从而进行判断,检验步骤与 U 检验法类似.

例1 对一批新的液体存储罐进行耐裂测试,随机抽测8个,得其爆裂压力值(单位:kg/cm^2)如下:

56.3,54.5,55.4,54.9,54.8,56.9,54.5,56.1

如果爆裂压力值服从正态分布,而要求该存储罐的平均爆裂压力为55 kg/cm^2,试问这批新的液体存储罐是否合格(取 $\alpha=0.05$).

解 设 X 表示存储罐的爆裂压力值,由已知 $X\sim N(\mu,\sigma^2)$,容量 $n=8$,经计算得:$\overline{X}=55.425$,$S=0.908$.

(1)提出假设 $H_0:\mu=\mu_0=55$.

(2)由于 σ^2 未知,选用 T 检验法. 当 $\alpha=0.05$ 时,令 $P(|T|>\lambda)=0.05$,查 t 分布表得 $\lambda=2.3646$(自由度为7).

(3)计算 T 值:$T=\dfrac{\overline{X}-\mu}{S/\sqrt{n}}=\dfrac{55.425-55}{0.908/\sqrt{8}}=1.324$.

显然 $|T|<2.3646$,所以接受假设 H_0,即这批新的液体存储罐是合格的.

7.2.3 χ^2 检验法——均值 μ 未知,方差 σ^2 的检验

检验步骤如下.

(1)提出原假设 $H_0:\sigma^2=\sigma_0^2$(σ_0^2已知).

(2)选取统计量 $\chi^2=\dfrac{(n-1)S^2}{\sigma_0^2}$,并给定显著水平 $\alpha(0<\alpha<0)$.

(3)由 $P(\chi^2<\lambda_1)=P(\chi^2>\lambda_2)=\dfrac{\alpha}{2}$,自由度为 $n-1$,查 χ^2 分布表得 λ_1,λ_2.

(4)计算χ^2的观察值$\chi^2=\frac{(n-1)S^2}{\sigma_0^2}$.

(5) 作出判断:当$\chi^2<\lambda_1$或$\chi^2>\lambda_2$时,拒绝H_0;当$\lambda_1\leqslant\chi^2\leqslant\lambda_2$时,接受$H_0$.

例2　某车间生产钢丝,生产比较稳定.今从产品中随机抽出10根检验,得其折断力(单位:kg)如下:

578,572,570,568,570,570,572,596,584,572

问是否可相信该车间钢丝的折断力的方差为64(取$\alpha=0.05$)?

解　(1)提出原假设$H_0:\sigma^2=64$.

(2)选取统计量$\chi^2=\frac{(n-1)S^2}{\sigma_0^2}$.

(3)由$\alpha=0.05$有$P(\chi^2<\lambda_1)=P(\chi^2>\lambda_2)=0.025$,自由度为9,查$\chi^2$分布表得$\lambda_1=2.70$,$\lambda_2=19.0$.

(4)计算χ^2的观察值:$n=10$,$\sigma_0^2=64$,$S^2=75.7$.

$$\chi^2=\frac{(n-1)S^2}{\sigma_0^2}=\frac{9\times75.7}{64}=10.65.$$

(5)作出判断:$2.70<\chi^2<19.0$,接受H_0.

7.3　任务考核

1. 已知某炼铁厂的铁水含碳量在正常情况服从正态分布$N(4.55,0.108^2)$.现观察了5炉铁水,其含碳量分别为:4.28,4.40,4.42,4.35,4.37.如果标准差没有改变,问总体的均值有无显著变化?(取$\alpha=0.05$)

2. 一批罐头,标准规格是每罐净重250 g,标准差3 g.现这批罐头标准差符合规定,随机抽出的30个罐头的平均重为249.8 g,问在5%的显著水平下,这批罐头是否符合标准?

3. 某灯泡厂所生产的灯泡寿命$X\sim N(\mu,\sigma^2)$,生产正常时,$\mu=2\ 000$ h,某日测试该日生产的灯泡20只,得$\overline{X}=1\ 832$,$S=498$,问该日的生产是否正常(取$\alpha=0.05$)?

4. 从一批保险丝中抽出10根测试其熔化时间,其结果为(单位:s):42,65,75,78,71,59,57,68,54,55.如果保险丝的熔化时间$X\sim N(\mu,\sigma^2)$,在$\alpha=0.05$下,是否可以认为这批保险丝的熔化时间的方差为64?

任务8　一元线性回归

在客观世界中,变量大多都存在一定的关系.这种关系一般可分为两类:一类是确定性关系,即数学上的函数关系;另一类是非确定关系,如气象中的温度x与湿度y,人的身高x与体重y等,它们之间存在密切关系,但不能用一个确定的数学式子来表达.这种非确定性的关系称为相关关系.

对于具有相关关系的变量,虽然不能找出它们之间的确定关系,但我们可以通过大量的观察数据,使用一定的方法找出这相关关系最接近的数量表达式,这就是所谓的回归方程. 如果所得的回归方程是一元线性函数,则称这样的回归方程为一元线性回归方程.

8.1 一元线性回归的数学模型

首先看下面的例子.

例 1 为了研究水稻单位面积产量与某化肥施用量之间的关系,农科部们进行了 7 次试验,所得数据如表 4.19 所示(单位:kg).

表 4.19

化肥施用量 x	15	20	25	30	35	40	45
水稻单位面积产量 y	330	345	365	405	445	490	455

我们把上表的试验数据所对应的点在平面直角坐标系中作出,所得的图形称为散点图,如图 4.18 所示.

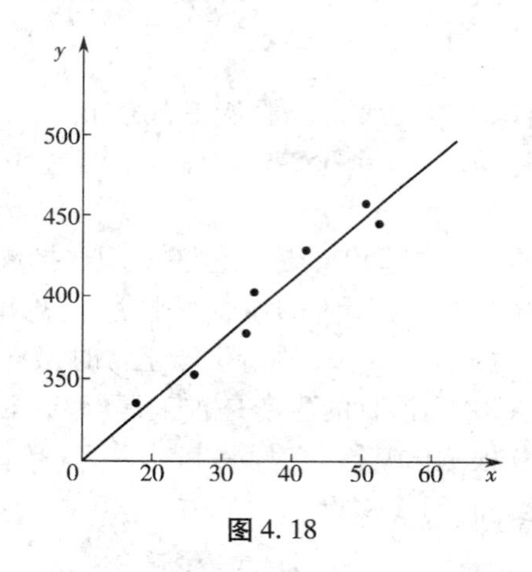

图 4.18

从散点图可以形象地看出两个变量之间的大致关系:化肥施用量 x 增加,水稻单位面积产量 y 也增加,并且这些点都散布在图 4.16 中画出的一条直线附近,这条直线称为回归直线,该直线的方程 $\hat{y}=a+bx$ 称为回归方程,a,b 叫回归系数.

8.2 回归系数 a,b 的最小二乘法原理

寻求回归方程,关键是根据样本观察值确定 a,b,从而确定回归方程.

设在一次试验中,取得 n 对样本观察值 $(x_1,y_1),(x_2,y_2),\cdots,(x_n,y_n)$,当 $x=x_i(i=1,2,$

$\cdots,n$)时,y 的观察值为 y_i,而对应的 $\hat{y}$ 取值 $\hat{y}_i=a+bx_i$称为试验值 y_i的回归值. 一般地,全部实际观察值 y_i与直线上对应的 $\hat{y}_i$的偏差平方和: $Q(a,b)=\sum_{i=1}^{n}(y_i-\hat{y}_i)^2=\sum_{i=1}^{n}(y_i-a-bx_i)^2$ 就刻画了全部数据与回归直线的偏离程度. 自然,$Q(a,b)$越小,回归直线 $\hat{y}=a+bx$ 越能更确切地反映 x 与 y 的真实关系. 因此我们就取使 $Q(a,b)$达到最小值的两个数 $\hat{a},\hat{b}$ 来作 a,b 的估计. 这种求 a,b 的方法就是最小二乘法. 由于 $Q(a,b)$是 a,b 的非负二次函数,利用二元函数微分求极值的原理可得

$$\begin{cases}\hat{a}=\hat{y}-\hat{b}\,\bar{x},\\ \hat{b}=\dfrac{\sum\limits_{i=1}^{n}x_iy_i-n\,\overline{xy}}{\sum\limits_{i=1}^{n}(x_i-\bar{x})^2}\end{cases}\quad\left(\text{其中}\bar{x}=\frac{1}{n}\sum_{i=1}^{n}x_i,\bar{y}=\frac{1}{n}\sum_{i=1}^{n}y_i\right).$$

如记:$l_{xy}=\sum_{i=1}^{n}x_iy_i-n\,\overline{xy},l_{xx}=\sum_{i=1}^{n}(x_i-\bar{x})^2,l_{yy}=\sum_{i=1}^{n}(y_i-\bar{y})^2$,则上述公式可写为

$$\begin{cases}\hat{b}=\dfrac{l_{xy}}{l_{xx}},\\ \hat{a}=\bar{y}-\hat{b}\,\bar{x}\end{cases}$$

例2　写出例1中水稻单位面积产量 y 关于化肥施用量 x 的回归方程.

解　$l_{xy}=\sum_{i=1}^{n}x_iy_i-n\,\bar{x}\,\bar{y}=88\ 775-\frac{1}{7}\times 210\times 2\ 835=3\ 725,$

$$l_{xx}=\sum_{i=1}^{n}(x_i-\bar{x})^2=700,$$

$$\hat{b}=\frac{l_{xy}}{l_{xx}}=\frac{3\ 725}{700}=5.321\ 4,$$

$$\hat{a}=\bar{y}-\hat{b}\,\bar{x}=\frac{1}{7}\times 2\ 835-5.321\ 4\times\frac{1}{7}\times 210=245.35,$$

故所求回归方程为

$$\hat{y}=245.35+5.324x.$$

8.3　一元线性回归的相关性检验

从上面求回归直线方程的过程可以看出,就是给定任意一组数据$(x_1,y_1),(x_2,y_2),\cdots,(x_n,y_n)$按最小二乘法原理总能求出一条回归直线. 那么所求的回归直线是否能反映两个变量的实际关系?事实上,如果两个变量之间不具备线性相关关系,那么所得的回归直线方程就毫无实际意义,只有当两个变量大致上成线性关系时,回归直线方程才有意义. 因此,我们必须对两变量之间是否真正具有线性关系进行检验.

检验两个变量 x 和 y 之间的线性关系显著性,一般用相关系数 $\gamma=\dfrac{l_{xy}}{\sqrt{l_{xx}l_{yy}}}$来描述.

(1)当$\gamma=0$时,$l_{xy}=0$,于是$\hat{b}=0$,此时回归直线平行于x轴,说明y的取值与x无关,所以x和y之间没有线性关系.

(2)当$\gamma=1$时,所有的点都在回归直线上,此时x和y是普通的一次线性关系.

(3)当$0<|\gamma|<1$时,x和y存在一定的线性关系,$|\gamma|$越接近1,散点越靠近回归直线.

$|\gamma|(0<|\gamma|<1)$要多大时,才能认为x和y之间的线性关系显著呢?当给定了显著水平α时,可以通过查自由度为$n-2$的相关系数表得到临界值γ_α.

如$|\gamma|>\gamma_\alpha$,则x和y之间的线性关系显著;如$|\gamma|\leqslant\gamma_\alpha$,则$x$和$y$之间的线性关系不显著.

例3 检验例1中y与x之间线性关系的显著性.($\alpha=0.01$)

解 先计算出$\gamma=\dfrac{l_{xy}}{\sqrt{l_{xx}l_{yy}}}=\dfrac{3725}{\sqrt{700\times2.215}}=0.946$.

查相关系数表得

$$\gamma_\alpha=0.874.$$

因为$|\gamma|=0.946>\gamma_\alpha=0.874$,所以化肥施用量$x$与水稻亩产量$y$之间线性关系是显著的.

8.4 任务考核

1. 弹簧在不同质量下的长度如表4.19所示,求:

表4.19

质量x	5	10	15	20	25	30
长度y	7.25	8.12	8.95	9.90	10.9	11.8

(1)y关于x的回归直线方程;

(2)检验x与y的线性关系的显著性($\alpha=0.05$).

2. 某商品的生产量T与单位成本S之间的数据统计如表4.20所示.

表4.20

T	2	4	5	6	8	10	12	14
S	580	540	500	460	380	320	280	240

(1)试确定S对T的回归直线方程;

(2)检验S与T的线性关系的显著性.($\alpha=0.05$)

附　　表

一、积分表

(一)含有 $a+bx$ 的积分

1. $\int \frac{dx}{a+bx}=\frac{1}{b}\ln(a+bx)+C$

2. $\int (a+bx)^{\mu}dx=\frac{(a+bx)^{\mu+1}}{b(\mu+1)}+C \quad (\mu\neq -1)$

3. $\int \frac{xdx}{a+bx}=\frac{1}{b^2}[a+bx-a\ln(a+bx)]+C$

4. $\int \frac{x^2dx}{a+bx}=\frac{1}{b^3}\left[\frac{1}{2}(a+bx)^2-2a(a+bx)+a^2\ln(a+bx)\right]+C$

5. $\int \frac{dx}{x(a+bx)}=-\frac{1}{a}\ln\frac{a+bx}{x}+C$

6. $\int \frac{dx}{x^2(a+bx)}=-\frac{1}{ax}+\frac{b}{a^2}\ln\frac{a+bx}{x}+C$

7. $\int \frac{xdx}{(a+bx)^2}=\frac{1}{b^2}\left[\ln(a+bx)+\frac{a}{a+bx}\right]+C$

8. $\int \frac{x^2dx}{(a+bx)^2}=\frac{1}{b^3}\left[a+bx-2a\ln(a+bx)-\frac{a^2}{a+bx}\right]+C$

9. $\int \frac{dx}{x(a+bx)^2}=\frac{1}{a(a+bx)}-\frac{1}{a^2}\ln\frac{a+bx}{x}+C$

(二)含有 $\sqrt{a+bx}$ 的积分

10. $\int \sqrt{a+bx}\,dx=\frac{2}{3b}\sqrt{(a+bx)^3}+C$

11. $\int x\sqrt{a+bx}\,dx=-\frac{2(2a-3bx)\sqrt{(a+bx)^3}}{15b^2}+C$

12. $\int x^2\sqrt{a+bx}\,dx=\frac{2(8a^2-12abx+15b^2x^2)\sqrt{(a+bx)^3}}{15b^3}+C$

13. $\int \frac{xdx}{\sqrt{a+bx}}=-\frac{2(2a-bx)}{3b^2}\sqrt{a+bx}+C$

14. $\int \frac{x^2dx}{\sqrt{a+bx}}=\frac{2(8a^2-4abx+3b^2x^2)}{15b^3}\sqrt{a+bx}+C$

15. $\int \frac{\mathrm{d}x}{x\sqrt{a+bx}} = \begin{cases} \frac{1}{\sqrt{a}}\ln\frac{\sqrt{a+bx}-\sqrt{a}}{\sqrt{a+bx}+\sqrt{a}}+C & (a>0) \\ \frac{2}{\sqrt{-a}}\arctan\sqrt{\frac{a+bx}{-a}}+C & (a<0) \end{cases}$

16. $\int \frac{\mathrm{d}x}{x^2\sqrt{a+bx}} = -\frac{\sqrt{a+bx}}{ax}-\frac{b}{2a}\int\frac{\mathrm{d}x}{x\sqrt{a+bx}}$

17. $\int \frac{\sqrt{a+bx}\,\mathrm{d}x}{x} = 2\sqrt{a+bx}+a\int\frac{\mathrm{d}x}{x\sqrt{a+bx}}$

(三)含有 $a^2 \pm x^2$ 的积分

18. $\int \frac{\mathrm{d}x}{a^2+x^2} = \frac{1}{a}\arctan\frac{x}{a}+C$

19. $\int \frac{\mathrm{d}x}{(x^2+a^2)^n} = \frac{x}{2(n-1)a^2(x^2+a^2)^{n-1}}+\frac{2n-3}{2(n-1)a^2}\int\frac{\mathrm{d}x}{(x^2+a^2)^{n-1}}$

20. $\int \frac{\mathrm{d}x}{a^2-x^2} = \frac{1}{2a}\ln\left|\frac{a+x}{a-x}\right|+C$

21. $\int \frac{\mathrm{d}x}{x^2-a^2} = \frac{1}{2a}\ln\left|\frac{x-a}{x+a}\right|+C$

(四)含有 $a \pm bx^2$ 的积分

22. $\int \frac{\mathrm{d}x}{a+bx^2} = \frac{1}{\sqrt{ab}}\arctan\sqrt{\frac{b}{a}}x+C \quad (a>0,b>0)$

23. $\int \frac{\mathrm{d}x}{a-bx^2} = \frac{1}{2\sqrt{ab}}\ln\frac{\sqrt{a}+\sqrt{b}x}{\sqrt{a}-\sqrt{b}x}+C \quad (a>0,b>0)$

24. $\int \frac{x\mathrm{d}x}{a+bx^2} = \frac{1}{2b}\ln(a+bx^2)+C$

25. $\int \frac{x^2\mathrm{d}x}{a+bx^2} = \frac{x}{b}-\frac{a}{b}\int\frac{\mathrm{d}x}{a+bx^2}$

26. $\int \frac{\mathrm{d}x}{x(a+bx^2)} = \frac{1}{2a}\ln\frac{x^2}{a+bx^2}+C$

27. $\int \frac{\mathrm{d}x}{x^2(a+bx^2)} = -\frac{1}{ax}-\frac{b}{a}\int\frac{\mathrm{d}x}{a+bx^2}$

28. $\int \frac{\mathrm{d}x}{(a+bx^2)^2} = \frac{x}{2a(a+bx^2)}+\frac{1}{2a}\int\frac{\mathrm{d}x}{a+bx^2}$

(五)含有 $\sqrt{x^2+a^2}$ 的积分

29. $\int \sqrt{x^2+a^2}\,\mathrm{d}x = \frac{x}{2}\sqrt{x^2+a^2}+\frac{a^2}{2}\ln(x+\sqrt{x^2+a^2})+C$

30. $\int \sqrt{(x^2+a^2)^3}\,\mathrm{d}x = \frac{x}{8}(2x^2+5a^2)\sqrt{x^2+a^2}+\frac{3a^4}{8}\ln(x+\sqrt{x^2+a^2})+C$

31. $\int x\sqrt{x^2+a^2}\,\mathrm{d}x = \frac{\sqrt{(x^2+a^2)^3}}{3}+C$

32. $\int x^2\sqrt{x^2+a^2}\,dx=\frac{x}{8}(2x^2+a^2)\sqrt{x^2+a^2}-\frac{a^4}{8}\ln(x+\sqrt{x^2+a^2})+C$

33. $\int \frac{dx}{\sqrt{x^2+a^2}}=\ln(x+\sqrt{x^2+a^2})+C=\operatorname{arch}\frac{x}{a}+C$

34. $\int \frac{dx}{\sqrt{(x^2+a^2)^3}}=\frac{x}{a^2\sqrt{x^2+a^2}}+C$

35. $\int \frac{x\,dx}{\sqrt{x^2+a^2}}=\sqrt{x^2+a^2}+C$

36. $\int \frac{x^2\,dx}{\sqrt{x^2+a^2}}=\frac{x}{2}\sqrt{x^2+a^2}-\frac{a^2}{2}\ln(x+\sqrt{x^2+a^2})+C$

37. $\int \frac{x^2\,dx}{\sqrt{(x^2+a^2)^3}}=-\frac{x}{\sqrt{x^2+a^2}}+\ln(x+\sqrt{x^2+a^2})+C$

38. $\int \frac{dx}{x\sqrt{x^2+a^2}}=\frac{1}{a}\ln\frac{|x|}{a+\sqrt{x^2+a^2}}+C$

39. $\int \frac{dx}{x^2\sqrt{x^2+a^2}}=-\frac{\sqrt{x^2+a^2}}{a^2x}+C$

40. $\int \frac{\sqrt{x^2+a^2}\,dx}{x}=\sqrt{x^2+a^2}-a\ln\frac{a+\sqrt{x^2+a^2}}{|x|}+C$

41. $\int \frac{\sqrt{x^2+a^2}\,dx}{x^2}=-\frac{\sqrt{x^2+a^2}}{x}+\ln(x+\sqrt{x^2+a^2})+C$

（六）含有 $\sqrt{x^2-a^2}\,(a>0)$ 的积分

42. $\int \frac{dx}{\sqrt{x^2-a^2}}=\ln(x+\sqrt{x^2-a^2})+C$

43. $\int \frac{dx}{\sqrt{(x^2-a^2)^3}}=-\frac{x}{a^2\sqrt{x^2-a^2}}+C$

44. $\int \frac{x\,dx}{\sqrt{x^2-a^2}}=\sqrt{x^2-a^2}+C$

45. $\int \sqrt{x^2-a^2}\,dx=\frac{x}{2}\sqrt{x^2-a^2}-\frac{a^2}{2}\ln(x+\sqrt{x^2-a^2})+C$

46. $\int \sqrt{(x^2-a^2)^3}\,dx=\frac{x}{8}(2x^2-5a^2)\sqrt{x^2-a^2}+\frac{3a^4}{8}\ln(x+\sqrt{x^2-a^2})+C$

47. $\int x\sqrt{x^2-a^2}\,dx=\frac{\sqrt{(x^2-a^2)^3}}{3}+C$

48. $\int x\sqrt{(x^2-a^2)^3}\,dx=\frac{\sqrt{(x^2-a^2)^5}}{5}+C$

49. $\int x^2\sqrt{x^2-a^2}\,dx=\frac{x}{8}(2x^2-a^2)\sqrt{x^2-a^2}-\frac{a^4}{8}\ln(x+\sqrt{x^2-a^2})+C$

50. $\int \frac{x^2\,dx}{\sqrt{x^2-a^2}}=\frac{x}{2}\sqrt{x^2-a^2}+\frac{a^2}{2}\ln(x+\sqrt{x^2-a^2})+C$

51. $\int \frac{x^2\,dx}{\sqrt{(x^2-a^2)^3}}=-\frac{x}{\sqrt{x^2-a^2}}+\ln(x+\sqrt{x^2-a^2})+C$

52. $\int \frac{dx}{x\sqrt{x^2-a^2}} = \frac{1}{a}\arccos\frac{a}{x} + C$

53. $\int \frac{dx}{x^2\sqrt{x^2-a^2}} = \frac{\sqrt{x^2-a^2}}{a^2x} + C$

54. $\int \frac{\sqrt{x^2-a^2}}{x}dx = \sqrt{x^2-a^2} - a\arccos\frac{a}{|x|} + C$

55. $\int \frac{\sqrt{x^2-a^2}}{x^2}dx = -\frac{\sqrt{x^2-a^2}}{x} + \ln(x+\sqrt{x^2-a^2}) + C$

(七)含有 $\sqrt{a^2-x^2}$ $(a>0)$ 的积分

56. $\int \frac{dx}{\sqrt{a^2-x^2}} = \arcsin\frac{x}{a} + C$

57. $\int \frac{dx}{\sqrt{(a^2-x^2)^3}} = \frac{x}{a^2\sqrt{a^2-x^2}} + C$

58. $\int \frac{xdx}{\sqrt{a^2-x^2}} = -\sqrt{a^2-x^2} + C$

59. $\int \frac{xdx}{\sqrt{(a^2-x^2)^3}} = \frac{1}{\sqrt{a^2-x^2}} + C$

60. $\int \frac{x^2dx}{\sqrt{a^2-x^2}} = -\frac{x}{2}\sqrt{a^2-x^2} + \frac{a^2}{2}\arcsin\frac{x}{a} + C$

61. $\int \sqrt{a^2-x^2}dx = \frac{x}{2}\sqrt{a^2-x^2} + \frac{a^2}{2}\arcsin\frac{x}{a} + C$

62. $\int \sqrt{(a^2-x^2)^3}dx = \frac{x}{8}(5a^2-2x^2)\sqrt{a^2-x^2} + \frac{3a^4}{8}\arcsin\frac{x}{a} + C$

63. $\int x\sqrt{a^2-x^2}dx = -\frac{\sqrt{(a^2-x^2)^3}}{3} + C$

64. $\int x\sqrt{(a^2-x^2)^3}dx = -\frac{\sqrt{(a^2-x^2)^5}}{5} + C$

65. $\int x^2\sqrt{a^2-x^2}dx = \frac{x}{8}(2x^2-a^2)\sqrt{a^2-x^2} + \frac{a^4}{8}\arcsin\frac{x}{a} + C$

66. $\int \frac{x^2dx}{\sqrt{(a^2-x^2)^3}} = \frac{x}{\sqrt{a^2-x^2}} - \arcsin\frac{x}{a} + C$

67. $\int \frac{dx}{x\sqrt{a^2-x^2}} = \frac{1}{a}\ln\frac{x}{a+\sqrt{a^2-x^2}} + C$

68. $\int \frac{dx}{x^2\sqrt{a^2-x^2}} = -\frac{\sqrt{a^2-x^2}}{a^2x} + C$

69. $\int \frac{\sqrt{a^2-x^2}}{x}dx = \sqrt{a^2-x^2} - a\ln\frac{a+\sqrt{a^2-x^2}}{x} + C$

70. $\int \frac{\sqrt{a^2-x^2}}{x^2}dx = -\frac{\sqrt{a^2-x^2}}{x} - \arcsin\frac{x}{a} + C$

(八)含有 $a+bx\pm cx^2\ (c>0)$ 的积分

71. $\int\frac{dx}{a+bx-cx^2}=\frac{1}{\sqrt{b^2+4ac}}\ln\frac{\sqrt{b^2+4ac}+2cx-b}{\sqrt{b^2+4ac}-2cx+b}+C$

72. $\int\frac{dx}{a+bx+cx^2}=\begin{cases}\frac{2}{\sqrt{4ac-b^2}}\arctan\frac{2cx+b}{\sqrt{4ac-b^2}}+C & (b^2<4ac)\\ \frac{1}{\sqrt{b^2-4ac}}\ln\frac{2cx+b-\sqrt{b^2-4ac}}{2cx+b+\sqrt{b^2-4ac}}+C & (b^2>4ac)\end{cases}$

(九)含有 $\sqrt{a+bx\pm cx^2}\ (c>0)$ 的积分

73. $\int\frac{dx}{\sqrt{a+bx+cx^2}}=\frac{1}{\sqrt{c}}\ln(2cx+b+2\sqrt{c}\sqrt{a+bx+cx^2})+C$

74. $\int\sqrt{a+bx+cx^2}\,dx=\frac{2cx+b}{4c}\sqrt{a+bx+cx^2}-\frac{b^2-4ac}{8\sqrt{c^3}}\ln(2cx+b+2\sqrt{c}\sqrt{a+bx+cx^2})+C$

75. $\int\frac{x\,dx}{\sqrt{a+bx+cx^2}}=\frac{\sqrt{a+bx+cx^2}}{c}-\frac{b}{2\sqrt{c^3}}\ln(2cx+b+2\sqrt{c}\sqrt{a+bx+cx^2})+C$

76. $\int\frac{dx}{\sqrt{a+bx-cx^2}}=\frac{1}{\sqrt{c}}\arcsin\frac{2cx-b}{\sqrt{b^2+4ac}}+C$

77. $\int\sqrt{a+bx-cx^2}\,dx=\frac{2cx-b}{4c}\sqrt{a+bx-cx^2}+\frac{b^2+4ac}{8\sqrt{c^3}}\arcsin\frac{2cx-b}{\sqrt{b^2+4ac}}+C$

78. $\int\frac{x\,dx}{\sqrt{a+bx-cx^2}}=-\frac{\sqrt{a+bx-cx^2}}{c}+\frac{b}{2\sqrt{c^3}}\arcsin\frac{2cx-b}{\sqrt{b^2+4ac}}+C$

(十)含有 $\sqrt{\frac{a\pm x}{b\pm x}}$ 的积分和含有 $\sqrt{(x-a)(b-x)}$ 的积分

79. $\int\sqrt{\frac{a+x}{b+x}}\,dx=\sqrt{(a+x)(b+x)}+(a-b)\ln(\sqrt{a+x}+\sqrt{b+x})+C$

80. $\int\sqrt{\frac{a-x}{b+x}}\,dx=\sqrt{(a-x)(b+x)}+(a+b)\arcsin\sqrt{\frac{x+b}{a+b}}+C$

81. $\int\sqrt{\frac{a+x}{b-x}}\,dx=-\sqrt{(a+x)(b-x)}-(a+b)\arcsin\sqrt{\frac{b-x}{a+b}}+C$

82. $\int\frac{dx}{\sqrt{(x-a)(b-x)}}=2\arcsin\sqrt{\frac{x-a}{b-a}}+C$

(十一)含有三角函数的积分

83. $\int\sin x\,dx=-\cos x+C$

84. $\int\cos x\,dx=\sin x+C$

85. $\int\tan x\,dx=-\ln|\cos x|+C$

86. $\int \cot x\mathrm{d}x = \ln|\sin x| + C$

87. $\int \sec x\mathrm{d}x = \ln(\sec x + \tan x) + C = \ln\tan\left(\frac{\pi}{4} + \frac{x}{2}\right) + C$

88. $\int \csc x\mathrm{d}x = \ln|\csc x - \cot x| + C = \ln\tan\frac{x}{2} + C$

89. $\int \sec^2 x\mathrm{d}x = \tan x + C$

90. $\int \csc^2 x\mathrm{d}x = -\cot x + C$

91. $\int \sec x\tan x\mathrm{d}x = \sec x + C$

92. $\int \csc x\cot x\mathrm{d}x = -\csc x + C$

93. $\int \sin^2 x\mathrm{d}x = \frac{x}{2} - \frac{1}{4}\sin 2x + C$

94. $\int \cos^2 x\mathrm{d}x = \frac{x}{2} + \frac{1}{4}\sin 2x + C$

95. $\int \sin^n x\mathrm{d}x = -\frac{\sin^{n-1}x\cos x}{n} + \frac{n-1}{n}\int \sin^{n-2}x\mathrm{d}x$

96. $\int \cos^n x\mathrm{d}x = \frac{\cos^{n-1}x\sin x}{n} + \frac{n-1}{n}\int \cos^{n-2}x\mathrm{d}x$

97. $\int \frac{\mathrm{d}x}{\sin^n x} = -\frac{\cos x}{(n-1)\sin^{n-1}x} + \frac{n-2}{n-1}\int \frac{\mathrm{d}x}{\sin^{n-2}x}$

98. $\int \frac{\mathrm{d}x}{\cos^n x} = \frac{\sin x}{(n-1)\cos^{n-1}x} + \frac{n-2}{n-1}\int \frac{\mathrm{d}x}{\cos^{n-2}x}$

99. $\int \cos^m x\sin^n x\mathrm{d}x = \frac{\cos^{m-1}x\sin^{n+1}x}{m+n} + \frac{m-1}{m+n}\int \cos^{m-2}x\sin^n x\mathrm{d}x = -\frac{\sin^{n-1}x\cos^{m+1}x}{m+n} + \frac{n-1}{m+n}\int \cos^m x\sin^{n-2}x\mathrm{d}x$

$$\left.\begin{aligned}
&100.\ \int \sin mx\cos nx\mathrm{d}x = -\frac{\cos(m+n)x}{2(m+n)} - \frac{\cos(m-n)x}{2(m-n)} + C \\
&101.\ \int \sin mx\sin nx\mathrm{d}x = -\frac{\sin(m+n)x}{2(m+n)} + \frac{\sin(m-n)x}{2(m-n)} + C \\
&102.\ \int \cos mx\cos nx\mathrm{d}x = \frac{\sin(m+n)x}{2(m+n)} + \frac{\sin(m-n)x}{2(m-n)} + C
\end{aligned}\right\}\quad (m\neq n)$$

103. $\int \frac{\mathrm{d}x}{a+b\sin x} = \frac{2}{a}\sqrt{\frac{2}{a^2-b^2}}\arctan\left[\sqrt{\frac{a^2}{a^2-b^2}}\cdot\left(\tan\frac{x}{2} + \frac{b}{a}\right)\right] + C \quad (a^2 > b^2)$

104. $\int \frac{\mathrm{d}x}{a+b\sin x} = \frac{1}{a}\sqrt{\frac{a^2}{b^2-a^2}}\ln\frac{\tan\frac{x}{2} + \frac{b}{a} - \sqrt{\frac{b^2-a^2}{a}}}{\tan\frac{x}{2} + \frac{b}{a} + \sqrt{\frac{b^2-a^2}{a^2}}} + C \quad (a^2 < b^2)$

105. $\int \frac{\mathrm{d}x}{a+b\cos x} = \frac{2}{a-b}\sqrt{\frac{a-b}{a+b}}\arctan\left(\sqrt{\frac{a-b}{a+b}}\tan\frac{x}{2}\right) + C \quad (a^2 > b^2)$

106. $\int \frac{\mathrm{d}x}{a+b\cos x} = \frac{1}{b-a}\sqrt{\frac{a-b}{a+b}}\ln\frac{\tan\frac{x}{2} + \sqrt{\frac{b+a}{b-a}}}{\tan\frac{x}{2} - \sqrt{\frac{b+a}{b-a}}} + C \quad (a^2 < b^2)$

107. $\int \frac{dx}{a^2\cos^2 x + b^2\sin^2 x} = \frac{1}{ab}\arctan\left(\frac{b\tan x}{a}\right) + C$

108. $\int \frac{dx}{a^2\cos^2 x - b^2\sin^2 x} = \frac{1}{2ab}\ln\frac{b\tan x + a}{b\tan x - a} + C$

109. $\int x\sin ax dx = \frac{1}{a^2}\sin ax - \frac{1}{a}x\cos ax + C$

110. $\int x^2\sin ax dx = -\frac{1}{a}x^2\cos ax + \frac{2}{a^2}x\sin ax + \frac{2}{a^3}\cos ax + C$

111. $\int x\cos ax dx = \frac{1}{a^2}\cos ax + \frac{1}{a}x\sin ax + C$

112. $\int x^2\cos ax dx = \frac{1}{a}x^2\sin ax + \frac{2}{a^2}x\cos ax - \frac{2}{a^3}\sin ax + C$

(十二)含有反三角函数的积分

113. $\int \arcsin\frac{x}{a}dx = x\arcsin\frac{x}{a} + \sqrt{a^2 - x^2} + C$

114. $\int x\arcsin\frac{x}{a}dx = \left(\frac{x^2}{2} - \frac{a^2}{4}\right)\arcsin\frac{x}{a} + \frac{x}{4}\sqrt{a^2 - x^2} + C$

115. $\int x^2\arcsin\frac{x}{a}dx = \frac{x^3}{3}\arcsin\frac{x}{a} + \frac{1}{9}(x^2 + 2a^2)\sqrt{a^2 - x^2} + C$

116. $\int \arccos\frac{x}{a}dx = x\arccos\frac{x}{a} - \sqrt{a^2 - x^2} + C$

117. $\int x\arccos\frac{x}{a}dx = \left(\frac{x^2}{2} - \frac{a^2}{4}\right)\arccos\frac{x}{a} - \frac{x}{4}\sqrt{a^2 - x^2} + C$

118. $\int x^2\arccos\frac{x}{a}dx = \frac{x^3}{3}\arccos\frac{x}{a} - \frac{1}{9}(x^2 + 2a^2)\sqrt{a^2 - x^2} + C$

119. $\int \arctan\frac{x}{a}dx = x\arctan\frac{x}{a} - \frac{a}{2}\ln(a^2 + x^2) + C$

120. $\int x\arctan\frac{x}{a}dx = \frac{1}{2}(x^2 + a^2)\arctan\frac{x}{2} - \frac{ax}{2} + C$

121. $\int x^2\arctan\frac{x}{a}dx = \frac{x^3}{3}\arctan\frac{x}{a} - \frac{ax^2}{6} + \frac{a^3}{6}\ln(a^2 + x^2) + C$

(十三)含有指数函数的积分

122. $\int a^x dx = \frac{a^x}{\ln a} + C$

123. $\int e^{ax}dx = \frac{e^{ax}}{a} + C$

124. $\int e^{ax}\sin bx dx = \frac{e^{ax}(a\sin bx - b\cos bx)}{a^2 + b^2} + C$

125. $\int e^{ax}\cos bx dx = \frac{e^{ax}(b\sin bx + a\cos bx)}{a^2 + b^2} + C$

126. $\int xe^{ax}dx = \frac{e^{ax}}{a^2}(ax - 1) + C$

127. $\int x^n e^{ax} dx = \frac{x^n e^{ax}}{a} - \frac{n}{a}\int x^{n-1} e^{ax} dx$

128. $\int x a^{mx} dx = \frac{x a^{mx}}{m\ln a} - \frac{a^{mx}}{(m\ln a)^2} + C$

129. $\int x^n a^{mx} dx = \frac{a^{mx} x^n}{m\ln a} - \frac{n}{m\ln a}\int x^{n-1} a^{mx} dx$

130. $\int e^{ax}\sin^n bx dx = \frac{e^{ax}\sin^{n-1} bx}{a^2 + b^2 n^2}(a\sin bx - nb\cos bx) + \frac{n(n-1)}{a^2 + b^2 n^2} b^2 \int e^{ax}\sin^{n-2} bx dx$

131. $\int e^{ax}\cos^n bx dx = \frac{e^{ax}\cos^{n-1} bx}{a^2 + b^2 n^2}(a\cos bx + nb\sin bx) + \frac{n(n-1)}{a^2 + b^2 n^2} b^2 \int e^{ax}\cos^{n-2} bx dx$

(十四)含有对数函数的积分

132. $\int \ln x dx = x\ln x - x + C$

133. $\int \frac{dx}{x\ln x} = \ln(\ln x) + C$

134. $\int x^n \ln x dx = x^{n+1}\left[\frac{\ln x}{n+1} - \frac{1}{(n+1)^2}\right] + C$

135. $\int \ln^n x dx = x\ln^n x - n\int \ln^{n-1} x dx$

136. $\int x^m \ln^n x dx = \frac{x^{m+1}}{m+1}\ln^n x - \frac{n}{m+1}\int x^m \ln^{n-1} x dx$

(十五)含有双曲函数的积分

137. $\int \text{sh } x dx = \text{ch } x + C$

138. $\int \text{ch } x dx = \text{sh } x + C$

139. $\int \text{th } x = \ln \text{ch } x + C$

140. $\int \text{ch}^2 x dx = -\frac{x}{2} + \frac{1}{4}\text{sh } 2x + C$

141. $\int \text{sh}^2 x dx = \frac{x}{2} + \frac{1}{4}\text{sh } 2x + C$

(十六)定积分

142. $\int_{-\pi}^{\pi} \cos nx dx = \int_{-\pi}^{\pi} \sin nx dx = 0$

143. $\int_{-\pi}^{\pi} \cos mx \sin nx dx = 0$

144. $\int_{-\pi}^{\pi} \cos mx \cos nx dx = \begin{cases} 0 & m \neq n \\ \pi & m = n \end{cases}$

145. $\int_{-\pi}^{\pi} \sin mx \sin nx dx = \begin{cases} 0 & m \neq n \\ \pi & m = n \end{cases}$

146. $\int_0^{\pi}\sin mx\sin nx\mathrm{d}x = \int_0^{\pi}\cos mx\cos nx\mathrm{d}x = \begin{cases}0 & m\neq n\\ \pi/2 & m=n\end{cases}$

147. $I_n=\int_0^{\frac{\pi}{2}}\sin^n x\mathrm{d}x=\int_0^{\frac{\pi}{2}}\cos^n x\mathrm{d}x$

$$I_n=\frac{n-1}{n}I_{n-2}$$

$$\begin{cases}I_n=\dfrac{n-1}{n}\cdot\dfrac{n-3}{n-2}\cdot\cdots\cdot\dfrac{4}{5}\cdot\dfrac{2}{3} & (n\text{ 为大于 1 的奇数}),I_1=I\\ I_n=\dfrac{n-1}{n}\cdot\dfrac{n-3}{n-2}\cdot\cdots\cdot\dfrac{3}{4}\cdot\dfrac{1}{2}\cdot\dfrac{\pi}{2} & (n\text{ 为正偶数}),I_0=\dfrac{\pi}{2}\end{cases}$$

二、几种常用的概率分布表

分布	参数	分布律或概率密度	数学期望	方差
(0-1)分布	$0<p<1$	$P\{X=k\}=p^k(1-p)^{1-k},k=0,1$	p	$p(1-p)$
二项分布	$n\geqslant 1$ $0<p<1$	$P\{X-k\}=\binom{n}{k}p^k(1-p)^{n-k}$ $k=0,1,\cdots,n$	np	$np(1-p)$
负二项分布（巴斯卡分布）	$r\leqslant 1$ $0<p<1$	$P\{X=k\}=\binom{k-1}{r-1}p^r(1-p)^{k-r}$ $k=r,r+1,\cdots$	$\frac{r}{p}$	$\frac{r(1-p)}{p^2}$
几何分布	$0<p<1$	$P\{X=k\}=(1-p)^{k-1}p$ $k=1,2,\cdots$	$\frac{1}{p}$	$\frac{1-p}{p^2}$
超几何分布	N,M,n $(M\leqslant N)$ $(n\leqslant N)$	$P\{X=k\}=\frac{\binom{M}{k}\binom{N-M}{n-k}}{\binom{N}{k}}$ k 为整数，$\max\{0,n-N+M\}\leqslant k\leqslant\min\{n,M\}$	$\frac{nM}{N}$	$\frac{nM}{N}\left(1-\frac{M}{N}\right)\left(\frac{N-n}{N-1}\right)$
泊松分布	$\lambda>0$	$P\{X=k\}=\frac{\lambda^k e^{-\lambda}}{k!}$ $k=0,1,2,\cdots$	λ	λ
均匀分布	$a<b$	$f(x)=\begin{cases}\frac{1}{b-a}, & a<x<b\\ 0, & \text{其他}\end{cases}$	$\frac{a+b}{2}$	$\frac{(b-a)^2}{12}$
正态分布	μ $\sigma>0$	$f(x)=\frac{1}{\sqrt{2\pi}\sigma}e^{-(x-\mu)^2/(2\sigma^2)}$	μ	σ^2
Γ 分布	$\alpha>0$ $\beta>0$	$f(x)=\begin{cases}\frac{1}{\beta^\alpha\Gamma(\alpha)}x^{\alpha-1}e^{-x/\beta}, & x>0\\ 0, & \text{其他}\end{cases}$	$\alpha\beta$	$\alpha\beta^2$
指数分布（负指数分布）	$\theta>0$	$f(x)=\begin{cases}\frac{1}{\theta}e^{x/\theta}, & x>0\\ 0, & \text{其他}\end{cases}$	θ	θ^2
χ^2 分布	$n\geqslant 1$	$f(x)=\begin{cases}\frac{1}{2^{n/2}\Gamma(n/2)}x^{n/2-1}e^{-x/2}, & x>0\\ 0, & \text{其他}\end{cases}$	n	$2n$
韦布尔分布	$\eta>0$ $\beta>0$	$f(x)=\begin{cases}\frac{\beta}{\eta}\left(\frac{x}{\eta}\right)^{\beta-1}e^{-\left(\frac{x}{\eta}\right)^\beta}, & x>0\\ 0, & \text{其他}\end{cases}$	$\eta\Gamma\left(\frac{1}{\beta}+1\right)$	$\eta^2\left\{\Gamma\left(\frac{2}{\beta}+1\right)-\left[\Gamma\left(\frac{1}{\beta}+1\right)\right]^2\right\}$

续表

分布	参数	分布律或概率密度	数学期望	方差
瑞利分布	$\sigma>0$	$f(x)=\begin{cases}\dfrac{x}{\sigma^2}e^{-x^2/2\sigma^2}, & x>0\\ 0, & 其他\end{cases}$	$\sqrt{\dfrac{\pi}{2}}\sigma$	$\dfrac{4-\pi}{2}\sigma^2$
β 分布	$\alpha>0$ $\beta>0$	$f(x)=\begin{cases}\dfrac{\Gamma(\alpha+\beta)}{\Gamma(\alpha)\Gamma(\beta)}x^{\alpha-1}(1-x)^{\beta-1}, & 0<x<1\\ 0, & 其他\end{cases}$	$\dfrac{\alpha}{\alpha+\beta}$	$\dfrac{\alpha\beta}{(\alpha+\beta)^2(\alpha+\beta+1)}$
对数正态分布	μ $\sigma>0$	$f(x)=\begin{cases}\dfrac{1}{\sqrt{2\pi}\sigma x}e^{-(\ln x-\mu)^2/2\sigma^2}, & x>0\\ 0, & 其他\end{cases}$	$e^{\mu+\frac{\sigma^2}{2}}$	$e^{2\mu+\sigma^2}(e^{\sigma^2}-1)$
柯西分布	α $\lambda>0$	$f(x)=\dfrac{1}{\pi}\dfrac{1}{\lambda^2+(x-a)^2}$	不存在	不存在
t 分布	$n\geqslant0$	$f(x)=\dfrac{\Gamma\left(\frac{n+1}{2}\right)}{\sqrt{n\pi}\Gamma(n/2)}\left(1+\dfrac{x^2}{n}\right)^{-(n+1)/2}$	$0, n>1$	$\dfrac{n}{n-2}, n>2$
F 分布	n_1,n_2	$f(x)=\begin{cases}\dfrac{\Gamma[(n_1+n_2)/2]}{\Gamma(n_1/2)\Gamma(n_2/2)}\left(\dfrac{n_1}{n_2}\right)\cdot\left(\dfrac{n_1}{n_2}x\right)^{n_1/2-1}\left(1+\dfrac{n_1}{n_2}x\right)^{-(n_1+n_2)/2}, & x>0\\ 0, & 其他\end{cases}$	$\dfrac{n_2}{n_2-2}$ $n_2>2$	$\dfrac{2n_2^2(n_1+n_2-2)}{n_1(n_2-2)^2(n_2-4)}$ $n_2>4$

三、标准正态分布表

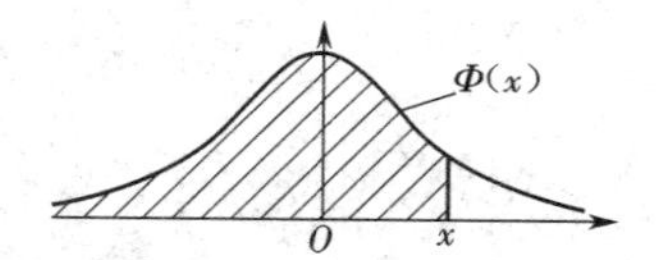

$$\Phi(x)=\int_{-\infty}^{x}\frac{1}{\sqrt{2\pi}}e^{-t^2/2}dt$$

x	0.00	0.01	0.02	0.03	0.04	0.05	0.06	0.07	0.08	0.09
0.0	0.500 0	0.504 0	0.508 0	0.512 0	0.516 0	0.519 9	0.523 9	0.527 9	0.531 9	0.535 9
0.1	0.539 8	0.543 8	0.547 8	0.551 7	0.555 7	0.559 6	0.563 6	0.567 5	0.571 4	0.575 3
0.2	0.579 3	0.583 2	0.587 1	0.591 0	0.594 8	0.598 7	0.602 6	0.606 4	0.610 3	0.614 1
0.3	0.617 9	0.621 7	0.625 5	0.629 3	0.633 1	0.636 8	0.640 6	0.644 3	0.648 0	0.651 7
0.4	0.655 4	0.659 1	0.662 8	0.666 4	0.670 0	0.673 6	0.677 2	0.680 8	0.684 4	0.687 9
0.5	0.691 5	0.695 0	0.698 5	0.701 9	0.705 4	0.708 8	0.712 3	0.715 7	0.719 0	0.722 4
0.6	0.725 7	0.729 1	0.732 4	0.735 7	0.738 9	0.742 2	0.745 4	0.748 6	0.751 7	0.754 9
0.7	0.758 0	0.761 1	0.764 2	0.767 3	0.770 4	0.773 4	0.776 4	0.779 4	0.782 3	0.785 2
0.8	0.788 1	0.791 0	0.793 9	0.796 7	0.799 5	0.802 3	0.805 1	0.807 8	0.810 6	0.813 3
0.9	0.815 9	0.818 6	0.821 2	0.823 8	0.826 4	0.828 9	0.831 5	0.834 0	0.836 5	0.838 9
1.0	0.841 3	0.843 8	0.846 1	0.848 5	0.850 8	0.853 1	0.855 4	0.857 7	0.859 9	0.862 1
1.1	0.864 3	0.866 5	0.868 6	0.870 8	0.872 9	0.874 9	0.877 0	0.879 0	0.881 0	0.883 0
1.2	0.884 9	0.886 9	0.888 8	0.890 7	0.892 5	0.894 4	0.896 2	0.898 0	0.899 7	0.901 5
1.3	0.903 2	0.904 9	0.906 6	0.908 2	0.909 9	0.911 5	0.913 1	0.914 7	0.916 2	0.917 7
1.4	0.919 2	0.920 7	0.922 2	0.923 6	0.925 1	0.926 5	0.927 8	0.929 2	0.930 6	0.931 9
1.5	0.933 2	0.934 5	0.935 7	0.937 0	0.938 2	0.939 4	0.940 6	0.941 8	0.942 9	0.944 1
1.6	0.945 2	0.946 3	0.947 4	0.948 4	0.949 5	0.950 5	0.951 5	0.952 5	0.953 5	0.954 5

续表

x	0.00	0.01	0.02	0.03	0.04	0.05	0.06	0.07	0.08	0.09
1.7	0.955 4	0.956 4	0.957 3	0.958 2	0.959 1	0.959 9	0.960 8	0.961 6	0.962 5	0.963 3
1.8	0.964 1	0.964 9	0.965 6	0.966 4	0.967 1	0.967 8	0.968 6	0.969 3	0.969 9	0.970 6
1.9	0.971 3	0.971 9	0.972 6	0.973 2	0.973 8	0.974 4	0.975 0	0.975 6	0.976 1	0.976 7
2.0	0.977 2	0.977 8	0.978 3	0.978 8	0.979 3	0.979 8	0.980 3	0.980 8	0.981 2	0.981 7
2.1	0.982 1	0.982 6	0.983 0	0.983 4	0.983 8	0.984 2	0.984 6	0.985 0	0.985 4	0.985 7
2.2	0.986 1	0.986 4	0.986 8	0.987 1	0.987 5	0.987 8	0.988 1	0.988 4	0.988 7	0.989 0
2.3	0.989 3	0.989 6	0.989 8	0.990 1	0.990 4	0.990 6	0.990 9	0.991 1	0.991 3	0.991 6
2.4	0.991 8	0.992 0	0.992 2	0.992 5	0.992 7	0.992 9	0.993 1	0.993 2	0.993 4	0.993 6
2.5	0.993 8	0.994 0	0.994 1	0.994 3	0.994 5	0.994 6	0.994 8	0.994 9	0.995 1	0.995 2
2.6	0.995 3	0.995 5	0.995 6	0.995 7	0.995 9	0.996 0	0.996 1	0.996 2	0.996 3	0.996 4
2.7	0.996 5	0.996 6	0.996 7	0.996 8	0.996 9	0.997 0	0.997 1	0.997 2	0.997 3	0.997 4
2.8	0.997 4	0.997 5	0.997 6	0.997 7	0.997 7	0.997 8	0.997 9	0.997 9	0.998 0	0.998 1
2.9	0.998 1	0.998 2	0.998 2	0.998 3	0.998 4	0.998 4	0.998 5	0.998 5	0.998 6	0.998 6
3.0	0.998 7	0.998 7	0.998 7	0.998 8	0.998 8	0.998 9	0.998 9	0.998 9	0.999 0	0.999 0
3.1	0.999 0	0.999 1	0.999 1	0.999 1	0.999 2	0.999 2	0.999 2	0.999 2	0.999 3	1.000 3
3.2	0.999 3	0.999 3	0.999 4	0.999 4	0.999 4	0.999 4	0.999 4	0.999 5	0.999 5	0.999 5
3.3	0.999 5	0.999 5	0.999 5	0.999 6	0.999 6	0.999 6	0.999 6	0.999 6	0.999 6	0.999 7
3.4	0.999 7	0.999 7	0.999 7	0.999 7	0.999 7	0.999 7	0.999 7	0.999 7	0.999 7	0.999 8

四、泊松分布表

$$P(X \leqslant x) = \sum_{k=0}^{x} \frac{\lambda^k e^{-\lambda}}{k!}$$

x	λ								
	0.1	0.2	0.3	0.4	0.5	0.6	0.7	0.8	0.9
0	0.904 8	0.818 7	0.740 8	0.673 0	0.606 5	0.548 8	0.496 6	0.449 3	0.406 6
1	0.995 3	0.982 5	0.963 1	0.938 4	0.909 8	0.878 1	0.844 2	0.808 8	0.772 5
2	0.999 8	0.998 9	0.996 4	0.992 1	0.985 6	0.976 9	0.965 9	0.952 6	0.937 1
3	1.000 0	0.999 9	0.999 7	0.999 2	0.998 2	0.996 6	0.994 2	0.990 9	0.986 5
4		1.000 0	1.000 0	0.999 9	0.999 8	0.999 6	0.999 2	0.998 6	0.997 7
5				1.000 0	1.000 0	1.000 0	0.999 9	0.999 8	0.999 7
6							1.000 0	1.000 0	1.000 0

x	λ								
	1.0	1.5	2.0	2.5	3.0	3.5	4.0	4.5	5.0
0	0.367 9	0.223 1	0.135 3	0.082 1	0.049 8	0.030 2	0.018 3	0.011 1	0.006 7
1	0.735 8	0.557 8	0.4060	0.287 3	0.199 1	0.135 9	0.091 6	0.061 1	0.040 4
2	0.919 7	0.808 8	0.676 7	0.543 8	0.423 2	0.320 8	0.238 1	0.173 6	0.124 7
3	0.981 0	0.934 4	0.857 1	0.757 6	0.647 2	0.536 6	0.433 5	0.342 3	0.265 0

续表

x	λ								
	1.0	1.5	2.0	2.5	3.0	3.5	4.0	4.5	5.0
4	0.996 3	0.981 4	0.947 3	0.891 2	0.815 3	0.725 4	0.628 8	0.532 1	0.440 5
5	0.999 4	0.995 5	0.983 4	0.958 0	0.916 1	0.857 6	0.785 1	0.702 9	0.616 0
6	0.999 9	0.999 1	0.995 5	0.985 8	0.966 5	0.934 7	0.889 3	0.831 1	0.762 2
7	1.000 0	0.999 8	0.998 9	0.995 8	0.988 1	0.973 3	0.948 9	0.913 4	0.866 6
8		1.000 0	0.999 8	0.998 9	0.996 2	0.990 1	0.978 6	0.959 7	0.931 9
9			1.000 0	0.999 7	0.998 9	0.996 7	0.9919	0.982 9	0.968 2
10				0.999 9	0.999 7	0.999 0	0.997 2	0.993 3	0.986 3
11				1.000 0	0.999 9	0.999 7	0.999 1	0.997 6	0.994 5
12					1.000 0	0.999 9	0.999 7	0.999 2	0.998 0

x	λ								
	5.5	6.0	6.5	7.0	7.5	8.0	8.5	9.0	9.5
0	0.004 1	0.002 5	0.001 5	0.000 9	0.000 6	0.000 3	0.000 2	0.000 1	0.000 1
1	0.026 6	0.017 4	0.011 3	0.007 3	0.004 7	0.003 0	0.001 9	0.001 2	0.000 8
2	0.088 4	0.062 0	0.043 0	0.029 6	0.020 3	0.013 8	0.009 3	0.006 2	0.004 2
3	0.201 7	0.151 2	0.111 8	0.081 8	0.059 1	0.042 4	0.030 1	0.021 2	0.014 9
4	0.357 5	0.285 1	0.223 7	0.173 0	0.132 1	0.099 6	0.074 4	0.055 0	0.040 3
5	0.528 9	0.445 7	0.369 0	0.300 7	0.241 4	0.191 2	0.149 6	0.115 7	0.088 5
6	0.686 0	0.606 3	0.526 5	0.449 7	0.378 2	0.313 4	0.256 2	0.206 8	0.164 9
7	0.809 5	0.744 0	0.672 8	0.598 7	0.524 6	0.453 0	0.385 6	0.323 9	0.268 7
8	0.894 4	0.847 2	0.791 6	0.729 1	0.662 0	0.592 5	0.523 1	0.455 7	0.391 8
9	0.946 2	0.916 1	0.877 4	0.830 5	0.776 4	0.716 6	0.653 0	0.587 4	0.521 8
10	0.974 7	0.957 4	0.933 2	0.901 5	0.862 2	0.815 9	0.763 4	0.706 0	0.645 3
11	0.989 0	0.979 9	0.966 1	0.946 6	0.920 8	0.888 1	0.848 7	0.803 0	0.752 0
12	0.995 5	0.991 2	0.984 0	0.973 0	0.957 3	0.936 2	0.909 1	0.875 8	0.836 4
13	0.998 3	0.996 4	0.992 9	0.987 2	0.978 4	0.965 8	0.948 6	0.926 1	0.898 1
14	0.999 4	0.998 6	0.997 0	0.994 3	0.989 7	0.982 7	0.972 6	0.958 5	0.940 0
15	0.999 8	0.999 5	0.998 8	0.997 6	0.995 4	0.991 8	0.986 2	0.978 0	0.966 5
16	0.999 9	0.999 8	0.999 6	0.999 0	0.998 0	0.996 3	0.993 4	0.988 9	0.982 3
17	1.000 0	0.999 9	0.999 8	0.999 6	0.999 2	0.998 4	0.997 0	0.994 7	0.991 1
18		1.000 0	0.999 9	0.999 9	0.999 7	0.999 4	0.998 7	0.997 6	0.995 7
19			1.000 0	1.000 0	0.999 9	0.999 7	0.999 5	0.998 9	0.998 0
20					1.000 0	0.999 9	0.999 8	0.999 6	0.999 1

x	λ								
	10.0	11.0	12.0	13.0	14.0	15.0	16.0	17.0	18.0
0	0.000 0	0.000 0	0.000 0						
1	0.000 5	0.000 2	0.000 1	0.000 0	0.000 0				
2	0.002 8	0.001 2	0.000 5	0.000 2	0.000 1	0.000 0	0.000 0		

续表

x	λ								
	10.0	11.0	12.0	13.0	14.0	15.0	16.0	17.0	18.0
3	0.010 3	0.004 9	0.002 3	0.001 0	0.000 5	0.000 2	0.000 1	0.000 0	0.000 0
4	0.029 3	0.015 1	0.007 6	0.003 7	0.001 8	0.000 9	0.000 4	0.000 2	0.000 1
5	0.067 1	0.037 5	0.020 3	0.010 7	0.005 5	0.002 8	0.001 4	0.000 7	0.000 3
6	0.130 1	0.078 6	0.045 8	0.025 9	0.014 2	0.007 6	0.004 0	0.002 1	0.001 0
7	0.220 2	0.143 2	0.089 5	0.054 0	0.031 6	0.018 0	0.010 0	0.005 4	0.002 9
8	0.332 8	0.232 0	0.155 0	0.099 8	0.062 1	0.037 4	0.022 0	0.012 6	0.007 1
9	0.457 9	0.340 5	0.242 4	0.165 8	0.109 4	0.069 9	0.043 3	0.026 1	0.015 4
10	0.583 0	0.459 9	0.347 2	0.251 7	0.175 7	0.118 5	0.077 4	0.049 1	0.030 4
11	0.696 8	0.579 3	0.461 6	0.353 2	0.260 0	0.184 8	0.127 0	0.084 7	0.054 9
12	0.791 6	0.688 7	0.576 0	0.463 1	0.358 5	0.267 6	0.193 1	0.135 0	0.091 7
13	0.864 5	0.781 3	0.681 5	0.573 0	0.464 4	0.363 2	0.274 5	0.200 9	0.142 6
14	0.916 5	0.854 0	0.772 0	0.675 1	0.570 4	0.465 7	0.367 5	0.280 8	0.208 1
15	0.951 3	0.907 4	0.844 4	0.763 6	0.669 4	0.568 1	0.466 7	0.371 5	0.286 7
16	0.973 0	0.944 1	0.898 7	0.835 5	0.755 9	0.664 1	0.566 0	0.467 7	0.375 0
17	0.985 7	0.967 8	0.937 0	0.890 5	0.827 2	0.748 9	0.659 3	0.564 0	0.468 6
18	0.992 8	0.982 3	0.962 6	0.930 2	0.882 6	0.819 5	0.742 3	0.655 0	0.562 2
19	0.996 5	0.990 7	0.978 7	0.957 3	0.923 5	0.875 2	0.812 2	0.736 3	0.650 9
20	0.998 4	0.995 3	0.988 4	0.975 0	0.952 1	0.917 0	0.868 2	0.805 5	0.730 7
21	0.999 3	0.997 7	0.993 9	0.985 9	0.971 2	0.946 9	0.910 8	0.861 5	0.799 1
22	0.999 7	0.999 0	0.997 0	0.992 4	0.983 3	0.967 3	0.941 8	0.904 7	0.855 1
23	0.999 9	0.999 5	0.998 5	0.996 0	0.990 7	0.980 5	0.963 3	0.936 7	0.898 9
24	1.000 0	0.999 8	0.999 3	0.998 0	0.995 0	0.988 8	0.977 7	0.959 4	0.931 7
25		0.999 9	0.999 7	0.999 0	0.997 4	0.993 8	0.986 9	0.974 8	0.955 4
26		1.000 0	0.999 9	0.999 5	0.998 7	0.996 7	0.992 5	0.984 8	0.971 8
27			0.999 9	0.999 8	0.999 4	0.998 3	0.995 9	0.991 2	0.982 7
28			1.000 0	0.999 9	0.999 7	0.999 1	0.997 8	0.995 0	0.989 7
29				1.000 0	0.999 9	0.999 6	0.998 9	0.997 3	0.994 1
30					0.999 9	0.999 8	0.999 4	0.998 6	0.996 7
31					1.000 0	0.999 9	0.999 7	0.999 3	0.998 2
32						1.000 0	0.999 9	0.999 6	0.999 0
33							0.999 9	0.999 8	0.999 5
34							1.000 0	0.999 9	0.999 8
35								1.000 0	0.999 9
36									0.999 9
37									1.000 0

五、t 分布表

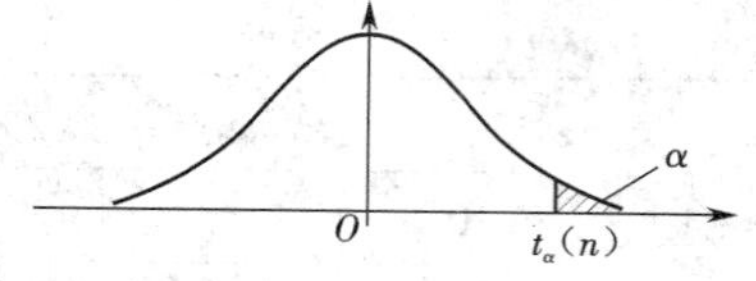

$$P\{t(n) > t_\alpha(n)\} = \alpha$$

n \ α	0.20	0.15	0.10	0.05	0.025	0.01	0.005
1	1.376	1.963	3.077 7	6.313 8	12.706 2	31.820 7	63.657 4
2	1.061	1.386	1.885 6	3.920 0	4.302 7	6.964 6	9.924 8
3	0.978	1.250	1.637 7	2.353 4	3.182 4	4.540 7	5.840 9
4	0.941	1.190	1.533 2	2.131 8	2.776 4	3.746 9	4.604 1
5	0.920	1.156	1.475 9	2.015 0	2.570 6	3.364 9	4.032 2
6	0.906	1.134	1.439 8	1.943 2	2.446 9	3.142 7	3.707 4
7	0.896	1.119	1.414 9	1.894 6	2.364 6	2.998 0	3.499 5
8	0.889	1.108	1.396 8	1.859 5	2.306 0	2.896 5	3.355 4
9	0.883	1.100	1.383 0	1.833 1	2.262 2	2.821 4	3.249 8
10	0.879	1.093	1.372 2	1.812 5	2.228 1	2.763 8	3.169 3
11	0.876	1.088	1.363 4	1.795 9	2.201 0	2.718 1	3.105 8
12	0.873	1.083	1.356 2	1.782 3	2.178 8	2.681 0	3.054 5
13	0.870	1.079	1.350 2	1.770 9	2.160 4	2.650 3	3.012 3
14	0.868	1.076	1.345 0	1.761 3	2.144 8	2.624 5	3.976 8
15	0.866	1.074	1.340 6	1.753 1	2.131 5	2.602 5	3.946 7
16	0.865	1.071	1.336 8	1.745 9	2.119 9	2.583 5	2.920 8
17	0.863	1.069	1.333 4	1.739 6	2.109 8	2.566 9	2.898 2
18	0.862	1.067	1.330 4	1.734 1	2.100 9	2.552 4	2.878 4
19	0.861	1.066	1.327 7	1.729 1	2.093 0	2.539 5	2.860 9
20	0.860	1.064	1.325 3	1.724 7	2.086 0	2.528 0	2.845 3
21	0.859	1.063	1.323 2	1.720 7	2.079 6	2.517 7	2.831 4
22	0.858	1.061	1.321 2	1.717 1	2.073 9	2.508 3	2.818 8
23	0.858	1.060	1.319 5	1.713 9	2.068 7	2.499 9	2.807 3
24	0.857	1.059	1.317 8	1.710 9	2.063 9	2.492 2	2.796 9
25	0.856	1.058	1.316 3	1.708 1	2.059 5	2.485 1	2.787 4
26	0.856	1.058	1.315 0	1.705 6	2.055 5	2.478 6	2.778 7
27	0.855	1.057	1.313 7	1.703 3	2.051 8	2.472 7	2.770 7
28	0.855	1.056	1.312 5	1.701 1	2.048 4	2.467 1	2.763 3
29	0.854	1.055	1.311 4	1.699 1	2.045 2	2.462 0	2.756 4
30	0.854	1.055	1.310 4	1.697 3	2.042 3	2.457 3	2.750 0
31	0.853 5	1.054 1	1.309 5	1.695 5	2.039 5	2.452 8	2.744 0
32	0.853 1	1.053 6	1.308 6	1.693 9	2.036 9	2.448 7	2.738 5
33	0.852 7	1.053 1	1.307 7	1.692 4	2.034 5	2.444 8	2.733 3
34	0.852 4	1.052 6	1.307 0	1.390 9	2.032 2	2.441 1	2.728 4
35	0.852 1	1.052 1	1.306 2	1.689 6	2.030 1	2.437 7	2.723 8
36	0.851 8	1.051 6	1.305 5	1.688 3	2.028 1	2.434 5	2.719 5
37	0.851 5	1.051 2	1.304 9	1.687 1	2.026 2	2.431 4	2.715 4
38	0.851 2	1.050 8	1.304 2	1.686 0	2.024 4	2.428 6	2.711 6
39	0.851 0	1.050 4	1.303 6	1.684 9	2.022 7	2.425 8	2.707 9
40	0.850 7	1.050 1	1.303 1	1.683 9	2.021 1	2.423 3	2.704 5
41	0.850 5	1.049 8	1.302 5	1.682 9	2.019 5	2.420 8	2.701 2
42	0.850 3	1.049 4	1.302 0	1.682 0	2.018 1	2.418 5	2.698 1
43	0.850 1	1.049 1	1.301 6	1.681 1	2.016 7	2.416 3	2.695 1
44	0.849 9	1.048 8	1.301 1	1.680 2	2.015 4	2.414 1	2.692 3
45	0.849 7	1.048 5	1.300 6	1.679 4	2.014 1	2.412 1	2.689 6

六、χ^2 分布表

$P\{\chi^2(n) > \chi_\alpha^2(n)\} = \alpha$

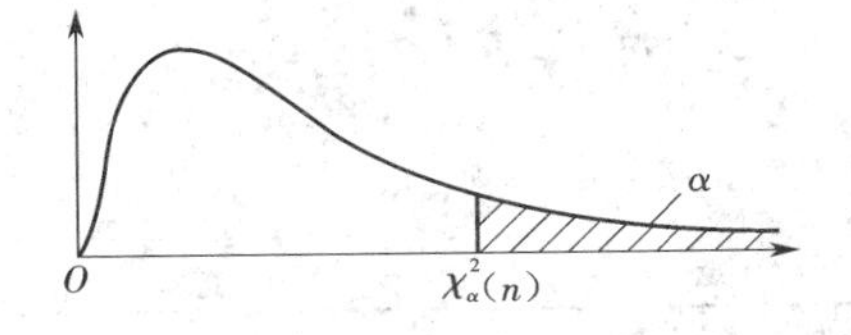

n \ α	0.995	0.99	0.975	0.95	0.90	0.10	0.05	0.025	0.01	0.005
1	0.000	0.000	0.001	0.004	0.016	2.706	3.843	5.025	6.637	7.882
2	0.010	0.020	0.051	0.103	0.211	4.605	5.992	7.378	9.210	10.597
3	0.072	0.115	0.216	0.352	0.584	6.251	7.815	9.348	11.344	12.837
4	0.207	0.297	0.484	0.711	1.064	7.779	9.488	11.143	13.277	14.860
5	0.412	0.554	0.831	1.145	1.610	9.236	11.070	12.832	15.085	16.748
6	0.676	0.872	1.237	1.635	2.204	10.645	12.592	14.440	16.812	18.548
7	0.989	1.239	1.690	2.167	2.833	12.017	14.067	16.012	18.474	20.276
8	1.344	1.646	2.180	2.733	3.490	13.362	15.507	17.534	20.090	21.954
9	1.735	2.088	2.700	3.325	4.168	14.684	16.919	19.022	21.665	23.587
10	2.156	2.558	3.247	3.940	4.865	15.987	18.307	20.483	23.209	25.188
11	2.603	3.053	3.816	4.575	5.578	17.275	19.675	21.920	24.724	26.755
12	3.074	3.571	4.404	5.226	6.304	18.549	21.026	23.337	26.217	28.300
13	3.565	4.107	5.009	5.892	7.041	19.812	22.362	24.735	27.687	29.817
14	4.075	4.660	5.629	6.571	7.790	21.064	23.685	26.119	29.141	31.319
15	4.600	5.229	6.262	7.261	8.547	22.307	24.996	27.488	30.577	32.799
16	5.142	5.812	6.908	7.962	9.312	23.542	26.296	28.845	32.000	34.267
17	5.697	6.407	7.564	8.682	10.085	24.769	27.587	30.190	33.408	35.716
18	6.265	7.015	8.231	9.390	10.865	25.989	28.869	31.526	34.805	37.156
19	6.843	7.632	8.906	10.117	11.651	27.203	30.143	32.852	36.190	38.580
20	7.434	8.260	9.591	10.851	12.443	28.412	31.410	34.170	37.566	39.997
21	8.033	8.897	10.283	11.591	13.240	29.615	32.670	35.478	38.930	41.399
22	8.643	9.542	10.982	12.338	14.042	30.813	33.924	36.781	40.289	42.796
23	9.260	10.195	11.688	13.090	14.848	32.007	35.172	37.075	41.637	44.179
24	9.886	10.856	12.401	13.848	15.659	33.196	36.415	39.364	42.980	45.558
25	10.519	11.523	13.120	14.611	16.473	34.381	37.652	40.646	44.313	46.925
26	11.160	12.198	13.844	15.379	17.292	35.563	38.885	41.923	45.642	48.290
27	11.807	12.878	14.573	16.151	18.114	36.741	40.113	43.194	46.962	49.642
28	12.461	13.565	15.308	16.928	18.939	37.916	41.337	44.461	48.278	50.993
29	13.120	14.256	16.147	17.708	19.768	39.087	42.557	45.772	49.586	52.333
30	13.787	14.954	16.791	18.493	20.599	40.256	43.773	46.979	50.892	53.672
31	14.457	15.655	17.538	19.280	21.433	42.222	44.985	48.231	52.190	55.000
32	15.134	16.362	18.291	20.072	22.271	42.585	46.194	49.480	53.486	56.328
33	15.814	17.073	19.046	20.866	23.110	43.745	47.400	50.724	54.774	57.646
34	16.501	17.789	19.806	21.664	23.952	44.903	48.602	51.966	56.061	58.964
35	17.191	18.508	20.569	22.465	24.796	46.059	49.802	53.203	57.340	60.272
36	17.887	19.233	21.336	23.269	25.643	47.212	50.998	54.437	58.619	61.581
37	18.584	19.960	22.105	24.075	26.492	48.363	52.192	55.667	59.891	62.880
38	19.289	20.691	22.878	24.884	27.343	49.513	53.384	56.896	61.162	64.181
39	19.994	21.425	23.654	25.695	28.196	50.660	54.572	58.119	62.426	65.473
40	20.706	22.164	24.433	26.509	29.050	51.805	55.758	59.342	63.691	66.766

当 $n>40$ 时，$\chi_\alpha^2(n) \approx \frac{1}{2}(z_\alpha + \sqrt{2n-1})^2$.

七、F 分布表

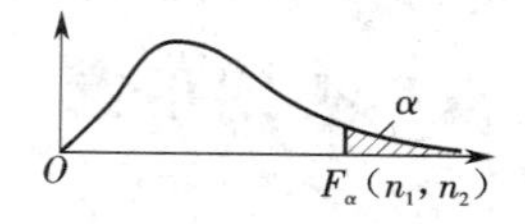

$$P\{F(n_1,n_2)>F_\alpha(n_1,n_2)\}=\alpha$$

$(\alpha=0.10)$

n_2 \ n_1	1	2	3	4	5	6	7	8	9	10	12	15	20	24	30	40	60	120	∞
1	39.86	49.50	53.59	55.83	57.24	58.20	58.91	59.44	59.86	60.19	60.71	61.22	61.74	62.00	62.26	62.53	62.79	63.06	63.33
2	8.53	9.00	9.16	9.24	9.29	9.33	9.35	9.37	9.38	9.39	9.41	9.42	9.44	9.45	9.46	9.47	9.47	9.48	9.49
3	5.54	5.46	5.39	5.34	5.31	5.28	5.27	5.25	5.24	5.23	5.22	5.20	5.18	5.18	5.17	5.16	5.15	5.14	5.13
4	4.54	4.32	4.19	4.11	4.05	4.01	3.98	3.95	3.94	3.92	3.90	3.87	3.84	3.83	3.82	3.80	3.79	3.78	3.76
5	4.06	3.78	3.62	3.52	3.45	3.40	3.37	3.34	3.32	3.30	3.27	3.24	3.21	3.19	3.17	3.16	3.14	3.12	3.10
6	3.78	3.46	3.29	3.18	3.11	3.05	3.01	2.98	2.96	2.94	2.90	2.87	2.84	2.82	2.80	2.78	2.76	2.74	2.72
7	3.59	3.26	3.07	2.96	2.88	2.83	2.78	2.75	2.72	2.70	2.67	2.63	2.59	2.58	2.56	2.54	2.51	2.49	2.47
8	3.46	3.11	2.92	2.81	2.73	2.67	2.62	2.59	2.56	2.54	2.50	2.46	2.42	2.40	2.38	2.36	2.34	2.32	2.29
9	3.36	3.01	2.81	2.69	2.61	2.55	2.51	2.47	2.44	2.42	2.38	2.34	2.30	2.28	2.25	2.23	2.21	2.18	2.16
10	3.29	2.92	2.73	2.61	2.52	2.46	2.41	2.38	2.35	2.32	2.28	2.24	2.20	2.18	2.16	2.13	2.11	2.08	2.06
11	3.23	2.86	2.66	2.54	2.45	2.39	2.34	2.30	2.27	2.25	2.21	2.17	2.12	2.10	2.08	2.05	2.03	2.00	1.97
12	3.81	2.81	2.61	2.48	2.39	2.33	2.28	2.24	2.21	2.19	2.15	2.10	2.06	2.04	2.01	1.99	1.96	1.93	1.90
13	3.14	2.76	2.56	2.43	2.35	2.28	2.23	2.20	2.16	2.14	2.10	2.05	2.01	1.98	1.96	1.93	1.90	1.88	1.85
14	3.10	2.73	2.52	2.39	2.31	2.24	2.19	2.15	2.12	2.10	2.05	2.01	1.96	1.94	1.91	1.89	1.86	1.83	1.80
15	3.07	2.70	2.49	2.36	2.27	2.21	2.16	2.12	2.09	2.06	2.02	1.97	1.92	1.90	1.87	1.85	1.82	1.79	1.76
16	3.05	2.67	2.46	2.33	2.24	2.18	2.13	2.09	2.06	2.03	1.99	1.94	1.89	1.87	1.84	1.81	1.78	1.75	1.72
17	3.03	2.64	2.44	2.31	2.22	2.15	2.10	2.06	2.03	2.00	1.96	1.91	1.86	1.84	1.81	1.78	1.75	1.72	1.69
18	3.01	2.62	2.42	2.29	2.20	2.13	2.08	2.04	2.00	1.98	1.93	1.89	1.84	1.81	1.78	1.75	1.72	1.69	1.66
19	2.99	2.61	2.40	2.27	2.18	2.11	2.06	2.02	1.98	1.96	1.91	1.86	1.81	1.79	1.76	1.73	1.70	1.67	1.63
20	2.97	2.59	2.38	2.25	2.16	2.09	2.04	2.00	1.96	1.94	1.89	1.84	1.79	1.77	1.74	1.71	1.68	1.64	1.61
21	2.96	2.57	2.36	2.23	2.14	2.08	2.02	1.98	1.95	1.92	1.87	1.83	1.78	1.75	1.72	1.69	1.66	1.62	1.59
22	2.95	2.56	2.35	2.22	2.13	2.06	2.01	1.97	1.93	1.90	1.86	1.81	1.76	1.73	1.70	1.67	1.64	1.60	1.57
23	2.94	2.55	2.34	2.21	2.11	2.05	1.99	1.95	1.92	1.89	1.84	1.80	1.74	1.72	1.69	1.66	1.62	1.59	1.55
24	2.93	2.54	2.33	2.19	2.10	2.04	1.98	1.94	1.91	1.88	1.83	1.78	1.73	1.70	1.67	1.64	1.61	1.57	1.53
25	2.92	2.53	2.32	2.18	2.09	2.02	1.97	1.93	1.89	1.87	1.82	1.77	1.72	1.69	1.66	1.63	1.59	1.56	1.52
26	2.91	2.52	2.31	2.17	2.08	2.01	1.96	1.92	1.88	1.86	1.81	1.76	1.71	1.68	1.65	1.61	1.58	1.54	1.50
27	2.90	2.51	2.30	2.17	2.07	2.00	1.95	1.91	1.87	1.85	1.80	1.75	1.70	1.67	1.64	1.60	1.57	1.53	1.49
28	2.89	2.50	2.29	2.16	2.06	2.00	1.94	1.90	1.87	1.84	1.79	1.74	1.69	1.66	1.63	1.59	1.56	1.52	1.48
29	2.89	2.50	2.28	2.15	2.06	1.99	1.93	1.89	1.86	1.83	1.78	1.73	1.68	1.65	1.62	1.58	1.55	1.51	1.47
30	2.88	2.49	2.28	2.14	2.05	1.98	1.93	1.88	1.85	1.82	1.77	1.72	1.67	1.64	1.61	1.57	1.54	1.50	1.46
40	2.84	2.44	2.23	2.09	2.00	1.93	1.87	1.83	1.79	1.76	1.71	1.66	1.61	1.57	1.54	1.51	1.47	1.42	1.38
60	2.79	2.39	2.18	2.04	1.95	1.87	1.82	1.77	1.74	1.71	1.66	1.60	1.54	1.51	1.48	1.44	1.40	1.35	1.29
120	2.75	2.35	2.13	1.99	1.90	1.82	1.77	1.72	1.68	1.65	1.60	1.55	1.48	1.45	1.41	1.37	1.32	1.26	1.19
∞	2.71	2.30	2.08	1.94	1.85	1.77	1.72	1.67	1.63	1.60	1.55	1.49	1.42	1.38	1.34	1.30	1.24	1.17	1.00

(α =0.05)

n_2 \ n_1	1	2	3	4	5	6	7	8	9	10	12	15	20	24	30	40	60	120	∞
1	161	200	216	225	230	234	237	239	241	242	244	246	248	249	250	251	252	253	254
2	18.5	19.0	19.2	19.2	19.3	19.3	19.4	19.4	19.4	19.4	19.4	19.4	19.4	19.5	19.5	19.5	19.5	19.5	19.5
3	10.1	9.55	9.28	9.12	9.01	8.94	8.89	8.85	8.81	8.79	8.74	8.70	8.66	8.64	8.62	8.59	8.57	8.55	8.53
4	7.71	6.94	6.59	6.39	6.26	6.16	6.09	6.04	6.00	5.96	5.91	5.86	5.80	5.77	5.75	5.72	5.69	5.66	5.63
5	6.61	5.79	5.41	5.19	5.05	4.95	4.88	4.82	4.77	4.74	4.68	4.62	4.56	4.53	4.50	4.46	4.43	4.40	4.36
6	5.99	5.14	4.76	4.53	4.39	4.28	4.21	4.15	4.10	4.06	4.00	3.94	3.87	3.84	3.81	3.77	3.74	3.70	3.67
7	5.59	4.74	4.35	4.12	3.97	3.87	3.79	3.73	3.68	3.64	3.57	3.51	3.44	3.41	3.38	3.34	3.30	3.27	3.23
8	5.32	4.46	4.07	3.84	3.69	3.58	3.50	3.44	3.39	3.35	3.28	3.22	3.15	3.12	3.08	3.04	3.01	2.97	2.93
9	5.12	4.26	3.86	3.63	3.48	3.37	3.29	3.23	3.18	3.14	3.07	3.01	2.94	2.90	2.86	2.83	2.79	2.75	2.71
10	4.96	4.10	3.71	3.48	3.33	3.22	3.14	3.07	3.02	2.98	2.91	2.85	2.77	2.74	2.70	2.66	2.62	2.58	2.54
11	4.84	3.98	3.59	3.36	3.20	3.09	3.01	2.95	2.90	2.85	2.79	2.72	2.65	2.61	2.57	2.53	2.49	2.45	2.40
12	4.75	3.89	3.49	3.26	3.11	3.00	2.91	2.85	2.80	2.75	2.69	2.62	2.54	2.51	2.47	2.43	2.38	2.34	2.30
13	4.67	3.81	3.41	3.18	3.03	2.92	2.83	2.77	2.71	2.67	2.60	2.53	2.46	2.42	2.38	2.34	2.30	2.25	2.21
14	4.60	3.74	3.34	3.11	2.96	2.85	2.76	2.70	2.65	2.60	2.53	2.46	2.39	2.35	2.31	2.27	2.22	2.18	2.13
15	4.54	3.68	3.29	3.06	2.90	2.79	2.71	2.64	2.59	2.54	2.48	2.40	2.33	2.29	2.25	2.20	2.16	2.11	2.07
16	4.49	3.63	3.24	3.01	2.85	2.74	2.66	2.59	2.54	2.49	2.42	2.35	2.28	2.24	2.19	2.15	2.11	2.06	2.01
17	4.45	3.59	3.20	2.96	2.81	2.70	2.61	2.55	2.49	2.45	2.38	2.31	2.23	2.19	2.15	2.10	2.06	2.01	1.96
18	4.41	3.55	3.16	2.93	2.77	2.66	2.58	2.51	2.46	2.41	2.34	2.27	2.19	2.15	2.11	2.06	2.02	1.97	1.92
19	4.38	3.52	3.13	2.90	2.74	2.63	2.54	2.48	2.42	2.38	2.31	2.23	2.16	2.11	2.07	2.03	1.98	1.93	1.88
20	4.35	3.49	3.10	2.87	2.71	2.60	2.51	2.45	2.39	2.35	2.28	2.20	2.12	2.08	2.04	1.99	1.95	1.90	1.84
21	4.32	3.47	3.07	2.84	2.68	2.57	2.49	2.42	2.37	2.32	2.25	2.18	2.10	2.05	2.01	1.96	1.92	1.87	1.81
22	4.30	3.44	3.05	2.82	2.66	2.55	2.46	2.40	2.34	2.30	2.23	2.15	2.07	2.03	1.98	1.94	1.89	1.84	1.78
23	4.28	3.42	3.03	2.80	2.64	2.53	2.44	2.37	2.32	2.27	2.20	2.13	2.05	2.01	1.96	1.91	1.86	1.81	1.76
24	4.26	3.40	3.01	2.78	2.62	2.51	2.42	2.36	2.30	2.25	2.18	2.11	2.03	1.98	1.94	1.89	1.84	1.79	1.73
25	4.24	3.39	2.99	2.76	2.60	2.49	2.40	2.34	2.28	2.24	2.16	2.09	2.01	1.96	1.92	1.87	1.82	1.77	1.71
26	4.23	3.37	2.98	2.74	2.59	2.47	2.39	2.32	2.27	2.22	2.15	2.07	1.99	1.95	1.90	1.85	1.80	1.75	1.69
27	4.21	3.35	2.96	2.73	2.57	2.46	2.37	2.31	2.25	2.20	2.13	2.06	1.97	1.93	1.88	1.84	1.79	1.73	1.67
28	4.20	3.34	2.95	2.71	2.56	2.45	2.36	2.29	2.24	2.19	2.12	2.04	1.96	1.91	1.87	1.82	1.77	1.71	1.65
29	4.18	3.33	2.93	2.70	2.55	2.43	2.35	2.28	2.22	2.18	2.10	2.03	1.94	1.90	1.85	1.81	1.75	1.70	1.64
30	4.17	3.32	2.92	2.69	2.53	2.42	2.33	2.27	2.21	2.16	2.09	2.01	1.93	1.89	1.84	1.79	1.74	1.68	1.62
40	4.08	3.23	2.84	2.61	2.45	2.34	2.25	2.18	2.12	2.08	2.00	1.92	1.84	1.79	1.74	1.69	1.64	1.58	1.51
60	4.00	3.15	2.76	2.53	2.37	2.25	2.17	2.10	2.04	1.99	1.92	1.84	1.75	1.70	1.65	1.59	1.53	1.47	1.39
120	3.92	3.07	2.68	2.45	2.29	2.17	2.09	2.02	1.96	1.91	1.83	1.75	1.66	1.61	1.55	1.50	1.43	1.35	1.25
∞	3.84	3.00	2.60	2.37	2.21	2.10	2.01	1.94	1.88	1.83	1.75	1.67	1.57	1.52	1.46	1.39	1.32	1.22	1.00

($\alpha = 0.025$)

n_2 \ n_1	1	2	3	4	5	6	7	8	9	10	12	15	20	24	30	40	60	120	∞
1	648	800	864	900	922	937	948	957	963	969	977	985	993	997	1000	1010	1010	1010	1020
2	38.5	39.0	39.2	39.2	39.3	39.3	39.4	39.4	39.4	39.4	39.4	39.4	39.4	39.5	39.5	39.5	39.5	39.5	39.5
3	17.4	16.0	15.4	15.1	14.9	14.7	14.6	14.5	14.5	14.4	14.3	14.3	14.2	14.1	14.1	14.0	14.0	13.9	13.9
4	12.2	10.6	9.98	9.60	9.36	9.20	9.07	8.98	8.90	8.84	8.75	8.66	8.56	8.51	8.46	8.41	8.36	8.31	8.26
5	10.0	8.43	7.76	7.39	7.15	6.98	6.85	6.76	6.68	6.62	6.52	6.43	6.33	6.28	6.23	6.18	6.12	6.07	6.02
6	8.81	7.26	6.60	6.23	5.99	5.82	5.70	5.60	5.52	5.46	5.37	5.27	5.17	5.12	5.07	5.01	4.96	4.90	4.85
7	8.07	6.54	5.89	5.52	5.29	5.12	4.99	4.90	4.82	4.76	4.67	4.57	4.47	4.42	4.36	4.31	4.25	4.20	4.14
8	7.57	6.06	5.42	5.05	4.82	4.65	4.53	4.43	4.36	4.30	4.20	4.10	4.00	3.95	3.89	3.84	3.78	3.73	3.67
9	7.21	5.71	5.08	4.72	4.48	4.32	4.20	4.10	4.03	3.96	3.87	3.77	3.67	3.61	3.56	3.51	3.45	3.39	3.33
10	6.94	5.46	4.83	4.47	4.24	4.07	3.95	3.85	3.78	3.72	3.62	3.52	3.42	3.37	3.31	3.26	3.20	3.14	3.08
11	6.72	5.26	4.63	4.28	4.04	3.88	3.76	3.66	3.59	3.53	3.43	3.33	3.23	3.17	3.12	3.06	3.00	2.94	2.88
12	6.55	5.10	4.47	4.12	3.89	3.73	3.61	3.51	3.44	3.37	3.28	3.18	3.07	3.02	2.96	2.91	2.85	2.79	2.72
13	6.41	4.97	4.35	4.00	3.77	3.60	3.48	3.39	3.31	3.25	3.15	3.05	2.95	2.89	2.84	2.78	2.72	2.66	2.60
14	6.30	4.86	4.24	3.89	3.66	3.50	3.38	3.29	3.21	3.15	3.05	2.95	2.84	2.79	2.73	2.67	2.61	2.55	2.49
15	6.20	4.77	4.15	3.80	3.58	3.41	3.29	3.20	3.12	3.06	2.96	2.86	2.76	2.70	2.64	2.59	2.52	2.46	2.40
16	6.12	4.69	4.08	3.73	3.50	3.34	3.22	3.12	3.05	2.99	2.89	2.79	2.68	2.63	2.57	2.51	2.45	2.38	2.32
17	6.04	4.62	4.01	3.66	3.44	3.28	3.16	3.06	2.98	2.92	2.82	2.72	2.62	2.56	2.50	2.44	2.38	2.32	2.25
18	5.98	4.56	3.95	3.61	3.38	3.22	3.10	3.01	2.93	2.87	2.77	2.67	2.56	2.50	2.44	2.38	2.32	2.26	2.19
19	5.92	4.51	3.90	3.56	3.33	3.17	3.05	2.96	2.88	2.82	2.72	2.62	2.51	2.45	2.39	2.33	2.27	2.20	2.13
20	5.87	4.46	3.86	3.51	3.29	3.13	3.01	2.91	2.84	2.77	2.68	2.57	2.46	2.41	2.35	2.29	2.22	2.16	2.09
21	5.83	4.42	3.82	3.48	3.25	3.09	2.97	2.87	2.80	2.73	2.64	2.53	2.42	2.37	2.31	2.25	2.18	2.11	2.04
22	5.79	4.38	3.78	3.44	3.22	3.05	2.93	2.84	2.76	2.70	2.60	2.50	2.39	2.33	2.27	2.21	2.14	2.08	2.00
23	5.75	4.35	3.75	3.41	3.18	3.02	2.90	2.81	2.73	2.67	2.57	2.47	2.36	2.30	2.24	2.18	2.11	2.04	1.97
24	5.72	4.32	3.72	3.38	3.15	2.99	2.87	2.78	2.70	2.64	2.54	2.44	2.33	2.27	2.21	2.15	2.08	2.01	1.94
25	5.69	4.29	3.69	3.35	3.13	2.97	2.85	2.75	2.68	2.61	2.51	2.41	2.30	2.24	2.18	2.12	2.05	1.98	1.91
26	5.66	4.27	3.67	3.33	3.10	2.94	2.82	2.73	2.65	2.59	2.49	2.39	2.28	2.22	2.16	2.09	2.03	1.95	1.88
27	5.63	4.24	3.65	3.31	3.08	2.92	2.80	2.71	2.63	2.57	2.47	2.36	2.25	2.19	2.13	2.07	2.00	1.93	1.85
28	5.61	4.22	3.63	3.29	3.06	2.90	2.78	2.69	2.61	2.55	2.45	2.34	2.23	2.17	2.11	2.05	1.98	1.91	1.83
29	5.59	4.20	3.61	3.27	3.04	2.88	2.76	2.67	2.59	2.53	2.43	2.32	2.21	2.15	2.09	2.03	1.96	1.89	1.81
30	5.57	4.18	3.59	3.25	3.03	2.87	2.75	2.65	2.57	2.51	2.41	2.31	2.20	2.14	2.07	2.01	1.94	1.87	1.79
40	5.42	4.05	3.46	3.13	2.90	2.74	2.62	2.53	2.45	2.39	2.29	2.18	2.07	2.01	1.94	1.88	1.80	1.72	1.64
60	5.29	3.93	3.34	3.01	2.79	2.63	2.51	2.41	2.33	2.27	2.17	2.06	1.94	1.88	1.82	1.74	1.67	1.58	1.48
120	5.15	3.80	3.23	2.89	2.67	2.52	2.39	2.30	2.22	2.16	2.05	1.94	1.82	1.76	1.69	1.61	1.53	1.43	1.31
∞	5.02	3.69	3.12	2.79	2.57	2.41	2.29	2.19	2.11	2.05	1.94	1.83	1.71	1.64	1.57	1.48	1.39	1.27	1.00

($\alpha=0.01$)

n_2 \ n_1	1	2	3	4	5	6	7	8	9	10	12	15	20	24	30	40	60	120	∞
1	4050	5000	5400	5620	5760	5860	5930	5980	6020	6060	110	6160	6210	6230	6260	6290	6310	6340	6370
2	98.5	99.0	99.2	99.2	99.3	99.3	99.4	99.4	99.4	99.4	99.4	99.4	99.4	99.5	99.5	99.5	99.5	99.5	99.5
3	34.1	30.8	29.5	28.7	28.2	27.9	27.7	27.5	27.3	27.2	27.1	26.9	26.7	26.6	26.5	26.4	26.3	26.2	26.1
4	21.2	18.0	16.7	16.0	15.5	15.2	15.0	14.8	14.7	14.5	14.4	14.2	14.0	13.9	13.8	13.7	13.7	13.6	13.5
5	16.3	13.3	12.1	11.4	11.0	10.7	10.5	10.3	10.2	10.1	9.89	9.72	9.55	9.47	9.38	9.29	9.20	9.11	9.02
6	13.7	10.9	9.78	9.15	8.75	8.47	8.26	8.10	7.98	7.87	7.72	7.56	7.40	7.31	7.23	7.14	7.06	6.97	6.88
7	12.2	9.55	8.45	7.85	7.46	7.19	6.99	6.84	6.72	6.62	6.47	6.31	6.16	6.07	5.99	5.91	5.82	5.74	5.65
8	11.3	8.65	7.59	7.01	6.63	6.37	6.18	6.03	5.91	5.81	5.67	5.52	5.36	5.28	5.20	5.12	5.03	4.95	4.86
9	10.6	8.02	6.99	6.42	6.06	5.80	5.61	5.47	5.35	5.26	5.11	4.96	4.81	4.73	4.65	4.57	4.48	4.40	4.31
10	10.0	7.56	6.55	5.99	5.64	5.39	5.20	5.06	4.94	4.85	4.71	4.56	4.41	4.33	4.25	4.17	4.08	4.00	3.91
11	9.65	7.21	6.22	5.67	5.32	5.07	4.89	4.74	4.63	4.54	4.40	4.25	4.10	4.02	3.94	3.86	3.78	3.69	3.60
12	9.33	6.93	5.95	5.41	5.06	4.82	4.64	4.50	4.39	4.30	4.16	4.01	3.86	3.78	3.70	3.62	3.54	3.45	3.36
13	9.07	6.70	5.74	5.21	4.86	4.62	4.44	4.30	4.19	4.10	3.96	3.82	3.66	3.59	3.51	3.43	3.34	3.25	3.17
14	8.86	6.51	5.56	5.04	4.69	4.46	4.28	4.14	4.03	3.94	3.80	3.66	3.51	3.43	3.35	3.27	3.18	3.09	3.00
15	8.68	6.36	5.42	4.89	4.56	4.32	4.14	4.00	3.89	3.80	3.67	3.52	3.37	3.29	3.21	3.13	3.05	2.96	2.87
16	8.53	6.23	5.29	4.77	4.44	4.20	4.03	3.89	3.78	3.69	3.55	3.41	3.26	3.18	3.10	3.02	2.93	2.84	2.75
17	8.40	6.11	5.18	4.67	4.34	4.10	3.93	3.79	3.68	3.59	3.46	3.31	3.16	3.08	3.00	2.92	2.83	2.75	2.65
18	8.29	6.01	5.09	4.58	4.25	4.01	3.84	3.71	3.60	3.51	3.37	3.23	3.08	3.00	2.92	2.84	2.75	2.66	2.57
19	8.18	5.93	5.01	4.50	4.17	3.94	3.77	3.63	3.52	3.43	3.30	3.15	3.00	2.92	2.84	2.76	2.67	2.58	2.49
20	8.10	5.85	4.94	4.43	4.10	3.87	3.70	3.56	3.46	3.37	3.23	3.09	2.94	2.86	2.78	2.69	2.61	2.52	2.42
21	8.02	5.78	4.87	4.37	4.04	3.81	3.64	3.51	3.40	3.31	3.17	3.03	2.88	2.80	2.72	2.64	2.55	2.46	2.36
22	7.95	5.72	4.82	4.31	3.99	3.76	3.59	3.45	3.35	3.26	3.12	2.98	2.83	2.75	2.67	2.58	2.50	2.40	2.31
23	7.88	5.66	4.76	4.26	3.94	3.71	3.54	3.41	3.30	3.21	3.07	2.93	2.78	2.70	2.62	2.54	2.45	2.35	2.26
24	7.82	5.61	4.72	4.22	3.90	3.67	3.50	3.36	3.26	3.17	3.03	2.89	2.74	2.66	2.58	2.49	2.40	2.31	2.21
25	7.77	5.57	4.68	4.18	3.85	3.63	3.46	3.32	3.22	3.13	2.99	2.85	2.70	2.62	2.54	2.45	2.36	2.27	2.17
26	7.72	5.53	4.64	4.14	3.82	3.59	3.42	3.29	3.18	3.09	2.96	2.81	2.66	2.58	2.50	2.42	2.33	2.23	2.13
27	7.68	5.49	4.60	4.11	3.78	3.56	3.39	3.26	3.15	3.06	2.93	2.78	2.63	2.55	2.47	2.38	2.29	2.20	2.10
28	7.64	5.45	4.57	4.07	3.75	3.53	3.36	3.23	3.12	3.03	2.90	2.75	2.60	2.52	2.44	2.35	2.26	2.17	2.06
29	7.60	5.42	4.54	4.04	3.73	3.50	3.33	3.20	3.09	3.00	2.87	2.73	2.57	2.49	2.41	2.33	2.23	2.14	2.03
30	7.56	5.39	4.51	4.02	3.70	3.47	3.30	3.17	3.07	2.98	2.84	2.70	2.55	2.47	2.39	2.30	2.21	2.11	2.01
40	7.31	5.18	4.31	3.83	3.51	3.29	3.12	2.99	2.89	2.80	2.66	2.52	2.37	2.29	2.20	2.11	2.02	1.92	1.80
60	7.08	4.98	4.13	3.65	3.34	3.12	2.95	2.82	2.72	2.63	2.50	2.35	2.20	2.12	2.03	1.94	1.84	1.73	1.60
120	6.85	4.79	3.95	3.48	3.17	2.96	2.79	2.66	2.56	2.47	2.34	2.19	2.03	1.95	1.86	1.76	1.66	1.53	1.38
∞	6.63	4.61	3.78	3.32	3.02	2.80	2.64	2.51	2.41	2.32	2.18	2.04	1.88	1.79	1.70	1.59	1.47	1.32	1.00

$(\alpha=0.005)$

n_2 \ n_1	1	2	3	4	5	6	7	8	9	10	12	15	20	24	30	40	60	120	∞
1	16200	20000	21600	22500	23100	23400	23700	23900	24100	24200	24400	24600	24800	24900	25000	25100	25300	25400	25500
2	199	199	199	199	199	199	199	199	199	199	199	199	199	199	199	199	199	199	200
3	55.6	49.8	47.5	46.2	45.4	44.8	44.4	44.1	43.9	43.7	43.4	43.1	42.8	42.6	42.5	42.3	42.1	42.0	41.8
4	31.3	26.3	24.3	23.2	22.5	22.0	21.6	21.4	21.1	21.0	20.7	20.4	20.2	20.0	19.9	19.8	19.6	19.5	19.3
5	22.8	18.3	16.5	15.6	14.9	14.5	14.2	14.0	13.8	13.6	13.4	13.1	12.9	12.8	12.7	12.5	12.4	12.3	12.1
6	18.6	14.5	12.9	12.0	11.5	11.1	10.8	10.6	10.4	10.3	10.0	9.81	9.59	9.47	9.36	9.24	9.12	9.00	8.88
7	16.2	12.4	10.9	10.1	9.52	9.16	8.89	8.68	8.51	8.38	8.18	7.97	7.75	7.65	7.53	7.42	7.31	7.19	7.08
8	14.7	11.0	9.60	8.81	8.30	7.95	7.69	7.50	7.34	7.21	7.01	6.81	6.61	6.50	6.40	6.29	6.18	6.06	5.85
9	13.6	10.1	8.72	7.96	7.47	7.13	6.88	6.69	6.54	6.42	6.23	6.03	5.83	5.73	5.62	5.52	5.41	5.30	5.19
10	12.8	9.43	8.08	7.34	6.87	6.54	6.30	6.12	5.97	5.85	5.66	5.47	5.27	5.17	5.07	4.97	4.86	4.75	4.64
11	12.2	8.91	7.60	6.88	6.42	6.10	5.86	5.68	5.54	5.42	5.24	5.05	4.86	4.76	4.65	4.55	4.44	4.34	4.23
12	11.8	8.51	7.23	6.52	6.07	5.76	5.52	5.35	5.20	5.09	4.91	4.72	4.53	4.43	4.33	4.23	4.12	4.01	3.90
13	11.4	8.19	6.93	6.23	5.79	5.48	5.25	5.08	4.94	4.82	4.64	4.46	4.27	4.17	4.07	3.97	3.87	3.76	3.65
14	11.1	7.92	6.68	6.00	5.56	5.26	5.03	4.86	4.72	4.60	4.43	4.25	4.06	3.96	3.86	3.76	3.66	3.55	3.44
15	10.8	7.70	6.48	5.80	5.37	5.07	4.85	4.67	4.54	4.42	4.25	4.07	3.88	3.79	3.69	3.58	3.48	3.37	3.26
16	10.6	7.51	6.30	5.64	5.21	4.91	4.69	4.52	4.38	4.27	4.10	3.92	3.73	3.64	3.54	3.44	3.33	3.22	3.11
17	10.4	7.35	6.16	5.50	5.07	4.78	4.56	4.39	4.25	4.14	3.97	3.79	3.61	3.51	3.41	3.31	3.21	3.10	2.98
18	10.2	7.21	6.03	5.37	4.96	4.66	4.44	4.28	4.14	4.03	3.86	3.68	3.50	3.40	3.30	3.20	3.10	2.99	2.87
19	10.1	7.09	5.92	5.27	4.85	4.56	4.34	4.18	4.04	3.93	3.76	3.59	3.40	3.31	3.21	3.11	3.00	2.89	2.78
20	9.94	6.99	5.82	5.17	4.76	4.47	4.26	4.09	3.96	3.85	3.68	3.50	3.32	3.22	3.12	3.02	2.92	2.81	2.69
21	9.83	6.89	5.73	5.09	4.68	4.39	4.18	4.01	3.88	3.77	3.60	3.43	3.24	3.15	3.05	2.95	2.84	2.73	2.61
22	9.73	6.81	5.65	5.02	4.61	4.32	4.11	3.94	3.81	3.70	3.54	3.36	3.18	3.08	2.98	2.88	2.77	2.66	2.55
23	9.63	6.73	5.58	4.95	4.54	4.26	4.05	3.88	3.75	3.64	3.47	3.30	3.12	3.02	2.92	2.82	2.71	2.60	2.48
24	9.55	6.66	5.52	4.89	4.49	4.20	3.99	3.83	3.69	3.59	3.42	3.25	3.06	2.97	2.87	2.77	2.66	2.55	2.43
25	9.48	6.60	5.46	4.84	4.43	4.15	3.94	3.78	3.64	3.54	3.37	3.20	3.01	2.92	2.82	2.72	2.61	2.50	2.38
26	9.41	6.54	5.41	4.79	4.38	4.10	3.89	3.73	3.60	3.49	3.33	3.15	2.97	2.87	2.77	2.67	2.56	2.45	2.33
27	9.34	6.49	5.36	4.74	4.34	4.06	3.85	3.69	3.56	3.45	3.28	3.11	2.93	2.83	2.73	2.63	2.52	2.41	2.29
28	9.28	6.44	5.32	4.70	4.30	4.02	3.81	3.65	3.52	3.41	3.25	3.07	2.89	2.79	2.69	2.59	2.48	2.37	2.25
29	9.23	6.40	5.28	4.66	4.26	3.98	3.77	3.61	3.48	3.38	3.21	3.04	2.86	2.76	2.66	2.56	2.45	2.33	2.21
30	9.18	6.35	5.24	4.62	4.23	3.95	3.74	3.58	3.45	3.34	3.18	3.01	2.82	2.73	2.63	2.52	2.42	2.30	2.18
40	8.83	6.07	4.98	4.37	3.99	3.71	3.51	3.35	3.22	3.12	2.95	2.78	2.60	2.50	2.40	2.30	2.18	2.06	1.93
60	8.49	5.79	4.73	4.14	3.76	3.49	3.29	3.13	3.01	2.90	2.74	2.57	2.39	2.29	2.19	2.08	1.96	1.83	1.69
120	8.18	5.54	4.50	3.92	3.55	3.28	3.09	2.93	2.81	2.71	2.54	2.37	2.19	2.09	1.98	1.87	1.75	1.61	1.43
∞	7.88	5.30	4.28	3.72	3.35	3.09	2.90	2.74	2.62	2.52	2.36	2.19	2.00	1.90	1.79	1.67	1.53	1.36	1.00

八、均值的 t 检验的样本容量

单边检验 双边检验 β		显著性水平																				
单边检验		$\alpha=0.005$					$\alpha=0.01$					$\alpha=0.025$					$\alpha=0.05$					
双边检验		$\alpha=0.01$					$\alpha=0.02$					$\alpha=0.05$					$\alpha=0.1$					
β		0.01	0.05	0.1	0.2	0.5	0.01	0.05	0.1	0.2	0.5	0.01	0.05	0.1	0.2	0.5	0.01	0.05	0.1	0.2	0.5	
	0.05																					0.05
	0.10																					0.10
	0.15																				122	0.15
	0.20										139					99					70	0.20
	0.25					110					90				128	64			139	101	45	0.25
	0.30				134	78				115	63			119	90	45		122	97	71	32	0.30
	0.35			125	99	58			109	85	47		109	88	67	34		90	72	52	24	0.35
	0.40		115	97	77	45		101	85	66	37	117	84	68	51	26	101	70	55	40	19	0.40
	0.45		92	77	62	37	110	81	68	53	30	93	67	54	41	21	80	55	44	33	15	0.45
	0.50	100	75	63	51	30	90	66	55	43	25	76	54	44	34	18	65	45	36	27	13	0.50
	0.55	83	63	53	42	26	75	55	46	36	21	63	45	37	28	15	54	38	30	22	11	0.55
	0.60	71	53	45	36	22	63	47	39	31	18	53	38	32	24	13	46	32	26	19	9	0.60
	0.65	61	46	39	31	20	55	41	34	27	16	46	33	27	21	12	39	28	22	17	8	0.65
	0.70	53	40	34	28	17	47	35	30	24	14	40	29	24	19	10	34	24	19	15	8	0.70
	0.75	47	36	30	25	16	42	31	27	21	13	35	26	21	16	9	30	21	17	13	7	0.75
$\delta=\frac{\lvert\mu_1-\mu_0\rvert}{\sigma}$	0.80	41	32	27	22	14	37	28	24	19	12	31	22	19	15	9	27	19	15	12	6	0.80
	0.85	37	29	24	20	13	33	25	21	17	11	28	21	17	13	8	24	17	14	11	6	0.85
	0.90	34	26	22	18	12	29	23	19	16	10	25	19	16	12	7	21	15	13	10	5	0.90
	0.95	31	24	20	17	11	27	21	18	14	9	23	17	14	11	7	19	14	11	9	5	0.95
	1.00	28	22	19	16	10	25	19	16	13	9	21	16	13	10	6	18	13	11	8	5	1.00
	1.1	24	19	16	14	9	21	16	14	12	8	18	13	11	9	6	15	11	9	7		1.1
	1.2	21	16	14	12	8	18	14	12	10	7	15	12	10	8	5	13	10	8	6		1.2
	1.3	18	15	13	11	8	16	13	11	9	6	14	10	9	7		11	8	7	6		1.3
	1.4	16	13	12	10	7	14	11	10	9	6	12	9	8	7		10	8	7	5		1.4
	1.5	15	12	11	9	7	13	10	9	8	6	11	8	7	6		9	7	6			1.5
	1.6	13	11	10	8	6	12	10	9	7	5	10	8	7	6		8	6	6			1.6
	1.7	12	10	9	8	6	11	9	8	7		9	7	6	5		8	6	5			1.7
	1.8	12	10	9	8	6	10	8	7	7		8	7	6			7	6				1.8
	1.9	11	9	8	7	6	10	8	7	6		8	6	6			7	5				1.9
	2.0	10	8	8	7	5	9	7	7	6		7	6	5			6					2.0
	2.1	10	8	7	7		8	7	6	6		7	6				6					2.1
	2.2	9	8	7	6		8	7	6	5		7	6				6					2.2
	2.3	9	7	7	6		8	6	6			6	5				5					2.3
	2.4	8	7	7	6		7	6	6			6										2.4
	2.5	8	7	6	6		7	6	6			6										2.5
	3.0	7	6	6	5		6	5	5			5										3.0
	3.5	6	5	5			5															3.5
	4.0	6																				4.0

九、均值差的 t 检验的样本容量

单边检验 双边检验 β		显著性水平																				
单边检验		$\alpha=0.005$					$\alpha=0.01$					$\alpha=0.025$					$\alpha=0.05$					
双边检验		$\alpha=0.01$					$\alpha=0.02$					$\alpha=0.05$					$\alpha=0.1$					
β		0.01	0.05	0.1	0.2	0.5	0.01	0.05	0.1	0.2	0.5	0.01	0.05	0.1	0.2	0.5	0.01	0.05	0.1	0.2	0.5	
	0.05																					0.05

续表

单边检验 双边检验 β		显著性水平																				
		$\alpha=0.005$					$\alpha=0.01$					$\alpha=0.025$					$\alpha=0.05$					
		$\alpha=0.01$					$\alpha=0.02$					$\alpha=0.05$					$\alpha=0.1$					
		0.01	0.05	0.1	0.2	0.5	0.01	0.05	0.1	0.2	0.5	0.01	0.05	0.1	0.2	0.5	0.01	0.05	0.1	0.2	0.5	
	0.10																					0.10
	0.15																					0.15
	0.20																				137	0.20
	0.25															124					88	0.25
	0.30										123					87					61	0.30
	0.35					110					90					64				102	45	0.35
	0.40					85					70				100	50			108	78	35	0.40
	0.45				118	68				101	55			105	79	39		108	86	62	28	0.45
	0.50				96	55			106	82	45		106	86	64	32		88	70	51	23	0.50
	0.55			101	79	46		106	88	68	38		87	71	53	27	112	73	58	42	19	0.55
	0.60		101	85	67	39		90	74	58	32	104	74	60	45	23	89	61	49	36	16	0.60
	0.65		87	73	57	34	104	77	64	49	27	88	63	51	39	20	76	52	42	30	14	0.65
	0.70	100	75	63	50	29	90	66	55	43	24	76	55	44	34	17	66	45	36	26	12	0.70
	0.75	88	66	55	44	26	79	58	48	38	21	67	48	39	29	15	57	40	32	23	11	0.75
$\delta=\frac{\mu_1-\mu_2}{\sigma}$	0.80	77	58	49	39	23	70	51	43	33	19	59	42	34	26	14	50	35	28	21	10	0.80
	0.85	69	51	43	35	21	62	46	38	30	17	52	37	31	23	12	45	31	25	18	9	0.85
	0.90	62	46	39	31	19	55	41	34	27	15	47	34	27	21	11	40	28	22	16	8	0.90
	0.95	55	42	35	28	17	50	37	31	24	14	42	30	25	19	10	36	25	20	15	7	0.95
	1.00	50	38	32	26	15	45	33	28	22	13	38	27	23	17	9	33	23	18	14	7	1.00
	1.1	42	32	27	22	13	38	28	23	19	11	32	23	19	14	8	27	19	15	12	6	1.1
	1.2	36	27	23	18	11	32	24	20	16	9	27	20	16	12	7	23	16	13	10	5	1.2
	1.3	31	23	20	16	10	28	21	17	14	8	23	17	14	11	6	20	14	11	9	5	1.3
	1.4	27	20	17	14	9	24	18	15	12	8	20	15	12	10	6	17	12	10	8	4	1.4
	1.5	24	18	15	13	8	21	16	14	11	7	18	13	11	9	5	15	11	9	7	4	1.5
	1.6	21	16	14	11	7	19	14	12	10	6	16	12	10	8	5	14	10	8	6	4	1.6
	1.7	19	15	13	10	7	17	13	11	9	6	14	11	9	7	4	12	9	7	6	3	1.7
	1.8	17	13	11	10	6	15	12	10	8	5	13	10	8	6	4	11	8	7	5		1.8
	1.9	16	12	11	9	6	14	11	9	8	5	12	9	7	6	4	10	7	6	5		1.9
	2.0	14	11	10	8	6	13	10	9	7	5	11	8	7	6	4	9	7	6	4		2.0
	2.1	13	10	9	8	5	12	9	8	7	5	10	8	6	5	3	8	6	5	4		2.1
	2.2	12	10	8	7	5	11	9	7	6	4	9	7	6	5		8	6	5	4		2.2
	2.3	11	9	8	7	5	10	8	7	6	4	9	7	6	5		7	5	5	4		2.3
	2.4	11	9	8	6	5	10	8	7	6	4	8	6	5	4		7	5	4	4		2.4
	2.5	10	8	7	6	4	9	7	6	5	4	8	6	5	4		6	5	4	3		2.5
	3.0	8	6	6	5	4	7	6	5	4	3	6	5	4	4		5	4	3			3.0
	3.5	6	5	5	4	3	6	5	4	4		5	4	4	3		4	3				3.5
	4.0	6	5	4	4		5	4	4	3		4	4	3			4					4.0

十、秩和临界值表

	(2,4)			(4,4)			(6,7)	
3	11	0.067	11	25	0.029	28	56	0.026
	(2,5)		12	24	0.057	30	54	0.051
3	13	0.047		(4,5)			(6,8)	
	(2,6)		12	28	0.032	29	61	0.021
3	15	0.036	13	27	0.056	32	58	0.054

续表

4	14	0.071		(4,6)			(6,9)	
	(2,7)		12	32	0.019	31	65	0.025
3	17	0.028	14	30	0.057	33	63	0.044
4	16	0.056		(4,7)			(6,10)	
	(2,8)		13	35	0.021	33	69	0.028
3	19	0.022	15	33	0.055	35	67	0.047
4	18	0.044		(4,8)			(7,7)	
	(2,9)		14	38	0.024	37	68	0.027
3	21	0.018	16	36	0.055	39	66	0.049
4	20	0.036		(4,9)			(7,8)	
	(2,10)		15	41	0.025	39	73	0.027
4	22	0.030	17	39	0.053	41	71	0.047
5	21	0.061		(4,10)			(7,9)	
	(3,3)		16	44	0.026	41	78	0.027
6	15	0.050	18	42	0.053	43	76	0.045
	(3,4)			(5,5)			(7,10)	
6	18	0.028	18	37	0.028	43	83	0.028
7	17	0.057	19	36	0.048	46	80	0.054
	(3,5)			(5,6)			(8,8)	
6	21	0.018	19	41	0.026	49	87	0.025
7	20	0.036	20	40	0.041	52	84	0.052
	(3,6)			(5,7)			(8,9)	
7	23	0.024	20	45	0.024	51	93	0.023
8	22	0.048	22	43	0.053	54	90	0.046
	(3,7)			(5,8)			(8,10)	
8	25	0.033	21	49	0.023	54	98	0.027
9	24	0.058	23	47	0.047	57	95	0.051
	(3,8)			(5,9)			(9,9)	
8	28	0.024	22	53	0.021	63	108	0.025
9	27	0.042	25	50	0.056	66	105	0.047
	(3,9)			(5,10)			(9,10)	
9	30	0.032	24	56	0.028	66	114	0.027
10	29	0.050	26	54	0.050	69	111	0.047
	(3,10)			(6,6)			(10,10)	
9	33	0.024	26	52	0.021	79	131	0.026
11	31	0.056	28	50	0.047	83	127	0.053

注:括号内数字表示样本容量(n_1, n_2).

参考文献

[1] 龙辉,曾乐辉. 高职数学[M]. 成都:电子科技大学出版社,2005.
[2] 西部、东北高职高专数学教材编写组. 高等数学[M]. 北京:高等教育出版社,2002.